Internationale Standardlehrbücher der Wirtschafts- und Sozialwissenschaften

Einführung in die Volkswirtschaftslehre

Von
Alasdair Smith
Professor für Wirtschaftswissenschaften

Aus dem Englischen
Von
Professor Dr. Ulrich K. Schittko

Zweite Auflage

R. Oldenbourg Verlag München Wien

Titel der Originalausgabe: A Mathematical Introduction to Economics.

Die Deutsche Bibliothek – CIP-Einheitsaufnahme

Smith, Alasdair:
Einführung in die Volkswirtschaftslehre / von Alasdair Smith.
Aus dem Engl. von Ulrich K. Schittko. – 2. Aufl. – München ;
Wien : Oldenbourg, 1994
(Internationale Standardlehrbücher der Wirtschafts- und
Sozialwissenschaften)
Einheitssacht.: A mathematical introduction to economics ⟨dt.⟩
ISBN 3-486-23003-4

Gesamtherstellung: R. Oldenbourg Graphische Betriebe GmbH, München

ISBN 3-486-23003-4

Inhaltsverzeichnis

Vorwort*

Das Buch geht auf einführende Vorlesungen zurück, die ich in den Jahren 1975 bis 1979 an der London School of Economics gehalten habe.

Verschiedene gegensätzliche Überlegungen haben meine Entscheidungen über die inhaltliche Gestaltung des Buches beeinflußt. Dabei gab den Ausschlag, daß ein Lehrbuch der Volkswirtschaftslehre entstehen sollte, in dem mathematischen Techniken lediglich eine Nebenrolle zukommt.

Das erste Kapitel ist der Nachfrage- und Angebotsanalyse gewidmet. Hierbei sind wir zur Anwendung von Sätzen gezwungen, die in den darauffolgenden drei Kapiteln bewiesen werden.

Sicher wäre es eleganter, diese Themen später zu diskutieren. Der Leser würde aber dann der Möglichkeit beraubt, sich mit erkennbar realistischen wirtschaftlichen Problemen von Beginn an auseinanderzusetzen, und das schwierigste mathematische Material müßte bereits auf den ersten Seiten dargestellt werden. In den Kapiteln 2-4 wird die mikroökonomische Theorie des kompetitiven Produzenten- und Konsumentenverhaltens diskutiert, wobei Kosten- und Ausgabenfunktionen extensiv verwendet werden. In diesen Kapiteln wird der Leser neben umfangreichem Stoff aus der Volkswirtschaftslehre die Anwendungsvielseitigkeit einiger fundamental einfacher mathematischer Tricks kennen lernen und die Wichtigkeit der Annahme über das Optimierungsverhalten der Wirtschaftssubjekte für die ökonomische Theorienbildung schätzen lernen. Der interessierte Leser kann diese Zusammenhänge in einem Anhang, in dem die Gewinnfunktion eingeführt und verwendet wird, intensiv studieren. Die Bearbeitung dieses Stoffes soll dem Studenten eine Grundlage bilden und ihn motivieren, grundlegendere Aspekte der Dualitätstheorie zu studieren.

Eine Hauptauslassung bei der Behandlung der Mikroökonomik ist der Verzicht auf eine ernsthafte und systematische Diskussion des allgemeinen Gleichgewichts. Eine formale Behandlung dieser Fragestellung erfordert mathematische Werkzeuge, die weit über das hinausgehen, was wir für andere Gebiete benötigen. Meiner Meinung nach ist eine nicht formale Behandlung von nur geringem Wert.

Das Konzept des allgemeinen Gleichgewichts wird in Kapitel 5 eingeführt, das sich mit der Wohlfahrtsökonomik befaßt. Ein Großteil der Wohlfahrtsanalyse wird ohne formale Methoden im Rahmen des partiellen Gleichgewichts durchgeführt. Nach meinem Dafürhalten sind die mathematischen und konzeptmäßigen Erfordernisse einer stringenten Behandlung grundlegender Fragen der Wohlfahrtsökonomik für ein einführendes Buch unangemessen hoch.

So wie die Behandlung des kompetitiven Verhaltens von Wirtschaftssubjekten dazu dient, den Leser mit den Elementen der Dualitätstheorie vertraut zu machen, dient die Theorie unvollkommener Wettbewerbsmärkte des Kapitels 6 dazu, einige Konzepte der Spieltheorie einzuführen.

Auch hier habe ich die Hoffnung, daß der Leser das Gebiet weiterverfolgen wird.

* gekürzt (d. Übersetzer)

Nur zwei Kapitel sind der Makroökonomik gewidmet. Diese Kapitel behalten in größerem Ausmaß als der Rest des Textes den Charakter von Vorlesungsmitschriften. Hier spielt die Mathematik eine bescheidenere Rolle als in der Mikroökonomik. Sie wird nur benutzt, um die Arbeitsweise bei der Behandlung makroökonomischer Modelle effizienter zu gestalten, als es bei einer nichtmathematischen Darstellung der Fall ist. Die Makroökonomik wird hier aus einem verengten Blickwinkel heraus betrachtet.

Da die allgemeine Gleichgewichtstheorie in den mikroökonomischen Kapiteln nicht behandelt wurde, kann auch der „Ungleichgewichtsansatz" zur Makroökonomik nicht diskutiert werden. Hingegen kann kurz auf die neue klassische Makroökonomik eingegangen werden, in der rationale Erwartungen eine Schlüsselrolle spielen.

Auf die Ökonometrie wird nirgends eingegangen, und auch dies schränkt die Reichweite der makroökonomischen Darstellung ein. Trotzdem möchte ich nicht zu apologetisch erscheinen, denn dem Leser wird ein Wissensstoff vermittelt, der weit über die üblicherweise in einem einführenden Buch behandelten Gebiete hinausgeht, und es wird ihm ein theoretischer Rahmen präsentiert, innerhalb dessen die großen makroökonomische Streitfragen – Keynesianismus versus Monetarismus, Stagflation, angebotsorientierte Makroökonomik etc. – angegangen wenn nicht endgültig beantwortet werden.

Schon einmal wurde darauf hingewiesen, daß das Hauptziel des Buches in der Vermittlung ökonomischen Wissens besteht. Die große Zahl von Übungsaufgaben, im Anschluß an jedes Kapitel spielt dabei eine wichtige Rolle.

Einige Aufgaben haben die Funktion, Details über die theoretische Struktur nachzuliefern, die im Text ausgelassen wurden. Andere wiederum sollen dem Leser die Möglichkeit geben, technische Fertigkeiten zu entwickeln und einzuüben. Ein Großteil der Übungsaufgaben hat jedoch den Zweck, den Leser die Wirtschaftstheorie auf reale ökonomische Streitfragen anwenden zu lassen und seine Intuition zu entwickeln. Viele der Probleme können unter Verwendung von wenig oder ohne Mathematik gelöst werden. Die Zahl der Übungsaufgaben mag sehr groß erscheinen, und mancher Leser würde vermutlich eine Anleitung zur Auswahl geeigneter Aufgaben zu schätzen wissen.

Man sollte zumindest die Aufgaben lösen, auf die im Text hingewiesen wird. Antworten, Hinweise und Lösungsvorschläge für einige Übungsaufgaben finden sich am Ende des Buches.

Es wird keine mathematische Einführung geben, die alle im Text verwendeten Werkzeuge bereitstellt. Auch findet man kein einführendes Kapitel über den Untersuchungsgegenstand der Wirtschaftswissenschaften oder darüber, was das Gleichgewichtskonzept bedeutet und was den Unterschied zwischen exogenen und endogenen Variablen ausmacht. Der Grund für diese Auslassungen ist, daß nach meiner Meinung neue mathematische Techniken und neue Konzepte leichter durch die Praxis und Anwendung verinnerlicht werden.

Einige Abschnitte im Text haben einen Stern. Sie enthalten fortgeschritteneres Material, das ohne den Faden zu verlieren weggelassen werden kann. Die Übungsaufgaben mit Stern sind die schwierigsten. Es werden im Text einige Vereinbarungen getroffen, die den mathematischen Puristen ärgern könnten. Wenn eine Funktion maximiert wird, wird ohne weitere Hinterfragung angenommen, daß ein Maximum existiert; wenn eine Funktion einmal (oder zweimal) differenziert wird, dann wird einfach die Differenzierbarkeit der Funktion vorausgesetzt. Wenn auf eine schwache Ungleichung verbal Bezug genommen wird, dann lautet der Wortlaut so, als handele es sich um eine strenge Ungleichung. Z.B. wird eine nichtabnehmende Funktion als „wachsende" Funktion bezeichnet.

Die erste Vereinbarung wurde getroffen, um mathematische Streitfragen, die in diesem Stadium zu schwierig wären, zu vermeiden; die zweite Übereinkunft dient der Klarheit der Sprache. Ich hoffe, daß kein Leser mehr als Langeweile erdulden muß. Die Gleichungen werden fortlaufend innerhalb eines Kapitels numeriert. Wenn ich mich auf die Gleichung mit der Nummer (17) des Kapitels 2 beziehe, dann bezeichne ich sie im Kapitel 2 als Gleichung (17) und in einem anderen Kapitel als Gleichung (2.17).

Ich bin vielen Personen zu Dank verpflichtet. Das vorliegende Buch basiert auf der Vorlesungsmitschrift eines ursprünglich von Frank Hahn und Steve Nickel an der LSE gehaltenen Kurses. Von beiden habe ich eine große Stoffmenge einschließlich Übungsaufgaben geerbt.

Ein Großteil dieses Materials hat in der einen oder anderen Form in diesem Buch überlebt. Ich schulde meinen früheren Kollegen an der LSE Steve Glaister, Richard Jackman und insbesondere Bob Gould Dank für Kommentare, Kritik und Diskussionen. Ich erhielt ausführliche, nützliche und ermutigende Kommentare von John Hey und einem anderem anonymen Referenten. Ich habe ihren Rat nicht immer angenommen und mir verbleibt die volle Verantwortung für verbleibende Fehler und Unzulänglichkeiten.

Ich danke dem Senat der Universität London für die Erlaubnis, Prüfungsaufgaben der Universität zu verwenden. Dort wo Antworten auf Übungsaufgaben gegeben werden, ist die Universität London für den Inhalt dieser Antworten nicht verantwortlich. Schließlich danke ich Marianne Tappers und John Jarman für das Schreiben der verschiedenen Fassungen der Arbeit.

Alasdair Smith

Vorwort des Übersetzers

Ohne Kenntlichmachung wurden offensichtliche Druckfehler des Originals korrigiert. Gelegentlich wurde „firm“ mit Unternehmung oder Firma übersetzt, obwohl beide Begriffe streng auseinander zu halten sind.

An dieser Stelle sei erwähnt, daß das vorliegende erfolgreiche Lehrbuch auch eine Übersetzung ins Japanische erfahren hat.

Für die eigentliche Arbeit danke ich (erneut) meiner Frau.

U. Schittko

Kapitel 1
Angebot und Nachfrage

1.1 Einführung

Ein Großteil dieses Buches ist auf die Rolle der Preise bei der Bestimmung der Allokation von Produktivkräften konzentriert. Dabei wird festgelegt, welche Güter produziert werden und wer die produzierten Güter konsumiert. Wir beginnen deshalb mit der Frage, wie Preise bestimmt werden und welchen Einfluß sie auf Produktion und Konsum haben.

Die Tatsache, daß wir uns bei der Diskussion der Allokation der Produktivkräfte auf das Preissystem (oder den Marktmechanismus) konzentrieren, bedeutet nicht, daß dieses System bei der Organisation der wirtschaftlichen Aktivitäten das einzige oder das beste ist. Ein guter Grund damit zu beginnen ist jedoch, daß das Studium des Preissystems uns einige wichtige Prinzipien lehrt, die man auf das Studium anderer wirtschaftlicher Organisationsformen anwenden kann.

Der Schlüssel für eine sinnvolle Analyse der Preisbestimmung und ihrer Effekte ist, zuerst **getrennt** auf das Verhalten von Anbietern und Konsumenten von Gütern zu sehen, um dann ihr Zusammenwirken auf dem Markt zu studieren. In späteren Kapiteln schauen wir uns dann im Detail an wie Wirtschaftssubjekte, die Güter zum Verkauf anbieten, auf Preise reagieren werden und auch wie Konsumenten sich verhalten. Es ist aber zweckmäßig mit einer ziemlich oberflächlichen Sicht des Konsumenten- und Produzentenverhaltens zu beginnen, damit man so schnell wie möglich zur Funktionsweise des Preissystems gelangt.

Sei p der **Preis** eines Gutes. Sei das **Angebot** an diesem Gut mit y bezeichnet, das heißt, die Gesamtmenge des Gutes, die die Anbieter des Gutes zu verkaufen wünschen. Sei x die **Nachfrage** nach diesem Gut, das heißt, die Gesamtmenge, die die Konsumenten des Gutes zu kaufen wünschen. Einfache Annahmen, die wir über das Verkäufer- und Käuferverhalten machen wollen, sind die folgenden: (i) Der Betrag, den die Verkäufer zu verkaufen wünschen, hängt vom Preis ab, wobei das Angebot sich mit dem Preis erhöht, das heißt,

$$y = y(p) \quad y'(p) > 0, \tag{1}$$

wobei $y'(p)$ die Ableitung von y nach p ist; (ii), die von den Konsumenten nachgefragte Menge hängt vom Preis ab und nimmt ab, wenn der Preis sich erhöht, d.h.,

$$x = x(p) \quad x'(p) < 0, \tag{2}$$

wobei $x'(p)$ die Ableitung von x bezeichnet. Die Funktion $y(p)$ wird **Angebotsfunktion** genannt, während man mit $x(p)$ die **Nachfragefunktion** bezeichnet.

In diesem Stadium ist die einzige Rechtfertigung für die Annahme, daß das Angebot eine wachsende Funktion und die Nachfrage eine abnehmende Funktion des Preises sind, ein Appell an den gesunden Menschenverstand. Wenn sich die Preise erhöhen, wird das Güterangebot profitabler und es wird lohnender den

Arbeitern für mehr Arbeit mehr zu zahlen. Ferner werden Investitionen zur Vergrößerung des Geschäftsumfanges attraktiver und Wirtschaftssubjekte, die in anderen Aktivitäten beschäftigt sind, werden von diesen abgezogen und in den Bereich strömen, die Güter zu einem hohen Preis anbieten werden. All diese Kräfte bewirken, daß das Angebot sich bei steigendem Preis erhöht. Auf der Nachfrageseite verschlechtert eine Preiserhöhung die Situation für die Konsumenten und macht das betroffene Gut im Vergleich zu anderen Gütern teurer, so daß man von einem typischen Konsumenten erwarten kann, daß er die Nachfragemenge reduzieren möchte. Insbesondere könnte ein Preisanstieg manche Konsumenten veranlassen, ihre Käufe eines bestimmten Gutes auf Null zurückzuschrauben. Diese Gründe bewirken, daß die Nachfrage bei einem Preisanstieg zurückgeht. In den folgenden Kapiteln 2 bis 4 wird eine strengere Theorie des Anbieter- und Nachfragerverhaltens entwickelt. Unter anderem werden wir deutlich sehen, daß die Ableitung von Angebots- und Nachfragekurven erfordert, daß sich Anbieter und Nachfrager annahmegemäß als **Preisnehmer** verhalten. Das heißt, jeder individuelle Konsument und jeder individuelle Produzent betrachtet den Preis des Gutes als eine Größe, auf die er keinen Einfluß oder keine Kontrolle ausüben kann.

1.2 Gleichgewicht und Stabilität

Wir können die Graphen der Funktionen $y(p)$ und $x(p)$ im selben Diagramm einzeichnen. Obwohl die übliche Konvention in der Mathematik so ist, daß die unabhängige Variable auf der horizontalen Achse erscheint, wird im speziellen Fall die umgekehrte Konvention fast ohne Ausnahme verfolgt, so daß wir p auf der vertikalen Achse abtragen, wie im Diagramm der Figur 1.1.

Die Graphen von $y(p)$ bzw. $x(p)$ werden Angebotskurve bzw. Nachfragekurve genannt. Der Punkt, in dem sie sich schneiden, ist von besonderer Wichtigkeit. Der Preis p^*, der durch

$$y(p^*) = x(p^*) \tag{3}$$

definiert wird, das heißt der Preis, zu dem die von den Anbietern zu verkaufen gewünschten Mengen gleich den von den Konsumenten zu kaufen gewünschten Mengen sind, heißt **Gleichgewichtspreis** und die Menge $q^* = y(p^*) = x(p^*)$ heißt die Gleichgewichtsmenge.

Da die Angebotskurve ansteigt und die Nachfragekurve nach unten geneigt verläuft, folgt, daß es höchstens einen Gleichgewichtspunkt gibt. (Leicht kann man Angebots- und Nachfragekurven zeichnen, die sich nicht in einem Punkt schneiden, in dem p^* und q^* positiv sind. Da negative Preise und negative Mengen bedeutungslos sind, bleibt es dem Leser überlassen darüber nachzudenken, was in derartigen Fällen passiert. Man vergleiche hierzu die Übungsaufgaben 1.2 und 1.4).

Die Bedeutung des Gleichgewichtspunktes erkennt man am besten dadurch, daß man sich überlegt, was bei anderen Preisen passiert. Wenn p sich von p^* unterscheidet, dann unterscheidet sich das Angebot von der Nachfrage und es ist nicht allen Anbietern und allen Nachfragern möglich, das Gewünschte zu erreichen.

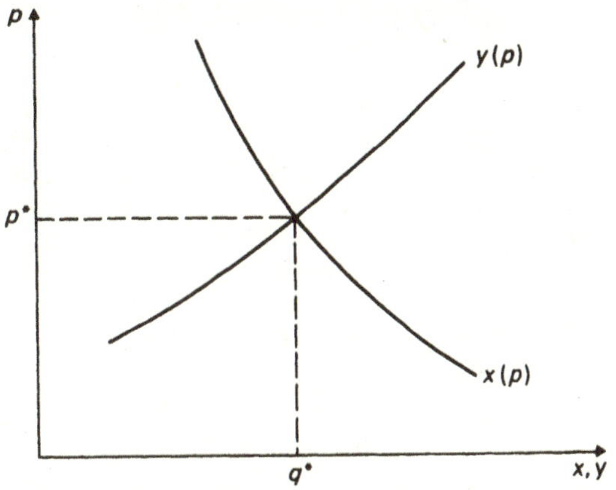

Figur 1.1 Gleichgewicht von Angebot und Nachfrage

Wenn p größer als p* ist, dann übersteigt y(p) die Größe x(p), und das Angebot ist größer als die Nachfrage. Die Konsumenten möchten weniger kaufen als die Anbieter verkaufen wollen, so daß die Anbieter auf unverkauften Gütern sitzen bleiben. Plausibel ist, daß in Reaktion auf diese Situation die unbefriedigten Verkäufer den Preis reduzieren möchten. Andererseits, wenn p geringer als p* ist, übersteigt die Nachfrage das Angebot und die Konsumenten werden nicht in der Lage sein, das zu kaufen was sie zu kaufen wünschen. Es ist plausibel, daß eine derartige Knappheit die unbefriedigten Konsumenten veranlassen wird, einen höheren Preis anzubieten. Somit scheint es, daß beim Start in einem ungleichgewichtigen Preis sich der Preis im Zeitablauf dem Gleichgewicht nähert, da die **Überschußnachfrage** den Preis erhöhen und ein **Überschußangebot** den Preis senken wird. Wenn dies tatsächlich der Fall wäre, sollten wir p* als **stabilen** Gleichgewichtspreis bezeichnen. In Wirklichkeit kann die Stabilität nicht aus einem so einfachen Argument deduziert werden, denn wir müssen sorgfältiger darauf sehen wie sich Anbieter und Nachfrager verhalten, wenn der Markt nicht im Gleichgewicht ist und was auf anderen Märkten passiert.

Märkte können verschiedenerlei Formen annehmen. Für bestimmte Güter kommen Anbieter und Nachfrager an einem Ort zusammen, an dem sie tatsächlich miteinander handeln. In anderen Fällen kommen Verkäufer und Käufer durch Telefon oder andere elektronische Mittel in Kontakt. Für die meisten Güter sind Verkäufer und Käufer räumlich getrennt und verteilt und nicht unbedingt über alle Tatsachen informiert. Die oben vorgestellte Theorie ist in vielen Fällen eine plausible Approximation der Realität und das informelle Argument über die Stabilität überzeugt zur Genüge davon, daß der Marktpreis sich nahe oder auf seinem Gleichgewichtsniveau befindet. (Wenn man etwas überlegt sollte es offensichtlich sein, daß ein instabiles Gleichgewicht von geringem Interesse wäre). Bald werden wir jedoch einige Situationen studieren, die nicht gut zu dieser Theorie passen. Der nächste Abschnitt ist einem Beispiel gewidmet, in dem das Gleichgewicht auf einem Markt nicht stabil sein muß.

1.3 Der Spinnwebzyklus

Auf vielen Agrarmärkten können die Anbieter im Augenblick ihrer Produktionsentscheidung den Marktpreis nicht kennen, zu dem sie ihr Produkt verkaufen werden. Zum Beispiel muß ein Eierproduzent, bevor er seine Eier verkaufen kann, eine Stallung bereitstellen und Nahrungsmittel für die Hühner kaufen. Nehmen wir an, daß die Eiermenge, die er in einem Jahr verkaufen kann, von den Entscheidungen abhängt, die er im letzten Jahr getroffen hat. Wenn die Eierpreise hoch sind, möchte er so viele Eier wie möglich verkaufen, und wenn die Eierpreise niedrig sind, möchte er so wenig wie möglich verkaufen. Wenn er aber seine Entscheidung heute trifft, muß er schätzen, welche Preise im nächsten Jahr gefordert werden. Er kann die Preise in diesem Jahr als besten Anhaltspunkt dafür benutzen, wie die Preise im nächsten Jahr sein werden.

Ein einfaches Beispiel einer derartigen Situation wird durch

$$\begin{aligned} y_t &= bp_{t-1} \\ x_t &= \alpha - \beta p_t \end{aligned} \tag{4}$$

gegeben, wobei b, α, β positive Konstante sind und t und $t-1$ sich auf die verschiedenen Jahre beziehen. Das Angebot im Jahre t hängt vom Preis des Vorjahres ab, denn dieser war der Schätzwert des Anbieters für den Preis im Jahre t, während der Konsument sich nach dem Gegenwartspreis richtet. Im Jahr t ist das Angebot gleich y_t, und falls die Eier nicht gelagert werden, müssen die Eierpreise auf dem Niveau sein, das sicherstellt, daß das Angebot auch nachgefragt wird. Das heißt,

$$\alpha - \beta p_t = bp_{t-1}, \tag{5}$$

sodaß der diesjährige Preis auf den Vorjahrespreis durch die Gleichung

$$p_t = \frac{\alpha}{\beta} - \frac{b}{\beta} p_{t-1} \tag{6}$$

bezogen wird. Der Preis p_t, der die Gleichung (5) für ein gegebenes p_{t-1} erfüllt, ist ein **markträumender** Preis, denn er garantiert, daß die Nachfrage gleich dem Angebot ist. Im Modell des vorhergehenden Abschnitts wurde der markträumende Preis Gleichgewichtspreis genannt, und zwar der Preis, zu dem sowohl die Anbieter und Nachfrager ihre Pläne erfüllen konnten. In diesem Modell ist der markträumende Preis nicht der Gleichgewichtspreis. Die Anbieter planen y_t zum Preis p_{t-1} zu verkaufen, aber dieser Plan wird nur erfüllt, wenn der Preis p_t gleich p_{t-1} ist. Also erfüllte der Gleichgewichtspreis p^* die Beziehung $p_t = p_{t-1} = p^*$ **und** die Gleichung (6), so daß gilt

$$p^* = \frac{\alpha}{\beta} - \frac{b}{\beta} p^* \tag{7}$$

Dies impliziert $p^* = \alpha/(b + \beta)$, $q^* = b\alpha/(b + \beta)$. Subtrahieren wir (7) von (6), dann ergibt sich

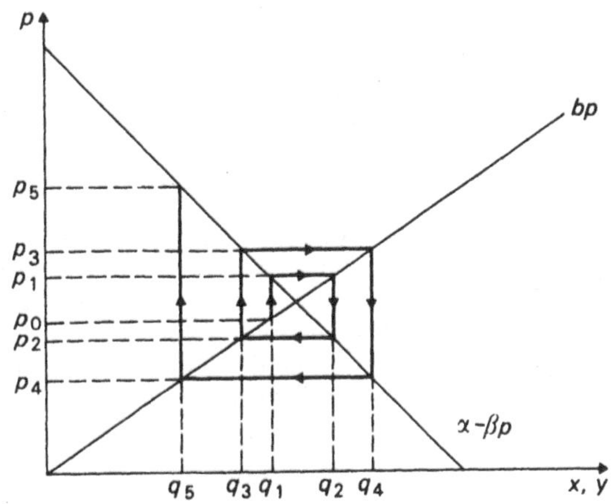

Figur 1.2 Ein instabiler Spinnwebzyklus

$$p_t - p^* = -\frac{b}{\beta}(p_{t-1} - p^*), \tag{8}$$

so daß für $b > \beta$ der Preis $p_t - p^*$ dem Betrage nach größer als $p_{t-1} - p^*$ ist (mit entgegengesetztem Vorzeichen). Jedes Jahr bewegt sich der Preis weiter vom Gleichgewicht weg, so daß das Gleichgewicht instabil ist. Dieser Fall wird in Figur 1.2 illustriert, in der die Bewegung des Preises und der Menge über die Zeit hinweg ein Muster beschreibt, das unter dem Namen „Spinnwebzyklus" bekannt ist. Leicht sieht man jedoch, daß für $b > \beta$ der Spinnwebzyklus stabil sein wird. Die Preise bewegen sich zum Gleichgewichtspreis hin. Es ist dem Leser überlassen (vergleiche Übung 1.3) ein Diagramm für den stabilen Fall zu zeichnen und darüber nachzudenken, warum ein instabiler Spinnwebzyklus nicht sehr plausibel ist.

1.4. Komparative Statik: Der Effekt einer Verkaufssteuer

Falls das Marktgleichgewicht für ein Gut stabil ist, sollten der tatsächliche Preis und die verkaufte Menge nahe an ihren Gleichgewichtswerten liegen. Wenn man herausfinden kann, wie das Marktgleichgewicht sich auf irgendeine Störung hin verändert, weiß man ungefähr, wie sich der tatsächliche Preis und die Menge verändern werden. Wenn man untersucht, wie sich das Gleichgewicht auf sich ändernde Bedingungen hin ändert, betreibt man **komparative Statik**.

Betrachten wir einen Markt, auf dem eine Verkaufssteuer mit dem Betrag t für jede verkaufte Gütereinheit erhoben wird. Der Anbieter erhält den Preis p, während der Konsument den Preis π zu zahlen hat, wobei

$$\pi = p + t \tag{9}$$

Das Angebot ist eine Funktion von p, aber die Nachfrage ist funktional abhängig von π, so daß im Gleichgewicht

$$y(p) = x(\pi) \tag{10}$$

gilt. Für einen gegebenen Wert von t liefern (9) und (10) ein Paar simultaner Gleichungen für die Unbekannten p und π. Ohne Kenntnis der exakten Form der Funktionen y und x, können wir die Gleichungen nicht nach p und π auflösen. Doch können wir untersuchen was passiert, wenn sich t verändert.

Nehmen wir an, daß für einen bestimmten Wert von t die Preise p und π Werte annehmen, die (9) und (10) erfüllen. Falls t nun erhöht würde, müßten sich p und π verändern, um (9) und (10) zu befriedigen. Dies bedeutet, daß (9) und (10) die Größen p und π als **implizite Funktionen** von t definieren (implizit deshalb, weil wir die Gleichungen für p und π nicht tatsächlich auflösen können). Wenn wir die Tatsache berücksichtigen, daß p und π Funktionen von t sind, können wir beide Seiten der Gleichungen (9) und (10) bezüglich t differenzieren und erhalten

$$\frac{d\pi}{dt} = \frac{dp}{dt} + 1 \tag{11}$$

$$y'(p) \ \frac{dp}{dt} = x'(\pi) \frac{d\pi}{dt}, \tag{12}$$

wobei die Kettenregel der Differentiation einer Funktion benutzt wurde, um (12) aus (10) zu erhalten. Der Grund dafür, daß (11) und (12) in einem Gleichgewicht gelten müssen ist, daß nach wie vor (9) und (10) erfüllt sein müssen. Wenn sich also t verändert, muß die Veränderung von π gleich der Veränderung von $p + t$ sein und die Veränderung von y muß der Veränderung von x gleichen, damit der Markt im Gleichgewicht bleibt.

Wir können nun (11) und (12) für dp/dt und $d\pi/dt$ auflösen und erhalten

$$\frac{dp}{dt} = \frac{x'(\pi)}{y'(p) - x'(\pi)} \tag{13}$$

$$\frac{d\pi}{dt} = \frac{y'(p)}{y'(p) - x'(\pi)} \tag{14}$$

Da $x'(\pi) < 0$ und $y'(p) > 0$, folgt, daß $dp/dt < 0$ und $d\pi/dt > 0$ sind. Die Veränderung der Menge wird durch beide Seiten der Gleichung (12) gegeben, da gilt $q = y(p) = x(\pi)$ und damit

$$\frac{dq}{dt} \qquad = \frac{x'(\pi)\, y'(p)}{y'(p) - x'(\pi)} \tag{15}$$

so daß $dq/dt < 0$ ist. Ein Anstieg der Steuer erhöht den Preis, den der Konsument zu zahlen hat und reduziert den Preis, den der Anbieter erhält und reduziert somit die verkaufte Menge.

Wir haben nichts darüber ausgesagt, wer tatsächlich die Steuer an den Staat abführt. Die Analyse zeigt jedoch, daß es tatsächlich irrelevant ist, wer die Steuerlast trägt. Es kommt nur darauf an, daß ein Unterschied zwischen p und π entsteht und daß eine Vergrößerung dieses Unterschiedes erfordert, daß sowohl p

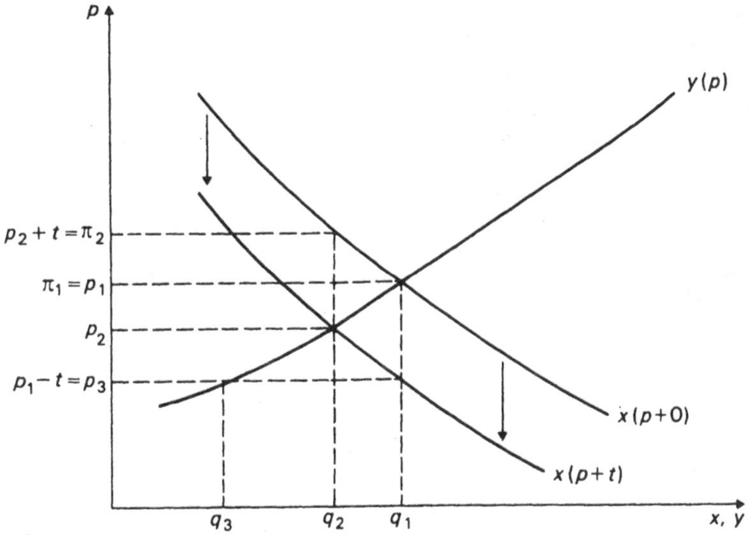

Figur 1.3 Der Effekt einer Verkaufssteuer

fällt als auch π steigt. Das Ausmaß, in dem p fällt und π steigt bestimmt den Anteil, der vom Anbieter und vom Konsumenten aufgebracht wird.

Eine diagrammatische Veranschaulichung dient zur Klärung des Sachverhaltes. Die Figur 1.3 zeigt p auf der vertikalen Achse. Mit $t=0$ und $\pi=p$ haben wir zum Preis p_1 und der Menge q_1 ein Gleichgewicht. Die Auferlegung der Steuer t verschiebt die Nachfragekurve um den Betrag t vertikal nach unten. Zum Beispiel würden zum Preis π_2 die Konsumenten q_2 ohne eine Steuer nachfragen. Mit einer Steuer von t würde nur dann, wenn der Preis p den Wert $p_2 = \pi_2-t$ annimmt, der Konsument sich dem Preis π_2 gegenüber sehen, zu dem er bereit ist, die Menge q_2 zu konsumieren.

Tatsächlich ist der Preis p_2 der neue Gleichgewichtswert von p, da zu diesem Preis die Anbieter die Menge q_2 anbieten, die der Menge entspricht, die die Konsumenten zum Preis $\pi_2 = p_2 + t$ nachzufragen wünschen. Der Unterschied $p_2 - \pi_1$ ist der Teil der Steuer, der durch die Konsumenten getragen wird, während $p_1 - p_2$ der Teil ist, der auf die Verkäufer entfällt. Die Teile addieren sich zu t.

Daß es nicht darauf ankommt, wer tatsächlich die Steuer t an den Staat bezahlt, kann man wie folgt einsehen. Sei angenommen, daß sich der Markt im Gleichgewicht im Punkte (p_1, q_1) ohne Steuern befindet. Nun soll eine Steuer im Betrage von t an den Staat bezahlt werden. Falls die Konsumenten weiterhin den Preis $\pi_1 = p_1$ bezahlen, werden die Verkäufer nach Steuer nur p_1-t erhalten und das Angebot wird auf q_3 abnehmen, während die Nachfrage bei q_1 bleibt. Wir haben eine Überschußnachfrage, die den Gleichgewichtspreis nach p_2 nach oben drückt. Die Verkäufer **überwälzen** einen Teil der Steuer auf die Konsumenten.

Man sieht, daß sich im Diagramm nur die Nachfragekurve verschiebt, während die Angebotskurve fest bleibt. Dies ist nur deswegen der Fall, weil wir auf der vertikalen Achse p, und nicht π abgetragen haben. Man prüfe selber nach

(Übungsaufgabe 1.8), ob bei einem alternativen Diagramm mit π auf der vertikalen Achse das tatsächliche Ergebnis **genau** dem oben beschriebenen entspricht.

Obwohl einige Verkaufssteuern in Form eines festen Geldbetrages für jede verkaufte Einheit erhoben werden (in England z.B. die Steuer für alkoholische Getränke), ist eine gebräuchlichere Form der Verkaufssteuer eine Steuer, die mit einem festen Prozentsatz auf den Verkaufspreis erhoben wird. Dann gilt $\pi = p(1+t)$, wobei t der Verkaufssteuersatz ist. Wenn zum Beispiel der Verkaufssteuersatz 15% beträgt ist $t = 0{,}15$ und π ist 1,15 mal p. Es ist dem Leser überlassen (vergleiche Übungsaufgabe 1.9) die komparativ statischen Effekte auf p, π und q abzuleiten, wenn sich der Steuersatz in einem derartigen Fall verändert.

1.5 Funktionen mehrerer Variablen

Man kann sich sehr leicht vorstellen, daß andere Variablen als der Preis eines Gutes das Angebot und die Nachfrage beeinflussen könnten. Wir werden beispielsweise erwarten, daß die Nachfrage des Konsumenten sowohl vom Konsumenteneinkommen als auch vom Preis abhängt. Wir schreiben dies wie folgt

$$x = x(p, m), \tag{16}$$

wobei m das durchschnittliche Einkommen des Konsumenten auf diesem Markt bezeichnet. Mathematisch formuliert sagen wir, daß x eine Funktion von mehr als einer unabhängigen Variablen ist. Dies ist eine natürliche Erweiterung des Konzeptes einer Funktion einer Variablen. Zum Beispiel könnten wir die folgende Funktion haben

$$x = 10p^{-1}m^2 + 5m \tag{17}$$

Um den Wert von x zu ermitteln, müssen wir die Werte von p und m kennen. Jedem Paar von Werten für p und m entspricht ein eindeutiger Wert von x.

Wir können eine Funktion mehrerer Variablen nach einer Variablen differenzieren. Dies ergibt eine **partielle Ableitung**. Zum Beispiel wird die partielle Ableitung der Funktion (17) bezüglich m dadurch gefunden, daß man p als Konstante behandelt und x als Funktion von m allein auffaßt und die Ableitung von x bezüglich m ermittelt. Dies ergibt

$$\frac{\partial x}{\partial m} = 20p^{-1}m + 5 \tag{18}$$

Ähnlich erhalten wir, wenn wir m als konstant behandeln, die partielle Ableitung nach p, nämlich

$$\frac{\partial x}{\partial p} = -10p^{-2}m^2 \tag{19}$$

Das Symbol ∂ wird anstatt von d benutzt um uns daran zu erinnern, daß andere Variablen, die konstant gehalten werden, in der Funktion vorkommen. Das mathematische Vorgehen und die Interpretation sind mit der gwöhnlichen Differentiation identisch. $\partial x/\partial m$ gibt uns den Effekt auf die Variable x bei einer Veränderung von m bei konstantem p an.

Wenn p und m selbst Funktionen anderer Variablen sind, erhalten wir verschiedene Erweiterungen der Kettenregel der Differentiation. Wenn $p = p(z)$ ist, dann kann x als Funktion von z und m definiert werden und zwar durch $x(z, m) = x(p(z), m)$ und die Anwendung der Kettenregel ergibt das Resultat, daß z die Variable x über p beeinflußt und es gilt

$$\frac{\partial x}{\partial z} = \frac{\partial x}{\partial p} \frac{dp}{dz}, \tag{20}$$

wobei uns die Notation wiederum daran erinnert, daß x auch eine Funktion von m ist, wobei m für die Differentiation konstant gehalten wird. Falls wir $m = m(w)$ haben, dann ergibt sich der Effekt von w auf x durch

$$\frac{\partial x}{\partial w} = \frac{\partial x}{\partial m} \frac{dm}{dw} \tag{21}$$

Wenn sowohl p als auch m Funktionen derselben Variablen sind, z.B. $p = p(z)$ und $m = m(z)$, dann ist letztendlich x eine Funktion von z allein. Der Effekt von z auf x kann durch das folgende einfache Argument abgeleitet werden. Man kann sich den Effekt von z auf p und m wie folgt in zwei Schritten vorstellen: Zuerst beeinflußt eine Veränderung von z die Größe p bei konstanten m und dann ändert es m bei konstantem p. Der Effekt des ersten Schrittes auf x wird durch $(\partial x/\partial p)(dp/dz)$ gegeben, während der Effekt des zweiten Schrittes durch $(\partial x/\partial m)(dm/dz)$ gegeben wird. Der Gesamteffekt auf x besteht aus der Summe der beiden Effekte, so daß wir erhalten

$$\frac{dx}{dz} = \frac{\partial x}{\partial p} \frac{dp}{dz} + \frac{\partial x}{\partial m} \frac{dm}{dz} \tag{22}$$

(Wobei das Zeichen für die gewöhnliche Differentiation auf der linken Seite von (22) die Tatsache wiederspiegelt, daß x letztendlich eine Funktion einer einzigen Variablen z ist).

Zu guter Letzt betrachten wir die Möglichkeit, daß $p = p(m)$. In der Tat ist dies zum vorhergehenden Fall identisch, wobei $m = z$ ist, so daß wir $dm/dz = 1$ haben. Also impliziert (22), daß der folgende Ausdruck gilt

$$\frac{dx}{dm} = \frac{\partial x}{\partial p} \frac{dp}{dm} + \frac{\partial x}{\partial m} \tag{23}$$

Wichtig ist, daß man sich den Unterschied zwischen $\partial x/\partial m$ und dx/dm klar macht. Der erste Ausdruck gibt den direkten Effekt von m auf x an, während der letztere den Gesamteffekt bezeichnet, wenn auch die Abhängigkeit von p von m betrachtet wird.

1.6 Komparative Statik: Der Einfluß des Konsumenteneinkommens

Wenn das Angebot wie vorher vom Preis abhängt, die Nachfrage aber vom Preis und vom Konsumenteneinkommen abhängig ist, dann wird ein Gleichgewicht durch die Gleichung

$$y(p) = x(p, m) \tag{24}$$

definiert. Wenn m sich verändert, wird sich x verändern, und um ein Gleichgewicht aufrecht zu erhalten, muß sich y verändern und somit auch p. Also bedeutet die Gleichung (24), daß p eine implizite Funktion von m ist. Wenn sich m verändert, müssen sich beide Seiten von (24) mit der gleichen Rate verändern, wenn der Markt im Gleichgewicht bleiben soll, d.h.

$$y'(p)\frac{dp}{dm} = \frac{\partial x}{\partial p}\frac{dp}{dm} + \frac{\partial x}{\partial m}, \tag{25}$$

wobei wir die linke Seite dadurch erhalten, daß wir die gewöhnliche Kettenregel auf die linke Seite von (24) anwenden, während die rechte Seite durch die Gleichung (23) gegeben ist.

Der Kürze halber verwendet man häufig untere Indizes, um die gewöhnliche und partielle Differentiation zu bezeichnen. Somit können wir y_p für $y'(p)$, x_p für $\partial x/\partial p$ und x_m für $\partial x/\partial m$ verwenden. Lösen wir (25) nach dp/dm auf, ergibt dies

$$\frac{dp}{dm} = \frac{x_m}{y_p - x_p} \tag{26}$$

Da im Gleichgewicht die verkaufte Menge q gleich y(p) und gleich x(p,m) ist, geben beide Seiten von (25) den Effekt von m auf q an, nämlich

$$\frac{dq}{dm} = \frac{x_m y_p}{y_p - x_p} \tag{27}$$

Wie zuvor gilt $y_p > 0$ und $x_p < 0$, während wir für die meisten Güter sinnvollerweise annehmen, daß $x_m > 0$ ist. Also folgt $dp/dm > 0$ und $dq/dm > 0$. Das heißt, eine Erhöhung des Konsumenteneinkommens erhöht sowohl den Preis als auch die im Gleichgewicht verkaufte Menge.

All dies kann man in einem Diagramm illustrieren. Für einen gegebenen Wert von m wird eine Nachfragekurve gezeichnet die wiedergibt, daß x bei steigendem p fällt. Die Angebotskurve verläuft wie zuvor. Die Figur 1.4 zeigt den Effekt eines Anstiegs von m. Zu jedem Wert von p werden die Konsumenten mehr nachfragen, da ihr Einkommen höher ist. Der Anstieg des Einkommens verschiebt die Nachfragekurve nach rechts und verschiebt den Gleichgewichtspunkt auf der Angebotskurve von A nach B.

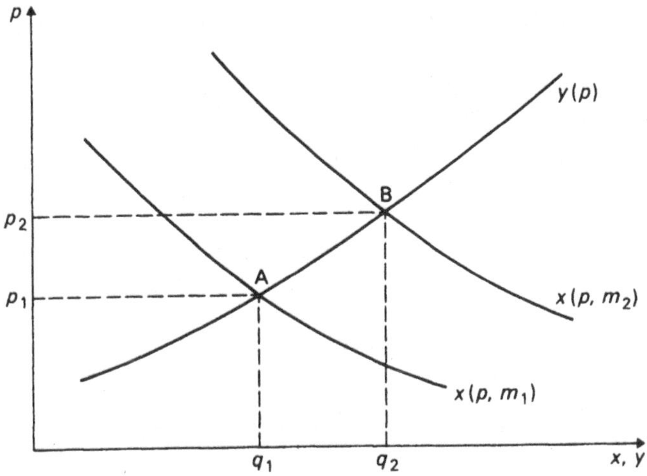

Figur 1.4 Der Effekt eines Einkommensanstiegs

1.7 Exogene und endogene Variablen

In jedem der komparativ statischen Beispiele, die wir oben betrachtet haben, vereinbarten wir, wie einige Variablen mit anderen verknüpft sind. Dies erlaubte uns, die Situation durch eine Anzahl von Gleichungen zu beschreiben. In üblicher Terminologie haben wir die Situation durch ein „Modell" beschrieben.

In jedem unserer Modelle haben wir eine Anzahl von Variablen, deren Gleichgewichtswerte durch das Modell bestimmt werden. Sie werden **endogene** Variablen genannt. Variablen, deren Werte außerhalb des Modelles bestimmt werden, heißen **exogene** Variablen. Im Modell der Verkaufssteuer sind p, π und q endogen, während t exogen ist und durch den Staat bestimmt wird. Im Modell, in dem der Effekt der Konsumenteneinkommen mit eingeschlossen wird, sind p und q endogen, während m exogen ist. Die komparative Statik befaßt sich mit den Effekten einer Veränderung der exogenen Variablen auf die Werte der endogenen Variablen.

Im Angebots-Nachfragediagramm erscheint eine exogene Veränderung als eine Verschiebung einer (oder möglicherweise beider) Kurven, wobei die Veränderung der endogenen Variablen durch die einherfolgende Verschiebung des Gleichgewichtspunktes dargestellt wird, der durch den Schnittpunkt der Kurven gegeben ist.

Wichtig ist zu erkennen, daß viele verschiedene exogene Variablen Effekte auf bestimmten Märkten auslösen können. Zum Beispiel wird das Angebot eines landwirtschaftlichen Produktes vom Wetter abhängen. Wir könnten dies gemäß

$$y(p, r, s) = x(p, m) \tag{28}$$

modellieren, wobei r die Regenmenge, s die Sonnenscheindauer (jede dieser Größen wird in geeigneten Einheiten gemessen) bezeichnen. Dann können die

Effekte von Veränderungen von r oder s auf das Marktgleichgewicht wie eine Veränderung von m analysiert werden.

Sogar recht nebulöse Dinge können betrachtet werden, wie z.B. der Einfluß einer Veränderung der Mode. Wir können schreiben

$$y(p) = x(p, f) \tag{29}$$

wobei $\partial x/\partial f > 0$. Diese „dummy-Variable" f ist einfach eine Möglichkeit, um mathematisch eine Verschiebung der funktionellen Beziehung zwischen x und p zu beschreiben. Die Einheit in der f gemessen wird ist willkürlich wählbar. Die Analyse der Effekte einer Veränderung von f folgt genau der Vorgehensweise bei der Analyse einer Einkommensveränderung.

1.8 Komparative Statik mit Kreuzpreiseffekten

Die Nachfrage nach oder das Angebot an einem Gut wird von den Preisen anderer Güter beeinflußt. Zum Beispiel wird die Nachfrage nach Tee durch den Preis des Kaffees tangiert, das Angebot an Wolle durch den Preis, der für Schafe erzielt wird, usw. Deshalb wird das Gleichgewicht auf einem Markt von den Gleichgewichten auf anderen abhängen.

Betrachten wir z.B. den Effekt einer Kaffeesubvention auf den Teepreis. Das Gleichgewicht auf den Tee- und Kaffeemärkten wird durch folgende Gleichungen definiert.

$$y^t(p^t) = x^t(p^t, \pi^c) \tag{30}$$

$$y^c(p^c) = x^c(p^t, \pi^c) \tag{31}$$

$$\pi^c = p^c - s \tag{32}$$

Hierbei bezeichnet p^t den Preis des Tees, p^c den Preis, der durch die Kaffeeanbieter erzielt wird, π^c den Preis, der durch die Kaffeetrinker bezahlt wird, s die Subvention. y^t, y^c, x^t, x^c bezeichnen die Angebote an Tee und Kaffee, bzw. die Nachfragen nach Tee und Kaffee. Differenzieren wir beide Seiten aller drei Gleichungen und substituieren wir aus der dritten in die ersten beiden, erhalten wir

$$y_t^t \frac{dp^t}{ds} = x_t^t \frac{dp^t}{ds} + x_c^t \left(\frac{dp^c}{ds} - 1 \right) \tag{33}$$

$$y_c^c \frac{dp^c}{ds} = x_t^c \frac{dp^t}{ds} + x_c^c \left(\frac{dp^c}{ds} - 1 \right) \tag{34}$$

Hierbei gilt $y_t^t = dy^t/dp^t$, $x_c^t = \partial x^t/\partial \pi^c$ usw. Lösen wir diese beiden Gleichungen nach dp^t/ds und dp^c/ds auf, erhalten wir

$$\frac{dp^t}{ds} = \frac{-x_c^t y_c^c}{(y_t^t - x_t^t)(y_c^c - x_c^c) - x_c^t x_t^c} \tag{35}$$

$$\frac{dp^c}{ds} = \frac{-(y^t_t - x^t_t)\,x^c_c - x^t_c\,x^c_t}{(y^t_t - x^t_t)(y^c_c - x^c_c) - x^t_c\,x^c_t} \tag{36}$$

Hieraus folgt

$$\frac{d\pi^c}{ds} = \frac{-(y^t_t - x^t_t)\,y^c_c}{(y^t_t - x^t_t)(y^c_c - x^c_c) - x^t_c\,x^c_t} \tag{37}$$

Es ist sinnvoll anzunehmen, daß $y^t_t > 0$, $y^c_c > 0$, $x^t_t < 0$ und $x^c_c < 0$ gelten. Dies sind unsere üblichen Annahmen. Zusätzlich können wir annehmen, daß $x^t_c > 0$ und $x^c_t > 0$ gelten. Jedoch sind diese Annahmen nicht hinreichend, um das Vorzeichen jedes der obigen Ausdrücke angeben zu können. Es ist aber sinnvoll zu argumentieren, daß $(y^t_t - x^t_t)(y^c_c - x^c_c) - x^t_c\,x^c_t > 0$ gilt, obwohl der letzte Teil dieses Ausdrucks negativ ist. Dies bedeutet, daß eine Preisänderung einen größeren Effekt auf die Überschußnachfrage auf dem eigenen Markt hat als auf die Überschußnachfrage auf dem anderen Markt. Mit dieser zusätzlichen Annahme können wir zeigen, daß $dp^t/ds < 0$ und $d\pi^c/ds < 0$ gelten, so daß eine Kaffeesubvention den Preis des Tees und des Kaffees für den Konsumenten vermindert.

Ein interessanter Punkt bei dieser Analyse ist, daß sie die Komplexität eines, auf den ersten Blick, sehr einfachen Problems herausstellt. Eine Subvention auf den Kaffeekonsum reduziert den Preis für den Konsumenten auch dann, wenn ein Teil der Subvention durch den Anbieter absorbiert wird, der einen höheren Preis verlangt. Der niedrigere Kaffeepreis reduziert die Teenachfrage, was wiederum den Preis des Tees senkt. Dies scheint ein sinnvolles Argument zu sein, doch sahen wir, daß wir eine Annahme treffen müssen, damit im komplexen Ausdruck diese Schlußfolgerung richtig wird.

Eine diagrammatische Veranschaulichung (Figur 1.5) zeigt die Komplikationen auf. Wenn wir das Angebot und die Nachfrage nach Kaffee dem Konsumentenpreis π^c gegenüber stellen, wird sich der Effekt einer erhöhten Subvention in einer Verschiebung der Angebotskurve nach unten zeigen. Die Verschiebung entspricht dem Betrag der Subvention.

Falls p^t konstant wäre, würde sich das Gleichgewicht von A nach B in der Figur 1.5 bewegen. Die Senkung von π^c führt dazu, daß sich die x^t Kurve nach unten

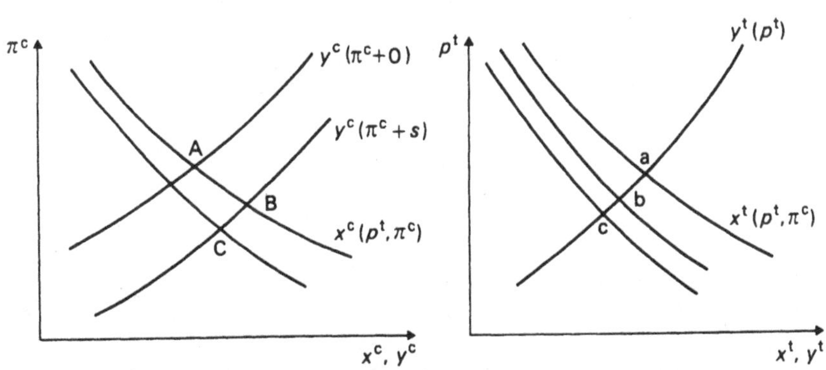

Figur 1.5 Der Effekt einer Kaffeesubvention auf die Märkte für Tee und Kaffee

verschiebt, wenn sich die Nachfrage nach Tee in Reaktion auf das Sinken des Kaffeepreises verändert, und sich das Teemarktgleichgewicht von a auf b in Figur 1.5 verschiebt. Das Senken von p^t reduziert die Nachfrage nach Kaffee und verschiebt das Gleichgewicht nach C, was wiederum einen Effekt auf den Teemarkt hat und diesen auf c verschiebt, was wiederum weitere Effekte verursacht. Um die lächerliche Schlußfolgerung, daß eine kleine Subvention auf den Kaffeekonsum eine endlose Spirale von Kaffee- und Teepreissenkungen zur Folge hat zu vermeiden, brauchen wir eine Annahme, die diesen Prozeß allmählich zu einem Ende bringt. Die Annahme, daß $(y_t^t - x_t^t)(y_c^c - x_c^c) - x_c^t x_t^c > 0$ gilt, bewerkstelligt dies. (Falls diese Annahme nicht erfüllt wäre, würde das Gleichgewicht nicht stabil sein).

1.9. Elastizitäten

In den komparativ statischen Problemen, die wir uns bis jetzt angesehen haben, hängt die tatsächliche Größe der Effekte exogener Veränderungen von der Größe der verschiedenen Ableitungen ab. Gleichung (13) und (14) zeigen, daß die Aufteilung der Last einer Steuer zwischen Verkäufer und Käufer von der relativen Größe von $x'(\pi)$ und $y'(p)$ abhängt; Gleichung (26) und (27) zeigen, daß der Effekt eines Einkommensanstiegs von den Größen von y_p, x_p und x_m abhängt.

In vielen ökonomischen Zusammenhängen wird jedoch die Größe einer Ableitung keine sehr hilfreiche Maßzahl sein, insbesondere deswegen nicht, weil sie von den Maßeinheiten abhängt. Wenn das Angebot eines Gutes in Tonnen und der Preis in Dollar gemessen wird, bedeutet die Aussage $y'(p) = 4$, daß ein Anstieg im Preis des Gutes um 1 Dollar das Angebot um ungefähr 4 Tonnen erhöhen wird. Bedeutet dies, daß das Angebot stark auf Preisänderungen reagiert? Wir wissen dies nicht, denn wir brauchen zusätzliche Informationen bevor wir sagen können, ob entweder die Preisänderung oder die Angebotsänderung groß ist. Insbesondere müßten wir wissen, wie der Ausgangspreis und das Ausgangsangebot größenmäßig beschaffen ist. Ein Anstieg um 1 Dollar ist ein großer Anstieg, wenn der laufende Preis 3 Dollar beträgt; es ist ein kleiner Anstieg, wenn der Preis heute 300 Dollar beträgt. Eine Erhöhung im Angebot um 4 Tonnen ist groß, wenn das laufende Angebot 10 Tonnen beträgt und klein, wenn das laufende Angebot 1000 Tonnen ausmacht.

Ein alternatives Maß, um die Reaktion des Angebots auf den Preis auszudrükken, ist die **Angebotselastizität**, die wie folgt definiert ist.

$$e_{yp} = \frac{p}{y}\frac{dy}{dp} \tag{38}$$

Dieses Maß kann auch wie folgt ausgedrückt werden

$$\frac{p}{y}\frac{dy}{dp} \simeq \frac{p}{y}\frac{\Delta y}{\Delta p} = \frac{\Delta y/y}{\Delta p/p} \tag{39}$$

Δy bezeichnet die Veränderung im Angebot, die auf eine kleine Änderung Δp des Preises einherfolgt und wobei $\simeq$ „ungefähr gleich" bedeutet. Die Ableitung einer Funktion enspricht nur approximativ dem Verhältnis der tatsächlichen Veränderung der abhängigen und unabhängigen Variablen, doch kann der Approximationsfehler beliebig klein gemacht werden, in dem man eine Veränderung Δp betrachtet, die hinreichend klein ist. Nun bezeichnet die rechte Seite von (39) das Verhältnis der **Prozentänderungen** von y und x. Also mißt die Angebotselastizität den Effekt einer Preisänderung auf die Angebotsänderung, wobei jede Veränderung als Anteil angegeben wird. Zum Beispiel bedeutet eine Angebotselastizität von 2, daß eine 1% Preisänderung ($\Delta p/p = 0{,}01$) eine Mengenänderung von ungefähr 2% zur Folge hat ($\Delta y/y \simeq 0{,}02$).

Leicht zeigt man (vergleiche Übungsaufgabe 1.18), daß

$$\frac{p}{y}\frac{dy}{dp} = \frac{d\log y}{d\log p} \tag{40}$$

gilt. Wir definieren analog für die Nachfragefunktion x(p, m) die **Preiselastizität der Nachfrage** als

$$e_{xp} = \frac{p}{x}\frac{\partial x}{\partial p} \tag{41}$$

und die **Einkommenselastizität der Nachfrage** als

$$e_{xm} = \frac{m}{x}\frac{\partial x}{\partial m} \tag{42}$$

Im Kaffee- und Teemarktbeispiel kommen **Kreuzpreiselastizitäten** vor, die wir wie folgt definieren. Die Kreuzelastizität der Teenachfrage bezüglich des Kaffeepreises wird gegeben durch

$$e^{t}_{xc} = \frac{\pi^c}{x^t}\frac{\partial x^t}{\partial \pi^c} \tag{43}$$

(Zwei kleine Probleme sollten erkannt werden. (i) Da $\partial x/\partial p < 0$, wird e_{xp} negativ sein. Dies wird oft als gegeben hingenommen und das Minuszeichen aus der Definition der Elastizität vernachlässigt. Die Aussage, daß die Preiselastizität der Nachfrage 1,5 beträgt, sollte man so interpretieren, daß $e_{xp} = -1{,}5$ gilt. (ii) In Zusammenhängen, bei denen klar ist, daß Einkommenseffekte und Kreuzpreiseffekte nicht diskutiert werden, werden Preiselastizitäten der Nachfrage und des Angebotes einfach als Nachfrage- und Angebotselastizitäten bezeichnet).

Betrachten wir nun wie Elastizitäten verwendet werden können, um die Aussagen unserer früheren Resultate zu verdeutlichen. Im Beispiel der Verkaufssteuer können die Resultate (13) und (14) umgeschrieben werden als

$$\frac{dp}{dt} = \frac{e_{x\pi}}{(\pi/p)e_{yp} - e_{x\pi}} \tag{44}$$

$$\frac{d\pi}{dt} = \frac{(\pi/p)e_{yp}}{(\pi/p)e_{yp} - e_{x\pi}} \tag{45}$$

Hierbei haben wir die Definitionen der Elastizitäten verwendet und die Tatsache, daß im Gleichgewicht $x = y$ gilt (hier schreiben wir die Nachfrageelastizitäten als $e_{x\pi}$, da $\pi \neq p$). Wir sehen, daß bei der Schreibweise in Elastizitätenform und nicht in maßstabsabhängiger Schreibweise mit Ableitungen, dies auf Kosten einer geringfügig höheren Komplexität geht. Jedoch zeigt sich, falls der Steuersatz t nicht sehr groß ist, daß der Ausdruck π/p nicht sehr viel größer als 1 sein kann. Wer muß dann die Steuer bezahlen? Die Antwort ist, daß die Last vom Verkäufer und Konsumenten im Verhältnis $-e_{x\pi}$ zu $(\pi/p) \cdot e_{yp}$ getragen wird.

Einige Spzialfälle sind interessant. Wenn $e_{yp} = 0$, dann wird $d\pi/dt = 0$ sein und $dp/dt = -1$, so daß die Last der Steuer völlig auf den Verkäufer entfällt. Wenn jedoch $e_{x\pi} = 0$, dann $d\pi/dt = 1$ und $dp/dt = 0$, so daß der Konsument voll die Last der Steuer trägt. Bei gegebenem $e_{x\pi}$, wird, je höher e_{yp} ausfällt, ein umso größerer Teil der Steuer auf den Konsumenten entfallen. Andererseits wird bei gegenem e_{yp} ein größerer Teil der Last der Steuer auf den Verkäufer fallen, je höher $|e_{x\pi}|$ ist. Diese Resultate können leicht in Diagrammen, wie das der Figur 1.3, illustriert werden. Ein Grenzfall ist dann gegeben, wenn entweder die Nachfragekurve oder die Angebotskurve horizontal verlaufen. Sei angenommen, daß dies die Angebotskurve ist. Dann gibt es einen Wert von p, zu dem die Anbieter gewillt sind, jede Menge anzubieten. Es gibt also keine wohldefinierte Angebotsfunktion $y = y(p)$, aber da $dp/dy = 0$ ist, erscheint es natürlich, wenn man sagt, daß die Angebotselastizität unendlich ist. Da p fest ist und $\pi = p + t$, folgt daraus, daß $d\pi/dt = 1$ und dann $q = x(p + t)$. Wiederum zeigt ein Diagramm, wie das der Figur 1.3, das Resultat. Man erkennt auch das Resultat, daß bei unendlicher Nachfrageelastizität die Steuer nur auf den Verkäufer entfällt.

Im Einkommensveränderungen involvierenden Beispiel können die Resultate (25) und (26) wie folgt umgeschrieben werden:

$$\frac{m}{p}\frac{dp}{dm} = \frac{e_{xm}}{e_{yp} - e_{xp}} \tag{46}$$

$$\frac{m}{q}\frac{dq}{dm} = \frac{e_{xm}\, e_{yp}}{e_{yp} - e_{xp}} \tag{47}$$

Hierbei sind die Definitionen der Elastizitäten verwendet worden und die Tatsache, daß $q = y = x$ im Gleichgewicht gilt. Man sieht, daß die linke Seite jeder Gleichung auch in Elastizitätenform steht. Aus (46) sehen wir, daß auf Märkten mit kleinen Nachfrage- und Angebotselastizitäten Veränderungen des Konsumenteneinkommens große Preisänderungen hervorrufen.

Wir sahen oben, daß Variablen, wie die Wetterbedingungen oder die Mode, in Angebots- und Nachfragemodelle genau so eingeführt werden können wie das Konsumenteneinkommen vorstehend berücksichtigt wurde. Somit werden wir erwarten, daß jede exogene Veränderung große Effekte auf Preise auf den Märkten hat, in denen sowohl die Nachfrage- als auch die Angebotselastizitäten klein sind. Es gibt gute Gründe, daß auf vielen Agrarmärkten Nachfrage- und Angebotselastizitäten gering sind. Und tatsächlich ist es so, daß viele Agrarmärkte tatsächlich beträchtliche Preisvariabilität aufweisen, wie die Theorie vorhersagt.

1.10 Kurzfristige und langfristige Elastizitäten

Auf vielen Märkten ist es wahrscheinlich, daß sich der unmittelbare Einfluß einer exogenen Veränderung von den letztendlich stattfindenden Effekten unterscheidet. Der Grund hierfür ist, daß sowohl die Angebots- als auch die Nachfrageelastizitäten langfristig eher größer sind als sie es in der kurzen Frist waren.

Betrachten wir einen Markt für ein verderbliches Gut. Nehmen wir an, daß der Markt für frische Fische betrachtet wird, wobei die frischen Fische in ihrer Qualität innerhalb eines Tages abnehmen, auch wenn sie im Kühlschrank aufbewahrt werden. Fischhändler stellen am Morgen eine gewisse Menge bereit und beginnen den Verkauf. Wenn die Nachfrage geringer als erwartet ist, befürchten sie, daß sie auf unverkauftem Fisch sitzen bleiben, der nicht für den Verkauf am nächsten Tag gelagert werden kann, so daß der Preis auf das Niveau abgesenkt wird, auf dem der gesamte Bestand verkauft wird.

Dies wird in Figur 1.6 illustriert. Sei angenommen, daß die Nachfrage für einige Zeit auf dem Niveau war, wie es durch die Nachfragekurve $x_1(p)$ beschrieben wird, und das Gleichgewicht im Punkt A lag. Die Fischhändler würden jeden Tag gerne die Menge q_1 zum Preis p_1 verkaufen. Nehmen wir nun an, daß irgendein Grund die Nachfrage nach frischem Fisch vermindert. Die Nachfragekurve verschiebt sich von $x_1(p)$ auf $x_2(p)$. Die Fischhändler wollen die Menge q_1 verkaufen und der Preis muß auf p_2 abgesenkt werden, da jeder Fischhändler eher seinen Preis senkt als auf nicht verkauftem Fisch sitzen bleibt. Die Angebotskurve ist im wesentlichen die Vertikale y_1. Die Angebotselastiztität beträgt Null.

Aber in den darauffolgenden Tagen haben die Fischhändler die Möglichkeit, ihren Bestand, den sie für den Verkauf bereit halten, zu verändern und wir würden erwarten, daß sie auf die niedrigeren Preise dadurch reagieren, daß sie ihre

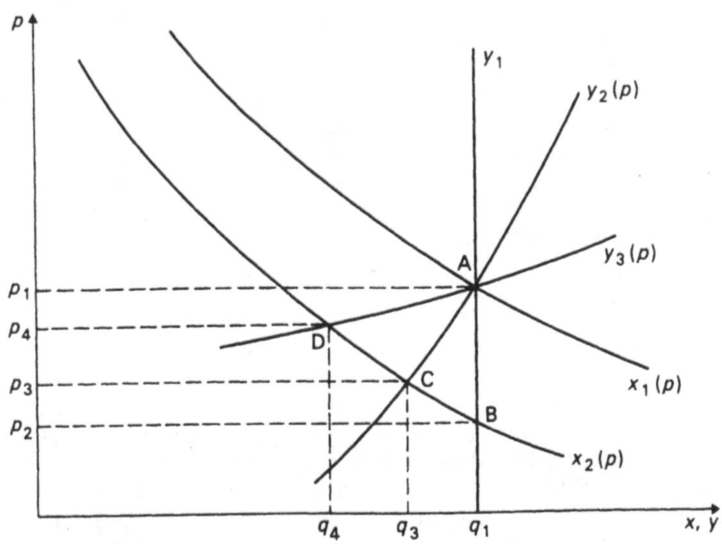

Figur 1.6 Der Markt für ein verderbliches Gut

angebotene Menge verringern. Dann haben wir die Angebotskurve $y_2(p)$ und ein neues Gleichgewicht im Punkte C.

Obwohl im Punkt C ein Gleichgewicht in dem Sinne gegeben ist, daß die Fischhändler, die freiwillig q_1 zum Preis p_1 anboten, nun die Menge q_3 zum Preis p_3 anbieten möchten, werden die Fischhändler mit ihrer neuen Situation weniger glücklich sein als sie es im alten Gleichgewicht A waren. Beim niedrigeren Preis werden manche entscheiden, daß es ihnen besser geht, wenn sie etwas völlig anderes anfangen. Einige Fischläden werden geschlossen, oder die Fischhändler werden sich auf den Verkauf anderer Güter umstellen. Manche Wirtschaftssubjekte, die Fisch verkauften, werden in andere Beschäftigungen überwechseln. Die angebotene Menge fällt und der Gleichgewichtspunkt verschiebt sich entlang der Nachfragekurve auf einen Punkt wie D. Die Angebotskurve ist die elastischere Kurve $y_3(p)$.

Eine ähnliche Schlußfolgerung trifft genau so gut für die Nachfrage nach vielen Gütern zu. Zuerst werden Preiserhöhungen relativ geringe Nachfragereduzierungen begründen, da die Konsumentenwünsche und -pläne inflexibel sind. Doch bei fortschreitender Zeit lernen die Konsumenten, insbesondere sehen sie billigere, alternative Güter und sie ändern ihre Pläne und Gewohnheiten, so daß sie in der Lage sind, den Konsum des Gutes, dessen Preis gestiegen ist, stärker zu reduzieren. Ein Beispiel liefert das Konsumentenverhalten auf Energiepreiserhöhungen hin, die in den 70er Jahren stattfanden. Kurzfristig kann man kaum etwas anderes tun, als die höheren Preise zu bezahlen. Aber mit der Zeit werden die Wirtschaftssubjekte kleinere Autos kaufen, ihre Häuser und Wohnungen isolieren, oder sich an größere Temperaturschwankungen gewöhnen etc. Die Nachfragefunktion nach Energie, die die unmittelbare Konsumentenreaktion beschreibt, ist viel weniger elastisch als die Funktion, die die endgültige Reaktion beschreibt.

Der übliche Gebrauch der Termini kurzfristig und langfristig sollte uns nicht veranlassen, zu denken, daß die Kalenderzeit endgültig in zwei Zeitabschnitte aufgeteilt werden kann. Die zentrale Idee ist jedoch, daß sowohl die Elastizität der Nachfrage als auch die des Angebotes von dem Ausmaß abhängen, in dem die Konsumenten und Verkäufer in ihren gegenwärtigen Entscheidungen durch die Effekte ihrer früheren Entscheidungen eingeengt werden. Je länger der Zeithorizont für ein uns interessierendes Problem ist, desto weniger wahrscheinlich werden solche Nebenbedingungen sein und desto größer ist der Bereich der Optionen, die den Konsumenten und den Verkäufern offen stehen und desto größer werden deshalb die Elastizitäten sein.

1.11 Angebot und Nachfrage nach Inputs

Auf vielen Märkten sind die Anbieter der gehandelten Güter Unternehmungen, die sich geschäftsmäßig mit der Produktion derartiger Güter befassen (Unternehmungen erstrecken sich in Art und Größe von einem Geschäft, dessen Eigentümer und Geschäftsführer eine einzige Person sind, bis zum anderen Extrem nämlich, daß wir eine gigantische multinationale Unternehmung zu betrachten haben). Die Nachfrager sind typischerweise einzelne Wirtschaftssubjekte, die das Gut konsumieren möchten. Es gibt jedoch viele Güter, die von Unternehmungen zur Produktion anderer Güter gekauft und verwendet werden. Diese Güter werden Inputs genannt und werden von den produzierten Gütern, die man Outputs nennt, unterschieden. Einige Güter sind für einige Firmen Outputs, während sie für andere Inputs sind. Diese Güter heißen **Zwischenprodukte** und schließen Güter wie Stahlbleche, Weizen und industrielle Chemikalien ein. Eine andere Kategorie von Inputgütern sind diejenigen, die nicht Ergebnis eines anderen Produktionsprozesses sind, nämlich Arbeit und Boden und andere natürliche Produktivkräfte. Man nennt diese **Produktionsfaktoren**.

Später werden wir detaillierter die Theorie der Nachfrage nach Inputs diskutieren, wobei wir auf Zwischenprodukte und Faktoren eingehen. Für den Augenblick nehmen wir an, daß es sinnvoll ist, daß bei Inputpreiserhöhungen die Firmen weniger davon einsetzten, so daß die Nachfrage eine abnehmende Funktion ihres Preises ist, wie es für die Konsumgüter der Fall war.

Das Angebot an Zwischenprodukten sollte nicht unterschiedlich vom Angebot der Konsumgüter modelliert werden. Für Produktionsfaktoren hingegen ist es plausibel, daß bei steigendem Faktorpreis die Faktorbesitzer vom Faktor mehr anbieten werden.

Also können wir auf Inputmärkten erwarten, daß wir eine abnehmende Nachfragefunktion und eine zunehmende Angebotsfunktion haben, so daß wir die Werkzeuge der Angebots- und Nachfrageanalyse, die wir vorstehend entwickelten, auf diese Märkte anwenden können.

1.12 Die ökonomische Rente

Es gibt jedoch ein mögliches Ergebnis auf einem Markt für einen Produktionsfaktor, das von speziellem Interesse ist. Einige Faktoren können nämlich fest angeboten werden.

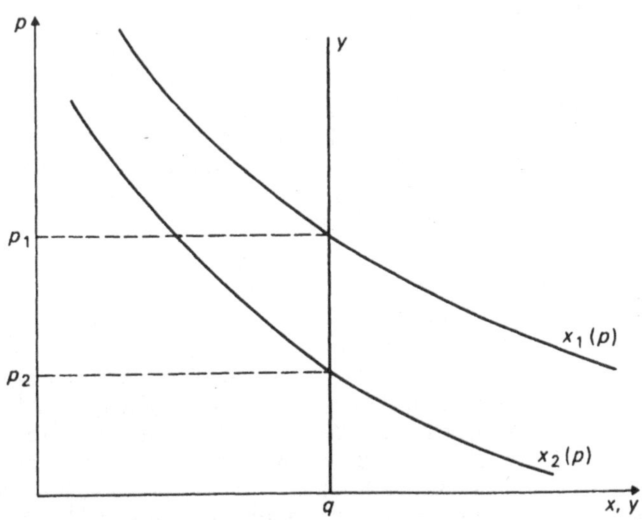

Figur 1.7 Der Markt für einen Produktionsfaktor, der fix angeboten wird

Diese Situation wird in Figur 1.7 abgebildet. Das Angebot ist bei der Menge q fixiert. Wenn die Nachfrage $x_1(p)$ ist, wird der Gleichgewichtspreis p_1 betragen. Wenn die Nachfrage auf $x_2(p)$ fällt, fällt der Preis auf p_2 und das Einkommen der Faktorbesitzer fällt von p_1q auf p_2q. Klarerweise veranlaßt dieses Einkommen die Faktorbesitzer q nicht freiwillig anzubieten. Sie bieten diesen Betrag ohne Rücksicht auf den Preis an, weil sie keine Alternative haben. Wir sagen, daß ihr Einkommen aus einer **ökonomischen Rente** besteht.

Das gleiche Wort „Rente" wird benutzt, um den Preis zu bezeichnen, der Landbesitzern für die Nutzung ihres Landes gezahlt wird. Die Eigentümer eines bestimmten Typs von Land in einer bestimmten Lage haben keine bessere Alternative als das Land zu der Rente zu verleihen, die auf dem Markt zu erzielen ist. (Der Landbesitzer kann natürlich das Land selbst nutzen, aber dies macht für das Argument keinen Unterschied). Wenn jedoch die von den Landbesitzern erzielten Einkünfte Zahlungen für Dienste einschließen, die sie selbst liefern, oder für Verbesserungen, die sie für ihren Boden gemacht haben, sind Rente und ökonomische Rente nicht synonym (weil es eine Alternative gibt, die Dienste nicht anzubieten bzw. die Verbesserungen nicht vorzunehmen). Wir werden später darauf zurückkommen.

1.13 Warnende Hinweise für das Verständnis von Angebot und Nachfrage

Einige der diesem Kapitel folgenden Fragen sollen einen Überblick über die außerordentliche Vielfalt interessanter und realistischer ökonomischer Probleme geben, die mit den einfachen hier entwickelten Techniken angegangen werden können. Man muß jedoch vorsichtig sein, die Techniken nicht zur Unzeit anzuwenden, wobei drei spezielle Warnungen angebracht sind.

Erstens haben wir in der oben entwickelten Theorie angenommen, daß sowohl Verkäufer als auch Käufer **Preisnehmer** sind. Sie nehmen den Preis zu dem das Gut gehandelt wird als gegeben an, und sie entscheiden, wieviel sie verkaufen oder kaufen möchten. Es gibt viele Märkte, auf denen dies nicht der Fall ist. Es ist unwahrscheinlich, daß General Motors den amerikanischen Automobilmarkt als einen Markt betrachtet, auf dem die Unternehmung zum laufenden Preis jede gewünschte Anzahl von Automobilen absetzen kann.

In Wirklichkeit ist es auf jedem Markt unmöglich, daß alle Preisnehmer sind, denn wer wäre dann verantwortlich für Preissenkungen, die aus dem Überschußangebot herrühren sollen? Die Unterscheidung ist in der Realität graduell, einmal zwischen Wettbewerbsmärkten, auf denen einige Verkäufer und/oder Käufer die Preise setzen, aber auf denen die Position jedes Individuums oder jeder Unternehmung so schwach ist, daß sie kaum die Wahl haben, einen bestimmten Preis zu setzen, und andererseits zwischen Märkten, auf denen Verkäufer und Käufer beträchtlichen Spielraum haben, den Preis zu setzen, zu dem sie zu handeln bereit sind. Angebots- und Nachfrageanalyse kann nur auf die erste Kategorie Anwendung finden und man muß beurteilen, ob ein spezieller Markt einen ausreichenden Grad von Wettbewerb hat, um die Theorie anwenden zu können.

Zweitens muß man sorgfältig sein, was man unter einem Markt für ein bestimmtes Gut versteht. Die Beispiele oben schließen die Diskussion des Eiermarktes ein, doch die Eier werden in unterschiedlichen Größen geliefert und sind an unterschiedlichen Orten verfügbar. Können wir vom englischen Eiermarkt sprechen, oder müssen wir vom Markt für braune Eier der Kategorie B in Cambridge unterschiedlich denken als von allen anderen Eiermärkten? Offensichtlich können wir triviale Unterschiede in der Spezifikation und im Ort der Verfügbarkeit ignorieren, wenn wir das gleiche Produkt betrachten, doch ist ein Urteil erforderlich, welche Differenzen trivial sind und dieses wird vom speziellen Zweck, für den die Analyse durchgeführt wird, abhängen.

Drittens ist die Theorie des Angebots und der Nachfrage eine **partielle Gleichgewichtsanalyse**, was besagt, daß wir auf den Markt für ein Gut schauen (oder auf eine kleine Gruppe von eng aufeinander bezogenen Gütern, wie Tee oder Kaffee) und diesen Markt in Isolation vom Rest der Volkswirtschaft betrachten. In einigen Fällen ist es die angemessene Vorgehensweise. Es wäre jedoch ein Fehler, z.B. den Arbeitsmarkt in einem Land als Ganzes zu betrachten und dabei die Tatsache zu ignorieren, daß die als Löhne gezahlten Einkommen von den Arbeitern für Güter ausgegeben werden und die Produktion dieser Güter den Input von Arbeit erfordert. Wiederum braucht man Urteilskraft, wann solche Zusammenhänge hinreichend gering sind, daß man sie ignorieren kann.

Wertungen sind in jeder Anwendung der hier entwickelten Theorie unvermeidlich. **Es gibt in der Realität keinen Markt, für den die Theorie eine genaue Beschreibung liefert**. Um ein guter Ökonom zu sein, muß man den Unterschied zwischen einem theoretischen Modell, das eine nicht genaue Beschreibung der Realität liefert und die wesentlichen Merkmale des zugrunde legenden Problems erfaßt, und theoretischen Modellen unterscheiden können, die die entscheidenden Punkte nicht berücksichtigen. Ob die Urteile des Wirtschaftstheoretikers in einem bestimmten Fall gute Urteile sind, wird letztendlich durch den Erfolg oder den Mißerfolg bei der Erklärung des beobachteten Verhaltens gezeigt. Wir sollten uns auch daran erinnern, daß die Wirtschaftler bezüglich des korrekten Ansatzes für bestimmte Streitfragen, oder über die korrekte Antwort auf bestimmte Probleme häufig uneins sind, obwohl die Meinungsverschiedenheiten nicht so weit verbreitet sind wie die populären Meinungen über die Wirtschaftswissenschaften uns glauben machen wollen.

Übungsaufgaben

1.1 Wenn die Nachfrage nach Benzin ansteigt, weil möglicherweise die Motorisierung gestiegen ist, wird dies tendenziell die Benzinpreise erhöhen. Dies widerspricht aber der Behauptung, daß es eine inverse Beziehung zwischen Nachfrage und Preis gibt. Nachfragekurven neigen sich nicht nach unten. Man enthülle den Trugschluß in diesem Argument.

1.2 Man zeichne
(i) ein Angebots-Nachfrage-Diagramm, in dem $x(0) < y(0)$;
(ii) ein Diagramm, in dem $p_x < p_y$ gilt, wobei $x(p_x) = 0$ und $y(p_y) = 0$ die Preise p_x und p_y definieren.

In beiden Fällen seien $x'(p) < 0$ und $y'(p) > 0$. Man beachte, daß Preise und Mengen nicht negativ werden können. Man diskutiere, was auf solchen Märkten passiert. Gibt es in beiden Fällen einen Gleichgewichtspreis und/oder eine Gleichgewichtsmenge?

1.3 Man stelle sich einen Eiererzeuger vor, der nach Beobachtung des Eiermarktes glaubt, daß ein instabiler Spinnwebzyklus beginnt. Welche Produktionspolitik würde der Eierproduzent verfolgen, um einen möglichst großen Gewinn zu erzielen? Bedeutete dies nicht, daß instabile Spinnwebzyklen weniger dauerhaft sein werden?

1.4 Man diskutiere
(a) die Existenz, und
(b) die Stabilität eines ökonomisch sinnvollen Gleichgewichts auf einem Markt, der durch

$$y_t = a + bp_{t-1}$$
$$x_t = \alpha - \beta p_t$$

beschrieben wird. Die Indizes beziehen sich auf die Zeitperiode; a, b, α, β sind Konstante und b, $\beta > 0$. Insbesondere beschreibe man sorgfältig, was in den Fällen passiert, in denen es kein Gleichgewicht mit positivem Preis und positiver Menge gibt, oder in denen das Gleichgewicht instabil ist (vgl. Aufgabe 1.2).

1.5 Man diskutiere den Markt, der durch

$$y_t = bp_t^e$$
$$x_t = \alpha - \beta p_t$$
$$p_t^e = \gamma p^* + (1 - \gamma)\, p_{t-1}$$

beschrieben wird. p_t^e ist der zum Zeitpunkt t erwartete Preis, p^* der Gleichgewichtspreis und γ eine Konstante, die der Bedingung $0 < \gamma < 1$ genügt.

1.6 Sei angenommen, daß der Milchmarkt zum Literpreis von p Pfennigen im Gleichgewicht ist. Man zeige die Effekte einer Subvention an die Milchproduzenten von s Pfennigen pro Liter.

1.7 Man nehme für den in Abbildung 1.3 beschriebenen Markt an, daß er sich bei (p_1, q_1) im Gleichgewicht befindet. Nun wird durch den Staat den Käufern die Verpflichtung auferlegt, pro gekaufte Einheit eine Steuer t zu zahlen. Man zeige, wie ein Teil dieser Steuer auf die Verkäufer überwälzt wird, so daß das Ergebnis im Gleichgewicht mit dem im Text diskutierten Fall übereinstimmt, bei dem die Steuer dem Verkäufer auferlegt wurde.

1.8 Gegeben sei eine diagrammatische Darstellung des Effektes einer Verkaufssteuer; jedoch sei anstatt p die Größe π auf der vertikalen Achse in der Abbildung 1.3 eingetragen.

1.9 Auf einem Markt, auf dem es eine als Anteil t des Verkaufspreises kalkulierte Verkaufssteuer gibt, so daß $\pi = p\,(1 + t)$ gilt, analysiere man den Effekt einer t-Veränderung.

1.10 Sei ein Markt gegeben, der durch

$$y = a + bp$$
$$x = \alpha - \beta\pi$$
$$\pi = p + t$$

beschrieben wird. Man leite explizite Lösungen der Gleichgewichtspreise und der Gleichgewichtsmenge als Funktionen von t ab. Man zeige, daß (13)-(15) gelten. Falls der Staat beabsichtigte, das Steueraufkommen zu maximieren, auf welchem Niveau würde er dann t setzen? Was geschieht mit der Gleichgewichtsmenge, wenn t von 0 auf das das Aufkommen maximierende Niveau erhöht wird?

1.11 Sei angenommen, daß der Weizenmarkt durch folgende Angebots- und nachfragefunktionen beschreiben werden kann:

$$y_t = 60\, p_{t-1}, \quad x_t = 11\,000 - 50 p_t$$

Man zeige, daß es fast sicher zu Schwankungen des Preises und der Menge kommt. Angenommen, der Staat versucht durch Einführung einer Steuer mit der Rate s auf den Marktpreis für Weizen den Markt zu stabilisieren, so daß der Konsumentenpreis $\pi_t = (1 + s)\, p_t$ beträgt. Man leite die Effekte dieser Politik ab und zeige, daß sie den Markt stabilisiert, wenn s hinreichend groß gewählt wird. Ferner gebe man eine intuitive ökonomische Erklärung, warum dies so sein könnte.

1.12 Sei $x(p, m) = 10p^{-1} m^2 + 5\, m$

(i) Falls $p = z^3$ und $m = e^{0.2w}$, bestätige man die Gültigkeit von (20) und (21).

(ii) Falls $p = z^2$ und $m = e^z$, bestätige man die Gültigkeit von (22).

(iii) Falls $p = \log_e m$, bestätige man die Gültigkeit von (23).

1.13 Sei ein Markt gegeben, der durch

$$y(p) = 2p$$
$$x(p, m) = 6m^2 p^{-1} + m$$

beschrieben wird. Man ermittle den Gleichgewichtspreis und die Menge explizit als Funktionen von m und bestätige, daß (26) und (27) gelten.

1.14 Man diskutiere anhand des durch Gleichung (28) beschriebenen Marktes den Effekt des Regens auf das Gleichgewicht, wenn man daran denkt, daß zu viel als auch zu wenig Regen sich negativ auf die Ernte auswirkt.

1.15 Man zeige den Effekt eines Anstiegs der Nachfrage nach Wolle auf den Preis von Hammelfleisch auf. Man analysiere den Effekt einer Verringerung der Nachfrage nach Zucker auf den Kaffeepreis.

1.16 Angenommen, es gibt in einer Stadt drei Haustypen: Häuser, die durch private Hauseigentümer vermietet werden; Häuser, die von ihren Eigentümer bewohnt werden, und Häuser, die von den Gemeinden (Sozialer Wohnungsbau) vermietet werden. Ferner sei angenommen, daß private Mieten und die Kosten eines Hauses frei auf Wettbewerbsmärkten bestimmt werden. Falls es eine feste Zahl von Häusern jedes Types gibt, diskutiere man die Effekte eines Anstiegs der Mieten für die Gemeindehäuser auf die privaten Mieten und auf die Kosten eines Hauses.

Sei nun angenommen, daß die Gesamtzahl der Häuser fest ist und ebenso die Anzahl der Gemeindehäuser, daß aber die anderen Häuser sich vom Eigentumstyp zum Vermietungstyp und umgekehrt verändern können. Man stelle die Faktoren heraus, die verantwortlich sind, daß sich die Häuser von einem Typ zum anderen verändern, wenn sich die Mieten der Gemeindehäuser erhöhen.

Sei nun angenommen, daß es freies Bauland in der Umgebung der Stadt gibt, das von Privaten zum Neubau eines Hauses verwendet werden kann, die Anzahl der Gemeindehäuser jedoch unverändert bleibt. Macht dies einen Unterschied für das Ergebnis aus?

1.17 Ist es möglich, daß der Zähler des Ausdrucks auf der rechten Seite der Gleichung (36) negativ ist, auch wenn der Nenner positiv ist? Welche intuitive Erklärung würde man für diese Möglichkeit (falls existent) beisteuern können; bzw. wie würde man das Nichtvorkommen dieses Falls erklären?

1.18 Man beweise die in Gleichung (40) angegebene Beziehung. Man errechne e_{yp}, falls $y = ap^b$, wobei a und b positive Konstanten sind. Man schreibe die Beziehung $y = ap^b$ als eine Beziehung zwischen log y und log p.

1.19 Man schreibe die Ergebnisse (35)-(37) in Elastizitätsform.

1.20 Man gebe die Antwort zu Übungsaufgabe 1.9 in Elastiztitätsform an.

1.21 Wenn V den Wert der von den Verkäufern des Gutes y angebotenen Güter bezeichnet und falls e die Elastizität des Angebotes ist, leite man ab, daß

$$\frac{dV}{dp} = y(1 + e)$$

1.22 Man zeichne ein Diagramm, um die Effekte einer Verkaufssteuer für die folgenden vier Fälle zu illustrieren:

(i) $e_{yp} = 0$; (ii) $e_{yp} = \infty$; (iii) $e_{x\pi} = 0$; (iv) $e_{x\pi} = -\infty$.

1.23 Für die Nachfragefunktion $x(p, m) = 6\,m^2 p^{-1} + m$ gebe man Preis- und Einkommenselastizitäten an. Man zeige, daß $1 < e_{xm} < 2$ und $-1 < e_{xp} < 0$ gilt, obwohl beide nicht konstant sind.

1.24 Die Nachfrageelastizität nach Zigaretten sei konstant gleich −1,2. Die Angebotselastizität sei unendlich. Der Konsumentenpreis für eine Packung Zigaretten beträgt 50 Pence. 40 Pence ist der Steueranteil. Der Staat beabsichtigt, sowohl das Rauchen zu vermindern als auch das Steueraufkommen zu erhöhen. Ist dies möglich? Bei welchem Steuerniveau würde das Steueraufkommen maximiert?

1.25 Falls der Staat die Steuer für Alkoholika mit dem Ziel das Steueraufkommen zu vergrößern erhöht, kann man dann darauf schließen, wie der Staat die Preiselastizität der Nachfrage nach alkoholischen Getränken einschätzt? Am einfachsten ist es, wenn der Fall einer unendlichen Angebotselastizität betrachtet wird.

1.26 Wie würde man die Antworten zu den Übungsaufgaben 1.6 und 1.14 verändern, falls man mögliche Unterschiede zwischen kurz- und langfristigen Elastizitäten in Rechnung stellt?

1.27 Ein Staat versucht den Handel mit Drogen zu reduzieren, einmal wegen der Gesundheitseffekte auf die Konsumenten und auch wegen der Beteiligung von Verbrechern als Anbieter. Sollte man (a) begrenzte Mengen von Narkotika an registrierte Abhängige freigeben, oder (b) die Strafen für den Drogenhandel erhöhen und die Bemühungen Zuwiderhandelnde zu fangen verstärken; oder (c) beide von den unter (a) und (b) genannten Maßnahmen verwirklichen, oder (d) schließlich das Angebot und den Konsum von Narkotika legalisieren? Welches spezielle Aussehen hat die Nachfrage eines Süchtigen? Dabei erinnere man sich, daß sich Angebots- und Nachfrageanalysen auf das Marktangebot und die Marktnachfrage beziehen, und sich nicht auf das Gesamtangebot und die Gesamtnachfrage.

1.28 „1980 war die Weltnachfrage nach Stahl gering (wegen der anhaltenden Weltrezession) und es gab beträchtliche Ausweitungen der Stahlproduktionskapazitäten in vielen Ländern. Als Ergebnis dieser Entwicklung lag der Stahlpreis sehr niedrig und einige Produzenten wurden des „Dumpings“ bezichtigt (Verkauf zu Preisen unter den Herstellkosten). Man kann nicht erwarten, daß solch niedrige Preise langfristig bestehen bleiben. Man übersetze diese verbale Analyse in eine formale Angebots- und Nachfrageanalyse.

1.29 Sei angenommen, daß das Einkommen von Buchhaltern viel höher ist, als das Einkommen anderer Wirtschaftssubjekte mit ähnlichen Fähigkeiten in anderen Berufen. Welcher langfristige Effekt ist für die Zahl der künftigen Buchhalter zu erwarten? Wie würde sich das Buchhaltereinkommen auf die lange Sicht verändern? Falls man die Zahl der Buchhalter in der Gesellschaft reglementieren könnte, etwa durch Erhöhung des Standards der beruflichen Prüfungen, und falls man wünschte, daß das Einkommensniveau der Buchhalter beibehalten wird, wie sollte man auf die Nachricht reagieren, daß eine große Zahl von Universitätsstudenten den Wunsch hat, Buchhalter zu werden?

1.30 In Großbritannien gibt es eine Abgabe für die Beschäftigten, die sog. „national insurance contributions“. Ein Teil dieser Abgabe wird durch den Arbeitgeber an den Staat gezahlt, der Rest durch den Arbeitnehmer. Die Theorie von Angebot und Nachfrage besagt, daß es irrelevant ist, wer für die tatsächliche Zahlung der Abgabe verantwortlich ist. Dennoch besteht eine politische Kontroverse darüber, wie groß die entsprechenden Anteile von Arbeitgeber und Arbeitnehmer sein sollten. Gibt es irgendeine Erklärung für die Existenz dieser Kontroverse außer einfach, daß den Politikern Grundlagenwissen über die Wirtschaft fehlt?

1.31 „Die Einwanderung läßt das Arbeitsangebot ansteigen und deshalb müssen die Löhne sinken“. Kommentar.

1.32 Es ist häufig der Fall, daß bei besonderen Sportveranstaltungen oder öffentlichen Konzerten Schwarzhändler Eintrittskarten zu Preisen weit über ihren ursprünglichen Preisen verkaufen. Was impliziert dies über die Relation zwischen dem Gleichgewichtspreis und dem Preis, der urspünglich vom Veranstalter gesetzt wurde? Gibt es eine Beziehung zwischen dem Gleichgewichtspreis und dem verlangten Schwarzmarkpreis? Warum verkauft der Veranstalter die Karten nicht zum Gleichgewichtspreis? Ist es, vom Veranstalter aus gesehen, klug, die Schwarzhändler abzuschrecken, z.B. den Verkauf von Karten an bekannte Schwarzhändler zu verweigern oder die Polizei auf sie zu hetzen?

1.33 (a) „Der Preis eines Gutes wird durch die Produktionskosten bestimmt“.
(b) „Der Preis eines Gutes beläuft sich auf einen Betrag, den ein Konsument bereit ist zu zahlen“.
(c) „Die Aussagen (a) und (b) können beide nicht richtig sein, wenn sich die Produktionskosten vom Betrag, den der Konsument zu zahlen gewillt ist, unterscheiden“.

(d) „Man kann sich deswegen streiten, ob es die obere oder die untere Schneide einer Schere ist, die das Papier zerschneidet, ebenso ob der Wert eines Gutes dadurch bestimmt wird, was der Konsument dafür zu zahlen gewillt ist, oder ob er die Produktionskosten wiedergibt." (Alfred Marshall, Principles of Economics, 1890).

Man diskutiere diese vier Behauptungen.

1.34 Der Preis einer von einem Weinhändler verkauften Flasche Wein kann wie folgt aufgespaltet werden: 35p Fracht, Zoll und Abfüllung, so daß eine 55p-Flasche Wein im Wert von 20p enthält und eine 80p-Flasche dann Wein im Wert von 45p enthält ... Grob gesprochen ist ein 80p-Wein mehr als zweimal soviel wert wie ein 55p-Wein". (A. Sichel, The Penguin Book of Wines, 1971). Ist dies ein guter Rat für Weintrinker?

Kapitel 2
Die Theorie des Produzentenverhaltens

2.1 Einführung: Die gewinnmaximierende Unternehmung

Im vorstehenden Kapitel haben wir auf der Basis eines sehr kurzen und informellen Arguments angenommen, daß sich das Angebot eines Gutes als wachsende Funktion seines Preises schreiben läßt, und die Nachfrage nach einem Input als abnehmende Funktion des Inputpreises. In diesem Kapitel entwickeln wir eine Theorie des Produzentenverhaltens, der diese Elemente der Theorie des Angebots und der Nachfrage rechtfertigt.

Die Unternehmungen, die in der Realität Güter produzieren und verkaufen, sind komplexe und heterogene Organisationen, deren Aktivitätsbereich und deren Motivationen nicht leicht in einer einzigen Theorie zusammengefaßt werden können. In unserer Theorie jedoch verwenden wir über das was eine Unternehmung tut und warum sie es tut, eine sehr einfache Sicht. Eine Unternehmung verwendet Inputs, deren Mengen mit $z_1, z_2, \ldots, z_n$ bezeichnet werden, um einen Output zu produzieren, dessen Menge mit y bezeichnet wird. Die für die Unternehmung offenstehenden technischen Möglichkeiten werden durch eine **Produktionsfunktion**

$$y = F(z_1, z_2, \ldots, z_n) \tag{1}$$

beschrieben, die die maximale Menge des Outputs, der aus einer Menge von Inputs produziert werden kann, angibt. Verschiedene Unternehmungen können verschiedene Produktionsfunktionen haben.

Ein Beispiel für eine Produktionsfunktion ist die Funktion

$$y = z_1^{1/2} z_2^{1/3} \tag{2}$$

Sie besagt z.B., daß mit vier Einheiten des ersten Inputs und acht Einheiten des zweiten Inputs die Firma vier Einheiten Output erstellen kann.

Als Ziel der Unternehmung wird die **Gewinnmaximierung** angenommen. Für den Augenblick nehmen wir an, daß sich die Unternehmung gegebenen Preisen für den Output und die Inputs gegenüber sieht. Falls die Inputs $z_1, z_2, \ldots, z_n$ die Preise $w_1, w_2, \ldots w_n$ haben, werden die Kosten der Unternehmung für die Inputs $w_1z_1 + w_2z_2 + \ldots + w_nz_n$ betragen, was wir als

$$\sum_{i=1}^{n} w_i z_i$$

schreiben.

Wenn der Preis des Outputs p beträgt, dann hat die Unternehmung einen Umsatz von py. Die Gewinne der Unternehmung sind deshalb gleich

$$py - \sum_{i=1}^{n} w_i z_i,$$

wobei die Unternehmung diesen Ausdruck so groß wie möglich haben möchte. Erinnern wir uns an die Beziehung (1) zwischen y und $z_1, z_2, \ldots, z_n$, dann können wir das Ziel der Unternehmung als

$$\max_{z_1, z_2, \ldots, z_n}! \; pF(z_1, z_2, \ldots, z_n) - \sum_{i=1}^{n} w_i z_i \tag{3}$$

schreiben. Die $z_1, z_2, \ldots, z_n$ unterhalb von max! erinnern uns an die Tatsache, daß diese Variablen Entscheidungsvariablen sind, während die Preise für die Unternehmung gegeben sind.

Für eine Unternehmung, deren Produktionsfunktion durch (2) gegeben ist und die sich Preisen von $p = 6$, $w_1 = 3$, $w_2 = 1$ gegenüber sieht, wird die Gleichung (3) zu

$$\max_{z_1, z_2}! \, 6 z_1^{1/2} z_2^{1/3} - 3 z_1 - z_2 \tag{4}$$

Die Maximierung einer Funktion von mehr als einer Variablen ist etwas schwieriger als die Maximierung einer Funktion einer einzigen Variablen. Wenn g eine Funktion von x_1, x_2 ist, dann kann kein Punkt (x_1, x_2), in dem irgend eine der partiellen Ableitungen $\partial g/\partial x_1$, $\partial g/\partial x_2$ ungleich Null ist, ein Maximum sein. Wenn z.B. $\partial g/\partial x_1 < 0$ gilt, können wir den Wert von y durch eine geringe Verminderung von x_1 bei konstant gehaltenem x_2 erhöhen. Also ist eine notwendige Bedingung für die Maximierung einer Funktion von mehr als einer Variablen, daß alle ihre partiellen Ableitungen Null sind.

Man erinnere sich jedoch daran, daß die Ableitung einer Funktion einer einzigen Variablen in Punkten Null sein kann, die nicht maximal sind. Wenn die Funktion ein Minimum oder einen Wendepunkt besitzt, wird ihre Ableitung dort Null sein. Ähnlich wird bei Funktionen von mehr als einer Variablen die notwendige Bedingung, daß die partiellen Ableitungen alle gleich Null sind nicht hinreichend dafür sein, daß wir ein Maximum gefunden haben. Für eine Funktion einer einzigen Variablen, wie z.B. $y = f(x)$, folgt, daß x_0 ein Maximum liefert, wenn $f''(x_0) < 0$ und $f'(x_0) = 0$ gilt. Dies ist der in der Figur 2.1 illustrierte Fall. Wir sagen, daß die Funktion f(x) konkav in einer Umgebung von x_0 verläuft.

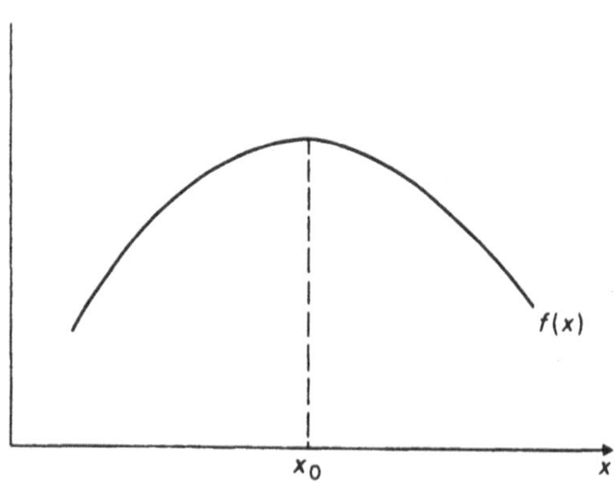

Figur 2.1 Eine konkave Funktion von x

Nun betrachten wir die Funktion $g(x_1, x_2)$. Jeder Punkt in Figur 2.2(a) stellt ein Wertepaar (x_1, x_2) dar. Sei angenommen, daß im Punkt A, $\partial g/\partial x_1$ und $\partial g/\partial x_2$ beide gleich Null sind. Zeichnen wir eine beliebige Gerade durch A und wählen beliebige Punkte B und C auf dieser Geraden nahe an A und jeweils gegenüberliegend. Wir können dann die Werte von $g(x_1, x_2)$ für die gesamten Punkte zwischen B und C wie in Figur 2.2(b) zeichnen. Wenn dieser Graph dieselbe konkave Gestalt als f(x) in Figur 2.1 für alle Geraden durch A aufweist, dann sagen wir, daß $g(x_1, x_2)$ konkav in einer Umgebung von A verläuft und offensichtlich wird in diesem Fall g in A ein Maximum haben.

Unglücklicherweise ist diese hinreichende Bedingung für die Maximierung, nämlich daß die Funktion in einer Umgebung des Punktes in dem ihre erste Ableitung gleich Null ist, konkav verläuft nicht analog zur Bedingung $f''(x_0) < 0$ in eine einfache Bedingung für Funktionen mehrerer Veränderlicher übersetzbar. (Man kann leicht partielle Ableitungen der zweiten Ordnung definieren, doch wird man in Übungsaufgabe 2.2 am Ende dieses Kapitels sehen, daß die Negativi-

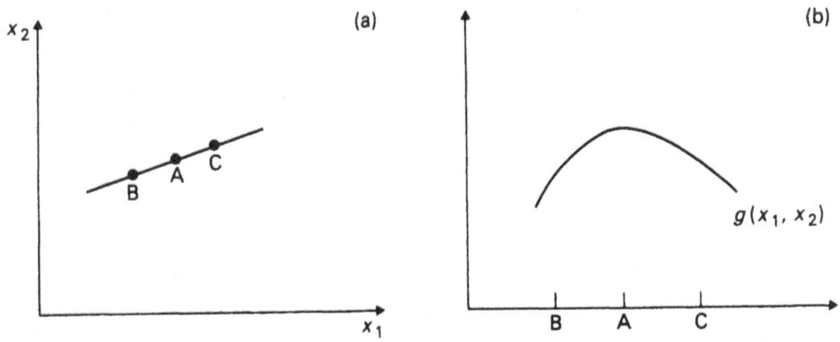

Figur 2.2 Eine konkave Funktion von (x_1, x_2)

tät der partiellen Ableitungen zweiter Ordnung einer Funktion zweier Variablen nicht hinreichend dafür ist, sicherzustellen, daß der Punkt, in dem die Ableitungen erster Ordnung gleich Null sind, maximal ist).

Kehren wir nun zum Problem (4) zurück und setzen die Ableitung der Funktion gleich Null, dann erhalten wir

$$3 z_1^{-1/2} z_2^{1/3} - 3 = 0$$

$$2 z_1^{1/2} z_2^{-2/3} - 1 = 0 \qquad (5)$$

Leicht sieht man, daß $z_1 = 4$, $z_2 = 8$ die einzigen Werte sind, die beide Gleichungen erfüllen. Um sicher zu gehen, daß $z_1 = 4$, $z_2 = 8$ den Gewinn maximieren, sollten wir überprüfen, ob die Funktion (4) in diesem Punkt konkav ist. Wir haben bis jetzt noch keine einfache Methode entwickelt, um dies zu tun; so ist es das beste was wir im Moment erreichen können, den Wert der Funktion in hinreichend vielen Punkten zu berechnen wo $z_1 \neq 4$ und/oder $z_2 \neq 8$ gilt, um uns davon zu überzeugen, daß wir in der Tat ein Maximum gefunden haben.

Im allgemeinen Problem (3), ergibt die Nullsetzung aller partiellen Ableitungen **n Bedingungen erster Ordnung**:

$$p \frac{\partial F}{\partial z_i} = w_i, \quad i = 1, 2, \ldots, n \tag{6}$$

Es gibt eine einfache ökonomische Begründung für diese Bedingungen. Die rechte Seite von Gleichung (6) stellt die Kosten der Verwendung einer zusätzlichen Einheit des Inputs i dar. Die linke Seite zeigt den Effekt auf den Output einer zusätzlichen Einheit des Inputs i multipliziert mit dem Preis des Outputs. $\partial F/\partial z_i$ heißt **Grenzprodukt** des Inputs i und $p\,\partial F/\partial z_i$ ist das **Wertgrenzprodukt**, nämlich der Ertrag, den man als Resultat einer zusätzlichen Verwendung einer Einheit von Input i erzielt. Wenn die Unternehmung eine Menge Inputs $(z_1, z_2, \ldots, z_n)$ gewählt hat, für die z.B. $p\,\partial F/\partial z_1 < w_1$ gilt, könnte sie den Gewinn durch die Reduzierung des Betrags von z_1 erhöhen, da dies die Kosten mehr senken würde als den Ertrag.

Es gibt jedoch einige scheinbar ganz einfache Produktionsfunktionen, für die die Bedingungen erster Ordnung keine Lösungen des Gewinnmaximierungsproblems liefern. Man versuche die gewinnmaximierenden Inputs in den folgenden Fällen zu ermitteln: (a) $y = z_1^{1/2} z_2^{1/2}$, $p = 2$, $w_1 = 1$, $w_2 = 1$; (b) $y = z_1^{1/2} z_2^{1/2}$, $p = 2$, $w_1 = 2$, $w_2 = 1$. Eine rein mathematische Vorgehensweise bei diesen Beispielen zeigt, daß das Problem hier bei den Bedingungen zweiter Ordnung liegt, die wir noch nicht richtig diskutiert haben. Jedoch werden wir erkennen, daß die wirtschaftliche Begründung der gewinnmaximierenden Handlungsweise der Unternehmung hilfreicher ist als ein rein mathematischer Ansatz.

2.2 Vektoren

Wenn wir uns mit einer Anzahl von Variablen, wie z.B. mit $(z_1, z_2, \ldots, z_n)$ befassen, ist es gebräuchlich eine kompaktere Notation zu verwenden. Wir werden eine derartige Variablenliste einen **Vektor** nennen und ihn als $\mathbf{z}$ schreiben. Ähnlich haben wir einen Vektor der Inputpreise $\mathbf{w} = (w_1, w_2, \ldots, w_n)$. Die Summe $\Sigma_1^n = w_i z_i$ heißt Skalarprodukt der Vektoren $\mathbf{w}, \mathbf{z}$ und wird geschrieben als $\mathbf{wz}$.

Wenn jedes Element des Vektors $\mathbf{z}$ mit der Zahl k multipliziert wird, erhalten wir den Vektor $(kz_1, kz_2, \ldots, kz_n)$ welcher auch als $k\mathbf{z}$ geschrieben wird.

Wenn $\mathbf{x}$ den Vektor $(x_1, x_2, \ldots, x_n)$ darstellt und $\mathbf{y}$ den Vektor $(y_1, y_2, \ldots, y_n)$, dann ist der Vektor $\mathbf{x} + \mathbf{y}$ gleich $(x_1 + y_1, x_2 + y_2, \ldots, x_n + y_n)$ und $\mathbf{x} - \mathbf{y}$ ist der Vektor $(x_1 - y_1, x_2 - y_2, \ldots, x_n - y_n)$.

Unter Verwendung dieser Notation können wir (3) umschreiben zu

$$\underset{\mathbf{z}}{\text{maximiere}}\, pF(\mathbf{z}) - \mathbf{wz} \tag{7}$$

und (6) zu

$$p \frac{\partial F}{\partial \mathbf{z}} = \mathbf{w}, \tag{8}$$

wobei $\partial F/\partial \mathbf{z} = (\partial F/\partial z_1, \partial F/\partial z_2, \ldots, \partial F/\partial z_n)$.

Für die Zwecke dieses Buches betrachten wir Vektoren nur als Kurzschrift. Falls man damit Schwierigkeiten hat, kann man die übliche Notation verwenden und alles ausschreiben.

2.3 Skalenerträge und Grenzerträge der Inputs

Wir müssen die Eigenschaften der Produktionsfunktionen nun detaillierter betrachten. Im Falle einer Produktionsfunktion mit zwei Inputs können wir ein Diagramm zeichnen, das den Sachverhalt zu klären hilft. In Figur 2.3 werden die Inputmengen z_1 und z_2 auf den Achsen abgetragen, während die verschiedenen möglichen Outputwerte y als Höhenlinien des Graphen gezeichnet sind. Diese Höhenlinien nennt man **Isoquanten**. Somit zeigt die Kurve $y = 10$ all diejenigen Werte von (z_1, z_2) für die $F(z_1, z_2) = 10$ gilt. Das Isoquantendiagramm zeigt auch die $y = 20$- und die $y = 30$-Isoquanten und es sollte offensichtlich sein, warum Isoquanten die weiter vom Ursprung entfernt liegen, höheren Outputniveaus entsprechen. Es ist nicht offensichtlich, warum die Isoquanten zum Ursprung hin gekrümmt verlaufen, aber eine Erklärung dafür muß warten.

Wir sollten uns dafür interessieren, wie sich der Output auf Änderungen der Inputs hin ändert. Es gibt zwei verschiedene Inputänderungen, die wir zu betrachten haben. Die erste Änderung wird im Isoquantendiagramm durch den Pfeil von A nach B aufgezeigt. Bei konstantem z_2 wird z_1 erhöht. Eine ähnliche Bewegung wird durch eine Bewegung von A nach C im Diagramm dargestellt, wo sich z_2 bei konstantem z_1 erhöht.

Im allgemeinen Fall der Produktionsfunktion $y = F(z_1, z_2, \ldots, z_n)$ wird eine derartige Veränderung durch die partielle Ableitung gemessen. Wenn sich z_i verändert **und alle anderen Inputs konstant gehalten werden**, wird die Veränderung von y durch $\partial F/\partial z_i$ gegeben. Diese partielle Ableitung, die auch $\partial y/\partial z_i$ oder F_i geschrieben werden kann, heißt Grenzprodukt des Inputs i.

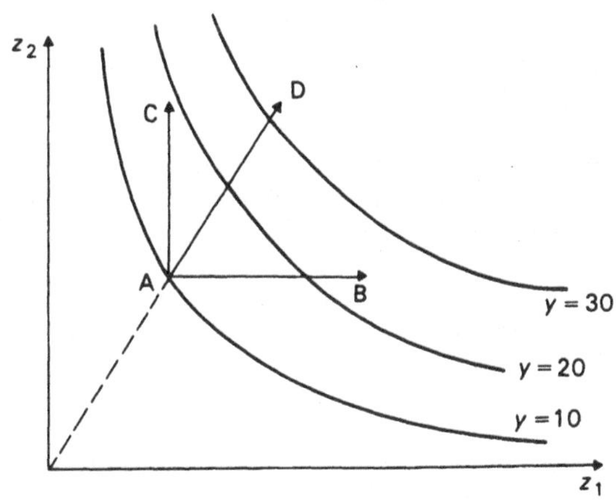

Figur 2.3 Ein Isoquantendiagramm

Im Allgemeinen wird angenommen, daß die Produktionsfunktion die Eigenschaft hat, daß das Grenzprodukt $\partial F/\partial z_i$ sich mit wachsendem z_i vermindert. Diese Eigenschaft wird dadurch charakterisiert, daß man sagt, der Input i weist **abnehmende Grenzerträge** auf. Dies wird in Figur 2.4 illustriert, in der die Beziehung zwischen y und z_1 für gegebene Werte von $z_2, z_3, \ldots, z_n$ aufscheint. Wir stellen uns ein Isoquantendiagramm als eine Höhenlinienkarte eines Berges vor, in dem der Wert von y in jedem Punkt die Höhe vom Grund zu diesem Punkt ist. Dann zeigt Figur 2.4 (für n = 2) ein Querschnitt durch den Berg entlang der Ost-West-Geraden, wie der durch die Punkte AB.

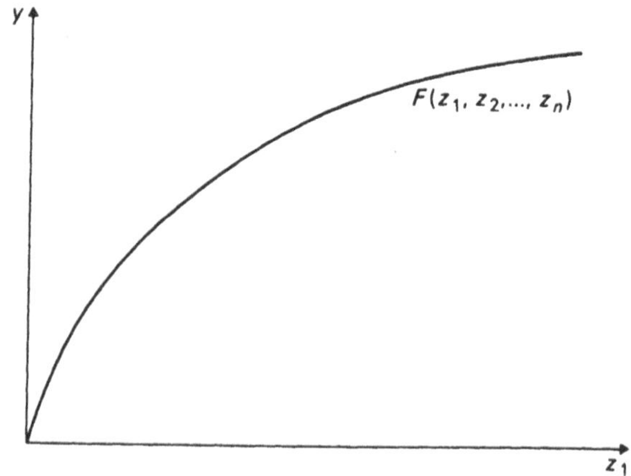

Figur 2.4 Abnehmende Grenzerträge von z_1

Normalerweise ist klar, ob $\partial F/\partial z_i$ mit z_i abnimmt oder nicht, doch im Zweifelsfall kann man $\partial F/\partial z_i$ nach z_i differenzieren und man erhält

$$\frac{\partial^2 F}{\partial z_i^2} = \frac{\partial}{\partial z_i}\left(\frac{\partial F}{\partial z_i}\right), \tag{9}$$

die partielle Ableitung der zweiten Ordnung. Für abnehmende Grenzerträge ist es erforderlich, daß $\partial^2 F/\partial z_i^2 < 0$ gilt.

Es ist auch interessant, eine zweite Art von Inputveränderung zu betrachten, bei der sich alle Inputs zusammen mit der gleichen Rate verändern. Dies wird in Figur 2.3 durch den Pfeil von A nach D dargestellt, der eine proportionale Veränderung von z_1 und z_2 angibt, da er aus dem Ursprung kommt. Im allgemeinen wird bei der Darstellung einer derartigen Erhöhung für den Inputvektor **z** so vorgegangen, daß wir diesen einfach mit einer Konstanten k multiplizieren, um den neuen Vektor k**z** zu erhalten. Zum Beispiel hat der Vektor 2**z** genau zweimal so viele Inputs wie der Vektor **z**.

Wenn für $k > 1$

$$F(k\mathbf{z}) = kF(\mathbf{z}) \tag{10}$$

gilt, dann sagen wir, daß die Produktionsfunktion **konstante Skalenerträge** aufweist. Wenn dagegen

$$F(k\mathbf{z}) > kF(\mathbf{z}), \tag{11}$$

gilt, weist die Funktion **wachsende Skalenerträge** auf. Falls schließlich

$$F(k\mathbf{z}) < kF(\mathbf{z}) \tag{12}$$

weist die Funktion **abnehmende Skalenerträge** auf. Das heißt, falls wir die Inputs mit einem gegebenen Prozentsatz erhöhen, wird sich der Output (a) im gleichen Ausmaße, (b) im größeren Ausmaße oder (c) im kleineren Ausmaße verändern, wenn die Produktionsfunktion (a) konstante, (b) wachsende oder (c) abnehmende Skalenerträge aufweist.

Zum Beispiel weist die Produktionsfunktion $y = z_1^{1/2} z_2^{1/2}$ abnehmende Grenzerträge bezüglich beider Inputs und konstante Skalenerträge auf. Die Produktionsfunktion $y = z_1^{2/3} z_2^{1/2}$ hat dagegen abnehmende Grenzerträge für beide Inputs und wachsende Skalenerträge. Diese Beispiele verdeutlichen, daß die Grenzerträge der Inputs und die Skalenerträge unterschiedliche Eigenschaften haben, ein Punkt, der durch einen Blick auf die Pfeile im Isoquantendiagramm der Figur 2.3 ganz klar wird.

2.4 Kostenminimierung

In der vorstehenden Diskussion der Gewinnmaximierung traten einige Schwierigkeiten auf. Kehren wir somit zur Diskussion mit einer bescheideneren Zielfunktion für die Unternehmung zurück. Nehmen wir an, die Unternehmung kennt das zu produzierende Outputniveau y und ihr Ziel ist einfach, die Kosten bei der Produktion dieses Outputs zu minimieren. Formal kann diese Zielvorstellung geschrieben werden als

$$\underset{\mathbf{z}}{\text{minimiere}}\ \mathbf{wz}$$

unter der Nebenbedingung

$$F(\mathbf{z}) = y, \tag{13}$$

wobei y eine Konstante ist. Dies ist ein **Optimierungsproblem unter einer Nebenbedingung**. Die die Funktion **wz** minimierenden Variablen müssen so gewählt werden, daß sie die Nebenbedingung $F(\mathbf{z}) = y$ erfüllen.

Wir wenden hierfür eine bestimmte Methode zur Problemlösung an. Wir definieren eine Lagrange-Funktion

$$L(\mathbf{z}, \lambda) = \mathbf{wz} + \lambda(y - F(z)), \tag{14}$$

die aus der Funktion besteht, die wir minimieren möchten plus dem Produkt einer neuen Variablen λ (dem Lagrange-Multiplikator) und einer Funktion, die gleich Null sein muß. Die Lagrange-Funktion ist eine Funktion von n + 1 Variablen, $z_1, z_2, \ldots, z_n, \lambda$. Differenzieren wir sie bezüglich jeder dieser Variablen und setzen die Ableitung gleich Null, erhalten wir n + 1 Gleichungen:

$$w_i - \lambda\, \partial F/\partial z_i = 0 \quad i = 1, \ldots, n \tag{15}$$

$$y - F(\mathbf{z}) = 0 \tag{16}$$

Die Werte von $z_1, z_2, \ldots, z_n$, die das Problem (13) lösen, müssen die Gleichungen (15) und (16) erfüllen und zwar aus dem folgenden Grund. (15) kann umgeschrieben werden zu

$$\lambda = \frac{w_i}{\partial F/\partial z_i} \qquad i = 1, \ldots, n \tag{15a}$$

Nun bezeichnet w_i die Kosten einer zusätzlichen Einheit des Inputs i, während $\partial F/\partial z_i$ das Produkt dieser zusätzlichen Einheit bezeichnet. Also ergibt ihr Verhältnis die Kosten pro Einheit (oder die **Grenzkosten**) dafür, daß man mehr Output durch die Verwendung von zusätzlichem Input i erhält. Sei angenommen, daß (15a) nicht erfüllt ist, so daß z.B. $w_1/(\partial F/\partial z_1) > w_2/(\partial F/\partial z_2)$ gilt. Dann können die Kosten der Produktion einer festen Menge y des Outputs dadurch reduziert werden, daß man z_1 etwas vermindert und z_2 um so viel erhöht, damit $F(z_1, z_2, z_3, \ldots, z_n)$ konstant bleibt. Wir haben begründet, daß das Problem (13) nicht gelöst ist, wenn (15) nicht erfüllt ist, so daß die n Gleichungen in (15) notwendige Bedingungen für die Lösung von (13) sind. Daß Gleichung (16) auch eine notwendige Bedingung ist, sollte offensichtlich sein. Es ist nämlich die Nebenbedingung, die ebenfalls erfüllt sein muß.

Somit ist das etwas sonderbare Vorgehen bei der Definition und der Differentiation der Lagrange-Funktion einfach eine Vorgehensweise, die die notwendigen Bedingungen des Optimierungsproblems bei Nebenbedingungen (13) erzeugt.

Im Fall, daß nur zwei Inputs, z_1 und z_2, gegeben sind, können wir eine diagrammatische Darstellung der Lösung des Kostenminimierungsproblems geben. Nehmen wir an, daß wir mit dem speziellen Problem

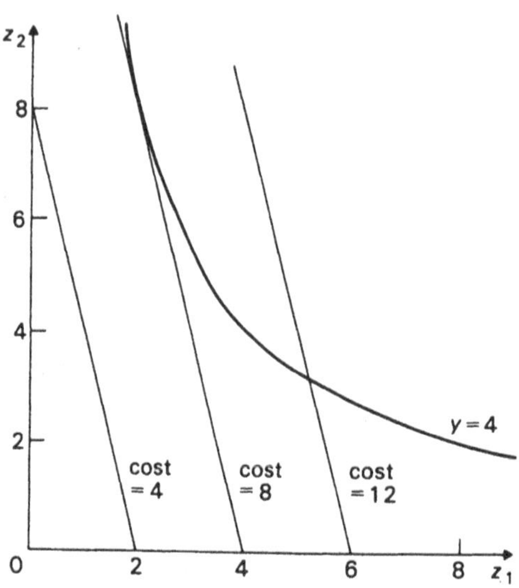

Figur 2.5 Kostenminimierung bei gegebenen y = 4

$$\min_{z_1, z_2}! 2z_1 + \frac{1}{2} z_2 \quad \text{unter der}$$
$$\text{Nebenbedingung } z_1^{1/2} z_2^{1/2} = 4 \tag{17}$$

konfrontiert sind. In Figur 2.5 wird die Nebenbedingung $z_1^{1/2} z_2^{1/2} = 4$ durch die einzige Isoquante $y = 4$ gezeigt. Der Wert der Kosten ist gleich $2z_1 + \frac{1}{2} z_2$, der mit z_1 und z_2 variiert. Die Gerade, die die Punkte $z_1 = 2$, $z_2 = 0$ mit dem Punkt $z_1 = 0$, $z_2 = 8$ verbindet, stellt alle Punkte dar, deren Inputkosten 4 betragen. Eine derartige Gerade wird **Isokostengerade** genannt. Sie ist eine Höhenlinie der Funktion $2z_1 + \frac{1}{2} z_2$ genauso wie die Isoquante eine Höhenlinie der Funktion $F(z_1, z_2)$ ist. Im Diagramm werden auch Isokostengeraden eingezeichnet, die Inputkosten von 8 und 12 entsprechen. Die Isokostengeraden liefern eine Anzahl von Parallelen, wobei die Isokostengeraden, die näher am Ursprung verlaufen, geringere Kosten implizieren.

Nun kann das in (17) spezifizierte Ziel graphisch so interpretiert werden, daß man den Punkt auf einer gegebenen Isoquante erreichen will, der auf der niedrigstmöglichen Isokostenlinie liegt. Der Punkt ist $z_1 = 2$, $z_2 = 8$ auf der Isokostenlinie $2z_1 + \frac{1}{2} z_2 = 8$. In diesem Punkt verläuft die Isokostenlinie tangential zur Isoquante.

Leicht bestätigt man, daß die Lagrange-Technik die Antwort liefert. Die Lagrange-Funktion ist gleich

$$L(z_1, z_2, \lambda) = 2z_1 + \frac{1}{2} z_2 + \lambda (4 - z_1^{1/2} z_2^{1/2}), \tag{18}$$

deren Ableitungen gleich Null gesetzt die folgenden drei Gleichungen ergibt:

$$\begin{aligned} 2 &= \frac{1}{2} \lambda z_1^{-1/2} z_2^{1/2} \\ \frac{1}{2} &= \frac{1}{2} \lambda z_1^{1/2} z_2^{-1/2} \\ 4 &= z_1^{1/2} z_1^{1/2} \end{aligned} \tag{19}$$

Eliminieren wir λ aus den ersten beiden Gleichungen, dann erhalten wir $z_2 = 4z_1$ und substituieren wir dies in die dritte Gleichung, dann erhalten wir $z_1 = 2$, $z_2 = 8$ (und $\lambda = 2$) als Lösung von (19) und dies gibt uns einen Wert von $2z_1 + \frac{1}{2} z_2$ gleich 8.

Im Allgemeinen ergibt die Nebenbedingung $F(z_1, z_2) = y$ bei zwei Inputs eine Isoquante und wir fahren fort, ohne Rechtfertigung anzunehmen, daß sie bezüglich des Ursprungs gekrümmt verläuft, während eine typische Isokostenlinie durch die Gerade $w_1 z_1 + w_2 z_2 = c$ gegeben wird. Schreiben wir diese Gleichung als $z_2 = c/w_2 - (w_1/w_2) z_1$ und erinnern wir uns, daß w_1, w_2 Konstante sind, dann sehen wir, daß die Steigung einer Isokostenlinie konstant und gleich $-w_1/w_2$ ist, während der Achsenabschnitt auf der z_2 Achse gleich c/w_2 ist, der sich mit c erhöht, so daß wir mit variablen c eine Anzahl von Isokostenlinien bekommen, die zueinander parallel verlaufen, wobei Geraden, die weiter entfernt vom Ursprung verlaufen, höhere Niveaus der Inputkosten darstellen. Die Lösung des Kostenminimierungsproblems ist in dem Punkt zu finden, in dem eine Isokostenlinie tangential zu Isoquante verläuft, denn die tangentiale Isokostenlinie ist die Gerade, die am nächsten zum Ursprung liegt und einen Punkt auf der Isoquante aufweist. Diese Lösung wird in Figur 2.6 illustriert. Nun definiert $F(z_1, z_2) = y$ die Variable z_2 als implizite Funktion von z_1. Differenzieren wir beide Seiten dieser Gleichung bezüglich z_1 und erinnern uns, daß y auf einer Isoquante konstant ist und verwenden wir gleichzeitig die in dem vorhergehenden Kapitel entwickelten Techniken, dann erhalten wir

$$F_1 + F_2\left(\frac{dz_2}{dz_1}\right)_y = 0, \tag{20}$$

wobei $(dz_2/dz_1)_y$ die Ableitung der impliziten Funktion, die durch die y-Isoquante definiert wird, bedeutet. Also ist die Steigung der Isoquante gleich dieser Ableitung, das heißt

$$\left(\frac{dz_2}{dz_1}\right)_y = -\frac{F_1}{F_2} \tag{21}$$

Da F_1 und F_2 beide positiv sind, ist die Steigung negativ. Dies kann man auch aus dem Diagramm ersehen. Da F_1 und F_2 wiederum Funktionen von z_1 und z_2 sind, unterscheidet sich die Steigung in verschiedenen Punkten der Isoquante.

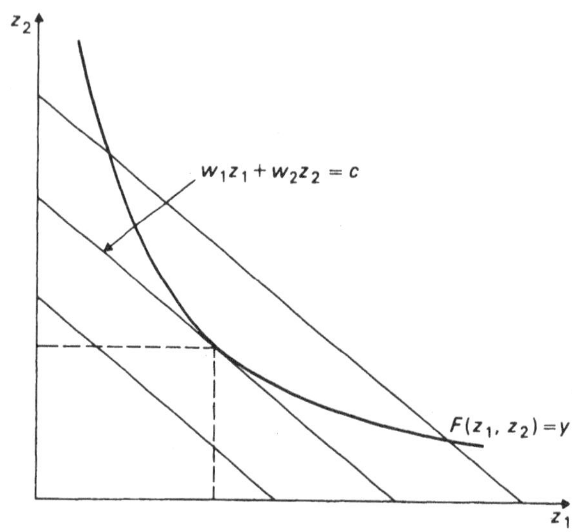

Figur 2.6 Kostenminimierung unter der Nebenbedingung $F(z_1, z_2) = y$

Somit haben wir gezeigt, daß der absolute Wert der Steigung der Isoquante durch das Verhältnis der Grenzprodukte gegeben wird. Dieses Verhältnis heißt

Grenzrate der Substitution, da es die Rate ist, mit der z_2 für z_1 substituiert werden kann, wenn y konstant gehalten wird. Die Lösung des Kostenminimierungsproblems wird dann durch zwei Erfordernisse gegeben, nämlich, daß der Punkt (z_1, z_2) die folgenden Bedingungen erfüllt: (a) er auf der Isoquante liegt; (b) die Steigung der Isoquante gleich der Steigung der Isokostenlinie ist. Diese Erfordernisse kann man in zwei Gleichungen

$$F(z_1, z_2) = y$$
$$\frac{F_1(z_1, z_2)}{F_2(z_1, z_2)} = \frac{w_1}{w_2} \tag{22}$$

übersetzen. Dies sind genau die Gleichungen, die wir andererseits durch die Nullsetzung der Ableitung der Lagrange-Funktion $L(z_1, z_2, \lambda) = w_1z_1 + w_2z_2 + \lambda(y - F(z_1, z_2))$ und die darauf folgende Eliminierung von λ erhalten haben (vergleiche (15) und (16)).

Der graphische Ansatz hat den Nachteil, daß er auf Probleme mit nur zwei Inputs beschränkt bleibt. Jedoch macht das Argument, mit der das Vorgehen gemäß der Lagrange-Funktion gerechtfertigt wird, klar, daß die abgeleiteten Bedingungen nur notwendige Bedingung für eine Lösung von (13) sind, während das Diagramm zeigt, wie die hinreichenden Bedingungen aussehen. Wenn die Isoquanten in Figur 2.6 vom Ursprung weg gekrümmt verliefen, hätte der Tangentialpunkt zwischen der Isokostengeraden und der Isoquante die Eigenschaft, daß in diesem Punkt die Kosten der Produktion von y maximiert und nicht minimiert würden. Deshalb müssen im Zwei-Inputfall die Bedingungen erster Ordnung (15) und (16) (oder äquivalent, die Bedingung (22)) durch die zusätzliche Forderung begleitet werden, daß die Isoquanten zum Ursprung hin gekrümmt verlaufen, damit die Bedingungen erster Ordnung eine Lösung des Problems liefern können. Wenn eine Produktionsfunktion Isoquanten hat, die zum Ursprung hin gekrümmt verlaufen, dann heißt sie quasikonkav. Formal erfordert die Quasikonkavität bei beliebigen Punkten A und B auf derselben Isoquante, daß eine Gerade zwischen A und B entweder oberhalb oder auf der Isoquante liegt. Eine einfache Vorgehensweise zur Überpfüfung dieser Bedingung ist, herauszufinden, wie die Grenzrate der Subsitution mit z_1/z_2 variiert. In der Figur 2.6 verändert sich mit z_1/z_2-Erhöhungen entlang einer Isoquante die Steigung von steil auf flach. Das heißt, die Grenzrate der Substitution ist eine fallende Funktion von z_1/z_2:

$$\frac{d(F_1/F_2)}{d(z_1/z_2)} \leq 0 \tag{23}$$

Eine Produktionsfunktion mit dieser Eigenschaft einer **abnehmenden Grenzrate der Substitution** ist offensichtlich quasikonkav. Wenn also (23) durch die Produktionsfunktion erfüllt wird, ist eine Lösung von (22) eine Lösung des Kostenminimierungsproblems.

Wenn wir mehr als zwei Inputs in der Produktionsfunktion haben, können wir immer noch die Eigenschaften der Quasikonkavität definieren und sie liefert eine hinreichende Bedingung dafür, daß (15) und (16) das Problem (13) lösen, doch gibt es keinen so einfachen Weg wie durch (23) die Quasikonkavität zu überprüfen.

2.5 Die Substitutionselastizität

Aus (22) ersehen wir, daß im Fall zweier Inputs die Grenzrate der Substitution dem Inputpreisverhältnis gleichgesetzt wird, um die Kosten zu minimieren. Die Grenzrate der Substitution hängt vom Verhältnis der Inputmengen z_1/z_2 ab. Aus (23) oder aus Figur 2.6 ersehen wird, daß eine Erhöhung von w_1/w_2 eine Senkung in z_1/z_2 begründet. Die Größe der Verminderung hängt von der Krümmung der Isoquante ab; je weniger gekrümmt die Isoquante verläuft, desto größer ist die Veränderung. Gemessen wird die Sensitivität der z_1/z_2-Veränderung auf Änderungen von w_1/w_2 hin durch die Substitutionselastizität

$$\sigma = \frac{w_1/w_2}{z_1/z_2} \frac{d(z_1/z_2)}{d(w_1/w_2)}, \tag{24}$$

die natürlich negativ ist.

Die Größe dieser Elastizität bestimmt, was in der Unternehmung mit dem Kostenanteil für jeden Input passiert, wenn sich das Preisverhältnis ändert:

$$\frac{d(w_1 z_1/w_2 z_2)}{d(w_1/w_2)} = \frac{z_1}{z_2} + \frac{w_1}{w_2} \frac{d(z_1/z_2)}{d(w_1/w_2)} = \frac{z_1}{z_2}(1 + \sigma) \tag{25}$$

Folglich gilt, wenn $\sigma > -1$ (das heißt $|\sigma| < 1$), daß ein Anstieg von w_i den Anteil des Inputs i erhöht. Wenn jedoch $\sigma < -1$ (das heißt $|\sigma| > 1$), dann reduziert ein Anstieg von w_i den Anteil des Inputs i.

Zum Beispiel gilt für $y = (z_1^{1/2} + z_2^{1/2})^2$, daß F_1/F_2 gleich $(z_2/z_1)^{1/2}$ ist, so daß das kostenminimierende Inputverhältnis die folgende Gleichung erfüllt

$$\frac{z_1}{z_2} = \left(\frac{w_1}{w_2}\right)^{-2} \tag{26}$$

Es gilt weiter

$$\sigma = \frac{w_1/w_2}{z_1/z_2} (-2) \left(\frac{w_1}{w_2}\right)^{-3} = -2, \tag{27}$$

während

$$\frac{w_1 z_1}{w_2 z_2} = \left(\frac{w_1}{w_2}\right)^{-1} \tag{28}$$

was zeigt, daß der Inputanteil eine abnehmende Funktion seines Preises ist, was der Tatsache entspricht, daß der (absolute) Wert der Substitutionselastizität größer als 1 ist.

2.6 Die Kostenfunktion und die Interpretation des Lagrange-Multiplikators

Die Gleichungen (15) und (16) liefern n + 1 Gleichungen in den Variablen $z_1, z_2, \ldots, z_n$ und λ. Wenn wir diese Gleichungen lösen, erhalten wir Werte der n+1 Variablen, die von den Werten von $w_1, w_2, \ldots, w_n$ und y im ursprünglichen Problem abhängen. Wir schreiben die Lösungen als $z_1(\mathbf{w}, y), z_2(\mathbf{w}, y), \ldots, z_n(\mathbf{w}, y), \lambda(\mathbf{w}, y)$ um uns daran zu erinnern, daß diese Abhängigkeit besteht. Man merke sich, daß $z_i(\mathbf{w}, y)$ der optimale Wert von z_i bei gegebenen $\mathbf{w}$ und y ist.

Der tatsächliche Wert der Kosten der Produktion von y (wenn die Kosten minimiert werden) ist deshalb gleich $\Sigma_{i=1}^{n}, w_i z_i(\mathbf{w}, y)$. Dies nennt man die Kostenfunktion und sie wird als

$$c(\mathbf{w}, y) = \mathbf{w}z(\mathbf{w}, y) \tag{29}$$

geschrieben. $\mathbf{z}(\mathbf{w}, y)$ ist der Vektor $(z_1(\mathbf{w}, y), \ldots, z_n(\mathbf{w}, y))$. Wiederum beachte man, daß $c(\mathbf{w}, y)$ die minimalen Kosten bei gegebenen $\mathbf{w}$ und y sind. Zum Beispiel ist bei zwei Inputs die Kostenfunktion gleich

$$c(w_1, w_2, y) = w_1 z_1(w_1, w_2, y) + w_2 z_2(w_1, w_2, y) \tag{30}$$

Als Nebenprodukt der Lösung von (15) und (16) erhalten wir den Wert $\lambda(\mathbf{w}, y)$, den Wert, den der Lagrange-Multiplikator annimmt. Angesichts der Diskussion der Gleichungen (15a) oben überrascht es nicht, daß dieser Wert eine ökonomische Bedeutung hat. Wenn wir $c(\mathbf{w}, y)$ bezüglich y differenzieren, erhalten wir

$$\frac{\partial c(\mathbf{w}, y)}{\partial y} = \sum_{i=i}^{n} w_i \frac{\partial z_i(\mathbf{w}, y)}{\partial y} \tag{31}$$

Wir schauen jedoch darauf, was mit der Lösung von (15) und (16) passiert, wenn sich y verändert. Die Tatsache, daß (15) erfüllt ist, ergibt

$$\sum_{i=1}^{n} w_i \frac{\partial z_i(\mathbf{w}, y)}{\partial y} = \lambda \sum_{i=1}^{n} \frac{\partial F}{\partial z_i} \frac{\partial z_i(\mathbf{w}, y)}{\partial y} \tag{32}$$

während aus der Differentiation von (16) bezüglich y

$$1 = \sum_{i=1}^{n} \frac{\partial F_i}{\partial z_i} \frac{\partial z_i(\mathbf{w}, y)}{\partial y} \tag{33}$$

folgt, so daß (31), (32) und (33) zusammen

$$\frac{\partial c(\mathbf{w}, y)}{\partial y} = \lambda(\mathbf{w}, y) \tag{34}$$

ergeben. Wir haben das wichtige Resultat, daß der Wert des Lagrange-Multiplikators den Kosteneffekt einer Outputänderung mißt. Das heißt, der Multiplikator mißt die **Grenz**kosten des Outputs. Dies paßt genau zu unserer früheren Diskussion der Gleichungen (15a), wo wir sahen, daß die Funktionen, die gleich λ gesetzt wurden, so interpretiert wurden, daß sie die Grenzkosten messen.

2.7 Ein Beispiel zur Kostenminimierung

Betrachten wir ein Kostenminimierungsproblem für eine Unternehmung, deren Produktionsfunktion gleich $z_1^\alpha z_2^{1-\alpha}$ ist, wobei α eine Konstante ist, die $0 < \alpha < 1$ erfüllt. Die Firma möchte y produzieren, wenn die Inputpreise w_1, w_2 gegeben sind. Das Minimierungsproblem lautet:

$$\begin{aligned} &\text{minimiere} && w_1 z_1 + w_2 z_2 \quad \text{unter der} \\ &\text{Nebenbedinung} && z_1^\alpha z_2^{1-\alpha} = y \end{aligned} \tag{35}$$

Aus der Lagrange-Funktion

$$L(z_1, z_2, \lambda) = w_1 z_1 + w_2 z_2 + \lambda(y - z_1^\alpha z_2^{1-\alpha})$$

erhalten wir die Bedingungen erster Ordnung

$$\begin{aligned} & w_1 - \lambda \alpha z_1^{\alpha-1} z_2^{1-\alpha} = 0 \\ & w_2 - \lambda(1-\alpha) z_1^\alpha z_2^{-\alpha} = 0 \\ & y - z_1^\alpha z_2^{1-\alpha} = 0, \end{aligned} \tag{36}$$

die vereinfacht werden können auf:

$$\begin{aligned} & w_1 = \lambda \alpha y / z_1 \\ & w_2 = \lambda(1-\alpha) y / z_2 \\ & y = z_1^\alpha z_2^{1-\alpha} \end{aligned} \tag{36a}$$

Lösen wir diese Gleichungen, dann erhalten wir

$$\begin{aligned} & z_1(w_1, w_2, y) = \left(\frac{\alpha}{1-\alpha}\frac{w_2}{w_1}\right)^{1-\alpha} y \\ & z_2(w_1, w_2, y) = \left(\frac{1-\alpha}{\alpha}\frac{w_1}{w_2}\right)\left(\frac{\alpha}{1-\alpha}\frac{w_2}{w_1}\right)^{1-\alpha} y = \left(\frac{1-\alpha}{\alpha}\frac{w_1}{w_2}\right)^{\alpha} y \\ & \lambda(w_1, w_2, y) = \left(\frac{w_1}{\alpha}\right)^{\alpha}\left(\frac{w_2}{1-\alpha}\right)^{1-\alpha}, \end{aligned} \tag{37}$$

so daß

$$\begin{aligned} c(w_1, w_2, y) &= \left(\frac{\alpha}{1-\alpha}\frac{w_2}{w_1}\right)^{1-\alpha}\left(w_1 + \frac{1-\alpha}{\alpha} w_1\right) y \\ &= \left(\frac{w_1}{\alpha}\right)^{\alpha}\left(\frac{w_2}{1-\alpha}\right)^{1-\alpha} y \end{aligned} \tag{38}$$

gilt, was bestätigt, daß (34) richtig ist.

Es bleibt zu zeigen, daß die Bedingung einer abnehmenden Grenzrate der Substitution erfüllt ist.

$$\frac{F_1}{F_2} = \frac{\alpha}{1-\alpha} \frac{z_1^{\alpha-1} z_2^{1-\alpha}}{z_1^{\alpha} z_2^{-\alpha}} = \frac{\alpha}{1-\alpha} \frac{z_2}{z_1} \tag{39}$$

Es ist klar, daß (23) erfüllt ist, so daß die Kostenfunktion, die durch (37) und (38) definiert wird, in der Tat die kostenminimierende Lösung beschreibt. Schließlich ersieht man aus (36a), daß $z_1/z_2 = \alpha w_2/(1-\alpha)\, w_1$ gilt, was impliziert, daß die Substitutionselastizität den Wert $|\sigma| = 1$ hat; die relativen Faktoranteile $(w_1\, z_1)/(w_2\, z_2)$ sind in der Tat konstant und haben einen Wert von $\alpha/(1-\alpha)$.

2.8 Skalenerträge und die Kostenfunktion

Die Kosten der Produktion $c(\mathbf{w}, y)$ hängen aus einem einfachen Grund vom Output ab, denn mehr Output erfordert mehr Input. Die exakte Form dieser Beziehung zwischen $c(\mathbf{w},y)$ und y hängt deshalb davon ab, wie Outputänderungen von Inputänderungen abhängen. Welche Information über die Produktionsfunktion ist relevant? Wenn abnehmende Grenzerträge für die Inputs gegeben sind, wissen wir etwas, wenn sich nur ein Input verändert. Wenn sich jedoch der Output erhöht, erscheint es wahrscheinlich, daß sich **alle** Inputs erhöhen (obwohl das nicht notwendigerweise so ist, wie wir sehen werden), so daß die Inputgrenzerträge nicht relevant erscheinen. Andererseits haben wir keinen Grund zu glauben, daß sich alle Inputs proportional erhöhen werden, so daß es nicht offensichtlich ist, daß auch die Skalenerträge relevant sind. Dies mag nicht offensichtlich sein, doch ist es richtig, wie wir nun sehen werden.

Die Argumente sind im wesentlichen sehr einfach. Bei wachsenden Skalenerträgen können wir die Outputmenge durch Verdoppelung der Menge aller Inputs mehr als verdoppeln, wobei die Verdoppelung der Inputmenge die Kosten verdoppelt. Die minimalen Kosten der Produktion von 2y sind deshalb geringer, als zweimal die Kosten der Produktion von y. Bei abnehmenden Skalenerträgen haben wir, bei Halbierung der Inputs, mehr als die Hälfte des Outputs, so daß die minimalen Kosten von y/2 weniger als die Hälfte der Kosten von y ausmachen. Für den Fall konstanter Skalenerträge soll in Übungsaufgabe 2.15 eine entsprechende verbale Erklärung gegeben werden.

Der Klarheit halber wird ab diesem Abschnitt die Abhängigkeit der kostenminimierenden Inputs $z(\mathbf{w}, y)$ und der Kostenfunktion $c(\mathbf{w}, y)$ von den Inputpreisen nicht mehr ausdrücklich erwähnt. Da die Inputpreise während der ganzen Zeit konstant sind, werden die Funktionen einfach als $\mathbf{z}(y)$ und $c(y)$ geschrieben.

Wenn die Produktionsfunktion $y = F(\mathbf{z})$ wachsende Skalenerträge aufweist, dann gilt nach Definition $F(k\mathbf{z}) > kF(\mathbf{z})$ für $k > 1$. Deshalb gilt

$$kc(y) = k\mathbf{w}\mathbf{z}(y) = \sum_{i=1}^{n} w_i\, kz_i(y) > c(ky), \tag{40}$$

wobei die Ungleichung aus der Tatsache folgt, daß $k\mathbf{z}(y)$ mehr als ky Outputeinheiten produziert, da wir wachsende Skalenerträge vorliegen haben, so daß die minimalen Kosten der Produktion von ky geringer sind als die Kosten von $k\mathbf{z}$.

Wenn $y = F(\mathbf{z})$ abnehmende Skalenerträge aufweist, dann gilt $F(k\mathbf{z}) < kF(\mathbf{z})$, $k > 1$. Da dies für alle $\mathbf{z}$ gilt, gilt dies auch für $(1/k)\mathbf{z}$, so daß wir schreiben können

$$F(\mathbf{z}) < kF\left(\frac{1}{k}\mathbf{z}\right),$$

d.h.

$$\frac{1}{k}F(\mathbf{z}) < F\left(\frac{1}{k}\mathbf{z}\right) \text{für } k > 1.$$

Also erhalten wir:

$$\frac{1}{k}c(y) = \frac{1}{k}\mathbf{wz}(y) = \sum_{i=1}^{n} w_i \frac{1}{k} z_i(y) > c\left(\frac{1}{k}y\right) \tag{41}$$

Diese Gleichung erhalten wir im wesentlichen mit Hilfe eines zu (40) analogen Arguments, außer daß nun die Ungleichung aus der Tatsache folgt, daß $(1/k)\mathbf{z}(y)$ mehr als $(1/k)y$ Outputeinheiten produziert, da abnehmende Skalenerträge vorliegen.

Wenn $y = F(\mathbf{z})$ konstante Skalenerträge aufweist, dann gilt $F(kz) = kF(z)$ für $k > 1$ und dies impliziert, daß

$$kc(y) = k\mathbf{wz}(y) \leq c(ky). \tag{42}$$

Denn: Da $k\mathbf{z}(y)$ eine mögliche Produktionsmethode für die Produktion von ky ist, kann die optimale Methode der Produktion nicht mehr kosten. Aber (42) gilt für alle k und y und wenden wir dies auf 1/k und ky an, dann erhalten wir

$$\frac{1}{k}c(ky) \geq c(y) \tag{43}$$

Aber $c(ky) \leq kc(y) \leq c(ky)$ impliziert, daß

$$c(ky) = kc(y) \tag{44}$$

Bei gegebener Kostenfunktion c(y) definieren wir die **Durchschnittskosten** als $c(y)/y$. Bei wachsenden Skalenerträgen impliziert (40), daß

$$\frac{c(y)}{y} > \frac{c(ky)}{ky}, k > 1, \tag{45}$$

so daß die Durchschnittskosten bei steigendem y **fallen**. Bei abnehmenden Skalenerträgen impliziert (41), daß

$$\frac{c(y)}{y} > \frac{c(y/k)}{y/k}, k > 1, \tag{46}$$

so daß die Durchschnittskosten bei steigendem y **steigen**. Bei konstanten Skalenerträgen impliziert (44), daß

$$\frac{c(y)}{y} = \frac{c(ky)}{ky}, k > 1, \tag{47}$$

so daß die Durchschnittskosten bei sich änderndem y **konstant** bleiben. Die drei Fälle werden in der Figur 2.7 illustriert.

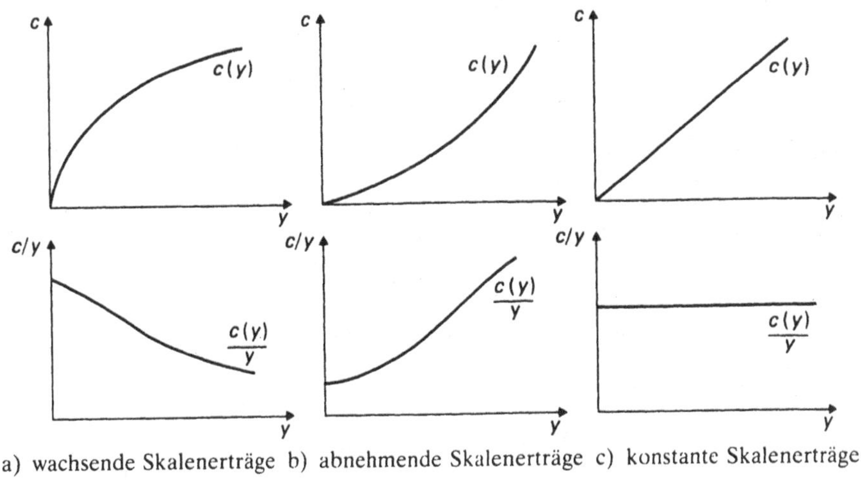

Figur 2.7 Skalenerträge und Durchschnittskosten

Betrachten wir erneut das im vorstehenden Abschnitt diskutierte Beispiel: Die Produktionsfunktion weist konstante Skalenerträge auf und die Durchschnittskosten sind unabhängig von y.

2.9 Nochmals zur Gewinnmaximierung

Die Diskussion der Kostenminimierung betrifft die Frage, **wie man** eine gegebene Menge y produziert. Aber wir können nun zu der Frage übergehen, **wieviel produziert werden soll**.

Wenn die Unternehmung das Gewinnmaximierungsproblem

$$\max_{y,\mathbf{z}}! \; py - \mathbf{wz} \quad \text{unter der Nebenbedingung } y = F(z) \tag{48}$$

lösen will (dies ist eine andere Möglichkeit, das Problem (3) zu schreiben) und die Unternehmung das Kostenminimierungsproblem (13) gelöst hat und ihre Kostenfunktion c(**w**, y) abgeleitet hat, dann wird aus dem Problem (48) ein einfacheres Gewinnmaximierungsproblem:

$$\max_{y}! \; py - c(\mathbf{w}, y) \tag{49}$$

Dies ist ein Maximierungsproblem mit nur einer Variablen. Die Lösung ist einfach. Für ein Maximum ist es notwendig, daß die Ableitung der Gewinnfunktion nach y gleich Null gesetzt wird:

$$p - \frac{\partial c(\mathbf{w}, y)}{\partial y} = 0 \tag{50}$$

Eine hinreichende Bedingung ist, daß die zweite Ableitung negativ ist:

$$- \frac{\partial^2 c(\mathbf{w}, y)}{\partial y^2} < 0 \tag{51}$$

Obwohl die Mathematik einfach ist, ist es nötig, daß wir etwas pausieren, um eine ökonomische Interpretation dieser Bedingungen zu geben, die besagt, daß die Firmen das Outputniveau wählen sollen, für das die Grenzkosten gleich dem Outputpreis sind, wobei die Grenzkosten eine wachsende Funktion des Outputs sind.

Betrachten wir Figur 2.8. Im Punkte A sind die Grenzkosten größer als der Preis, so daß die Produktion einer zusätzlichen Einheit mehr Kosten verursacht, als der Verkauf dieser zusätzlichen Einheit zum Preise p bringt. Die Gewinne können dadurch erhöht werden, daß wir den Output reduzieren. Umgekehrt wird es im Punkt C gewinnbringend sein, den Output zu erhöhen. B ist ein Punkt maximaler Gewinne. Obwohl in D die Preise gleich den Grenzkosten sind, zeigt die Prüfung wie der Output in den Punkten C und E geändert werden muß, daß D ein Punkt minimaler Gewinne (oder maximaler Verluste) ist.

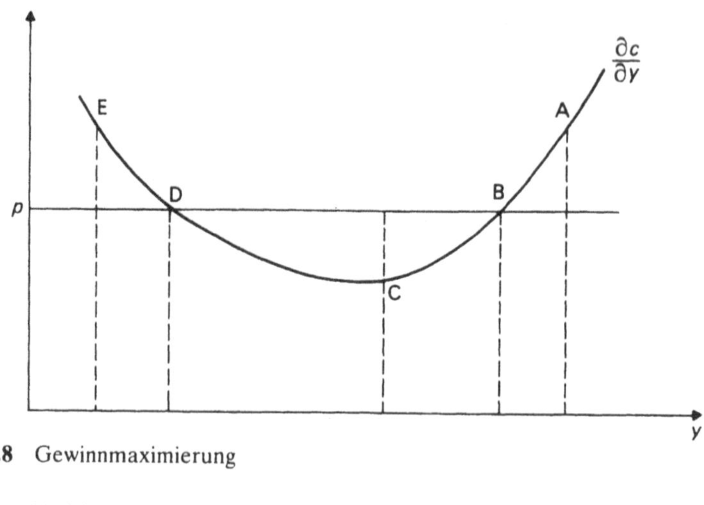

Figur 2.8 Gewinnmaximierung

Wenn die hinreichende Bedingung (51) erfüllt ist, dann bestimmt die Gleichung (50) den gewinnmaximierenden Wert von y, welcher eine Funktion von p und **w** ist, so daß wir y(p, **w**) schreiben. Offensichtlich sind diejenigen Werte der z_i, die die Kosten der Produktion von y(p, **w**) minimieren, gleich denen, die von der gewinnmaximierenden Firma gewählt werden, so daß der gewinnmaximierende Inputvektor **z**(p, **w**) mit dem kostenminimierenden Inputvektor

$$\mathbf{z}(p, \mathbf{w}) = \mathbf{z}(\mathbf{w}, y(p, \mathbf{w})) \tag{52}$$

zusammenhängt. Wir erinnern uns, daß $z_i(\mathbf{w}, y)$ der optimale Wert von z_i ist, das heißt der Wert, der gewählt wird, um die Kosten einer fixen Outputmenge zu minimieren. Nun ist $z_i(p, \mathbf{w})$ auch ein optimaler Wert von z_i, aber optimal für ein unterschiedliches Problem, nämlich der Wert, der gewählt wird, um die Gewinne zu maximieren, wenn sowohl Inputs als auch Outputs variabel sind. Die beiden Funktionen sind unterschiedlich und sollten sorgfältig unterschieden werden.

Die Funktionen $\mathbf{z}(\mathbf{w}, y)$ geben diejenigen Inputmengen an, die eine kostenminimierende Firma zu kaufen wünscht und sie werden deshalb **Inputnachfragefunktion der kostenminimierenden Unternehmung** genannt. Die Funktionen $\mathbf{z}(p, \mathbf{w})$ sind die **Inputnachfragefunktionen der gewinnmaximierenden Unternehmung**. Die Funktion $y(p, \mathbf{w})$ zeigt, wieviel Output eine gewinnmaximierende Unternehmung zu verkaufen wünscht: Es ist die **Angebotsfunktion der gewinnmaximierenden Unternehmung**.

2.10 Ein Beispiel zur Gewinnmaximierung

Betrachten wir ein Gewinnmaximierungsproblem für $y = z_1^{1/3} z_2^{1/2}$ mit den Preisen p, w_1 und w_2.

Zuerst minimieren wir die Kosten der Produktion von y. Die Bedingungen der ersten Ordnung, die wir aus der Lagrange-Funktion ableiten, sind gleich

$$\begin{aligned} w_1 - \frac{1}{3}\lambda z_1^{-2/3} z_2^{1/2} &= 0 \\ w_2 - \frac{1}{2}\lambda z_1^{1/3} z_2^{-1/2} &= 0 \\ y - z_1^{1/3} z_2^{1/2} &= 0 \end{aligned} \tag{53}$$

Gelöst erhalten wir

$$\begin{aligned} z_1(w_1, w_2, y) &= y^{6/5}\left(\frac{2w_2}{3w_1}\right)^{3/5} \\ z_2(w_1, w_2, y) &= y^{6/5}\left(\frac{3w_1}{2w_2}\right)^{2/5} \\ c(w_1, w_2, y) &= 5y^{6/5}\left(\frac{w_1}{2}\right)^{2/5}\left(\frac{w_2}{3}\right)^{3/5} \\ \lambda(w_1, w_2, y) &= 6y^{1/5}\left(\frac{w_1}{2}\right)^{2/5}\left(\frac{w_2}{3}\right)^{3/5}\left(= \frac{\partial c(w_1, w_2, y)}{\partial y}\right) \end{aligned} \tag{54}$$

Leicht überprüft man, daß die Grenzrate der Substitution abnimmt.

Nun können wir die Gewinne maximieren, die in der folgenden Formel definiert werden.

$$py - 5y^{6/5}\left(\frac{w_1}{2}\right)^{2/5}\left(\frac{w_2}{3}\right)^{3/5} \tag{55}$$

Die Bedingung erster Ordnung ist gleich

$$p - 6y^{1/5} \left(\frac{w_1}{2}\right)^{2/5}\left(\frac{w_2}{3}\right)^{3/5} = 0 \tag{56}$$

Offensichtlich ist die Bedingung zweiter Ordnung erfüllt. Somit ist die vollständige Lösung gleich

$$\begin{aligned} y(p, w_1, w_2) &= \left(\frac{p}{6}\right)^5 \left(\frac{w_1}{2}\right)^{-2}\left(\frac{w_2}{3}\right)^{-3} \\ z_1(p, w_1, w_2) &= \left(\frac{p}{6}\right)^6 \left(\frac{w_1}{2}\right)^{-3}\left(\frac{w_2}{3}\right)^{-3} \\ z_2(p, w_1, w_2) &= \left(\frac{p}{6}\right)^6 \left(\frac{w_1}{2}\right)^{-2}\left(\frac{w_2}{3}\right)^{-4} \end{aligned} \tag{57}$$

2.11 Mehr zu den Bedingungen zweiter Ordnung

Wenn wir uns an den einführenden Abschnitt dieses Kapitels erinnern, schrieben wir dort das Problem (48) in der Form von (3) (oder äquivalent in der Form (7)) und leiteten die Bedingungen erster Ordnung (6) (oder (8)) ab, machten aber wenig Fortschritt in der Diskussion der Bedingungen zweiter Ordnung, denen wir in einigen Problemen begegneten, bei denen die Bedingungen erster Ordnung keine Lösung lieferten.

Wir haben nun das Problem in zwei Schritte zerlegt: (13) und (49). Wir haben zwei Gruppen von Bedingungen erster Ordnung: (15)-(16) und (50). Unter Verwendung von $\lambda = \partial c/\partial y$ können wir bei erfüllten Gleichungen (15) und (16) die Gleichungen (50) und (15) kombinieren und dies ergibt $w_i - p\partial F/\partial z_i = 0$ für $i = 1, \ldots, n$; dies sind einfach die Bedingungen erster Ordnung des ursprünglichen Problems.

Die Bedingungen erster Ordnung (6) wurden derart interpretiert, daß wir sagten, daß eine Unternehmung, die Inputs bis zu dem Niveau einsetzen wird, in dem der Wert des Grenzprodukts des Inputs gleich dem Inputpreis ist. Die Bedingungen erster Ordnung (15) und (50) wurden dahingehend interpretiert, daß die Firma die Grenzkosten verschiedener Inputs ausgleichen würde und dann das Outputniveau wählen würde zu dem diese Grenzkosten gleich dem Outputpreis sind. Wir sehen nun, daß dies zwei verschiedene Möglichkeiten sind, die gleichen Bedingungen auszudrücken.

Der wirkliche Unterschied zwischen diesen beiden Ansätzen ist, daß wir durch die Zweiteilung des Problems zwei Gruppen von Bedingungen zweiter Ordnung entwickelt haben, die leicht verständlich sind. Einmal die Quasi-Konkavitäts-Bedingung (die abnehmende Grenzrate der Substitution) für den Kostenminimierungsschritt und dann die Bedingung, daß die Grenzkosten wachsen, für den Gewinnmaximierungsschritt. Üblicherweise nehmen die Wirtschaftswissenschaftler an, daß die Quasi-Konkavitäts-Bedingung erfüllt ist, und betrachten nur Beispiele, in denen dies der Fall ist. (Wenn die Quasi-Konkavitäts-Bedingung nicht erfüllt ist, würden die Produzenten in der Produktion des Outputs nicht verschiedene Inputs verwenden und dies würde der Realität widersprechen). Andererseits entstehen durch die Verletzung der Bedingung wachsender Grenzkosten interessante Fragen, die wir nun diskutieren wollen.

Betrachten wir das Beispiel mit der Produktionsfunktion $y = z_1^{2/3} z_2^{2/3}$. Das übliche Vorgehen zeigt, daß wir eine Kostenfunktion gleich

$$c(w_1, w_2, y) = 4y^{3/4} \left(\frac{w_1}{2}\right)^{1/2} \left(\frac{w_2}{2}\right)^{1/2}$$

erhalten, mit

$$\frac{\partial c}{\partial y} = 3y^{-1/4} \left(\frac{w_1}{2}\right)^{1/2} \left(\frac{w_2}{2}\right)^{1/2}$$

die **nicht** mit y wächst. Die Bedingung erster Ordnung identifiziert den **gewinnminimierenden** Output. Dieser Fall wird in Figur 2.9 illustriert. Was sollte eine derartige Firma in Wirklichkeit tun? Die mathematische Ableitung besagt, daß die Gewinne wachsen, wenn der Output y_m auf Null reduziert wird, oder wenn der Output von y_m an erhöht wird. Wenn der Output Null ist, sind die Gewinne auch gleich Null. Es ist aber nicht schwer zu sehen, daß die Gewinne positiv sind, wenn y groß genug ist. Somit sollte offensichtlich die Unternehmung y unendlich groß wählen. Wir werden darauf später zurück kommen.

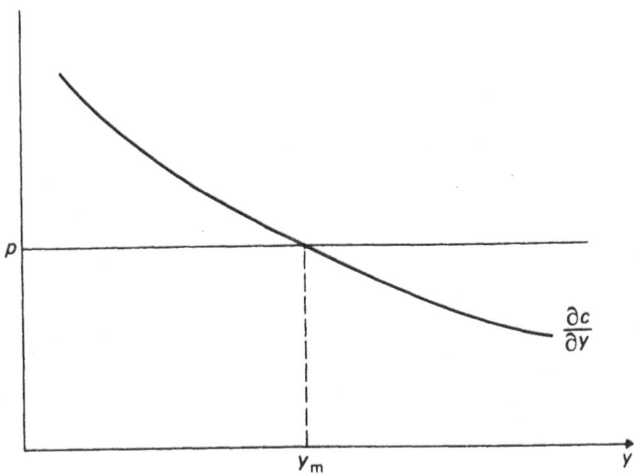

Figur 2.9 Eine Unternehmung mit abnehmenden Grenzkosten

Als nächstes betrachten wir die Produktionsfunktion $y = z_1^{1/2} z_2^{1/2}$, die die Quelle unserer Probleme auf den früheren Seiten lieferte. Diese Produktionsfunktion besitzt die Kostenfunktion $c(w_1, w_2, y) = 2yw_1^{1/2} w_2^{1/2}$, die die Bedingung zweiter Ordnung nicht erfüllt, da $\partial c/\partial y = 2w_1^{1/2} w_2^{1/2}$ eine Konstante ist. Da p auch konstant ist, kann die Bedingung erster Ordnung $p = \partial c/\partial y$ nur erfüllt sein, wenn die Preise so beschaffen sind, daß die beiden Konstanten gleich sind. Es gibt drei Möglichkeiten, die wir in Figur 2.10 illustrieren.

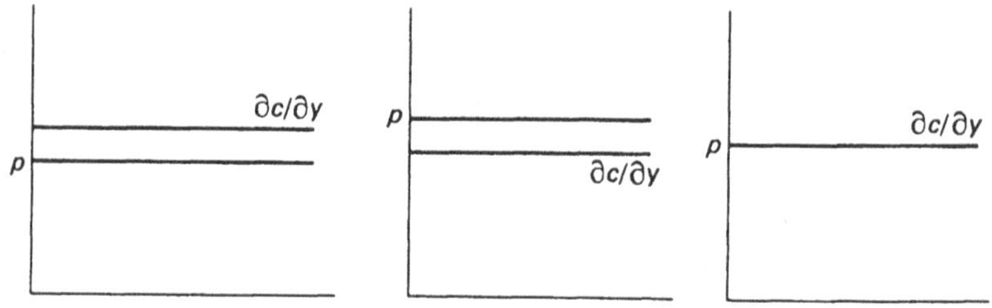

Figur 2.10 Eine Unternehmung mit konstanten Grenzkosten

Im ersten Fall begründet jede neue Outputeinheit mehr Kosten als die Verkäufe an Ertrag ergeben und somit ist der optimale Output gleich Null. Dies ist offensichtlich, wenn man den Gewinn als $-(2w_1^{1/2} w_2^{1/2} - p)y$ schreibt. Im zweiten Fall sollte die Firma den Output unendlich groß wählen, denn jede zusätzliche Outputeinheit erhöht den Ertrag um mehr als die Kosten, wobei die Gewinne durch $(p - 2w_1^{1/2} w_2^{1/2})y$ gegeben werden. Im dritten Fall sind die Gewinne gleich Null und ohne Rücksicht auf die Entscheidung der Firma haben wir keine eindeutige Lösung des Maximierungsproblems.

Diese Beispiele zeigen, daß wir die Bedingungen erster Ordnung nicht verwenden sollten, ohne über die Bedingungen zweiter Ordnung nachzudenken. Die Bedingungen zweiter Ordnung zeigen auf, daß durch das Nachdenken über die ökonomische Bedeutung dieser Fälle, in denen die Bedingungen zweiter Ordnung nicht erfüllt sind, den Problemen zusätzliche Einsichten abgewonnen werden können.

Der Fall konstanter Grenzkosten ist insbesondere wichtig und wir kommen auf ihn im nächsten Kapitel zurück. (Dieser Fall wird in der Übungsaufgabe 2.21 aufgegriffen und tritt dann auf, wenn die Produktionsfunktion konstante Skalenerträge aufweist).

2.12 Die Eigenschaften der Angebots- und Nachfragefunktionen der Unternehmung

Bis jetzt haben wir uns die kostenminimierende Firma angesehen und zeigten, daß sie Nachfragefunktionen für Inputs $\mathbf{z}(\mathbf{w}, y)$ nachfragt, wobei die nachgefragten Mengen Funktionen der Inputpreise und des Outputs sind. Wir können uns nun die Frage stellen, wie sich diese Nachfragen bei Veränderungen der Preise und des Outputs verändern werden. Die gewinnmaximierende Firma hat eine Angebotsfunktion $y(p, \mathbf{w})$ und eine Inputnachfragefunktion $\mathbf{z}(p, \mathbf{w})$. Wiederum ist es interessant zu fragen, wie diese Funktionen auf Preisänderungen reagieren.

Man kann so vorgehen, daß man sich erinnert, daß die Gleichungen (15) und (16) implizit die Funktionen $\mathbf{z}(\mathbf{w}, y)$ definieren und die in Kapitel 1 entwickelten Methoden für die Lösung komparativ statischer Probleme verwenden, um die Eigenschaften von $\mathbf{z}(\mathbf{w}, y)$ herauszufinden. Dann könnten die Gleichungen (50) und (52) oder die Gleichungen (6) benutzt werden, um die Eigenschaften von $y(p, \mathbf{w})$ und $\mathbf{z}(p, \mathbf{w})$ herauszufinden.

Es ist aber ein viel einfacheres Argument verfügbar, das auf ökonomischen Überlegungen basiert. Betrachten wir die kostenminimierende Unternehmung, die sich gegebenen Inputpreisen $\mathbf{w}$ gegenübersieht. Nehmen wir an, daß sich diese Preise von $\mathbf{w}^1$ auf $\mathbf{w}^2$ verändern. (Man bemerke, daß diese Superskripte verschiedene Vektoren identifizieren und keine Potenzen sind). Die Firmen werden die Inputwahl von $\mathbf{z}^1 = \mathbf{z}(\mathbf{w}^1, y)$ auf $\mathbf{z}^2 = z(\mathbf{w}^2, y)$ verändern. Jeder gewählte Inputvektor minimiert die Kosten der Produktion von y zu den geltenden Preisen. Folglich gilt

$$\mathbf{w}^1\mathbf{z}^1 \leq \mathbf{w}^1\mathbf{z}^2 \quad \mathbf{w}^2\mathbf{z}^2 \leq \mathbf{w}^2\mathbf{z}^1 \tag{58}$$

Nach Addition und Umordnung ergibt sich

$$(\mathbf{w}^1 - \mathbf{w}^2)(\mathbf{z}^1 - \mathbf{z}^2) \leq 0 \tag{59}$$

(Wenn man durch (58) und (59) verwirrt wird, schreibe man die Vektoren und Produkte in der üblichen ausführlichen Schreibweise).

Nun nehmen wir an, daß jedes Element von $\mathbf{w}^1$ das gleiche wie das entsprechende Element von $\mathbf{w}^2$ ist, außer daß sich w_i von w_i^1 auf w_i^2 verändert hat. Dann wird (59) zu

$$(w_i^1 - w_i^2)(z_i^1 - z_i^2) \leq 0 \tag{60}$$

und wir erhalten das Resultat, daß für alle i gilt:

$$\frac{\partial z_i(\mathbf{w}, y)}{\partial w_i} \leq 0 \tag{61}$$

Denn (60) zeigt, daß für steigendes w_i mit allen anderen w_j konstant und y konstant, z_i sinkt oder konstant bleibt. (61) bedeutet, daß die **Nachfragefunktion einer kostenminimierenden Unternehmung für irgendeinen Input eine fallende Funktion des Preises dieses Inputs ist.**

Wenn wir nur zwei Inputs z_1 und z_2 haben, fällt z_1 bei steigendem w_1, aber damit y konstant bleibt muß sich z_2 erhöhen. Also gilt $\partial z_2 (w_1, w_2, y)/\partial w_1 \geq 0$ und ähnlich $\partial z_1(w_1, w_2, y)/\partial w_2 \geq 0$; doch gelten ähnliche Resultate im allgemeinen nicht, wenn wir mehr als zwei Inputs unterscheiden.

Es ist jedoch möglich, ein allgemeines Rsultat über den Effekt anderer Inputpreisveränderungen auf die Nachfrage für einen Input abzuleiten. Das Resultat besagt, daß für alle i, j mit $i \neq j$

$$\frac{\partial z_i(\mathbf{w}, y)}{\partial w_j} = \frac{\partial z_j(\mathbf{w}, y)}{\partial w_i} \tag{62}$$

gilt. Der Beweis dieses außerordentlichen Resultats wird auf Kapitel 4 aufgeschoben, genauer bis zur Übungsaufgabe 4.7. (Dies ist ein außergewöhnliches Resultat, das man durch die Betrachtung eines Beispiels einsieht: Sei z_1 in Tonnen Stahl gemessen und w_1 der Preis in 1000 DM pro Tonne Stahl, sei z_2 die Zahl der Arbeitsstunden und w_2 der Lohn in DM pro Arbeitsstunde. Nun erläutere man verbal was (62) besagt).

Schließlich bleibt es dem Leser überlassen zu zeigen (Übungsaufgabe 2.26), daß man im allgemeinen nicht sicher sein kann, daß $\partial z_i(\mathbf{w}, y)/\partial y$ positiv ist. Wenn $\partial z_i/\partial y < 0$, heißt der Input i ein **inferiorer** Input.

Die gleiche Art von Argumenten, wie wir sie in (58)-(60) verwendeten, können auf die gewinnmaximierende Unternehmung angewendet werden. Nehmen wir an, daß sich die Unternehmung den Preisen p^1, $\mathbf{w}^1$ im Ausgangspunkt gegenüber sieht und die Wahl $y^1 = y(p^1, \mathbf{w}^1)$, $z^1 = z(p^1, \mathbf{w}^1)$ trifft. Wenn sich die Preise auf p^2, $\mathbf{w}^2$ verändern, wählt die Unternehmung $y^2 = y(p^2, \mathbf{w}^2)$, $z^2 = z(p^2, \mathbf{w}^2)$. Da sie in jedem Falle die Gewinne maximiert, erhalten wir

$$\begin{aligned} p^1y^1 - \mathbf{w}^1\mathbf{z}^1 &\geq p^1y^2 - \mathbf{w}^1z^2 \\ p^2y^2 - \mathbf{w}^2\mathbf{z}^2 &\geq p^2y^1 - \mathbf{w}^2\mathbf{z}^1 \end{aligned} \tag{63}$$

Addition und Umordnung ergibt

$$(\mathbf{w}^1 - \mathbf{w}^2)(z^1 - z^2) \leq (p^1 - p^2)(y^1 - y^2) \tag{64}$$

Falls $\mathbf{w}^1 = \mathbf{w}^2$, impliziert die Gleichung (64)

$$(p^1 - p^2)(y^1 - y^2) \geq 0, \tag{65}$$

so daß gilt

$$\frac{\partial y(p, \mathbf{w})}{\partial p} \geq 0, \tag{66}$$

was besagt, daß **die gewinnmaximierende Angebotsfunktion der Unternehmung eine wachsende Funktion des Outputpreises ist**. Halten wir p konstant und lassen wir nur einen Inputpreis sich verändern, zeigt sich, daß die Ungleichung (60) auch auf die gewinnmaximierende Firma angewendet werden kann, so daß für alle i

$$\frac{\partial z_i(p, \mathbf{w})}{\partial w_i} \leq 0 \tag{67}$$

gilt, das heißt, **die Nachfragefunktion einer gewinnmaximierenden Unternehmung ist für einen beliebigen Input eine abnehmende Funktion des Preises dieses Inputs.**

Es könnte offensichtlich erscheinen, daß $\partial y(p, \mathbf{w})/\partial w_i$ negativ sein sollte, denn ein Anstieg des Preises eines Inputs erhöht die Produktionskosten, doch kann man im allgemeinen nicht sicher sein, daß $\partial y/\partial w_i \leq 0$ gilt. Wenn $\partial y/\partial w_i > 0$, dann heißt der Input i ein **regressiver** Input.

Gleichung (52) besagt, daß $z_i(p, \mathbf{w}) = z_i(\mathbf{w}, y(p, \mathbf{w}))$. Deshalb gilt

$$\frac{\partial z_i(p, \mathbf{w})}{\partial p} = \frac{\partial z_i(\mathbf{w}, y)}{\partial y} \frac{\partial y(p, \mathbf{w})}{\partial p} \tag{68}$$

und (66) impliziert, daß $\partial z_i(p, \mathbf{w})/\partial p$ das gleiche Vorzeichen wie $\partial z_i(\mathbf{w}, y)/\partial y$ aufweist, doch beobachteten wir gerade, daß das Vorzeichen entweder positiv oder negativ sein kann.

Wir haben zwei weitere Resultate, die in einem Anhang bewiesen werden:

$$\frac{\partial y(p, \mathbf{w})}{\partial w_i} = -\frac{\partial z_i(p, \mathbf{w})}{\partial p} \tag{69}$$

und

$$\frac{\partial z_i(p, \mathbf{w})}{\partial w_j} = \frac{\partial z_j(p, \mathbf{w})}{\partial w_i}. \tag{70}$$

Diese Resultate sind aus gleichem Grunde genauso außerordentlich wie die in (62). Man erkenne, daß (68) und (69) implizieren, daß ein Input genau dann inferior ist, wenn er auch regressiv ist.

Zu guter Letzt erkenne man, daß aus (52) folgt

$$\frac{\partial z_i(p, \mathbf{w})}{\partial w_i} = \frac{\partial z_i(\mathbf{w}, y)}{\partial w_i} + \frac{\partial z_i(\mathbf{w}, y)}{\partial y}\,\frac{\partial y(p, \mathbf{w})}{\partial w_i}. \tag{71}$$

Dies zeigt, daß der Effekt einer Inputpreisveränderung auf die Inputnachfrage einer gewinnmaximierenden Firma aus zwei Teilen besteht: Dem **Substitutionseffekt** $\partial z_i(\mathbf{w}, y)/\partial w_i$, der den Effekt der Preisveränderung auf die Produktionsmethode zeigt und den **Outputeffekt** $(\partial z_i(\mathbf{w}, y)/\partial y)\,(\partial y(p, \mathbf{w})/\partial w_i)$, der den Effekt einer Preisänderung auf das Produktionsniveau zeigt. Wir haben oben gesehen, daß der Substitutionseffekt negativ ist (Gleichung (61)) und daß die Summe der beiden Effekte negativ ist (Gleichung (67)). Tatsächlich muß auch der Outputeffekt negativ sein. Gewöhnlich ist $\partial z_i/\partial y$ positiv und $\partial y/\partial w_i$ negativ, aber wie angegeben (aber nicht bewiesen) ist $\partial z_i/\partial y$ negativ genau dann, wenn $\partial y/\partial w_i$ positiv ist. Wenn (68) und (69) in (71) eingesetzt werden, bekommen wir

$$\frac{\partial z_i(p, \mathbf{w})}{\partial w_i} = \frac{\partial z_i(\mathbf{w}, y)}{\partial w_i} - \left(\frac{\partial z_i(\mathbf{w}, y)}{\partial y}\right)^2 \frac{\partial y(p, \mathbf{w})}{\partial p}, \tag{71a}$$

so daß

$$\frac{\partial z_i(p, \mathbf{w})}{\partial w_i} \leq \frac{\partial z_i(\mathbf{w}, y)}{\partial w_i} \leq 0 \tag{72}$$

Es bleibt dem Leser überlassen (vergleiche Übungsaufgabe 2.22), erneut das Beispiel des Abschnitts 2.10 oben zu betrachten und zu bestätigen, daß (61), (62), (66), (67), (69), (70) und (72) auch für dieses Beispiel gelten.

2.13 Homogene Funktionen

Eine Funktion $f(x_1, x_2, \ldots, x_n)$ heißt homogen vom Grade r, falls

$$f(kx_1, kx_2, \ldots, kx_n) = k^r f(x_1, x_2, \ldots, x_n) \tag{73}$$

oder in Vektorschreibweise, $f(\mathbf{x})$ ist homogen vom Grade r, falls

$$f(k\mathbf{x}) = k^r f(\mathbf{x}) \tag{73a}$$

Wir sind diesem Begriff schon begegnet. Bei der Definition der konstanten Skalenerträge zeigt sich, daß die Produktionsfunktion homogen vom Grade 1 sein sollte.

Eine Funktion $f(x_1, \ldots, x_n, x_{n+1}, \ldots, x_m)$ heißt, homogen vom Grade r in den Variablen $x_1, \ldots, x_n$, falls

$$f(kx_1, \ldots, kx_n, x_{n+1}, \ldots, x_m) = k^r f(x_1, \ldots, x_n, x_{n+1}, \ldots, x_m) \tag{74}$$

Zum Beispiel ist die Funktion $x_1^2(x_2 + x_3)^2/x_4$ homogen vom Grade 3; sie ist in den Argumenten x_1, x_2, x_3 homogen vom Grade 4.

Die Angebotsfunktion $y(p, \mathbf{w})$ und die Inputnachfragefunktionen $\mathbf{z}(p, \mathbf{w})$ sind homogen vom Grade 0; das heißt, es gilt $y(kp, k\mathbf{w}) = y(p, \mathbf{w})$ und $\mathbf{z}(kp, k\mathbf{w}) = \mathbf{z}(p, \mathbf{w})$. Der Beweis hierfür ist einfach. Sei angenommen, daß für die Preise kp, k**w** die Firma nicht $y(p, \mathbf{w})$ und $\mathbf{z}(p, \mathbf{w})$ wählt, sondern an stattdessen y^0, $\mathbf{z}^0$. Da diese Wahl die Gewinne maximiert, folgt daraus

$$kpy^0 - k\mathbf{w}\mathbf{z}^0 > kpy(p, \mathbf{w}) - k\mathbf{w}\mathbf{z}(p, \mathbf{w}) \tag{75}$$

Dividieren wir jedoch (75) durch k, dann ergibt sich

$$py^0 - \mathbf{w}\mathbf{z}^0 > py(p, \mathbf{w}) - \mathbf{w}\mathbf{z}(p, \mathbf{w}) \tag{76}$$

was unmöglich ist, da $y(p, \mathbf{w})$, $\mathbf{z}(p, \mathbf{w})$ die gewinnmaximierenden Entscheidungen zu den Preisen p, **w** sind (Eine alternative Beweisführung besteht darin, daß man zeigt, daß die Lösung der Bedingungen erster Ordnung (15), (16) und (50) durch die Multiplikation aller Preise mit dem Faktor k unbeeinflußt bleibt).

Die ökonomische Interpretation der Homogenität vom Grade 0 ist einfach, daß bei Preisänderung aller Preise mit dem gleichen Faktor die reale Situation der Firma unverändert bleibt (in dem Sinne, daß eine Veränderung der Preisangabe von DM auf Pfennige alle Preise mit dem Faktor 100 erhöht und dies keine Veränderung der realen Situation für die Firma darstellt), so daß ihr Verhalten unverändert bleibt. Eine nützliche Art und Weise die Homogenität vom Grade 0 zu beschreiben ist, daß man sagt, nur die relativen Preise sind wichtig.

Mit einer ähnlichen Argumentationsweise kann man beweisen, daß Inputnachfragefunktionen $\mathbf{z}(\mathbf{w}, y)$ homogen vom Grade 0 in **w** sind und daß die Kostenfunktion $c(\mathbf{w}, y)$ homogen vom Grade 1 in **w** ist.

Leicht überprüft man, daß die in den Beispielen der Abschnitte 2.7 und 2.10 abgeleiteten Funktionen die obigen Homogenitätseigenschaften aufweisen (Man vergleiche Übungsaufgabe 2.34).

Nun besagt das **Eulersche-Theroem**, daß $f(x_1, x_2, \ldots, x_n)$ homogen vom Grade r genau dann ist, wenn

$$\sum_{i=1}^{n} x_i \frac{\partial f}{\partial x_i} = rf(x_1, \ldots, x_n). \tag{77}$$

Der Beweis hierfür wird weggelassen; er kann in fast jedem Buch der Analysis nachgelesen werden.

Das Eulersche-Theorem hat zwei wichtige Konsequenzen für die Theorie der gewinnmaximierenden Firma. Wenn die Produktionsfunktion $y = F(\mathbf{z})$ konstante Skalenerträge aufweist, ist sie homogen vom Grade 1, so daß

$$\sum_{i=1}^{n} z_i \frac{\partial F}{\partial z_i} = F(z_1, \ldots, z_n) = y. \tag{78}$$

Substituieren wir jedoch die kostenminimierenden Gleichungen $w_i = \lambda \partial F / \partial z_i$ in (78), dann erhalten wir

$$\sum_{i=1}^{n} w_i z_i = \lambda y, \tag{79}$$

so daß die Gewinne der Unternehmung gleich

$$py - \sum_{i=1}^{n} w_i z_i = (p - \lambda)y \tag{80}$$

sind. Man erinnere sich, daß λ gleich den Grenzkosten $\partial c/\partial y$ ist. Man erinnere sich auch, daß eine Produktionsfunktion bei konstanten Skalenerträgen auf eine Kostenfunktion führt, die konstante Durchschnittskosten aufweist. Das heißt, $c(y) = ay$ wobei a die konstenten Durchschnittskosten bezeichnet, so daß tatsächlich $\lambda = \partial c/\partial y = a$ und λ eine Konstante ist. Somit sind die vorstehend abgeleiteten und in Figur 2.10 illustrierten Resultate für jede Unternehmung gültig, deren Produktionsfunktion konstante Skalenerträge aufweist. Falls es insbesondere möglich ist, die gewinnmaximierende Bedingung $p = \lambda$ zu erfüllen, sind die Gewinne der Unternehmung gleich 0.

Man ist versucht, das Eulersche-Theorem auf Produktionsfunktionen mit wachsenden oder abnehmenden Skalenerträgen anzuwenden, aber die Resultate sind von begrenzter Aussagefähigkeit, da die erhaltenen Funktionen nicht notwendigerweise homogen sind.

Die geometrische Anschauung ergibt ein zweites Resultat. Die Isoquanten einer Produktionsfunktion mit konstanten Skalenerträgen verschieben sich **gleichmäßig** aus dem Ursprung heraus wie in Figur 2.11 illustriert wird. Dies legt nahe, daß die Steigung einer einzelnen Isoquante nur vom Verhältnis z_2/z_1 abhängen sollte und nicht von z_1 und z_2 separat. Dies trifft in der Tat zu.

Aus dem Euler-Theorem folgt, falls $F(z_1, z_2)$ konstante Skalenerträge aufweist,

$$F(z_1, z_2) = z_1 \frac{\partial F(z_1, z_2)}{\partial z_1} + z_2 \frac{\partial F(z_1, z_2)}{\partial z_2}. \tag{81}$$

Differenzieren wir beide Seiten von (81) bezüglich z_1:

$$\frac{\partial F(z_1, z_2)}{\partial z_1} = \frac{\partial F(z_1, z_2)}{\partial z_1} + z_1 \frac{\partial^2 F(z_1, z_2)}{\partial z_1^2} + z_2 \frac{\partial^2 F(z_1, z_2)}{\partial z_1 \partial z_2} \tag{82}$$

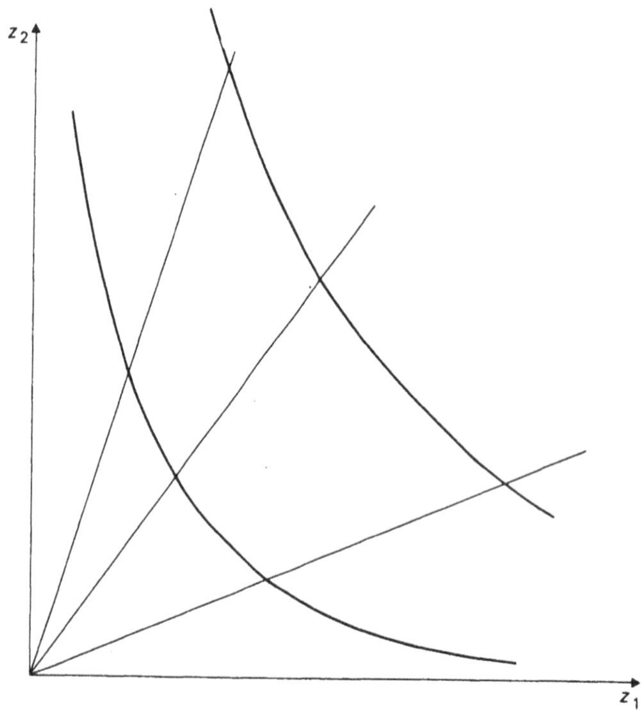

Figur 2.11 Konstante Skalenerträge

wobei

$$\frac{\partial^2 F}{\partial z_1 \partial z_2} = \frac{\partial}{\partial z_1}\left(\frac{\partial F}{\partial z_2}\right), \tag{83}$$

Dieser Ausdruck zeigt die Ableitung von $\partial F/\partial z_2$ bezüglich z_1. Wenn eine Funktion zweimal stetig differenzierbar ist, dann gilt:

$$\frac{\partial}{\partial z_2}\left(\frac{\partial F}{\partial z_1}\right) = \frac{\partial^2 F}{\partial z_2 \partial z_1} = \frac{\partial^2 F}{\partial z_1 \partial z_2} \tag{84}$$

(wiederum geben wir für diese wichtige Aussage keinen Beweis). (82) impliziert, daß

$$0 = z_1 \frac{\partial}{\partial z_1}\left(\frac{\partial F}{\partial z_1}\right) + z_2 \frac{\partial}{\partial z_2}\left(\frac{\partial F}{\partial z_1}\right) \qquad (85)$$

Also impliziert das Eulersche-Theorem, daß die Funktion $\partial F/\partial z_1$ homogen vom Grade 0 sein muß. Die gleiche Art von Beweisführung zeigt, daß $\partial F/\partial z_2$ homogen vom Grade Null ist. Also ist die Steigung der Isoquante, die der Grenzrate der Substitution F_1/F_2 entspricht, unverändert, wenn sich z_1 und z_2 proportional verändern.

Obwohl wir kein Isoquantendiagramm zeichnen können, wenn mehr als zwei Inputs existieren, kann man einen ähnlichen Beweis wie oben anwenden: Wenn $F(\mathbf{z})$ konstante Skalenerträge aufweist, dann ist $\partial F(\mathbf{z})/\partial z_i$ homogen vom Grade 0 für alle i. Es bleibt dem Leser überlassen (vergleiche Übungsaufgabe 2.38) nachzuweisen, daß dies bedeutet, daß $\mathbf{z}(\mathbf{w}, y)$ homogen vom Grade 1 in y ist und die ökonomische Bedeutung dieses Sachverhalts zu diskutieren.

Übungsaufgaben

2.1 Man gebe die Werte von x_1 und x_2 an, in denen die partiellen Ableitungen der Funktionen

(a) $(x_1 - 2)^2 + (x_2 - 1)^2$
(b) $(x_1 - 2)^2 - (x_2 - 1)^2$

gleich Null sind. Man zeige aber, in dem man andere Werte von x_1, x_2 berücksichtigt, daß die Funktion (a) im obigen Punkt (x_1, x_2) ein Minimum hat, aber die Funktion (b) weder ein Maximum noch ein Minimum aufweist.

2.2 Man ermittle die partiellen Ableitungen der Funktion

$$f(x_1, x_2) = x_1^2 + x_2^2 - 3x_1 x_2$$

und gebe den Punkt an, in dem $\partial f/\partial x_1 = 0$ und $\partial f/\partial x_2 = 0$ gelten. Man zeige, daß die zweiten partiellen Ableitungen $\partial^2 f/\partial x_1^2$ und $\partial^2 f/\partial x_2^2$ an dieser Stelle positiv sind. Man berechnet die Funktion für diesen Punkt und ebenso für die Punkte (c, 0), (0, c) und (c, c), wobei c eine beliebige Zahl ist, und zeige, daß die Funktion kein Minimum für den Punkt besitzt, für den die partiellen Ableitungen Null sind (Dies zeigt, daß $\partial^2 f/\partial x_i^2 > 0$ für alle i für ein Minimum nicht hinreicht).

2.3 Eine Unternehmung mit der Produktionsfunktion

$$y = z_1^{1/4} z_2^{1/2}$$

sieht sich den Preisen $p = 12$, $w_1 = 9$, $w_2 = 2$ gegenüber. Man gebe die gewinnmaximierende Politik an. Wieviel Gewinn wird erzielt?

2.4 Man ermittle die gewinnmaximierenden Inputs in den Fällen (a) und (b) vom Ende des Abschnitts 2.1.

2.5 Welche Skalenerträge weisen die folgenden Produktionsfunktionen auf?

(a) $y = z_1^{1/4} z_2^{1/2}$
(b) $y = z_1^{1/2} z_2^{1/2}$
(c) $y = z_1^{\alpha} z_2^{\beta}$ wobei α und β positive Konstanten sind
(d) $y = (z_1^{-2} + z_2^{-2})^{-1/2}$

(ii) Gilt für jede dieser Funktionen, daß sie abnehmende Erträge für jeden Input haben?
(iii) Kann man Werte für α und β in Funktion (c) so finden, daß steigenden Skalenerträge und abnehmende Eträge auf Inputs vorliegen? Ist es möglich, daß die Funktion (c) abnehmende oder konstante Skalenerträge aber keine abnehmende Erträge auf Inputs aufweist?
(iv) Man zeichne für die Produktionsfunktion (d) einen Graphen der Isoquante $y = 4$.

2.6 Man definiere steigende, sinkende und konstante Skalenerträge, vermöge der Beziehung zwischen $F(k\mathbf{z})$ und $F(\mathbf{z})$, wenn k kleiner 1 ist.

2.7 Ein Produzent besitzt zwei Betriebsanlagen, welche identische Produkte herstellen. Sei y_1 die Produktion der ersten Anlage und y_2 die Produktion der zweiten. Er möchte eine gegebene Menge y insgesamt mit den geringstmöglichen Kosten herstellen. Die Kosten der Produktion in den betreffenden Anlagen betragen $c_1(y_1)$ bzw. $c_2(y_2)$. Man löse mit Hilfe einer Lagrange-Funktion das Kostenminimierungsproblem für y. Gibt es eine andere Möglichkeit, das Problem zu lösen? Kann man eine Bedingung angeben, die hinreichend dafür ist, daß das Ergebnis ein Minimum ist?

2.8 Für jede der Produktionsfunktionen der Aufgabe 2.5 ermittle man die Grenzrate der Substitution und zeige, daß diese abnimmt.

2.9 Man diskutiere die Eigenschaften der Produktionsfunktion

$$y = (z_1^2 + z_2^2)^{1/2}$$

Kann die Lagrangemethode das Kosten-Minimierungs-Problem für diese Funktion lösen?

2.10 Man gebe eine rein verbale Definition von:
(i) sinkenden Skalenerträgen
(ii) abnehmenden Erträgen und
(iii) einer abnehmenden Grenzrate der Substitution.

2.11 Man bestimme die Substitutionselastizität der Produktionsfunktionen

(a) $y = z_1^{\alpha} z_2^{\beta} \quad (\alpha > 0, \beta > 0)$
(b) $y = (z_1^{-\alpha} + z_2^{-\alpha})^{-1/\alpha} \quad (\alpha > -1)$

Wie groß sind die relativen Inputkostenanteile an den Gesamtkosten der Produktion? Man bestätige, daß die relativen Anteile der aus (25) hergeleiteten Eigenschaft genügen.

2.12 Man sagt, daß im 19. Jhr. japanische Textilherssteller viele Arbeiter benötigten, um Produktionsverluste zu minimieren, wenn Maschinen außer Betrieb waren und repariert werden mußten, oder um eine leere Spule zu erneuern, oder um ein gebrochenes Schraubengewinde zu erneuern usw. Britische Hersteller jedoch bedienten die gleichen Maschinen mit weniger Arbeitern und nahmen konsequenterweise längere Unterbrechungen der Produktion in Kauf. Kann beides als rationales Verhalten erklärt werden, wenn man zu jener Zeit an den Unterschied zwischen japanischen und britischen Löhnen denkt?

2.13 Man bestimme für die Produktionsfunktion der Übungsaufgabe 2.5 bei gegebenen Inputpreisen w_1 und w_2 das kostenminimale Inputniveau zu einem gegebenen Output y. Man leite die Kostenfunktionen her. Beschreiben die Ergebnisse in jedem Fall wirklich Minima? Man bestimme für alle Fälle die Durchschnittskosten und bestätige, daß sie die erwartete Beziehung mit den Skalenerträgen haben.

2.14 Man leite für die Produktionsfunktion

$$y = z_1^{1/2} + z_2^{1/2}$$

die Kostenfunktion her und überprüfe, ob die Kosten tatsächlich minimiert werden. Wie groß ist die Substitutionselastizität? Man ermittle die Durchschnittskosten. Welche Eigenschaft der Produktionsfunktion wird durch die Durchschnittskosten wiedergespiegelt?

2.15 Man gebe eine rein verbale Erklärung für die Tatsache, daß eine Produktionsfunktion mit konstanten Skalenerträgen konstante Durchschnittskosten der Produktion aufweist.

2.16 Wenn ein Unternehmen seine Kostenfunktion als $c = 10y^2$ kalkuliert, was kann man dann über die Produktionsfunktion folgern?

***2.17** Die Kostenfunktion $c(\mathbf{w}, y)$ ist eine streng konvexe Funktion von y für alle $\mathbf{w}$, falls für alle y_1 und y_2, die $y_1 \neq y_2$ genügen und alle λ mit $0 < \lambda < 1$ gilt $\lambda c(\mathbf{w}, y_1) + (1 - \lambda)\, c(\mathbf{w}, y_2) > c(\mathbf{w}, y_\lambda)$, wobei $y_\lambda = \lambda y_1 + (1 - \lambda)\, y_2$. (Man zeichne die Funktion c als eine Funktion von y mit dieser Eigenschaft und bestätige, daß $\partial c/\partial y$ wächst).

Eine Produktionsfunktion $F(\mathbf{z})$ ist streng konkav, wenn für alle $\mathbf{z}_1$ und $\mathbf{z}_2$ mit $\mathbf{z}_1 \neq \mathbf{z}_2$ und alle λ, $0 < \lambda < 1$, $\lambda F(\mathbf{z}_1) + (1 - \lambda)\, F(\mathbf{z}_2) < F(\mathbf{z}_\lambda)$ gilt, wobei $z_\lambda = \lambda z_1 + (1 - \lambda)\, z_2$. (Man vergleiche die Definition der Konkavität der Seiten 28-29 und ihre Illustration in Abbildung 2.2). Man betrachte beliebige Inputvektoren z_1 und z_2 und die entsprechenden Werte $y_1 = F(z_1)$, $y_2 = F(z_2)$. Man wähle $\mathbf{w}$ so, daß $\mathbf{w}z_\lambda = c(\mathbf{w}, F(\mathbf{z}_\lambda))$ gilt. Man zeige, daß bei einer streng konvexen Kostenfunktion $y_\lambda < F(\mathbf{z}_\lambda)$ gilt, so daß die Produktionsfunktion streng konkav ist.
Man zeige, daß $\partial c/\partial y$ nur dann eine steigende Funktion von y für alle y ist, wenn die Produktionsfunktion abnehmende Grenzerträge aller Inputs und abnehmende Skalenerträge aufweist (Falls $\partial c/\partial y$ nur für einen Bereich von y-Werten eine wachsende Funktion von y ist, dann weist die Produktionsfunktion über diesen Bereich von Werten abnehmende Erträge der Inputs und lokal sinkende Skalenerträge auf).

2.18 Unter Verwendung der in den Übungsaufgaben 2.13 und 2.14 herbeigeleiteten Kostenfunktionen ermittle man, falls existent, die gewinnmaximierenden $y(p, w_1, w_2)$, $z_1(p, w_1, w_2)$, $z_2\,(p, w_1, w_2)$ die den jeweiligen Produktionsfunktionen entsprechen. Man diskutiere insbesondere für die Produktionsfunktionen (b), (c) (falls $\alpha + \beta = 1$ oder $\alpha + \beta > 1$) und (d) der Übungsaufgaben 2.5 und 2.13 das Ergebnis.

2.19 Man löse das Kostenminimierungs- und das Gewinnmaximierungsproblem für ein Unternehmen mit der Produktionsfunktion

$$y = (z_1^{1/3} + z_2^{1/3})^2$$

zu den Preisen p, w_1, w_2.

2.20 Ein Unternehmen hat folgende Kostenfunktion

$$c(y) = 200 - 10y + 0{,}01y^2$$

y bezeichnet die Anzahl der Produktionseinheiten und c(y) gibt die Kosten in £ an. Das Unternehmen verkauft sein Produkt zu einem Marktpreis von £ 10 pro Einheit. Wie hoch ist ihre Produktion und der Gewinn, wenn sie ihren Gewinn maximiert? Sei nun angenommen, daß der Staat folgende alternativen Subventionen anbietet:

(a) eine Zahlung von £ 1000;
(b) eine Zahlung von £ 1 pro produzierter Einheit;
(c) eine Zahlung von £ 5 pro Einheit Mehrproduktion über eine Stückzahl von 1000 hinaus.

Was sollte die Unternehmung wählen, wenn der Marktpreis unverändert ist?

2.21 Man bestätige für eine Produktionsfunktion mit kosntanten Skalenerträgen, daß die Grenzkosten konstant und gleich den Durchschnittskosten sind.

2.22 Man zeige, daß die in den Übungsaufgaben 2.13, 2.14, 2.18 und 2.19 hergeleiteten Angebotsfunktionen $y(p, \mathbf{w})$ und die Nachfragefunktionen $\mathbf{z}(\mathbf{w}, y)$ und $\mathbf{z}(p, \mathbf{w})$ den Gleichungen (61), (62), (66), (67), (69), (70) und (72) genügen.

2.23 Man diskutiere die Reaktion einer gewinnmaximierenden Unternehmung bei gegebenen Marktpreisen auf

(a) eine proportionale Steuer von 50% auf ihren Gewinn; und
(b) eine Steuer von 10% auf den Verkaufspreis jeder Einheit der Produktion.

2.24 Man nehme an, daß ein Unternehmen ein Gut mit drei Produktionsfaktoren, Kapital, Arbeit und Rohstoffen produziert. Der Staat führt eine 50% Steuer auf den „Gewinn" ein, wobei der „Gewinn" als der Rest der Einnahmen definiert wird, nachdem Arbeit und Rohstoffe bezahlt worden sind. Für das Gewinnmaximierungsproblem nach Steuern des Unternehmens diskutiere man, welchen Effekt die Steuer haben wird. Man vergleiche dies mit dem Effekt einer 50% Steuer auf die wahren Gewinne in Übungsaufgabe 2.23.

2.25 Falls ein Unternehmen n Inputs $z_1, z_2, \ldots, z_n$ hat, zeige man, daß mindestens ein $j \neq i$ derart existiert, so daß $\partial z_j(\mathbf{w}, y)/\partial w_i \geq 0$ gilt.

2.26 Man zeige in einem Diagramm, daß $\partial z_i(\mathbf{w}, y)/\partial y < 0$ möglich ist.

2.27 „Wenn der Preis **eines** Inputs steigt und alle anderen Preise konstant bleiben, muß dies zu steigenden Kosten führen und daher das gewinnmaximierende Niveau der Produktion verringern. Deshalb gilt $\partial y(p, \mathbf{w})/\partial w_i \leq 0$." Dieses Argument ist falsch, weil normalerweise $\partial y/\partial w_i > 0$ gilt, wie oben dargelegt. Bei sorgfältiger Unterscheidung zwischen Kosten und Grenzkosten, zeige man den Trugschluß des Arguments auf.

2.28 Man unterstelle, daß es in der Bauindustrie aus technischen Gründen sehr schwer ist, Arbeiter durch Maschinen zu ersetzen. Ein Gewerkschaftsführer argumentiert folglich, daß die Gewerkschaft ruhig höhere Löhne fordern kann, ohne die Arbeitsplätze zu gefährden. Hat er notwendigerweise recht?

2.29 Man benütze Gleichung (71a), um zu zeigen, daß die Nachfrage einer gewinnmaximierenden Unternehmung nach einem Input im allgemeinen umso elastischer ist, je einfacher es ist, andere Inputs zu ersetzen und je größer das Verhältnis der Zahlungen für diesen Input an den Gesamtkosten ist.

2.30 Man gebe eine zu (71) analoge Gleichung für $\partial z_i(p, \mathbf{w})/\partial w_j$ an.

2.31 Wenn die Produktionsfunktion $F(\mathbf{z})$ konstante Skalenerträge aufweist, existieren die Funktionen $y(p, \mathbf{w})$ und $\mathbf{z}(p, \mathbf{w})$ nicht für alle Werte von p und $\mathbf{w}$; (66) und (67) gelten nicht weiter, da die Ableitungen nicht überall existieren und nicht gleich Null sind, wo sie existieren. Man beweise jedoch, daß (65) und (60) für die gewinnmaximierende Unternehmung mit konstanten Skalenerträgen gültig sind.

2.32 Man führe einen anderen Beweis für die Nullhomogenität der Funktionen $y(p, \mathbf{w})$ und $\mathbf{z}(p, \mathbf{w})$.

2.33 Man zeige, daß die Funktionen $\mathbf{z}(\mathbf{w}, y)$ homogen vom Grad Null in $\mathbf{w}$ sind und die Kostenfunktion $c(\mathbf{w}, y)$ homogen vom Grade 1 in $\mathbf{w}$ ist.

2.34 Man bestätige, daß die in den Abschnitten 2.7 und 2.10 und in den Übungsaufgaben 2.13, 2.14, 2.18 und 2.19 hergeleiteten Angebots-, Nachfrage- und Kostenfunktionen die richtigen Homogenitätseigenschaften haben.

2.35 Man beweise die „$\Leftarrow$“-Richtung des Eulerschen Theorems.

2.36
(a) Man nehme an, daß alle Inputpreise proportional ansteigen, mit Ausnahme von w_i, das konstant bleibt. Was passiert mit $z_i(\mathbf{w}, y)$ und $c(\mathbf{w}, y)$?
(b) Sei angenommen, daß alle Inputpreise proportional ansteigen, aber der Outputpreis konstant bleibt. Was passiert mit $y(p, \mathbf{w})$?
(c) Sei angenommen, daß alle Inputpreise außer w_i und der Outputpreis proportional ansteigen. Was passiert mit $z_i(p, \mathbf{w})$?

2.37 $y = F(z_1, z_2)$ sei eine Produktionsfunktion die homogen vom Grad α ist, wobei $0 < \alpha < 1$. Was kann man über ihre Skalenerträge aussagen? Man benutze das Eulersche Theroem, um zu zeigen, daß für alle Preise der Maximalgewinn positiv sein wird.

2.38 Die Produktionsfunktion $F(\mathbf{z})$ habe konstante Skalenerträge. Man zeige mit Hilfe des Eulertheorems, daß $\partial F(\mathbf{z})/\partial z_i$ für alle i homogen vom Grade Null ist. Man zeige, daß dies auf die Homogenität vom Grade 1 in y von $z(\mathbf{w}, y)$ hinausläuft. Man diskutiere diesen Sachverhalt ökonomisch.

Kapitel 3
Die Unternehmung und der Markt

3.1 Gewinnmaximierung in der kurzen Frist

Ein wichtiges Merkmal der im vorhergehenden Kapitel entwickelten Theorie ist, daß die Unternehmung frei ihre Inputs wählen kann. Dies ist nicht immer eine sinnvolle Annahme.

Betrachten wir z.B. den Fall, in dem eine Unternehmung drei Inputs verwendet, nämlich Rohstoffe, Arbeit und Maschinen. Die Menge der verwendeten Rohstoffe kann leicht variiert werden, z.B. von Tag zu Tag. Die Größe des Arbeitseinsatzes (oder die Zahl der Arbeitsstunden pro Arbeiter) kann auch verändert werden, möglicherweise von einer Woche auf die andere. Die Maschinen jedoch können speziell für diese Unternehmung entwickelt sein und für eine andere Unternehmung keinen Wert besitzen. Das heißt, mehr Maschinen können nur nach einer Verzögerung von mehreren Monaten, von der Zeit der Auftragsvergabe aus gerechnet, installiert werden, während der Bestand an Maschinen nur dadurch reduziert werden kann, daß man alte Maschinen verschrottet und sie nicht ersetzt.

Dieses Beispiel mag nicht für alle Unternehmungen typisch sein, denn manche Unternehmungen erhalten ihre Rohstoffe auf Grund langfristiger Kontrakte, die nicht sofort geändert werden können und setzen Arbeitskräfte ein, die nicht gewillt sein müssen, Leerzeiten zu akzeptieren, Überstunden zu leisten oder neue Mitarbeiter zu tolerieren. Andererseits können die Maschinen einiger Unternehmungen leicht zu beschaffen und auch auf dem Gebrauchtmarkt zu verkaufen sein, bzw. auch ausgeliehen werden.

Der Punkt ist, daß manche Entscheidung, die eine Unternehmung treffen muß, unter Bedingungen gemacht wird, bei denen einige Inputs fix und andere variabel sind. Die Kosten der fixen Inputs heißen **fixe Kosten** und die Kosten der variablen Inputs nennt man **variable Kosten**.

In Abschnitt 1.10 definierten wir den Unterschied zwischen „kurzfristig" und „langfristig" in Abhängigkeit davon, ob die Unternehmungen (oder Konsumenten) durch ihre vergangenen Entscheidungen bei ihren augenblicklichen Entscheidungen eingeschränkt werden. Im vorliegenden Kontext ist eine Nebenbedingung gegeben, wenn fixe Inputs vorhanden sind. Somit ist die kurze Frist eine Zeitperiode in der einige Inputs fix sind, während langfristig alle Inputs als variabel anzusehen sind. Es ist jedoch von großer Wichtigkeit, sich daran zu erinnern, daß diese Terminologie eine nützliche kurze Beschreibung und nicht eine strenge Trennung der Zukunft in zwei Abschnitte ist. Für einige Unternehmungen können alle Inputs augenblicklich variabel sein (man betrachte z.B. eine Unternehmung, die Sekretärinnendienste bereitstellt, dabei gemietete Unterkünfte und Bürogeräte benutzt und einen nicht gewerkschaftlich organisierten Personalbestand mit wöchentlichen Kontrakten hat), so daß die kurze Frist so kurz ist, daß sie irrelevant bleibt. Andere Unternehmungen hingegen können Inputs haben, die dauernd als fix anzusehen sind (wie die Bahndämme, Tunnels und Geleise einer Eisenbahnlinie), so daß es wirklich keine lange Frist gibt. Je kürzer die betrachtete Zeitperiode ist, desto mehr Inputs sind als fix zu betrachten, so daß es eine Folge von kurzen Fristen gibt. Das einfachste formale Modell, das diese Unterscheidungen mit einbezieht, ist das einer Unternehmung, die einen Output y mit zwei Inputs z_1 und z_2 produziert. Wenn z_2 als fix angesehen wird, ist die Produktionsfunktion

$$y = F(z_1, z_2) \tag{1}$$

eine Funktion einer einzigen Variablen z_1, und die Unternehmung hat keine Wahl, wie sie zu produzieren hat. Die Gleichung (1) definiert z_1 als implizite Funktion von y und z_2; dieses schreiben wir als

$$z_1 = z_1(y, z_2) \tag{2}$$

Die kurzfristige Kostenfunktion der Firma ist

$$c(w_1, w_2, y, z_2) = w_1 z_1(y, z_2) + w_2 z_2, \tag{3}$$

so daß $w_1 z_1(yz_2)$ die variablen Kosten und $w_2 z_2$ die fixen Kosten bezeichnen. Die kurzfristigen durchschnittlichen Kosten sind gleich $c(w_1, w_2, y, z_2)/y$, die kurzfristigen Grenzkosten sind $\partial c(w_1, w_2, y, z_2)/\partial y$, und die durchschnittlichen variablen Kosten sind gleich $w_1 z_1(y, z_2)/y$. (Man erkennt, daß die kurzfristigen Grenzkosten und Durchschnittskosten unabhängig von w_2 sind und daß die kurzfristigen Grenzkosten den variablen Grenzkosten entsprechen). Man bezieht sich auf diese drei Funktionen durch die folgenden Abkürzungen SRAC, SRMC und AVC.

Die Abkürzungen stehen für „short-run average costs, short-run marginal costs und average variable costs."

Zum Beispiel ist für $y = z_1^{1/2} z_2^{1/2}$ mit $w_1 = 2$, $w_2 = 2$ und $z_2 = 4$ die Produktionsfunktion gleich $y = 2z_1^{1/2}$ und somit $z_1 = \frac{1}{4}y^2$ und die kurzfristige Kostenfunktion gleich $c = \frac{1}{2}y^2 + 8$, während die variablen Kosten gleich $\frac{1}{2}y^2$ und die fixen Kosten 8 Einheiten betragen. Die kurzfristigen Durchschnittskosten sind gleich $\frac{1}{2}y + 8/y$, während die kurzfristigen Grenzkosten gleich y sind und die durchschnittlichen variablen Kosten gleich $\frac{1}{2}y$. Diese drei Funktionen sind in Figur 3.1 eingezeichnet.

Die Tatsache, daß sich in diesem Beispiel die durchschnittlichen variablen Kosten mit dem Output erhöhen, spiegelt die Tatsache wieder, daß bei einer z_1-Erhöhung sich y in einem geringeren Ausmaße erhöht (dies wiederum spiegelt die Tatsache wieder, daß die Produktionsfunktion abnehmende Erträge für die variablen Inputs aufweist). (Dies steht im Gegensatz zur langfristigen Kostenfunktion, die wir im vorhergehenden Kapitel diskutiert haben, wo die Gestalt der Durchschnittskostenfunktion von den Skalenerträgen abhängt, da alle Outputs als variabel anzusehen waren). Wir können stattdessen annehmen, daß die Erträge auf die variablen Inputs bei niedrigen Outputniveaus nicht abnehmen, sie aber nach einem gewissen Punkt abzunehmen beginnen. Eine Produktionsfunktion

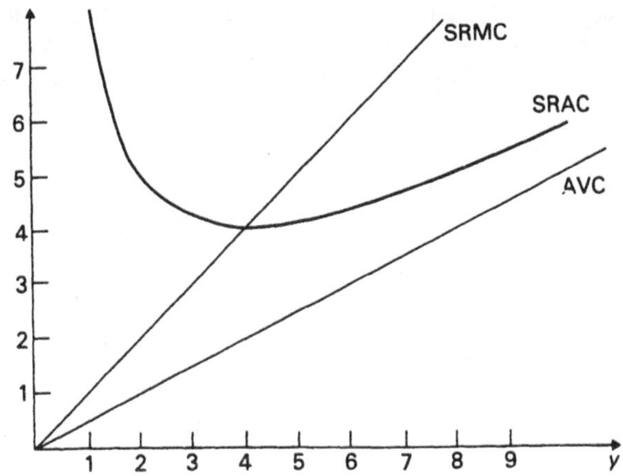

Figur 3.1 Kurzfristige Kostenkurven

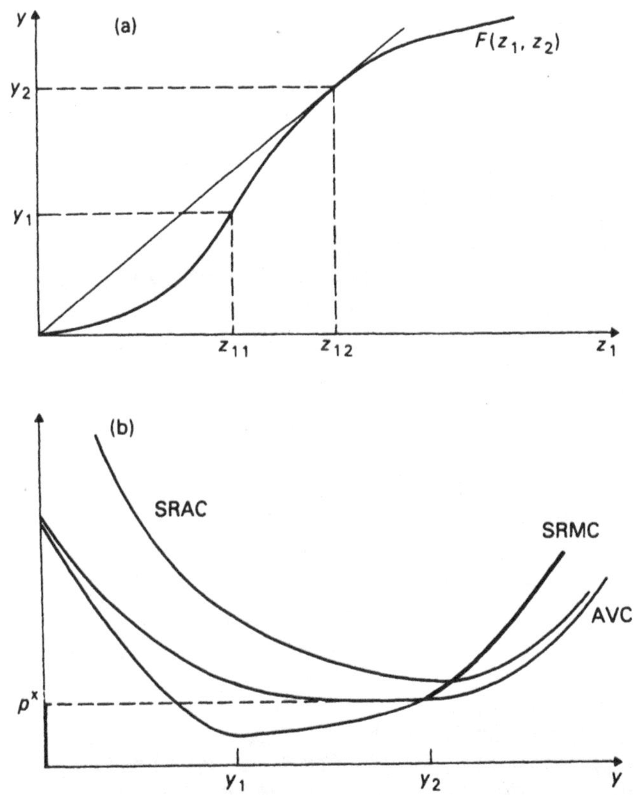

Figur 3.2 Die kurzfristige Produktionsfunktion und kurzfristige Kostenkurven

mit dieser Eigenschaft wird in Figur 3.2 (a) dargestellt. Bis z_{11} erhöht sich das Grenzprodukt $\partial F/\partial z_1$ mit z_1, und oberhalb von z_{11} haben wir abnehmende Erträge auf z_1-Erhöhungen. Während sich das **Durchschnitts**produkt y/z_1 bei z_1-Erhöhungen bis zum Punkt z_{12} erhöht, sinkt es dann. Das Grenzprodukt wird durch die Steigung der $F(z_1, z_2)$-Kurve in jedem Punkt gegeben. Das Durchschnittsprodukt wird durch die Steigung der Geraden gegeben, die den Ursprung und den betreffenden Punkt verbindet. Beide Produkte sind im Punkte z_{12} gleich. Nun betragen die durchschnittlichen variablen Kosten $w_1 z_1/y$ und diese sinken, wenn das Durchschnittsprodukt sich erhöht und umgekehrt. Hingegen sind die Grenzkosten gleich $w_1/(\partial F/\partial z_1)$ und diese fallen, wenn das Grenzprodukt sich erhöht und umgekehrt.

Somit haben wir die U-förmigen SRMC- und AVC-Kurven, wie wir in 3.2(b) illustriert haben. Die beiden Kurven schneiden sich im Punkte y_2, der einem Inputniveau von z_{12} entspricht. Der Unterschied zwischen den AVC und SRAC wird durch $w_2 z_2/y$ gegeben. Dieser Ausdruck fällt mit y, so daß SRAC auch U-förmig verläuft.

Die Beziehung zwischen einer beliebigen Durchschnittskostenfunktion und der entsprechenden Grenzkostenfunktion wird aus der Formel

$$y \frac{d}{dy}\left(\frac{c(y)}{y}\right) = \frac{dc(y)}{dy} - \frac{c(y)}{y} \tag{4}$$

abgeleitet. Wir erinnern uns, daß die Durchschnittskosten gleich $c(y)/y$ sind und die Grenzkosten $dc(y)/dy$ betragen. Dort wo die Grenzkosten die Durchschnittskosten übersteigen, ist die rechte Seite von (4) positiv und die Durchschnittskosten sind deshalb ansteigend. Dort, wo die Durchschnittskosten die Grenzkosten übersteigen, fallen die Durchschnittskosten. Die Durchschnittskosten sind nur dann konstant, wenn sie gleich den Grenzkosten sind. Eine intuitive Erklärung dieser Beziehungen erhält man dadurch, in dem man überlegt, wann eine zusätzliche Outputeinheit mehr kostet als die durchschnittliche Einheit. Dann erhöhen sich die Durchschnittskosten mit steigendem Output und umgekehrt.

Falls c(y) die kurzfristigen Kosten bezeichnet, wird (4) zu

$$y \frac{\partial}{\partial y}(\text{SRAC}) = \text{SRMC} - \text{SRAC}; \tag{5}$$

wenn hingegen c(y) die variablen Kosten bezeichnet, wird (4) zu

$$y \frac{\partial}{\partial y}(\text{AVC}) = \text{SRMC} - \text{AVC} \tag{6}$$

Also schneidet SRMC sowohl die AVC- als auch die SRAC-Kurve in ihren entsprechenden Minimalpunkten von unten. (Man kann die Beziehung zwischen (5) und (6) auch dadurch kennzeichnen, daß man erkennt, daß für den Fall in dem $w_2 = 0$ gesetzt wird, die fixen Kosten Null betragen und dies keinen Effekt auf die Grenzkosten hat und die SRAC gleich den AVC sind, so daß (5) zu (6) wird. Alternativ kann man durch die Betrachtung der Beziehung zwischen den Grenz- und Durchschnittsprodukten (6) begründen, wie wir schon gesehen haben).

Nun stellen wir uns vor, daß die Unternehmung die Gewinne maximieren möchte, aber glaubt, daß z_2 fixiert ist. Das Problem ist im wesentlichen das gleiche wie bei der langfristigen Gewinnmaximierung, die wir im Abschnitt 2.9 diskutierten. Diese langfristige Gewinnmaximierung ist

$$\max_{y}! \; py - c(w_1, w_2, y, z_2), \tag{7}$$

so daß die notwendige Bedingung für die Maximierung gleich

$$p - \frac{\partial c(w_1, w_2, y, z_2)}{\partial y} = 0 \tag{8}$$

ist. Die Bedingung zweiter Ordnung ist dagegen gleich

$$- \frac{\partial^2 c(w_1, w_2, y, z_2)}{\partial y^2} < 0 \tag{9}$$

Wie im langfristigen Problem, sollte die Unternehmung ein Outputniveau wählen, in dem die Grenzkosten gleich dem Outputpreis sind und in diesem Punkt die Grenzkosten ansteigen.

Doch sollten wir uns jetzt mit einer Frage befassen, die wir in Abschnitt 2.9 vermieden haben. In der Figur 3.3(a) ist das Outputniveau y_1 das einzige, das (8) und (9) erfüllt, während im Punkt y_0 nur (8) erfüllt ist, ohne daß (9) erfüllt ist. Also sinken die Gewinne von 0 bis y_0, steigen von y_0 bis y_1 an, und fallen wiederum, ab y_1 gerechnet. Offensichtlich stellt y_1 ein **lokales** Maximum dar, wenn aber der Output von y_0 auf 0 absinkt, werden die Gewinne erhöht; dies legt die Möglichkeit nahe, daß eine Nullproduktion besser ist als die Produktion in y_1 (Im Punkt $y = 0$ steigen die Gewinne immer noch an, wenn der Output sinkt, doch kann der Output nicht mehr weiter gesenkt werden). Also haben wir eine dritte Bedingung, die wir zu (8) und (9) hinzufügen müssen: Wir müssen überprüfen, ob die Gewinne im Punkte y_1 die Gewinne im Punkte 0 übersteigen. Jedoch fallen ohne Rücksicht auf die Höhe des Outputs fixe Kosten w_2z_2 an, so daß im Punkte $y = 0$ die Gewinne gleich $-w_2z_2$ sind (das heißt, es liegen Verluste in der Höhe w_2z_2 vor). Deshalb ist unsere dritte Bedingung gleich

$$py_1 - w_1z_1(y_1, z_2) - w_2z_2 \geq - w_2z_2 \tag{10}$$

das heißt, daß

$$py_1 - w_1z_1(y_1, z_2) \geq 0 \tag{11}$$

gilt. Die Beziehung besagt, daß der Umsatz größer als die **variablen** Kosten sein sollte, bzw., daß der Preis die durchschnittlichen variablen Kosten übersteigen muß. Im Beispiel der Figur 3.3(a) ist dies in der Tat der Fall und in Figur 3.3(b) wird dies anders illustriert. Hier werden die Gewinne als Funktion des Ouputs gesehen und die Gewinne werden im Punkte y_1 maximiert (die Verluste werden minimiert), wo sie höher als im Punkte 0 sind (das heißt, die Verluste sind geringer).

Wenn andererseits der Outputpreis hinreichend gering wäre, so daß die Grenzkosten gleich dem Preis auf einem Punkt der SRMC-Kurve unterhalb der AVC-

Kurve wären, dann würde Gleichung (11) nicht erfüllt sein und es wäre besser, nicht zu produzieren als in dem Punkte zu produzieren, der die Gleichungen (8) und (9) erfüllt. Dieser Fall wird durch den Preis p_2 und durch Output y_2 der Figur 3.3(a) illustriert.

Ein bedeutendes Merkmal dieses Arguments, das durch (11) gezeigt wird ist, daß für die Entscheidung, ob produziert oder nicht produziert werden soll, die Fixkosten irrelevant sind. Anders ausgedrückt, ob der Preis die kurzfristigen Durchschnittskosten übersteigt oder nicht, ist irrelevant (dies bestimmt nur, ob die Unternehmung Gewinne macht oder Verluste). Es kommt nur auf die Beziehung zwischen Preis und durchschnittlichen variablen Kosten an. Der Grund hierfür ist, daß die fixen Kosten für beide betrachteten Alternativen die gleichen sind (bei Produktion oder Nichtproduktion), so daß sie nicht die relative Profitabilität der beiden Handlungen beeinflussen. Und natürlich ist nur die relative Profitabilität beider Aktionen für die Wahl zwischen ihnen relevant. Man drückt dies auch manchmal dadurch aus, daß man sagt, die Fixkosten sind keine **Opportunitätskosten**. Das Konzept der Opportunitätskosten lenkt unsere Aufmerksamkeit auf die Tatsache, daß wirtschftliche Entscheidungen Entscheidungen zwischen Alternativen sind. Die Opportunitätskosten sind die Kosten, eine Entscheidung anstatt einer anderen zu treffen. Obwohl die Kosten des festen Inputs w_2z_2 betragen, sind die Opportunitätskosten der Verwendung dieser festen Inputs in der Produktion gegenüber ihrer Nichtnutzung gleich Null, denn nach Annahme fallen die Ausgaben w_2z_2 in beiden Fällen an, da die Unternehmung den

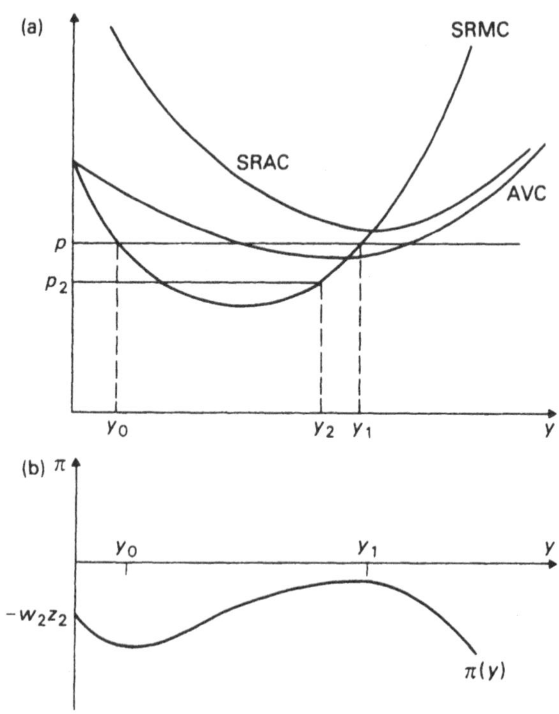

Figur 3.3 Kurzfristige Gewinnmaximierung

Input aus dem Produktionsprozeß nicht herausnehmen, ihn anderweitig verwenden oder ihn verkaufen kann.

Im Gegensatz dazu sind die Opportunitätskosten der Verwendung variabler Inputs im Vergleich zur Nichtproduktion gleich w_1z_1, denn dieser Betrag würde gespart werden, wenn der Output Null betragen würde.

Die Ökonomen verwenden manchmal die Worte „vorbei ist vorbei", um die Regel auszudrücken, daß getätigte Ausgaben, die nicht durch den Verkauf der gekauften Güter rückgängig gemacht werden können, vernachlässigt werden sollten, wenn Entscheidungen für die Zukunft getroffen werden müssen. Die Tatsache, daß unter bestimmten Umständen ein ökonomische Entscheidungen treffendes Wirtschaftssubjekt einige Ressourcen als kostenlos behandeln sollte, betont die Wichtigkeit der korrekten Identifikation solcher Umstände. Die Opportunitätskosten einer Produktivkraft hängen von der Spezifikation des Entscheidungsproblems ab, insbesondere von alternativen Etnscheidungen, die in Aussicht genommen werden. Wenn bestimmte Maschinen nicht anderweitig verwendet werden können, sind ihre Opportunitätskosten der Verwendung in der Produktion gegenüber ihrer Nichtverwendung gleich Null. Wenn jedoch die Maschinen verliehen werden könnten und diese Alternative ins Auge gefaßt wird, entsprechen die Opportunitätskosten der Verwendung der Maschinen in der Produktion dem Einkommen aus der Verleihung. Wenn Arbeiter entlassen werden können, wenn der Output Null beträgt, dann ist der Faktor Arbeit ein variabler Input mit positiven Opportunitätskosten. Wenn jedoch die Arbeiter einen festen Lohn beziehen und nicht freigesetzt oder umgruppiert werden können, ist dieser Faktor Arbeit ein fixer Input mit Opportunitätskosten von Null. Auch im Zusammenhang mit Entscheidungen, bei denen sowohl Arbeit als auch Maschinen variable Inputs darstellen, können andere Kosten wie schon getätigte Ausgaben für Forschung und Entwicklung gegeben sein, die man nicht einsparen kann, wenn man den Output reduziert; somit stellen diese Ausgaben fixe Kosten dar.

Die Gleichungen (8), (9) und (11) definieren das gewinnmaximierende Niveau von y, das den Werten von p, w_1 und z_2 entspricht. (Es ist nun offensichtlich, warum y nicht von w_2 abhängt). Gleichung (8) zeigt, daß die kurzfristige Angebotsfunktion der Firma durch die kurzfristige Grenzkostenfunktion gegeben ist. Wenn p der Wert von SRMC zum Outputniveau y_1 ist, dann ist y_1 das gewinnmaximierende Outputniveau zum Preise p. Mathematisch kann die Gleichung (8) als eine Gleichung angesehen werden, die implizit eine Funktion $y = y(p, w_1, z_2)$ definiert. Man muß jedoch zwei modifizierende Bemerkungen anbringen. Die Gleichung (9) zeigt, daß nur der ansteigende Teil der SRMC-Funktion relevant ist, während (11) darauf hinweist, daß der Preis auch die AVC übersteigen muß. Also gibt nur der Teil der ansteigenden SRMC-Kurve, der oberhalb der AVC-Kurve liegt, die kurzfristige Angebotsfunktion für die Unternehmung wieder. Wenn der Preis geringer ist als die Durchschnittskosten (AVC) sind, dann wird das Angebot Null betragen. Die Angebotskurve der Unternehmung wird als die dick eingezeichnete Kurve in Figur 3.2(b) gezeigt, die vertikal im Punkte $y = 0$ für $p \leq p^x$ verläuft und die mit der SRMC-Kurve für $p \geq p^x$ übereinstimmt. Es gibt eine Unstetigkeit im Preise p^x, bei dem der Output 0 oder y_2 sein könnte. Mathematisch formuliert zeigen (9) und (11), daß (8) die Angebotsfunktion $y(p, w_1, z_2)$ nur für $p \geq p^x$ definiert, und $y(p, w_1, z_2)$ sonst gleich Null ist. (Nun kann man sehen, daß der strenge Nachweis der Unabhängigkeit der Funktion $y(p, w_1, z_2)$ von w_2

erfordert zu zeigen, daß w_2 nicht in (8), (9) oder (11) eingeht; das heißt, daß w_2 weder SRMC noch AVC beeinflußt).

Zu diesem Abschnitt sollten wir noch anmerken, daß die Diskussion der langfristigen Gewinnmaximierung des Abschnittes 2.9 auch eine dritte Bedingung, wie die Bedingung (10), einschließen sollte, die garantiert, daß das Outputniveau das durch (2.50) und (2.51) identifiziert wird, in der Tat besser ist als das Outputniveau von Null. Da es definitionsgemäß langfristig keine fixen Kosten gibt, wenn alle Inputs variabel sind, ist die dritte Bedingung einfacher als die Gleichung (10), nämlich gleich

$$py - \mathbf{wz}(\mathbf{w}, y) \geq 0 \tag{12}$$

Die drei Bedingungen zusammen zeigen, daß die langfristige Angebotskurve der Teil der ansteigenden LRMC-Kurve ist, der oberhalb der LRAC-Kurve liegt (wobei LRMC und LRAC für „long-run marginal cost" und „average cost" stehen). Man kann leicht für eine Produktionsfunktion mit konstanten oder abnehmenden Skalenerträgen für alle Outputniveaus zeigen, daß (12) notwendigerweise in dem y-Wert erfüllt ist, der (2.50) und (2.51) erfüllt. Dies zu zeigen wird dem Leser in Übungsaufgabe 3.9 überlassen.

3.2 Langfristige und kurzfristige Kostenkurve und Angebotsfunktionen

Im vorhergehenden Abschnitt betrachteten wir eine Unternehmung mit einem fixen Input und einem variablen Input. Im allgemeinen kann es mehrere fixe Inputs und verschiedene variable Inputs geben, doch bleiben alle Argumente im wesentlichen unverändert. Wir fahren deshalb fort und beschränken unsere Aufmerksamkeit deshalb weiterhin auf den Zwei-Inputfall, wobei wir die wichtigen Beziehungen zwischen den kurz- und langfristigen Kostenfunktionen der Unternehmung und den kurz- und langfristigen Angebotsfunktionen und Inputnachfragefunktionen analysieren.

Langfristig werden z_1 und z_2 so gewählt, daß $w_1z_1 + w_2z_2$ unter der Nebenbedingung $F(z_1, z_2) = y$ minimiert wird. In der kurzen Frist wird z_1 so gewählt, daß es die Nebenbedingung $F(z_1, z_2) = y$ erfüllt. Offensichtlich gilt

$$w_1z_1(w_1, w_2, y) + w_2z_2(w_1, w_2, y) \leq w_1z_1(y, z_2) + w_2z_2 \tag{13}$$

(wäre diese Ungleichung nicht erfüllt, würden die $z_i(w_1, w_2, y)$ nicht die Lösungen des Kostenminimierungsproblems sein), das heißt

$$c(w_1, w_2, y) \leq c(w_1, w_2, y, z_2) \tag{14}$$

Nach Division durch y erhalten wir LRAC < SRAC (Man nehme zur Kenntnis, wie die Argumente der betreffenden Funktionen verwendet werden, um zwischen kurzfristigen und langfristigen Funktionen zu unterscheiden). Es gibt einen Wert von y, zu dem kurzfristig das feste Niveau von z_2 genau dem Niveau entspricht, das in der langen Frist gewählt würde. Das heißt, es gibt einen Wert von y derart, daß $z_2 = z_2(w_1, w_2, y)$ und mit diesem Wert von y stimmen LRAC und SRAC überein. Diese Beziehung wird in Figur 3.4(a) illustriert, in der für gegebene w_1, w_2, z_2 das Outputniveau y_1 die Beziehung $z_2 = z_2(w_1, w_2, y)$ erfüllt, so daß SRAC mit LRAC im Punkte y_1 übereinstimmt, aber SRAC > LRAC für alle anderen y ist. Eine weitrere Illustration wird durch das Isoquantendiagramm in Fi-

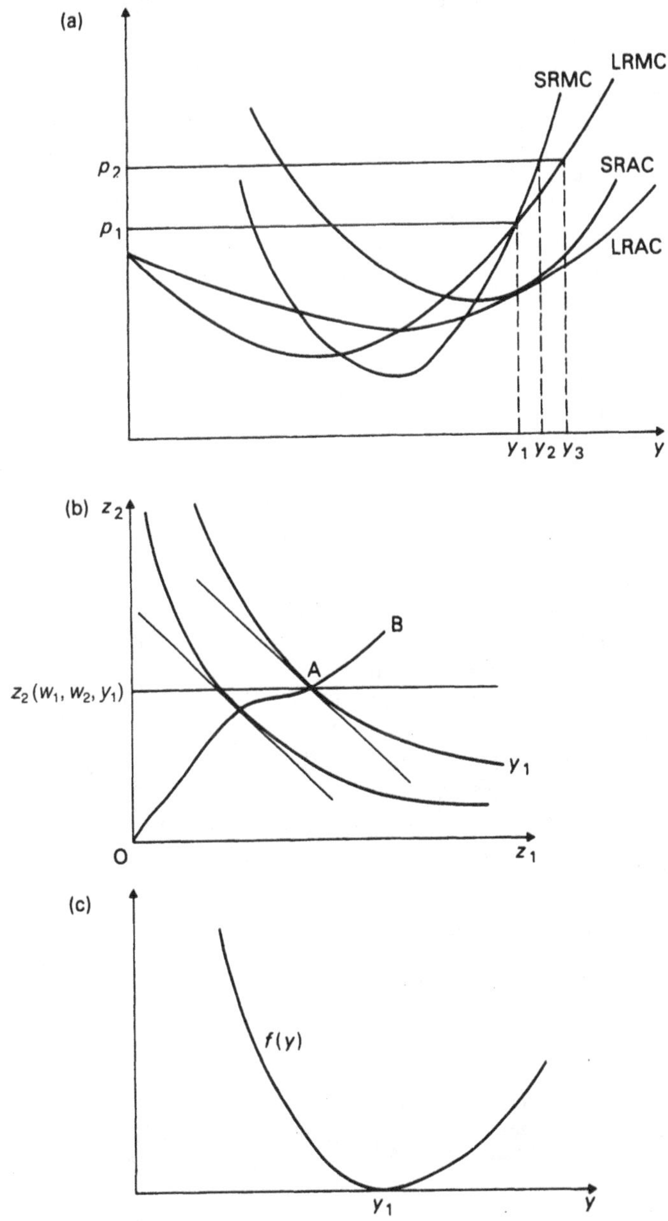

Figur 3.4 Lang- und kurzfristige Kosten

gur 3.4(b) gegeben. In der kurzen Frist kann die Firma den Output nur durch eine Bewegung entlang der horizontalen Geraden $z_2 = z_2(w_1, w_2, y_1)$ variieren. Langfristig variiert sie den Output entlang des Expansionspfades OAB, der durch den Tangentialpunkt zwischen Isokostengeraden und Isoquanten beschrieben wird. Diese beiden Kurven schneiden sich im Punkt A, in dem der Output y_1 beträgt und in dem das kurzfristig fixe Inputniveau dem Niveau entspricht, das langfristig gewählt werden würde.

Sei $f(y) = c(w_1, w_2, y, z_2) - c(w_1, w_2, y)$ der Unterschied zwischen den kurzfristigen und den langfristigen Kosten, so daß $f(y) \geq 0$ und $f(y_1) = 0$. Diese Funktion wird in Figur 3.4(c) gezeigt. Offensichtlich wird f(y) im Punkt y_1 minimiert, so daß gilt $f'(y_1) = 0$ und $f''(y_1) \geq 0$ (wobei wir angenommen haben, daß f(y) zweimal differenzierbar ist). Also erhalten wir

$$\frac{\partial c(w_1, w_2, y_1, z_2)}{\partial y} = \frac{\partial c(w_1, w_2, y_1)}{\partial y} \tag{15}$$

und

$$\frac{\partial^2 c(w_1, w_2, y_1, z_2)}{\partial y^2} \geq \frac{\partial^2 c(w_1, w_2, y_1)}{\partial y^2} \tag{16}$$

Somit gilt im Punkt y_1, daß die SRMC gleich den LRMC sind, aber die Steigung der SRMC größer als die Steigung der LRMC ist. Dies wird in Figur 3.4(a) illustriert (wo die Beziehung zwischen den Grenz- und Durchschnittskostenkurven die Tatsache wiederspiegelt, daß (5) sowohl für die kurzfristigen als auch für die langfristigen Funktionen gilt). Die ökonomische Logik hinter (15) und (16) ist einfach: Da die kurzfristigen Kosten die langfristigen Kosten für $y < y_1$ übersteigen und gleich den langfristigen Kosten im Punkte $y = y_1$ sind, und die kurzfristigen Kosten die langfristigen Kosten übersteigen, wenn $y > y_1$ gilt, muß gelten, daß die langfristigen Kosten schneller als die kurzfristigen Kosten steigen (LRMC > SRMC), falls $y < y_1$ gilt, während die langfristigen Kosten langsamer ansteigen als die kurzfristigen Kosten (LRMC < SRMC), falls $y > y_1$ gilt. Im Punkte $y = y_1$ steigen sie mit der gleichen Rate (LRMC = SRMC).

Wir können nun die Eigenschaften der durch Gleichung (8) definierten kurzfristigen Angebotsfunktion $y(p, w_1, z_2)$ betrachten und auch auf die Eigenschaften der kurzfristigen Inputnachfragefunktion $z_1(p, w_1, z_2)$ eingehen, die dadurch definiert ist, daß wir die Angebotsfunktion in (2) einsetzen, was $z_1(p, w_1, z_2) = z_1(y(p, w_1, z_2), z_2)$ ergibt. Für einige Zwecke ist es nützlich, eine alternative Ableitung dieser beiden Funktionen zu betrachten. Wir betrachten einfach das Problem

$$\max_{y, z_1}! \; py - w_1 z_1 - w_2 z_2 \tag{17}$$

unter der Nebenbedingung $y = F(z_1, z_2)$.

Wir leiten zwei Gleichungen ab, nämlich

$$p \, \frac{\partial F(z_1, z_2)}{\partial z_1} = w_1 \tag{18}$$

$$F(z_1, z_2) = y, \tag{19}$$

welche $y(p, w_1, z_2)$, $z_1(p, w_1, z_2)$ ergeben. Es ist leicht einzusehen, daß diese beiden Gleichungen nur eine andere Schreibweise der Gleichungen (8) und (2) sind, so daß die Lösung wirklich dieselben Funktionen ergibt. Also können wir das kurzfristige Verhalten einer Unternehmung beschreiben, in dem wir sagen, daß sie ein Outputniveau wählt, für das die Grenzkosten gleich dem Preis sind, oder eine Inputentscheidung trifft, zu dem der Wert des Grenzproduktes gleich dem Inputpreis ist. Dies sind zwei verschiedene Arten, das gleiche auszudrücken.

Wenn die in Figur 3.4 anfänglich illustrierte Unternehmung im langfristigen Gleichgewicht in p_1, y_1 ist, dann wird anfänglich eine Preiserhöhung auf p_2, den Output auf y_2 entlang der SRMC-Kurve erhöhen, doch wenn die Unternehmung in die Lage kommt, alle ihre Inputs zu variieren, erhöht sich der Output weiter entlang der LRMC-Kurve auf y_3 (Natürlich hat sich im Punkt y_3 der Input z_2 so verändert, daß die Firma nun eine neue SRAC-Kurve, die tangential zur LRAC-Kurve im Punkt y_3 verläuft und eine neue SRMC-Kurve, die die LRMC-Kurve in y_3 schneidet, besitzt, doch zeigen wir diese neuen kurzfristigen Kurven nicht). Also haben die langfristigen- und kurzfristigen Angebotsfunktionen die folgende Eigenschaft

$$\frac{\partial y(p, w_1, w_2)}{\partial p} \geq \frac{\partial y(p, w_1, z_2)}{\partial p} \geq 0 \tag{20}$$

Multiplizieren wir beide Seiten von (20) mit p/y, dann verändern sich die Ableitungen auf Elastizitäten, so daß wir das Resultat erhalten, daß die **langfristige Angebotselastizität** größer als die **kurzfristige Elastizität** ist.

Ein etwas formalerer Beweis beachtet, daß die betreffende Angebotsfunktion y(p) implizit durch die Gleichung

$$p = \frac{\partial c(y)}{\partial y} \tag{21}$$

beschrieben wird (hierbei haben wir die anderen Argumente in $y(\cdot)$ und $c(\cdot)$ nicht explizit angegeben). Wenn wir diese Gleichung bezüglich p differenzieren, dann erhalten wir

$$1 = \frac{\partial^2 c(y)}{\partial y^2} \frac{\partial y(p)}{\partial p}, \tag{22}$$

so daß die Gleichung (20) aus der Gleichung (16) folgt.

Man erinnere sich, daß wir in Kapitel 2 (man vergleiche Glechung (2.65)) die Ungleichung

$$(\mathbf{w}^1 - \mathbf{w}^2)(\mathbf{z}^1 - \mathbf{z}^2) \leq (p^1 - p^2)(y^1 - y^2) \tag{23}$$

bewiesen, die für eine gewinnmaximierende Firma in ihrer Wahl von $(y^1, \mathbf{z}^1)$ zu den Preisen $(p^1, \mathbf{w}^1)$ gilt, wenn sie nach einer Preisveränderung auf $(p^2, \mathbf{w}^2)$ auf den Plan $(y^2, \mathbf{z}^2)$ übergeht. Diese Ungleichung wurde benutzt, um zu beweisen, daß das langfristige Angebot von y eine wachsende Funktion von p und daß die langfristige Nachfrage nach $\mathbf{z}_i$ eine fallende Funktion von w_i ist. Dieselbe Ungleichung beschreibt die Wahl einer kostenminimierenden Firma, außer für den Fall, daß sie sich der Beschränkung $y^1 = y^2$ gegenübersieht. Es wurde gesagt, aber nicht bewiesen, daß die Inputnachfragefunktionen einer kostenminimierenden Unternehmung eine geringere Elastizität als die einer gewinnmaximierenden Unternehmung aufweisen.

Offensichtlich gilt (23) auch kurzfristig mit der Modifikation, daß nun ein Teil des $\mathbf{z}$-Vektors auf einen konstanten Wert eingeschränkt ist. Der Zweiinputfall aus Gleichung (23) wird zu

$$(w_1^1 - w_1^2)(z_1^1 - z_1^2) \leq (p^1 - p^2)(y^1 - y^2) \tag{24}$$

(die Verallgemeinerung auf mehrere variable Inputs und mehrere fixe Inputs sollte offensichtlich sein). Bei konstantem w_1 ist die linke Seite Null, und wir haben einen alternativen Beweis der Tatsache, daß das kurzfristige Angebot eine wachsende Funktion des Ouputpreises ist. Halten wir p konstant, wird die rechte Seite gleich Null, so daß wir erhalten

$$(w_1^1 - w_1^2)(z_1^1 - z_1^2) \leq 0 \tag{25}$$

Das heißt, daß die kurzfristige Inputnachfragefunktion die Eigenschaft

$$\frac{\partial z_1(p, w_1, z_2)}{\partial w_1} \leq 0 \tag{26}$$

besitzt.

Da die Auferlegung einer Beschränkung für y im Kostenminimierungsproblem die Elastizität der Inputnachfrage, im Vergleich zum langfristigen Gewinnmaximierungsproblem, reduziert, und da die Auferlegung einer Beschränkung für z_2 im kurzfristigen Gewinnmaximierungsproblem die Outputangebotselastizität im Vergleich zur langfristigen verringert, ist es nicht überraschend, daß die kurzfristige Nachfrageelastizität nach einem variablen Input kleiner als die langfristige Elastizität ist. Der Beweis wird im Anhang geführt.

Offensichtlich haben wir die folgende Beziehung zwischen lang- und kurzfristigen Nachfrage- und Angebotsfunktionen (man vergleiche (2.52))

$$\begin{aligned} y(p, w_1, w_2) &= y(w_1, p, z_2(p, w_1, w_2)) \\ z_1(p, w_1, w_2) &= z_1(w_1, p, z_2(p, w_1, w_2)). \end{aligned} \tag{27}$$

Also folgt

$$\begin{aligned} \frac{\partial y(p, w_1, w_2)}{\partial p} &= \frac{\partial y(w_1, p, z_2)}{\partial p} + \frac{\partial y(w_1, p, z_2)}{\partial z_2} \frac{\partial z_2(p, w_1, w_2)}{\partial p} \\ \frac{\partial z_1(p, w_1, w_2)}{\partial w_1} &= \frac{\partial z_1(w_1, p, z_2)}{\partial w_1} + \frac{\partial z_2(w_1, p, z_2)}{\partial z_2} \frac{\partial z_2(p, w_1, w_2)}{\partial p} \end{aligned} \tag{28}$$

und wir sehen, daß sich der langfristige Effekt einer Preisänderung zerlegen läßt, und zwar jeweils in einen kurzfristigen Effekt und einen Effekt, den man Kapazitätsanpassungseffekt nennen kann. Die formale Ähnlichkeit zwischen den Gleichungen (28) und Gleichung (2.71) ist offensichtlich.

Schließlich sei es dem Leser überlassen (Übungsaufgabe 3.11) zu zeigen, daß die kurzfristige Angebotsfunktion $y(w_1, p, z_2)$ und die kurzfristige Inputnachfragefunktion $z_1(w_1, p, z_2)$ beide homogen vom Grade Null in den Preisen w_1, p sind.

3.3 Ein Beispiel

Betrachten wir die Produktionsfunktion $y = z_1^{1/2} + z_2^{1/2}$. Leicht überprüft man, daß abnehmende Skalenerträge vorliegen.

Langfristig sind die Bedingungen für die Kostenminimierung gleich

$$\begin{aligned} w_1 &= \frac{1}{2}\lambda z_1^{-1/2} \\ w_2 &= \frac{1}{2}\lambda z_2^{-1/2} \\ y &= z_1^{1/2} + z_2^{1/2} \end{aligned} \tag{29}$$

Als Lösung erhält man

$$\begin{aligned} z_1(w_1, w_2, y) &= [yw_2/(w_1 + w_2)]^2 \\ z_2(w_1, w_2, y) &= [yw_1/(w_1 + w_2)]^2 \\ c(w_1, w_2, y) &= y^2 w_1 w_2/(w_1 + w_2) \end{aligned} \tag{30}$$

Leicht überprüft man, daß die Bedingungen zweiter Ordnung für die Kostenminimierung und die Gewinnmaximierung beide erfüllt sind, so daß das gewinnmaximierende Angebot durch

$$p = \frac{\partial c(w_1, w_2, y)}{\partial y} \; \frac{2yw_1w_2}{w_1 + w_2} \tag{31}$$

bestimmt wird. Aus dieser Gleichung ergeben sich die langfristige Angebotsfunktion

$$y(p, w_1, w_2) = p(w_1 + w_2)/(2w_1 w_2) \tag{32}$$

und die langfristigen Nachfragefunktionen

$$\begin{aligned} z_1(p, w_1, w_2) &= (p/2w_1)^2 \\ z_2(p, w_1, w_2) &= (p/2w_2)^2 \end{aligned} \tag{33}$$

Der Gewinn ist gleich

$$\frac{p^2(w_1 + w_2)}{2w_1w_2} - \frac{p^2}{4w_1} - \frac{p^2}{4w_2} = \frac{p^2(w_1 + w_2)}{4w_1w_2} > 0, \tag{34}$$

so daß es in der Tat besser ist, den gewinnmaximierenden Output zu produzieren, als die Unternehmung stillzulegen.

Bei festem z_2 haben wir die kurzfristige Kostenfunktion

$$c(w_1, w_2, y, z_2) = w_1(y - z_2^{1/2})^2 + w_2 z_2 \tag{35}$$

für die man mühsam zeigt, daß sie größer als $c(w_1, w_2, y)$ ist, falls nicht $z_2 = z_2(w_1, w_2, y)$ gilt. Die kurzfristige Gewinnmaximierung erfordert

$$p = 2w_1 (y - z_2^{1/2}) \tag{36}$$

(offensichtlich ist, daß $\partial^2 c/\partial y^2 > 0$), so daß die kurzfristige Angebotsfunktion gleich

$$y(p, w_1, z_2) = p/2w_1 + z_2^{1/2} \tag{37}$$

ist. Die kurzfristige Inputnachfragefunktion ergibt sich als

$$z_1(p, w_1, z_2) = (p/2w_1)^2 \tag{38}$$

In diesem Fall stimmen die kurzfristigen und langfristigen Inputnachfragefunktionen überein, aber es gibt einen Unterschied in den Angebotsfunktionen. Die langfristige Angebotsreaktion ist größer als die kurzfristige, denn

$$0 < \frac{\partial y(p, w_1, z_2)}{\partial p} = \frac{1}{2w_1} < \frac{1}{2w_1} + \frac{1}{2w_2} = \frac{\partial y(p, w_1, w_2)}{\partial p}. \tag{39}$$

Man beachte, daß alle Angebots- und Nachfragefunktionen homogen vom Grade Null in den Preisen sind.

3.4 Die Unternehmung und die Industrie

Bis zu diesem Punkt haben wir die Unternehmung in Isolation vom Rest der Volkswirtschaft betrachtet. Die Umwelt der Unternehmung wirkt auf sie nur durch die Outputpreise und Inputpreise, die die Unternehmung als fest annimmt. Doch gibt es typischerweise viele ähnliche Unternehmungen, die den gleichen Output produzieren, und wir müssen betrachten, wie sie zusammenwirken.

Wenn wir eine ganze **Industrie** analysieren, das heißt alle Unternehmungen, die den selben Typ von Output produzieren, ist es nicht länger plausibel, den Outputpreis als gegeben anzunehmen. Wir nehmen stattdessen an, daß die Industrie sich einer Nachfragefunktion $x(p)$ für das Produkt gegenüber sieht, die eine negative Ableitung $x'(p) < 0$ aufweist und die Tatsache wiederspiegelt, daß die Konsumenten weniger kaufen werden, wenn der Preis ansteigt und mehr, wenn er sinkt. Dies ist kein Widerspruch zur Annahme, daß **jede** individuelle Unternehmung die Preise als gegeben ansieht und nicht abhängig von ihren **eigenen** Aktionen sieht, und der Annahme, daß der Outputpreis fallen muß, wenn **alle** Unternehmungen in der Industrie ihren Output erhöhen (Es gibt eine einfache

Analogie bei der Wahl in großen Organisationen: Das Ergebnis einer Wahl wird durch die Wahlentscheidungen der Individuen bestimmt, wobei jede einzelne Stimme für sich gesehen nur einen unwesentlichen Einfluß hat).

Um zu verhindern, daß die Dinge zu kompliziert werden, werden wir annehmen, daß die Inputpreise durch Änderungen der Inputnachfrage unverändert bleiben. Dies soll auch für die ganze Industrie gelten. So wird es dann, selbst wenn alle Automobilhersteller ihre Produktion erhöhen und demgemäß mehr Arbeit und mehr Stahl benötigen, so sein, daß sie diese Inputs zu unveränderten Preisen kaufen können, da ihre Nachfrage nach Arbeit und nach Stahl auch im Aggregat nur einen kleinen Teil der Gesamtnachfrage für diese Inputs ausmacht.

Mathematisch ist es dann einfach das Konzept einer Angebotsfunktion einer Industrie zu entwickeln. Wenn es F Unternehmungen gibt, die mit f = 1, ..., F durchnumeriert werden, und jede eine Angebotsfunktion $y^f(p)$ hat, (wobei wir bis auf den Outputpreis die Argumente der Funktion weggelassen haben), dann ist das Gesamtangebot gleich

$$y(p) = \sum_{f=1}^{F} y^f(p) \tag{40}$$

Graphisch bedeutet das für gegebene Inputpreise und feste Inputmengen, daß dies auf eine horizontale Addition der Angebotskurven (Grenzkostenkurven), wie durch die Figur 3.5 illustriert wird, hinausläuft. (Wir könnten so nicht vorgehen, wenn wir nicht voraussetzen würden, daß die Inputpreise durch die Aktionen der Industrie unverändert blieben).

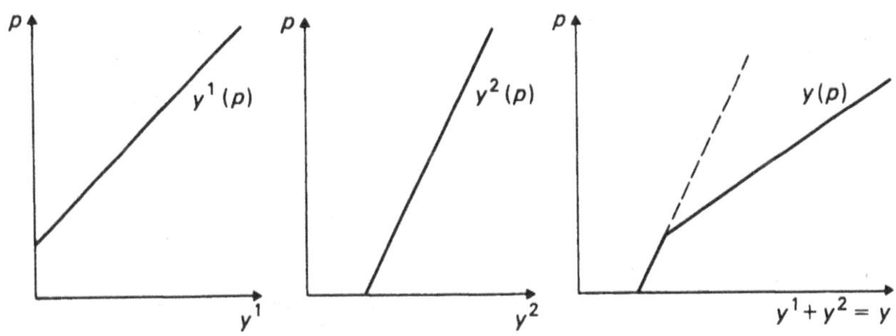

Figur 3.5 Addition von Angebotskurven

Nun können wir den Output einer Industrie bestimmen, wenn wir von der Annahme ausgehen, daß die Industrie sich aus gewinnmaximierenden Unternehmungen zusammensetzt, die die Preise als gegeben ansehen. Ferner werden wir unterschiedliche Annahmen über die Technologie und die Möglichkeiten des Eintritts in die Industrie betrachten. Wir werden sehen, daß die Frage des Markteintritts wichtig ist. Es kann sein, daß es keine Hindernisse gibt, die verhindern, daß eine neue Unternehmung die Produktion im Wettbewerb mit existierenden Unternehmungen in einer Industrie aufnimmt. In einem derartigen Fall sagen wir, daß freier Eintritt in die Industrie gegeben ist. (Natürlich können die existierenden Unternehmungen die besten Standorte haben, bessere Kenntnisse durch

Erfahrung aufweisen, so daß sich die Kosten verschiedener Unternehmungen unterscheiden können). Andererseits kann es Eintrittsbarrieren für neue Unternehmungen geben. Zum Beispiel kann es sein, daß eine Unternehmung ein neues Produkt zum Verkauf nur dann anbieten kann, wenn es eine staatliche Lizenz erhalten hat, oder seine Beschäftigten eine Berufsqualifikation vorweisen können, oder wenn sie ein Bestechungsgeld an die lokalen Verbrecher bezahlt hat. Man betrachte die folgenden Fälle.

Fall 1: Alle Unternehmungen weisen identische U-förmige langfristige Durchschnittskostenkuven auf und freier Eintritt in die Industrie ist gegeben. Eine typische Unternehmung wird in Figur 3.6(a) dargestellt. Im Preis p_1 befindet sich die Unternehmung im Gleichgewicht und produziert y_1: Ihre langfristige Angebotskurve ist gleich dem nach oben verlaufenden Teil der LRMC-Kurve oberhalb von LRAC, während ihre kurzfristige Angebotskurve der nach oben verlaufende Teil des SRMC-Kurve oberhalb der AVC-Kurve ist (letztere wird im Diagramm nicht gezeigt). Wenn wir die betreffenden Kurven aller Firmen der Industrie addieren, kommen wir zur kurzfristigen Angebotskurve SRS und zur langfristigen Angebotskurve LRS_{F1}, die wir in Figur 3.6(b) zeigen. Bei gegebener Nachfragekurve

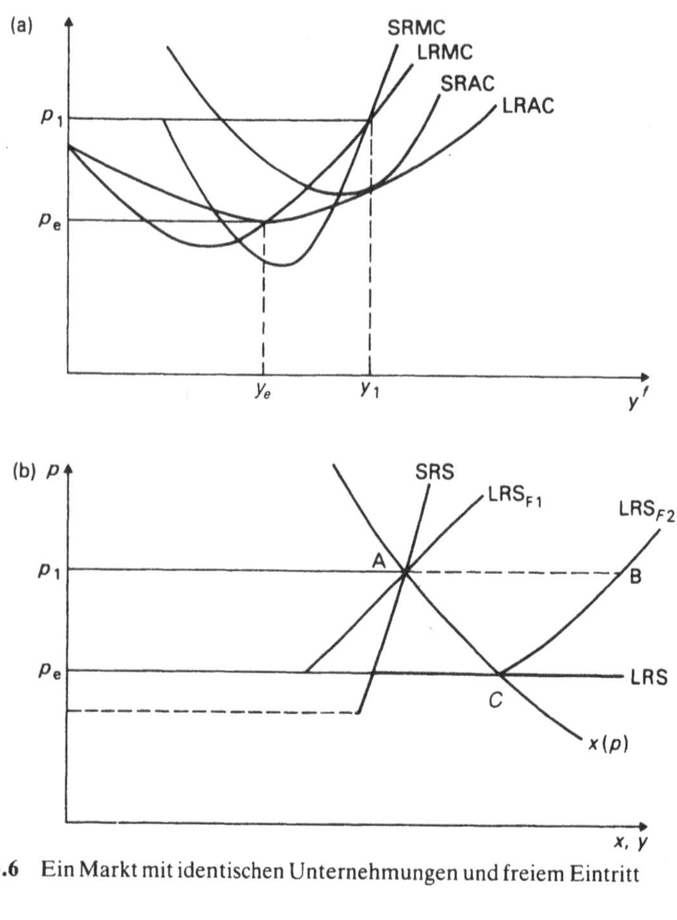

Figur 3.6 Ein Markt mit identischen Unternehmungen und freiem Eintritt

x(p) sehen wir, daß in der Tat der Preis ein Gleichgewicht für diese Unternehmungen liefert, da $x(p_1)$ gleich der Summe aller Angebote der Unternehmungen ist.

Jedoch wird, da $p_1 > LRAC$ im Punkte y_1, die Unternehmung Gewinne machen. Nach Annahme können andere Unternehmungen in die Industrie eintreten, und die Aussicht Gewinne zu erzielen, wird diese anderen Unternehmungen anziehen.

Bei einer größeren Anzahl von Angebotskurven der Unternehmungen, die addiert werden müssen, erhalten wir die neue langfristige Angebotskurve LRS_{F2}. Offensichtlich ist p_1 nicht länger der Gleichgewichtspreis, denn im Punkte p_1 ist das Angebot in B und die Nachfrage in A, so daß der Preis sinken muß, um das Gleichgewicht wieder herzustellen. Wenn der Preis fällt, wird jede Firma ihren Output reduzieren, wobei die Reduktion kurzfristig geringer als langfristig ausfällt, so daß sich die gesamte Industrie entlang ihrer langfristigen Angebotskurve nach unten bewegt. Dieser Prozeß muß sich solange fortsetzen, bis der Preis auf p_e fällt und jede Unternehmung y_e produziert. Aus Figur 3.6(b) ersehen wir, daß gerade so viele Unternehmungen in der Industrie sein müssen, so daß die neue langfristige Angebotskurve gleich LRS_{F2} ist, die die Nachfragekurve im Punkte C schneidet. Also produziert im langfristigen Gleichgewicht nach Neueintritt jede Unternehmung in ihrem niedrigsten Punkt auf ihrer langfristigen Durchschnittskostenkurve, und verkauft zu einem Preis, der genau diese Kosten abdeckt. Die Zahl der Unternehmungen wird dadurch bestimmt, wieviel von den Konsumenten zu diesem Preis nachgefragt wird. Die langfristige Angebotskurve bei freiem Markteintritt wird durch die horizontale LRS-Kurve gegeben.

Falls wir bei einem Preis unterhalb von p_e begonnen hätten, würden wir Verluste, Abwanderungen aus der Industrie und einen steigenden Preis beobachtet haben, bis das Gleichgewicht im Punkte p_e hergestellt würde.

Eine gute Übung für das Verständnis dieser Analyse liefert die Diskussion des Effektes einer Nachfrageveränderung für das Produkt der Industrie. (Leicht sieht man, daß die Analyse dieses Falls auch dann unverändert bleibt, wenn die Unternehmungen keine identischen Durchschnittskostenkurven aufweisen, solange der Minimalwert der LRAC für alle Unternehmungen gleich ist).

Fall 2: Alle Unternehmungen haben U-förmige langfristige Durchschnittskostenkurven, die im allgemeinen nicht identisch sind. Was in diesem Fall passiert, folgt ziemlich direkt aus dem vorhergehenden Fall. Wenn wir zum Beispiel in p_1 des früheren Falls begonnen hätten, und eine begrenzte Zahl von Neueintretenden eine LRAC-Kurve hätten, deren Minimalpunkt in $p_a > p_e$ wäre, während alle anderen potentiellen Eintreter minimale LRAC im Punkte $p_b > p_a$ aufwiesen, wäre die langfristige Angebotskurve gleich der treppenförmigen Kurve, die wir in Figur 3.7 zeigen, wobei LRS_{F1} die langfristige Angebotskurve der ursprünglichen Firmengruppe und LRS_{F2} die langfristige Angebotskurve bei addierter zweiter Firmengruppe ist.

Im allgemeinen verläuft die langfristige Angebotskurve nach oben geneigt, da höhere Preise erforderlich sind, um Unternehmungen mit höheren Kosten anzuziehen. Im langfristigen Gleichgewichtspreis liefern die Unternehmungen der Industrie die nachgefragte Menge, aber alle anderen Firmen würden zu diesem Preis Verluste machen und deshalb nicht produzieren. Es kann einige marginale

Unternehmungen geben, die Profite von Null machen, wenn sie auf dem Minimalpunkt ihrer langfristigen Durchschnittskostenkurve produzieren.

Alle Unternehmungen der Industrie, die geringere Kosten als die marginalen Unternehmungen aufweisen, würden positive Gewinne machen, da es keine Neueintretenden gibt, die den Preis senken würden.

Man erkenne, daß dieser Fall einen Extremfall mit einschließt, in dem eine Industrie betrachtet wird, für die der Eintritt jeglicher neuer Unternehmungen nicht zugelassen ist. (Man stellt sich einfach vor, daß alle potentiellen Eintreter prohibitiv hohe Kosten zu gewärtigen haben).

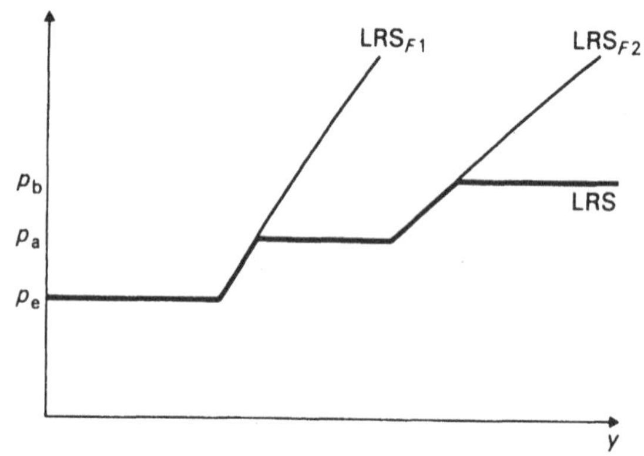

Figur 3.7 Freier Eintritt nicht identischer Unternehmungen

Fall 3: Alle Unternehmungen weisen identische horizontale langfristige Durchschnittskostenkurven auf. Hier kehren wir zu dem früher problematischen Fall konstanter Skalenerträge zurück. Wenn p > LRAC = LRMC ist, produziert die typische Unternehmung, die wir in Figur 3.8(a) illustriert haben, kurzfristig y_1 und versucht zu expandieren, da ein höherer Output höhere Gewinne bedeutet. Gleichzeitig werden neue Unternehmungen durch die Gewinne angezogen, falls der Eintritt möglich ist. Die kurzfristige Angebotskurve jeder Unternehmung bewegt sich nach außen, und neue Unternehmungen treten ein, so daß sich die kurz-

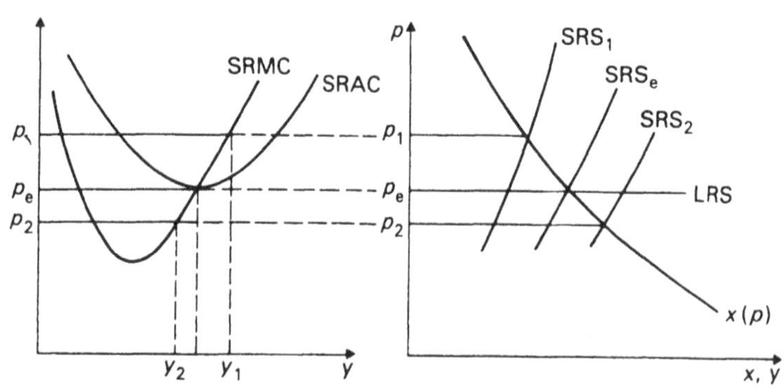

Figur 3.8 Identische Unternehmungen bei konstanten Skalenerträgen

fristige Angebotskurve der Industrie nach rechts verschiebt, wie in Figur 3.8(b) illustriert wird. Der Prozeß setzt sich solange fort, bis die kurzfristige Angebotskurve SRS_e erreicht und der Preis bis auf p_e gedrückt wird.

Wenn wir mit $p < LRAC = LRMC$ beginnen, produziert die typische Unternehmung y_2 (oder 0, falls $p < AVC$) und die Zahl der Unternehmungen verringert sich tendentiell, oder die Unternehmungen verlassen die Industrie. Die kurzfristige Angebotskurve der Industrie verschiebt sich nach links, von SRS_2 auf SRS_e, bis der Preis p_e erreicht wird.

Es ist unmöglich vorherzusagen, welche Größe die Unternehmungen am Ende dieses Prozesses aufweisen, oder wieviele Unternehmungen vorhanden sind. Dies hängt davon ab, wie schnell jede Unternehmung die fixen Inputs ändern kann und wie schnell sie in die Industrie eintreten oder sie verlassen kann. Man erkenne auch, daß es nicht darauf ankommt, ob es einen oder ob es keinen freien Eintritt gibt, da die existierenden Unternehmungen ohne Verlust der langfristigen Effizienz expandieren oder kontrahieren können. Alle Unternehmungen werden im Minimalpunkt auf ihrer SRAC-Kurve produzieren und alle werden die gleichen Produktionskosten aufweisen.

Nun ist das Problem der Gewinnmaximierung bei konstanten Skalenerträgen gelöst, das uns mehrmals in Kapitel 2 begegnete. In der Tat ist es der Fall, daß für $p \neq LRMC$ kein endlicher positiver gewinnmaximierender Output existiert; für $p = LRMC$ maximiert jedes Outputniveau die Gewinne und die maximalen Gewinne betragen Null. Nun sehen wir jedoch für $p \neq LRMC$, daß der gewinnmaximierende kurzfristige Output bestimmt ist und eine Expansion oder Kontraktion, Neuzugänge oder Abgänge, p in Richtung LRMC drängen werden. Wenn $p = LRMC$ ist der gewinnmaximierende Output der einzelnen Unternehmung unbestimmt. Auch ist die Zahl der Unternehmungen unbestimmt, und der tatsächliche Output jeder Unternehmung hängt von ihrer Vorgeschichte ab. Jedoch wird der Gesamtoutput der Industrie durch die Nachfrage bestimmt.

Fall 4: Eine gegebene Zahl von Unternehmungen weisen abnehmende Skalenerträge auf und es gibt keine Neuzugänge für die Industrie. Das Gleichgewicht der einzelnen Unternehmung und das Marktgleichgewicht werden in Figur 3.9 gezeigt. Die Unternehmungen machen Gewinne (die effizienteren machen höhere Gewinne), doch weder wollen existierende Unternehmungen expandieren, noch gibt es neuen Eintritt. Das Fehlen Neueintretender könnte so begründet

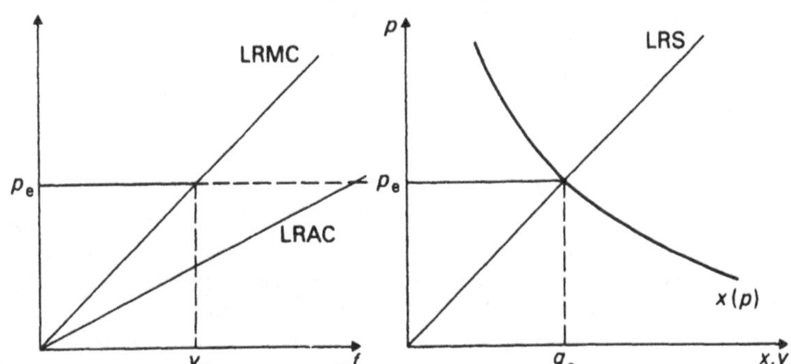

Figur 3.9 Abnehmende Skalenerträge

werden, daß alle potentielle Eintreter hohe Eintrittskosten haben, oder daß es gesetzliche oder institutionelle Hindernisse für den Neueintritt gibt.

Fall 5: Alle Unternehmungen weisen abnehmende Skalenerträge auf und es ist freier Eintritt gegeben. Anfänglich sieht der Markt so wie der in Fall 4 diskutierte aus, aber die Existenz von Gewinnen würde neue Eintreter anlocken und der Preis würde beständig nach unten gedrückt werden, während die LRS-Kurve flacher und flacher wird. Solange der Preis positiv ist und Gewinne gemacht werden, würde schließlich eine unbestimmt große Anzahl von Unternehmungen existieren, von denen jede infinitesimal kleine Outputniveaus produzieren würde, wobei der Gesamtoutput der Nachfrage zu einem Preis von Null entspricht.

Man denke darüber nach, welche Annahmen die Quelle dieser unplausiblen Schlußfolgerung sind.

Fall 6: Alle Unternehmungen weisen wachsende Skalenerträge auf. Hier verläuft die LRAC-Kurve nach unten geneigt und die LRMC-Kurve liegt unterhalb von ihr. Kurzfristig ist der Output bestimmt, wie in Figur 3.10 gezeigt wird, doch

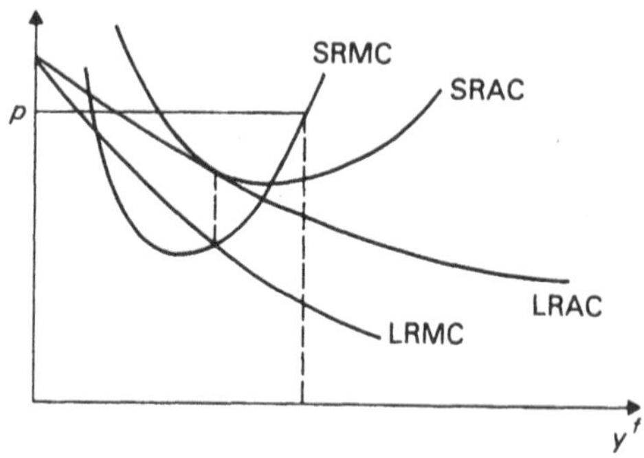

Figur 3.10 Wachsende Skalenerträge

langfristig würden die Unternehmungen expandieren, der Preis würde sinken und die größten Unternehmungen würden die niedrigsten Kosten aufweisen und wären somit die profitabelsten. Gegebenenfalls würde schließlich nur eine einzige Unternehmung existieren, denn die Unternehmungen können durch Fusionen ihre Kosten reduzieren. Doch wäre eine derartige Unternehmung schlecht beraten zu glauben, daß der Preis unabhängig von ihren eigenen Handlungen fixiert ist. Deshalb gibt es eine Inkonsistenz zwischen der Annahme, die wir über die Produktionsfunktionen getroffen haben und der Annahme, die wir über die Vorstellungen der Unternehmung formulierten. Wir werden eine separate Theorie zu formulieren haben, um das Verhalten der Unternehmungen zu beschreiben, die glauben, daß ihr Verhalten den Marktpreis beeinflussen.

Diese einfachen Modelle der industriellen Organisation sollten als erster Schritt für eine umfassendere Analyse angesehen werden und nicht als endgültige Theorie. Wir haben keine Erklärung, wann und ob die verschiedenen Fälle auftreten. Hiermit zusammenhängend, aber viel wichtiger, haben wir keine Erklärung dafür, welche Funktion die Organisation der Produktion durch Unternehmen hat. Trotzdem haben wir einige nützliche Folgerungen gezogen.

Bezeichnen wir gewinnmaximierende Unternehmungen, die Preise als gegeben und unabhängig von ihren eigenen Aktionen ansehen, als Wettbewerbsunternehmungen. Eine Industrie ohne Eintrittsschranken für neue Unternehmungen, die sich aus Wettbewerbsunternehmungen zusammensetzt, nennen wir eine Wettbewerbsindustrie. Wenn alle Unternehmungen einer Wettbewerbsindustrie und alle potentiellen Eintreter die gleichen minimalen Durchschnittskosten der Produktion aufweisen, sahen wir, daß die Industrie in einem Zustand **vollständigen Wettbewerbs** operiert. (Diese Terminologie ist nicht allen Textbüchern gemeinsam. Die Tatsache, daß verschiedene Autoren unterschiedliche Definitionen wählen, ist eigentlich unwichtig. Man muß nur das Prinzip verstehen). Wenn wir die Fälle (5) und (6) als unplausibel ausschließen, können wir die anderen vier Fälle wie folgt kategorisieren. Die Fälle 1 und 3 erfüllen alle Bedingungen des vollständigen Wettbewerbs und langfristig betragen die Gewinne Null. In den Fällen (2) und (4) sind die Unternehmungen Wettbewerbsunternehmungen, die Industrie kann, muß aber nicht, eine Wettbewerbsindustrie sein; es kann aber langfristig positive Gewinne für einige Unternehmungen geben, da kein freier Eintritt von Unternehmungen mit gleichermaßen niedrigen Kosten möglich ist. Somit erreichen wir die folgenden Schlußfolgerungen.

(i) Die Angebotskurve einer Industrie, die sich aus Wettbewerbsunternehmungen zusammensetzt, verläuft kurzfristig nach oben geneigt, bzw. verläuft langfristig nach oben geneigt, oder horizontal.

(ii) Eine aus Wettbewerbsunternehmungen bestehende Industrie weist gleiche Grenzkosten des Outputs für alle Unternehmungen auf; diese werden gleich dem Preis des Outputs sein.

(iii) In einer Wettbewerbsindustrie werden langfristig alle Unternehmungen, die einen positiven Output produzieren, nichtnegative Gewinne erzielen, während Unternehmungen, die nichts produzieren, nichtnegative Verluste machen würden, wenn sie die Produktion begännen.

(iv) In einer Industrie bei vollständigem Wettbewerb machen alle Unternehmungen langfristig einen Gewinn von Null und produzieren in dem Punkt, in dem die minimalen Durchschnittskosten der Produktion verwirklicht werden.

Als Anmerkung zu diesem Abschnitt sei betont, daß unsere Analyse voraussetzt, daß die Kosten der Unternehmung nur von ihrem eigenen Produktionsniveau abhängen. Dies schließt die Möglichkeit sogenannter „externer Effekte" aus. Sind diese Effekte gegeben, dann hängen die Kosten der Unternehmung von der Produktion anderer Unternehmungen ab, weil beispielsweise als Nebenprodukt der Aktivitäten einiger Unternehmungen die Arbeitskräfte, die für alle Unternehmungen zur Verfügung stehen, besser ausgebildet sind. Dieses Phänomen ist von großem ökonomischen Interesse, doch würde in diesem Stadium seine Einführung in die Theorie die Dinge beträchtlich verkomplizieren, so daß wir dies für den Moment zurückstellen (wir würden z.B. die Möglichkeit einer nach unten geneigten Angebotskurve ins Auge fassen müssen).

*3.5 Die Inputnachfrage der Industrie

Die Angebotskurve einer Unternehmung ist ein Teil ihrer Grenzkostenkurve, und spiegelt die Gleichheit zwischen Grenzkosten und Outputpreis wieder; wir erhalten die industrielle Angebotskurve durch die Addition der Angebotskurven der Unternehmungen. Die Nachfrage der Unternehmung nach einen Input genügt der Bedingung, daß der Wert des Grenzprodukts (VMP) gleich dem Inputpreis ist: $w_i = p\partial F/\partial z_i$. Somit ist sowohl kurzfristig als auch langfristig die Nachfrage für den Input z_i durch den Wert des Grenzprodukts $p\partial F/\partial z_i$ gegeben. Wir haben gesehen, daß sowohl langfristig als auch kurzfristig z_i mit steigendem w_i fällt, so daß wir Kurven wie in Figur 3.11 erhalten. Die Kurve VMP_L verdeutlicht $p\partial F/\partial z_1$, wobei z_1 und z_2 so gewählt werden, daß sie die Gewinne maximieren, während VMP_S die Kurve von $p\partial F/\partial z_1$ bei fixem z_2 ist.

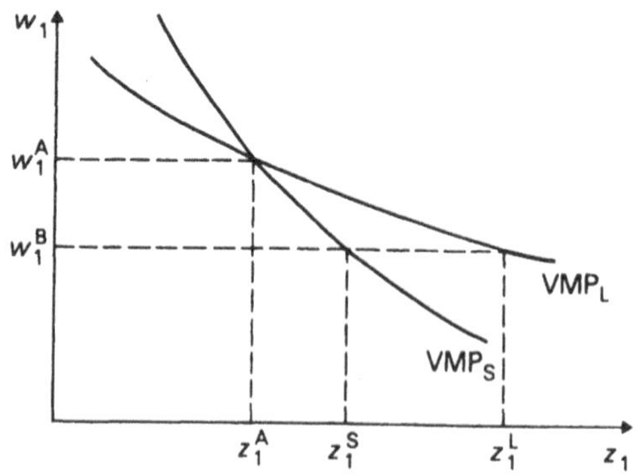

Figur 3.11 Die kurzfristige und langfristige Nachfrage der Unternehmung nach einem Input.

Man ist versucht zu sagen, daß die industrielle Nachfragekurve nach einem Input die horizontale Summe der Nachfragekurven der Unternehmungen ist. Doch dies ist falsch. Der Grund dafür ist, daß bei einer w_1-Veränderung, z.B. von w_1^A auf w_1^B in der Figur 3.11, jede Unternehmung ihre Inputnachfrage von z_1^A auf z_1^S oder z_1^L verändern würde, während alle anderen Preise, **einschließlich des Outputpreises**, unverändert blieben. Wenn aber alle Unternehmungen ihre Outputniveaus verändern würden, ist es sehr unwahrscheinlich, daß der Outputpreis konstant bleibt. Das normale Ergebnis ist, daß eine Inputpreissenkung den Output jeder Unternehmung erhöhen wird und damit den Outputpreis senkt, was tendenziell die Nachfrage der Unternehmungen nach Inputs senkt und somit den anfänglich expansiven Effekt der Inputpreisveränderung dämpft. Es ist klar, daß die industrielle Nachfragekurve trotzdem nach unten geneigt verläuft. Einen formalen Beweis kann man wie folgt führen. Betrachten wir eine Industrie, die sich festen Preisen $w_1, w_2, \ldots, w_n$ für die Inputs gegenübersieht, und eine Nachfragefunktion nach ihrem Output hat, die p als abnehmende Funktion von y zeigt. Jede Unternehmung erfüllt die Ungleichung (23) und nach Addition aller Inputs und Outputs der Unternehmungen erhalten wir die industriellen Inputs und Outputs für die insgesamt auch (23) gilt. Nehmen wir nun an, daß w_1 sich von w_1^1 auf w_1^2 verändert, und alle anderen w_i konstant sind. Dann gilt die Ungleichung

$$(w_1^1 - w_1^2)(z_1^1 - z_1^2) \leq (p^1 - p^2)(y^1 - y^2) \tag{41}$$

für die Veränderung der industriellen Nachfrage nach dem Input 1 und dem Outputangebot. Falls nun $y^1 > y^2$ ist, muß $p^1 < p^2$ gelten, während $y^1 < y^2$ die Ungleichung $p^1 > p^2$ impliziert, so daß die rechte Seite von (41) negativ ist. Also erhalten wir

$$(w_1^1 - w_1^2)(z_1^1 - z_1^2) \leq 0, \tag{42}$$

und die industrielle Nachfrage nach dem Input ist eine abnehmende Funktion des Inputpreises.

Die Tatsache, daß die industrielle Nachfragekurve nach einem Input nicht gleich der Summe der individuellen Nachfragekurven ist, kann man für den Fall einer Industrie, in der alle F Unternehmungen identische Produktionsfunktionen bei konstanten Skalenerträgen aufweisen, leicht erkennen. Die Unternehmungen haben identische Kostenfunktionen, die linear im Output verlaufen

$$c^f = c(\mathbf{w})\, y^f, \tag{43}$$

Dies ist der einzige Typus von Kostenfunktionen, für den die Grenzkosten und die Durchschnittskosten gleich und unabhängig von y^f sind. Im langfristigen Gleichgewicht gleicht der Preis den Grenzkosten, so daß

$$p = c(\mathbf{w}) \tag{44}$$

Die Nachfragekurve der Firma nach z_i hängt von $\mathbf{w}$ und y^f ab und verläuft auch linear in y^f (vergleiche den letzten Paragraphen des Kapitels 2 und Übungsaufgabe 2.38), so daß dies geschrieben werden kann als

$$z_i^f = \psi_i(\mathbf{w})\, y^f \tag{45}$$

wobei ψ_i eine Funktion von $\mathbf{w}$ ist.

Wenn sich nun w_i erhöht, während alle anderen Preise konstant bleiben, erhöht sich auch $c(\mathbf{w})$, und die Firma hat $c(\mathbf{w}) > p$ zu gewärtigen, so daß sie den Output auf Null herunterbringt und z_i^f auf Null fällt. Offensichtlich ist die langfristige Nachfragefunktion der Unternehmung nach dem Input i unendlich elastisch bezüglich w_i – ihre Nachfragekurve verläuft horizontal (Der zweite Term in Gleichung (2.71), der Outputeffekt der Unternehmung, ist für eine Unternehmung bei konstanten Skalenerträgen unendlich).

Für die Industrie jedoch ist p endogen. Sei y der Gesamtoutput $y^1 + y^2 + \ldots + y^F$ und sei z_i die Gesamtnachfrage $z_i^1 + z_i^2 + \ldots + z_i^F$ für den Input i. Die Nachfragefunktion für das Produkt ist gleich x(p). Somit erhalten wir im Gleichgewicht:

$$z_i = \psi_i(\mathbf{w})\, y \tag{46}$$

$$y = x(p). \tag{47}$$

(44), (46) und (47) ergeben

$$z_i = \psi_i(\mathbf{w})\, x(c(\mathbf{w})), \tag{48}$$

so daß

$$\frac{\partial z_i}{\partial w_i} = \frac{\partial \psi_i(\mathbf{w})}{\partial w_i}\, x(p) + \psi_i(\mathbf{w})\, \frac{dx}{dp}\, \frac{\partial c(\mathbf{w})}{\partial w_i} \tag{49}$$

und

$$\frac{w_i}{z_i}\frac{\partial z_i}{\partial w_i} = \frac{w_i}{\psi_i}\frac{\partial \psi_i}{\partial w_i} + \left(\frac{p}{x}\frac{dx}{dp}\right)\left(\frac{w_i}{p}\frac{\partial c(\mathbf{w})}{\partial w_i}\right). \tag{50}$$

Also setzt sich die industrielle Nachfrageelastizität nach dem Input i als Summe zweier Ausdrücke zusammen. Der erste Ausdruck ist die Elastizität, die mit dem Substitutionseffekt zusammenhängt (die für den Fall zweier Inputs mit der in Abschnitt 2.5 definierten zusammenhängt). Der zweite Term bezeichnet die Nachfrageelastizität nach dem Produkt multipliziert mit der Elastizität der Stückkosten bezüglich w_i (Tatsächlich können wir beweisen, wenn wir das Resultat (A6), das wir im Anhang an die Kapitel 2 und 3 bewiesen haben, benutzen, daß

$$\frac{\partial c(\mathbf{w})}{\partial w_i} = \psi_i(\mathbf{w}) \tag{51}$$

gilt, so daß der zweite Term gleich der Elastiztität der Nachfrage nach dem Produkt, multipliziert mit dem Inputanteil an den Produktionskosten dieses Produktes, ist). Dieser zweite Term, der den Outputeffekt für die Industrie in Elastizitätenform mißt, ist endlich, so daß auch die industrielle Elastizität der Nachfrage nach dem Input endlich ist, auch dann, wenn jede Firma einen unendlichen Outputeffekt und eine unendliche Inputelastizität der Nachfrage aufweist.

3.6 Die Bedeutung und die Funktion der Gewinne

In vielen in diesem Kapitel diskutierten Fällen machen die Unternehmungen im langfristigen Gleichgewicht der Industrie keine Gewinne. In anderen Fällen sind die Gewinne, zumindest für einige Unternehmungen, langfristig positiv. In der kurzen Frist können Unternehmungen entweder Gewinne oder Verluste machen. Dies wirft verschiedene Fragen auf.

Erstens erscheint es, daß in der Regel Unternehmungen der Realität Gewinne machen und Verluste die Ausnahme sind, was dem Argument zu widersprechen scheint, daß im langfristigen Gleichgewicht in vielen Fällen Null-Gewinne für alle Unternehmungen gegeben sind. Jedoch sind die buchhalterischen Gewinne nicht die gleichen wie die Gewinne in unserer Theorie.

Die Eigentümer der Unternehmungen sind Individuen. Sei angenommen, daß die Eigentümer einige der Inputs bereitstellen, so daß die Unternehmung nur die restlichen Inputs zu kaufen hat. Speziell sei angenommen, daß die Unternehmung zwei Inputs z_1 und z_2 verwendet, daß aber ein Teil von z_2, z.B. z_2^A durch die Eigentümer der Unternehmung bereitgestellt werden und der Rest z_2^B durch die Unternehmung gekauft wird, wobei $z_2 = z_2^A + z_2^B$. Die typische buchhalterische Definition des Gewinnes ist gleich Ertrag minus den Kosten der von der Unternehmung gekauften Inputs:

$$\pi^A = py - w_1 z_1 - w_2 z_2^B \tag{52}$$

Vom Standpunkt der Eigentümer der Unternehmung ist dies kein sinnvolles Maß für den Ertrag aus der Produktion des Outputs, denn die Alternative für die Eigentümer ist, nichts zu produzieren und den Betrag z_2^A auf dem Markt zu verkaufen. Der Ertrag der Produktion des Outputs ist deshalb gleich dem **Unterschied** zwischen den Verdiensten, wenn z_2^A in der Firma eingesetzt wird, und dem was durch den Verkauf auf dem Markt für z_2^A erzielt wird, das heißt

$$\pi^A - w_2 z_2^A = py - w_1 z_1 - w_2 z_2 = \pi \qquad (53)$$

was gleich **unserer** Definition des Gewinnes ist. Definition (52) liefert eine Definition des Gewinns, der die Opportunitätskosten der Inputs des Eigentümers ignoriert.

Wenn wir also in unserer Theorie behaupten, daß die Gewinne langfristig positiv sind, meinen wir, daß der Ertrag die Kosten **aller** marktfähigen Inputs übersteigt, die in der Produktion verwendet werden. Diese Situation entstand in einer Wettbewerbsindustrie (man erinnere sich an die Diskussion im Abschnitt 3.4), wenn einige Unternehmungen geringere Produktionskosten als andere aufwiesen, oder wenn potentielle Eintreter aus der Industrie herausgehalten wurden, sei es durch prohibitiv hohe Kosten oder durch gesetzliche Barrieren. Warum hat eine Unternehmung niedrigere Kosten als eine andere? Dies kann nur dann der Fall sein, wenn die Unternehmung Zugang zu Spezialkenntnissen oder spezielle Fertigkeiten hat, oder Zugang zu einem Input, den andere Unternehmungen **nicht kaufen können** oder nicht zur Verfügung gestellt bekommen.

Man erinnere sich an Abschnitt 1.12, wo wir einen Markt für einen Produktionsfaktor betrachteten, der fest angeboten wurde und beobachteten, daß das Einkommen eines derartigen Faktors die angebotene Menge nicht beeinflußt. Wir haben ein derartiges Einkommen als ökonomische Rente bezeichnet. Die Diskussion des vorhergehenden Paragraphen zeigt, daß der langfristige Gewinn eine ökonomische Rente darstellt. Die Eigentümer eines speziellen Inputs erhalten einen Ertrag auf diesen Input und dieser Ertrag ist eine Rente, da dieser Input nicht in andere Verwendungen überführt werden kann.

Ob eine ökonomische Rente als Gewinn, als Lohn oder als Bodenrente entsteht, hängt von den Umständen ab. Nehmen wir zum Beispiel an, daß es viele Stahlproduzenten gibt, die miteinander in Wettbewerb stehen, daß es aber einen speziellen Standort gibt, der besser als alle anderen für die Stahlproduktion geeignet ist. Hier kann aber nur eine Fabrik stehen. Wenn der Eigentümer dieses Grundstücks eine stahlproduzierende Unternehmung eröffnet, wird diese Unternehmung geringere Kosten als ihre Wettbewerber aufweisen, und zum Beispiel langfristige Gewinne von einer Million DM pro Jahr erzielen. Wenn andererseits der Landeigentümer dieses Grundstück dem Höchstbietenden vermietet, dann werden einige Stahlproduzenten gewillt sein, eine Rente von einer Million DM pro Jahr für dieses Grundstück zu bezahlen. Die Kosten dieses Bieters werden genau so hoch wie die seiner Wettbewerber sein, und keine der Unternehmungen wird langfristig Gewinne machen. Der Eigentümer des Grundstücks wird jedoch eine Million pro Jahr als ökonomische Rente erzielen. Ähnlich argumentiert, wenn es jemand gibt, der einzigartige Fertigkeiten in der Stahlproduktion aufweist, wird dieses Wirtschaftssubjekt für diese Fertigkeit bezahlt werden. Wenn diesem Wirtschaftssubjekt die stahlproduzierende Unternehmung gehört, erscheint diese Zahlung als Gewinn. Wenn diese Person für die stahlproduzierende

Unternehmung arbeitet, ihr aber die Unternehmung nicht gehört, erscheint diese Zahlung als Lohn, der höher ist als der Lohn, der anderen Arbeitern gezahlt wird. In beiden Fällen erhält die Person für diese spezielle Fertigkeit im festen Angebot eine ökonomische Rente.

Der Fall, bei dem langfristige Gewinne als Resultat legaler Eintrittsschranken für neue Wettbewerber auftreten, ist im wesentlichen gleichgelagert (im Gegensatz zu Kostenschranken). In Großbritannien müssen viele Transaktionen beim Kauf und Verkauf von Häusern durch Rechtsanwälte vorgenommen werden. Dies ist nicht der Fall, weil Rechtsanwälte ungewöhnliche Fertigkeiten bei diesen Transaktionen aufweisen, sondern weil das Gesetz es für Nichtjuristen schwierig macht, im Wettbewerb mit Juristen zu bestehen. Ferner kann die Berufsgenossenschaft der Juristen die Zahl der Personen kontrollieren, die Juristen werden. Das Resultat ist, daß der Preis für diese Dienstleistung beträchtlich höher ist als es die Arbeit oder Fertigkeit rechtfertigt. Die Juristen erzielen Gewinne, da der Eintritt von Wettbewerbern verhindert wird. Das heißt, sie verdienen eine ökonomische Rente. Die Tatsache, daß der Eintritt künstlich durch Gesetze beschränkt wird, macht keinen wesentlichen Unterschied für die Analyse aus.

Wir sollten auch erkennen, daß kurzfristige Gewinne mit Inputs, die in festen Mengen angeboten werden, in Verbindung gebracht werden können und somit ökonomische Renten darstellen. In der kurzen Frist stellt eine Unternehmung variable Inputs zu ihrem Marktpreis ein, und wie wir oben sahen, sind die variablen Kosten deshalb Opportunitätskosten. Der Unternehmung gehören bestimmte Mengen fixer Inputs und somit ist der Rest des Ertrages, das heißt, die Gewinne ohne Abzug der Fixkosten, gleich der ökonomischen Rente. Die Opportunitätskosten der festen Inputs, das heißt ihre alternativen Erträge sind gleich Null. Wie groß auch immer der Überschuß der Erträge über die variablen Kosten hinaus auch sein mag; dies spielt keine Rolle, um das Angebot des festen Inputs zu erhöhen, denn dieses Angebot ist in dem Sinne fixiert, daß die festen Inputs in der Industrie solange eingesetzt werden, wie der Ertrag die variablen Kosten übersteigt. Die kurzfristigen Gewinne haben jedoch den Effekt langfristig mehr Inputs in die Industrie anzuziehen (genau so wie Verluste den Effekt haben, sie aus der Industrie zu verdrängen), und somit werden die Renten verschwinden, wenn das Angebot variabel wird.

Figur 3.12 illustriert den Markt für ein Gut. Wie zuvor nehmen wir an, daß alle Inputpreise fixiert sind. Jede Unternehmung bietet den Output auf einem Niveau

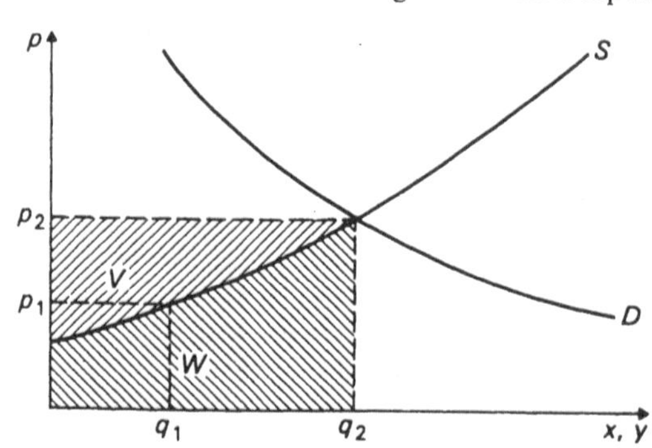

Figur 3.12 Gewinne und ökonomische Renten

an, in dem die Preise gleich den Grenzkosten sind. Somit wird eine zusätzliche Outputeinheit den gleichen Kostenbetrag hinzufügen, egal welche Unternehmung dieses Gut produziert. Die Angebotskurve ist somit gleich der Grenzkostenkurve der Industrie.

Mathematisch gesehen sind die Gesamtkosten gleich der Summe der Kosten der einzelnen Firmen:

$$c = \sum_{f=1}^{F} c^f(\mathbf{w}, y^f), \tag{54}$$

wobei $c^f(\mathbf{w}, y^f)$ die Kostenfunktion der Firma f bezeichnet und wobei die Gewinnmaximierung impliziert, daß

$$p = \frac{\partial c^f(\mathbf{w}, y^f)}{\partial y}, f = 1, \ldots, F \tag{55}$$

gilt. Der Gesamtoutput wird durch

$$y = \sum_{f=1}^{F} y^f \tag{56}$$

gegeben. Es sei dem Leser als Übungsaufgabe 3.24 überlassen, daß diese Gleichungen das im vorhergehenden Paragraphen angegebene Resultat implizieren, nämlich, daß c eine Funktion von $\mathbf{w}$ und von y mit $\partial c/\partial y = p$ ist. Wenn wir die Funktion $\partial c(\mathbf{w}, y)/\partial y$ bei konstantem $\mathbf{w}$ integrieren, erhalten wir

$$\int_0^{y_2} \frac{\partial c(\mathbf{w}, y)}{\partial y} dy = c(\mathbf{w}, y_2) - c(\mathbf{w}, 0) \tag{57}$$

was die variablen Kosten der Produktion von y_2 ergibt, da $c(\mathbf{w}, 0)$ die festen Kosten beschreibt (Langfristig gilt $(c(\mathbf{w}, 0) = 0)$. Graphisch illustriert wird das Integral einer Funktion durch die Fläche unter dem Graphen der Funktion. Da die Angebotskurve S der Figur 3.12 die Grenzkosten als Funktion von y darstellt, bezeichnet die mit W bezeichnete Fläche die gesamten (variablen) Kosten der Produktion von q_2. Der Ertrag, der von den Anbietern erzielt wird, ist p_2q_2 und wird durch die gesamte Fläche V + W dargestellt, so daß der Gewinn gleich

$$p_2q_2 - \int_0^{q_2} \frac{\partial c(\mathbf{w}, y)}{\partial y} dy = \int_0^{q_2} \left(p_2 - \frac{\partial c(\mathbf{w}, y)}{\partial y} \right) dy \tag{58}$$

ist, der durch die Fläche V dargestellt wird. Der Ertrag ist in Opportunitätskosten (die variablen Produktionskosten, die der Fläche W entsprechen) und die ökonomische Rente (die Gewinne, die mit V bezeichnet werden) aufgeteilt worden.

Die Argumentation kann so modifiziert werden, daß damit gezeigt werden kann, daß die ökonomische Rente auf Faktormärkten nicht nur dann entsteht, wenn das Angebot fixiert ist, sondern auch dann, wenn das Angebot nicht unendlich elastisch ist. Sei angenommen, daß die Figur 3.12 einen Markt für einen Produktionsfaktor darstellt. Zum Beispiel sei angenommen, daß wir den Markt für Busfahrer betrachten. Die Höhe der Angebotskurve in jedem Punkt zeigt die Opportunitätskosten des Angebots einer zusätzlichen Einheit in diesem Punkt. Zum Beispiel wird es zum Lohn p_1 ein Wirtschaftssubjekt geben, das gerade indifferent ist, ein Busfahrer zu werden. Ein geringfügig kleinerer Lohn würde die Person veranlassen, eine andere Beschäftigung vorzuziehen, nicht notwendigerweise deshalb, weil die andere Arbeit einen Lohn von p_1 erzielen hilft, denn beide Arbeiten können sich in ihrer Attraktivität oder in ihren Einkommensbestandteilen, die nicht zum Lohn gehören, unterscheiden. Man kann jedoch sagen, daß p_1 der Preis ist, der notwendig ist, um einen Arbeiter dazu zu veranlassen, auf die Erträge einer alternativen Beschäftigung zu verzichten. Also ist diese Angebotskurve auch eine Grenz-(Opportunitäts-)kostenkurve. Wenn der Markt sich in q_2 im Gleichgewicht befindet, sind die Opportunitätskosten der Arbeiter, die diese Arbeit anbieten, gleich dem Integral der Grenzkosten von 0 bis q_2. Dies wird im Diagramm durch die Fläche W angegeben. Da die gesamte Lohnsumme gleich p_2q_2 ist und durch die gesamte Fläche V + W dargestellt wird, bezeichnet V die Gesamtzahlungen an die Arbeiter, die über ihre Opportunitätskosten hinausgehen. Das Wirtschaftssubjekt, das seine Arbeitskraft zum Preis p_1 gerade noch anzubieten wünscht, erzielt einen Lohn von p_2 und die Summe $p_2 - p_1$ stellt eine ökonomische Rente dar, da ihre Höhe die Bereitschaft des Wirtschaftssubjektes, diese Einheit Arbeit anzubieten, nicht beeinflußt. Die gesamte ökonomische Rente, die durch die Fläche V dargestellt wird, ist die Summe (das Integral) derartiger Renten der gesamten Arbeitsbevölkerung in diesem Markt. Somit haben wir in diesem Fall, wie im vorhergehenden, den Ertrag in Opportunitätskosten (W) und eine ökonomische Rente (V) aufgeteilt.

Diese Diskussion gibt Anlaß zu weiteren Fragen über die moralische Rechtfertigung eines derartigen Systems, das wir in der Theorie beschreiben. Ist es moralisch gerechtfertigt, daß die Eigentümer einer Unternehmung wegen einer Erbschaft, einer speziellen Fertigkeit, oder eines bestimmten Grundstücks Gewinne erzielen? Wir sehen nun, daß wir gleichermaßen fragen können, ob es moralisch gerechtfertigt ist, daß der Eigentümer einer speziellen Geschicklichkeit, z.B. der Fertigkeit schön zu singen, oder einen Fußball genau zu kicken, höhere Verdienste erzielen soll. Die Frage stellt sich überall. Brauchen wir solche Ungleichheiten, damit wird die Ressourcen einer Verwendung zuführen, in der die von den Wirtschaftssubjekten wirklich benötigten Güter so effizient wie möglich produziert werden? Oder gibt es andere und bessere Arten der Allokation von Produktivkräften, die die potentiellen Ungleichheiten vermeiden, die durch die Existenz von Gewinnen impliziert werden? Dies sind alles wichtige, sinnvolle Fragen, aber wir wollen die Diskussion auf ein späteres Kapitel aufschieben.

Übungsaufgaben

3.1 Man leite eine ähnliche Beziehung wie (4) zwischen dem Grenzprodukt $\partial F/\partial z_1$ und dem Durchschnittsprodukt $F(z_1, z_2)/z_1$ her.

3.2 Warum ist die kurzfristige Angebotsfunktion $y(p, w_1, z_2)$ unabhängig von w_2?

3.3 Was sind die Opportunitätskosten für die Gesellschaft (außer den Autorfahrern), wenn ein Automobil eine Straße oder eine Brücke benutzen darf, wenn diese

(a) überfüllt ist, und
(b) dies nicht überfüllt ist?

3.4 Angenommen, eine Flugzeugfabrik hat einen enormen Betrag für Forschung und Entwicklung ausgegeben, um ein Überschall-Passagierflugzeug herzustellen, und angenommen, sie hat eine kleine Anzahl von herkömmlichen Flugzeugen produziert. Man diskutiere sorgfältig, welche Überlegungen gemacht werden sollen, um zu den folgenden Entscheidungen zu kommmen:
(i) ob mehr Flugzeuge hergestellt werden sollten, und
(ii) ob man die bereits produzierten Flugzeuge einsetzen sollte.

3.5 Der Staat führt ein Programm durch, um junge Menschen zu beschäftigen und auszubilden, die ansonsten arbeitslos sein würden. Sollte man fordern, daß Projekte dieses Programms nur dann akzeptiert werden, wenn sie genügend Erträge abwerfen, so daß sie zumindest die Kosten für die Lohnzahlungen und die Kosten anderer Inputs decken?

3.6 „... Auf den ersten Blick würden einige der Vorschläge [für einen Tunnel unter oder eine Brücke über das Meer zwischen England und Frankreich] sicherlich zu einer starken Verringerung der Benützung von bestehenden Einrichtungen beitragen und würden zur Unterauslastung oder vorzeitiger Aufgabe dieser Einrichtungen führen. Könnte man erwarten, daß derartige Kosten in der Rentabilitätskalkulation der neuen Projekte berücksichtigt wurden?“ (Auszug aus einem Brief in der Financial Times vom 2. März 1981). Kommentar.

3.7 Ein Land hat sich in der Vergangenheit auf ein großes Programm zur Ausbildung von Schullehrern eingelassen. Als aber eine steigende Zahl ausgebildeter Lehrer für eine Arbeitsstelle zur Verfügung stand, stellte es sich heraus, daß (wegen eines unerwarteten Absinkens der Geburtenrate) die Zahl der Kinder in den Schulen zurückging. Ist es richtig, zu argumentieren, daß in der Entscheidung, wieviele Lehrer zu beschäftigen sind, der Staat erkennen sollte, daß die Beschäftigung eines Lehrers keine Opportunitätskosten hat, da das Lehrerausbildungsprogramm Fixkostencharakter hat?

3.8 Man zeige für eine Produktionsfunktion einer Unternehmung mit konstanten Skalenerträgen oder mit sinkenden Skalenerträgen folgende Behauptung: Der Gewinn wird notwendigerweise für alle Produktionsniveaus nichtnegativ sein, wenn erfüllt ist, daß die langfristigen Grenzkosten gleich dem Preis sind. (Hierzu ist eine Graphik wahrscheinlich am besten geeignet).

3.9 Man diskutiere, wie sich die Antworten zu den Übungsaufgaben 2.23 und 2.24 unterscheiden, wenn wir die kurze Frist der langen gegenüberstellen.

3.10 Man gebe die langfristigen Durchschnittskosten- und Grenzkostenfunktionen eines Unternehmens mit der Produktionsfunktion

$$y = (z_1^{-1} + z_2^{-1})^{-1}$$

und den Inputpreisen $w_1 = 1$, $w_2 = 4$ an. Man bestimme die kurzfristigen Durchschnittskosten-, die durchschnittlichen variablen Kosten- und die Grenzkostenfunktionen, wenn z_2 konstant gleich 300 ist. Man bringe alle Funktionen in einem Diagramm zusammen und bestätige, daß (14), (15) und (16) gültig sind.

3.11 Man zeige, daß die kurzfristige Angebotsfunktion $y(w_1, p, z_2)$ und die Inputnachfragefunktion $z_1(w_1, p, z_2)$ einer Unternehmung homogen vom Grad 0 in den

Preisen w_1, p_1 sind. Man bestätige, daß diese Eigenschaften im Fall einer Unternehmung mit der Produktionsfunktion aus der vorhergehenden Übung erhalten bleiben.

3.12 Man diskutiere die Homogenitätseigenschaften der kurzfristigen Kostenfunktion $c(w_1, w_2, y, z_2)$.

3.13 Man erkläre, warum in dem im Abschnitt 3.3 diskutierten Beispiel die kurzfristigen und die langfristigen Inputnachfragefunktionen für z_1 gleich sind. (Hinweis: Man betrachte $\partial F/\partial z_1$).

3.14 Man unterstelle, daß alle Unternehmen in einer Industrie identische U-förmige langfristige Durchschnittskostenkurven haben und freier Marktzutritt gegeben ist. Der Markt ist bei Gewinnen von Null im Gleichgewicht. Dann verschiebe eine plötzliche Änderung der Konsumentenpräferenzen die Nachfragekurve nach außen. Man gebe die Effekte für die Unternehmen und für die Industrie an (Zur Vereinfachung nehme man an, daß alle Inputs variabel sind, so daß man sich nicht um die kurzfristigen Kostenkurven kümmern muß).

3.15 Man zeige, daß die Analyse des Falles 1 in Abschnitt 3.4 unverändert bleiben würde, wenn Unternehmen unterschiedliche Kostenkurven haben, solange das Minimum der langfristigen Durchschnittskosten für alle Unternehmen das gleiche ist.

3.16 Betrachten wir eine Industrie, in der alle Unternehmen eine U-förmige LRAC-Kurve haben, jedoch ein Unternehmen niedrigere Kosten als der Rest aufweist und diese restlichen Unternehmen alle identisch sind. Im langfristigen Gleichgewicht wird für den Rest der Unternehmen der Preis des Industrieproduktes gleich dem minimalen Wert der langfristigen Durchschnittskosten sein. Man zeige aber, daß im allgemeinen die einzige Niedrig-Kosten-Unternehmung nicht im Minimum ihrer LRAC-Kurve produzieren wird. Wenn man diese Unternehmung zwänge, in diesem Punkt zu produzieren, zeige man, daß dies die Gesamtkosten des Angebots für die Konsumenten erhöhen würde. Ist es möglich, daß die Niedrig-Kosten-Unternehmung weniger als die anderen produzieren wird?

3.17 Die US-Automobilindustrie besteht aus einer kleinen Zahl von Gesellschaften und es gibt Beweise, daß dic größtc Unternehmung, General Motors, Autos billiger herstellen kann als die anderen. Was sagt dies über die Skalenerträge in den Automobilfabriken aus? Welche Politik sollte von einem Automobilhersteller (a) kurzfristig, (b) langfristig verfolgt werden, der glaubt, daß der Preis, zu dem er seine Autos verkaufen kann, unabhängig von der Anzahl, die er verkauft, fest ist. Glauben die US-Autofabrikanten dies?

3.18 Sind die Annahmen des Falls 5 des Abschnitts 3.4 unplausibel?

3.19 Betrachten wir eine Industrie, die aus Unternehmen besteht, die folgende langfristige Kostenfunktionen haben:

$$\left.\begin{array}{rl} \text{80 Unternehmen haben} & c(y) = 3600 - 10y + 0{,}01y^2 \\ \text{80 Unternehmen haben} & c(y) = 4900 - 10y + 0{,}01y^2 \\ \text{140 Unternehmen haben} & c(y) = 6400 - 10y + 0{,}01y^2 \end{array}\right\} \quad \text{für } y > 0$$

wobei y das Produktionsniveau ist; für alle Unternehmen gilt $c(0) = 0$. Was bietet die Industrie zu den Preisen 1, 2, 3, 4, 5, 6 und 7 an? Man zeichne die Angebotskurve der Industrie.

3.20 Sei angenommen, in einer Industrie gibt es eine feste Anzahl von Unternehmungen mit identischen Produktionsfunktionen mit konstanten Skalenerträgen. Es gebe eine weitere Gruppe von Unternehmen mit konstanten Skalenerträgen, die aber ein höheres Kostenniveau als die erste Gruppe aufweist. Wie sieht das Marktgleichgewicht aus?

3.21 Man betrachte eine Industrie, die ein Produkt y aus den Inputs z_1 und z_2 herstellt. p ist der Outputpreis, der von der verkauften Menge y abhängt. w_1 ist der Preis von z_1; auch dieser hängt von der von der Industrie ingesamt gekauften Menge ab. Man verallgemeinere das Argument der Gleichung (41) und (42), um folgende Aussage zu untermauern. Wenn p eine abnehmende Funktion von y ist und w_1 eine steigende Funktion von z_1, dann wird die industrielle Nachfrage nach z_2 eine fallende Funktion von w_2 sein.

3.22 In einer Wettbewerbsindustrie gibt es 100 Unternehmen, die jeweils die Kostenfunktion

$$c(y) = \begin{cases} 10y & y \leq 10 \\ y^2 - 10y + 100 & y \geq 10 \end{cases}$$

aufweisen. Es gibt weitere 100 Unternehmen mit der Kostenfunktion

$$c(y) = \begin{cases} 12y & y \leq 10 \\ y^2 - 8y + 100 & y \geq 10 \end{cases}$$

(a) Man skizziere die Angebotskurve der Industrie.
(b) Falls die Marktnachfragekurve durch $Y = 2400 - 100p$

beschrieben wird, Y die Nachfrage bezeichnet und p den Preis in Dollar angibt, bestimme man den Preis, bei dem die gesamte Produktion der Industrie und die Produktion der einzelnen Unternehmen im Gleichgewicht sind.
(c) Eine Steuer von \$ 1 auf den Verkauf des Gutes wird eingeführt. Was geschieht mit dem Preis, der von den Konsumenten gezahlt wird und dem Preis, den die Unternehmen erhalten? Wie verändert sich die Produktion? Wie würde sich ein Anstieg der Steuer auf \$ 4 auswirken?

3.23 Angenommen, ein Unternehmen macht Verluste, obwohl der Outputpreis die durchschnittlichen variablen Kosten überschreitet. Sei angenommen, daß keine Bank oder eine andere Institution weiterhin bereit ist, dem Unternehmen Geld zu leihen, um seine kurzfristigen Verluste abzudecken. Ferner haben die Eigentümer des Unternehmens kein eigenes Geld, um die Verluste auszugleichen. Das Unternehmen wird in den Bankrott gezwungen. Doch sagt uns die ökonomische Theorie, daß es weiter produzieren sollte. Bedeutet dies, daß es ein Fehler der Banken ist, ein solches Unternehmen bankrott gehen zu lassen? (Man sollte an die fixen Inputs denken, wenn die Unternehmung bankrott geht und schließt, und über die Umstände, unter denen es für eine Bank rational sein würde, ein Unternehmen bankrott gehen zu lassen, das bei ihr Schulden hat).

3.24 Man bestätige, daß (54), (55) und (56) implizieren, daß $c = c(\mathbf{w}, y)$ mit $\partial c/\partial y = p$.

Kapitel 4
Die Theorie des Konsumentenverhaltens

4.1 Präferenzen und Nutzenfunktionen

Bei der Diskussion des Produzentenverhaltens trafen wir eine einfache Annahme über die Motivation der Produzenten, nämlich, daß die Unternehmungen versuchen, ihre Gewinne zu maximieren. Diese Annahme ist unzweifelhaft eine zu starke Vereinfachung. Trotzdem ist sie ganz natürlich. Wir gehen nun zu einer Prüfung der Motivation und des Verhaltens der Konsumenten über. Es gibt kein offensichtliches einzelnes Ziel, wie Gewinne, das man für den Konsumenten voraussetzen könnte. Ein typischer Konsument könnte eine bessere Ernährung, ein größeres Haus, längere Ferien usw. wünschen. Es würde nicht sinnvoll sein anzunehmen, daß ein Individuum sein Geldeinkommen zu maximieren sucht, da (außer im Fall eines pathologischen Geizkragens) Geld kein Ziel in sich darstellt und Geld nur deshalb gewünscht wird, weil man Ausgaben bestreiten möchte, für Dinge die man wirklich wünscht. Auch dann, wenn man glaubt, daß die Wirtschaftssubjekte so viel Geld wie möglich haben wollen, würden immer noch die interessanteren Fragen über das Konsumentenverhalten unbeantwortet bleiben, nämlich wie der Konsument dieses Geld auszugeben wünscht. Auf jeden Fall ist es nicht sinnvoll anzunehmen, daß die Wirtschaftssubjekte so viel Geld wie möglich haben möchten. Viele Wirtschaftssubjekte lassen Möglichkeiten ungenutzt, Geld zu verdienen, um mehr Zeit mit ihren Familien zu verbringen, oder sich in Bars und Freudenhäusern aufzuhalten, oder anderen Freizeitaktivitäten nachzugehen.

Unser Problem läßt sich also so beschreiben, daß ein typisches Wirtschaftssubjekt Präferenzen für und zwischen einer großen Anzahl von Gütern aufweist und es keine offensichtliche Art und Weise gibt, formal sein Verhalten derart zu beschreiben, daß dieses Verhalten seine Präferenzen am besten wiederspiegelt. Wir verwenden einen mathematischen Ansatz, der versucht, das Konsumentenverhalten zu modellieren. Der Konsument versucht, seine multidimensionalen Wünsche zu befriedigen. Doch wird die Rechtfertigung für unseren Ansatz nur schrittweise klar werden, so daß der Leser zu Anfang ruhig sehr skeptisch sein kann, (es ist auch nicht schlecht, wenn man bis zum Ende skeptisch bleibt).

Wir nehmen an, daß ein typischer Konsument, der eine Auswahl aus n verschiedenen Gütern trifft, Präferenzen hat, die durch eine Nutzenfunktion

$$U = U(x_1, x_2, \ldots, x_n) = U(\mathbf{x}) \tag{1}$$

repräsentiert werden kann. Dem Konsum eines Korbes oder Bündels von Gütern, der aus x_1 Einheiten des ersten Gutes, x_2 Einheiten des zweiten Gutes und x_n Einheiten des nten Gutes besteht, wird ein Nutzenwert zugeordnet. Der tatsächliche Wert des „Nutzens“ hat keine Bedeutung. Worauf wir hinaus wollen ist, ob ein Konsument ein Bündel einem anderen vorzieht und dies wird dadurch gezeigt, daß ein Bündel einen höheren Wert des Nutzens als das andere hat. Wenn zwei Bündel das gleiche Nutzenniveau aufweisen, dann ist der Konsument zwischen ihnen **indifferent**.

Im Fall n = 2 können wir die Nutzenfunktion durch ein Indifferenzkurvendiagramm wie das der Figur 4.1 darstellen. Die Höhenlinien der Nutzenfunktion repräsentieren unterschiedliche Bündel (x_1, x_2), die das selbe Nutzenniveau ergeben, da der Konsument zwischen ihnen indifferent ist. Sie werden **Indifferenzkurven** genannt (und sind analog zu den Isoquanten der Produktionsfunktion).

Die Indifferenzkurven, die wir in Figur 4.1 eingezeichnet haben, haben zwei Eigenschaften, die zwei Standardannahmen über die Konsumentenpräferenzen wiederspiegeln.

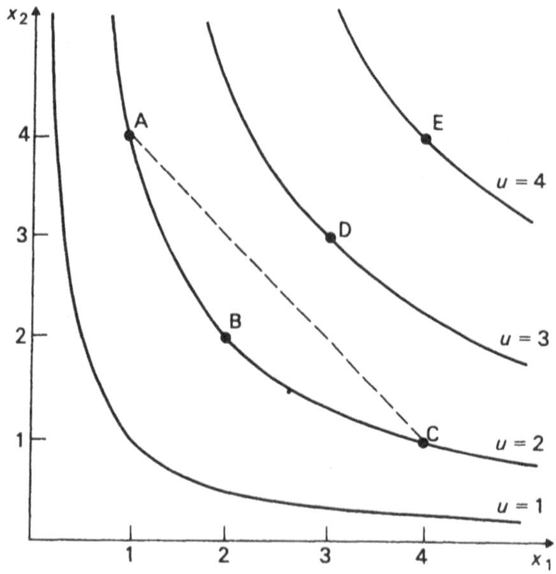

Figur 4.1 Indifferenzkurven

(i) $U(k\mathbf{x}) > U(\mathbf{x})$ für $k > 1$, das heißt, der Konsument **zieht mehr Güter weniger** von diesen vor, so daß weiter entfernt vom Ursprung liegende Indifferenzkurven einen höheren Nutzen als näher am Ursprung liegende ergeben;

(ii) Die Nutzenfunktion ist quasikonkav (vergleiche Seite 000), so daß die Indifferenzkurven gegen den Ursprung hin gekrümmt verlaufen.

Für die Nutzenfunktion $U(x_1, x_2)$ beträgt die Steigung der Indifferenzkurve $U(x_1, x_2) = u$

$$\left(\frac{dx_2}{dx_1}\right)_u = -\frac{U_1}{U_2} \tag{2}$$

(vergleiche 2.21) und U_1/U_2 wird die Grenzrate der Substitution (des Konsumenten) genannt. Dann impliziert Annahme (ii), daß die Nutzenfunktion eine abnehmende Grenzrate der Substitution aufweist:

$$\frac{d(U_1/U_2)}{d(x_1/x_2)} \leq 0 \tag{3}$$

(Man gehe bei eventuellen Unklarheiten auf die Diskussion von (2.23) zurück). Die Grenzrate der Substitution mißt den Betrag von x_2, den der Konsument benötigt, um ihn für den Verlust einer Einheit von x_1 zu kompensieren, das heißt, ihn auf der selben Indifferenzkurve zu belassen. Es ist ein Maß des relativen Wertes, den der Konsument einer Einheit von x_1 beimißt. Man würde erwarten, daß für größeres x_1/x_2, das heißt, wenn der Konsument mehr von x_1 und weniger von x_2 besitzt, dieser Wert kleiner werden sollte. Genau das besagt (3).

Ein Beispiel für eine Nutzenfunktion ist:

$$U(x_1, x_2) = x_1^{\alpha} x_2^{1-\alpha} \quad (0 < \alpha < 1) \tag{4}$$

Wir haben diese Funktion (mit $\alpha = \frac{1}{2}$) bereits in der Figur 4.1 illustriert. Im Punkt A besitzt der Konsument das Bündel (1,4), das ihm einen Nutzen von 2 stiftet; das Bündel (2,2) im Punkt B gibt ihm den gleichen Nutzen; hingegen ergibt das Bündel (4,4) im Punkte E den Nutzen von 4. Dies zeigt, daß er zwischen den Punkten A und B indifferent ist und er den Punkt E, sowohl A als auch B, vorzieht. Man erinnere sich daran, daß die tatsächlichen Werte des Nutzens von 2 und 4 keine Bedeutung haben, Es wäre falsch zu sagen, daß er den Punkt E zweimal höher einschätzt als die Punkte A oder B. Man erkennt auch, daß die Eigenschaften (i) und (ii) erfüllt sind. Die Punkte B (2,2), D (3,3) und E (4,4) liegen auf sukzessiv höheren Indifferenzkurven, während alle Punkte auf der Geraden zwischen A (1,4) und C (4,1) oberhalb der Indifferenzkurve u = 2 liegen.

4.2 Nutzenmaximierung und Nachfragefunktionen

Der Sinn, Präferenzen durch eine Nutzenfunktion zu repräsentieren liegt darin, daß bei einem Konsumenten, der ein begrenztes Budget für Ausgabenzwecke hat, das Problem der Wahl des höchsten geschätzten Bündels aus der Menge der verfügbaren Güterbündel, mathematisch gesehen, zu einem Problem der Maximierung unter Nebenbedingungen wird.

Wenn der Konsument ein Geldeinkommen m zur Verfügung hat, um diesen Betrag für Güter auszugeben, und wenn die Preise der entsprechenden Güter durch den Vektor $\mathbf{p} = (p_1, p_2, \ldots, p_n)$ gegeben sind, dann ist seine Budgetbeschränkung gleich

$$p_1x_1 + p_2x_2 + \ldots + p_nx_n \leq m \tag{5}$$

In Vektorschreibweise ergibt dies $\mathbf{px} \leq m$. Der Konsument kann weder m noch $\mathbf{p}$ verändern. Die Annahme (i) über die Nutzenfunktion bedeutet, daß der Konsument sein gesamtes Einkommen ausgibt, so daß (5) mit einem Gleichheitszeichen gilt. Also kann das Konsumentenproblem der Wahl des besten Punktes der (5) erfüllt wie folgt geschrieben werden.

$$\begin{aligned} &\underset{\mathbf{x}}{\text{maximiere}} \quad U(\mathbf{x}) \\ &\text{unter der Nebenbedingung } \mathbf{px} = m \end{aligned} \tag{6}$$

Die Lagrangefunktion eröffnet eine Methode, ein Minimierungsproblem unter Nebenbedingungen wie (2.13) zu lösen und wird somit auch für dieses Maximierungsproblem unter Nebenbedingungen anwendbar sein.

Die Lagrangefunktion ist gleich

$$L(\mathbf{x}, \lambda) = U(x) + \lambda(m - \mathbf{px}) \tag{7}$$

Setzt man die Ableitungen der Lagrangefunktion bezüglich der n + 1 Variablen $\mathbf{x}, \lambda$ gleich Null, dann erhält man:

$$\partial U/\partial x_i - \lambda p_i = 0 \quad i = 1, \ldots, n \tag{8}$$

$$m - \mathbf{px} = 0 \tag{9}$$

Diese Gleichungen ergeben Lösungen für die n + 1 Unbekannten $\mathbf{x}$, λ, die von den Werten von $\mathbf{p}$ und m abhängen, so daß wir die Lösungen als $\mathbf{x}(\mathbf{p}, m)$, $\lambda(\mathbf{p}, m)$ schreiben können. Der Grund dafür, daß die Lösungen von (6) die Gleichungen (8) und (9) erfüllen müssen, kann man dadurch sehen, daß wir (8) wie folgt schreiben.

$$\lambda = \frac{\partial U/\partial x_i}{p_i} \quad i = 1, \ldots, n \tag{8a}$$

Die rechte Seite von (8a) zeigt den Effekt einer zusätzlichen Ausgabe von einer DM für Gut i auf den Nutzen, wenn der Preis des Gutes p_i beträgt, denn die gekaufte Menge wird gleich $1/p_i$ sein. Wir können dies den Grenznutzen des Geldes bei der Verausgabung für Gut i nennen. Dann erfordert (8a), daß der Grenznutzen für alle Güter gleich sein sollte, das heißt, für jede mögliche Verwendung des Geldes. Wenn dies nicht erfüllt wäre, könnte der Konsument seinen Nutzen dadurch erhöhen, daß er Geld von Gütern mit niedrigem Grenznutzen des Geldes auf Güter mit hohem Grenznutzen umverteilt, was wiederum zeigt, daß der Nutzen nicht maximiert wird. Also ist das Problem (6) nicht gelöst, wenn die Gleichungen (8) nicht erfüllt sind. Die Gleichungen (8) ergeben notwendige Bedingungen für eine Lösung von (6). Daß die Gleichung (9) auch notwendig ist, ist offensichtlich.

Für den Zwei-Güterfall können wir eine graphische Darstellung dieser Bedingung geben und auch zeigen, welche hinreichenden Bedingungen garantieren, daß die notwendigen Bedingungen wirklich eine Lösung des Maximierungsproblems liefern.

Das vorliegende Problem stellt sich wie folgt dar:

$$\begin{aligned} &\underset{x_1, x_2}{\text{maximiere}} \quad U(x_1, x_2) \\ &\text{unter der Nebenbedingung } p_1x_1 + p_2x_2 = m \end{aligned} \tag{10}$$

In Figur 4.2 erscheint die Nebenbedingung $p_1x_1 + p_2x_2 = m$ als Gerade – die Budgetgerade. Die Maximierung von $U(x_1, x_2)$ läuft darauf hinaus, daß man eine Indifferenzkurve sucht, die so weit wie möglich entfernt vom Ursprung liegt. Der Punkt A ist die Lösung. Die höchste erreichbare Indifferenzkurve verläuft tan-

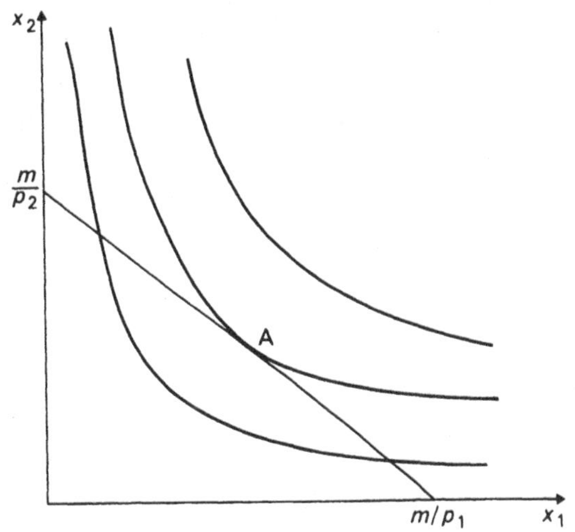

Figur 4.2 Nutzenmaximierung

gential zur Budgetgeraden in diesem Punkt. Die Steigung der Budgetgeraden beträgt $-p_1/p_2$; die Steigung der Indifferenzkurve beträgt $-U_1/U_2$. Somit gilt im Tangentialpunkt

$$U_1/U_2 = p_1/p_2 \tag{11}$$

und natürlich auch

$$p_1x_1 + p_2x_2 = m \tag{12}$$

Die Lagrangemethode würde uns (8) und (9) mit n = 2 geliefert haben. (12) ist mit (9) identisch und (11) kann man aus (8) erhalten, indem man λ eliminiert.

Jedoch ist klar, daß das verwendete Argument für die Rechtfertigung von (11) als Nutzenmaximierungsbedingung darauf basiert, daß die Indifferenzkurven zum Ursprung hin gekrümmt verlaufen – der Eigenschaft, daß wir eine abnehmende Grenzrate der Substitution vorliegen haben. Leicht sieht man, daß bei einer Verletzung dieser Bedingung ein Tangentialpunkt zwischen der Budgetgeraden und einer Indifferenzkurve nicht notwendigerweise einen Punkt des maximalen Nutzens ergibt, so daß die Bedingungen erster Ordnung, die aus der Lagrangefunktion erhalten werden, das Problem eventuell nicht lösen würden. Wenn mehr als zwei Güter vorhanden sind, ist die Quasikonkavität immer noch hinreichend, aber kann nicht mehr so leicht wie unter (3) überprüft werden.

Die Funktionen $x_1(\mathbf{p}, m), x_2(\mathbf{p}, m), \ldots, x_n(\mathbf{p}, m)$, die aus (8) und (9) abgeleitet wurden, heißen **Nachfragefunktionen** des Konsumenten. Sie definieren die vom Konsumenten zu kaufen gewünschten Mengen als Funktionen der Preise aller Güter und des Konsumenteneinkommens.

4.3 Drei Beispiele

Betrachten wir einen Konsumenten mit einer Nutzenfunktion $U^1(x_1, x_2) = x_1^\alpha x_2^{1-\alpha}$, der sich den Preisen p_1, p_2 und dem Einkommen m gegenübersieht. Die Lagrangefunktion ist gleich

$$L(x_1, x_2, \lambda) = x_1^\alpha x_2^{1-\alpha} + \lambda(m - p_1x_1 - p_2x_2) \tag{13}$$

Es ergeben sich die Bedingungen erster Ordnung als

$$\begin{aligned} \alpha x_1^{\alpha-1} x_2^{1-\alpha} - \lambda p_1 &= 0 \\ (1-\alpha) x_1^\alpha x_2^{-\alpha} - \lambda p_2 &= 0 \\ m - p_1 x_1 - p_2 x_2 &= 0, \end{aligned} \tag{14}$$

die man bequemerweise umschreibt zu

$$\begin{aligned} \alpha \frac{U}{x_1} &= \lambda p_1 \\ (1-\alpha)\frac{U}{x_2} &= \lambda p_2 \\ m &= p_1 x_1 + p_2 x_2 \end{aligned} \tag{15}$$

Die ersten beiden Gleichungen implizieren, daß $p_1x_1 = \alpha U/\lambda$ und $p_2x_2 = (1-\alpha)U/\lambda$, so daß die dritte Gleichung impliziert, daß $m = U/\lambda$ und wir so die Nachfragefunktionen

$$x_1 = \alpha m/p_1 \quad x_2 = (1-\alpha)m/p_2 \tag{16}$$

erhalten. Man erkennt, daß die Konsumausgaben für Gut 1, p_1x_1 einen festen Anteil α des Einkommens betragen, während p_2x_2 gleich dem festen Anteil $1-\alpha$ von m ist.

Unser zweites Beispiel betrifft einen Konsumenten mit einer Nutzenfunktion $U^2(x_1, x_2) = x_1^{1/2} + x_2^{1/2}$. Die zugehörige Lagrangefunktion ist gleich

$$L(x_1, x_2, \lambda) = x_1^{1/2} + x_2^{1/2} + \lambda(m - p_1x_1 - p_2x_2) \tag{17}$$

Die Bedingungen erster Ordnung sind

$$\begin{aligned} \frac{1}{2} x_1^{-1/2} &= \lambda p_1 \\ \frac{1}{2} x_2^{-1/2} &= \lambda p_2 \\ m &= p_1x_1 + p_2x_2 \end{aligned} \tag{18}$$

Dividiert man die erste Gleichung durch die zweite, eliminiert man λ, ergibt dies die Nachfragefunktionen:

$$x_1 = \frac{p_2 m}{p_1(p_1 + p_2)} \qquad x_2 = \frac{p_1 m}{p_2(p_1 + p_2)} \tag{19}$$

Schließlich betrachten wir einen Konsumenten mit einer Nutzenfunktion $U^3(x_1, x_2) = \alpha \log x_1 + (1 - \alpha) \log x_2$. Die zugehörige Lagrangefunktion ist:

$$L(x_1, x_2, \lambda) = \alpha \log x_1 + (1 - \alpha) \log x_2 + \lambda (m - p_1 x_1 - p_2 x_2) \tag{20}$$

Die Bedingungen erster Ordnung sind

$$\begin{aligned} \alpha/x_1 &= p_1 \\ (1-\alpha)/x_2 &= p_2 \\ m &= p_1 x_1 + p_2 x_2 \end{aligned} \tag{21}$$

Als Lösung ergeben sich die Nachfragefunktionen

$$x_1 = \alpha m/p_1 \quad x_2 = (1 - \alpha) m/p_2, \tag{22}$$

die mit den Formeln in (16) identisch sind. Der erste Konsument und der dritte verhalten sich gleich.

Dies ist kein Zufall, denn es ist das Resultat der Tatsache, daß ihre Nutzenfunktionen die Beziehung $U^3(x_1, x_2) = \log U^1(x_1, x_2)$ erfüllen. Damit weisen sie die selben Indifferenzkurven auf. Zu allen Werten von x_1, x_2 mit U^1 gleich einer Konstanten u muß U^3 den konstanten Wert log u aufweisen. Unterschiedlich ist nur der Wert des Nutzens, der mit den betreffenden Indifferenzkurven verknüpft ist, aber wie oben betont, ist der Nutzen nur ein Hilfsmittel, Präferenzen zu repräsentieren, während sein Wert in der Theorie keine Bedeutung hat. Nur die Präferenzen sind wichtig und beide Konsumenten verhalten sich gleich, da sie die selben Präferenzen aufweisen.

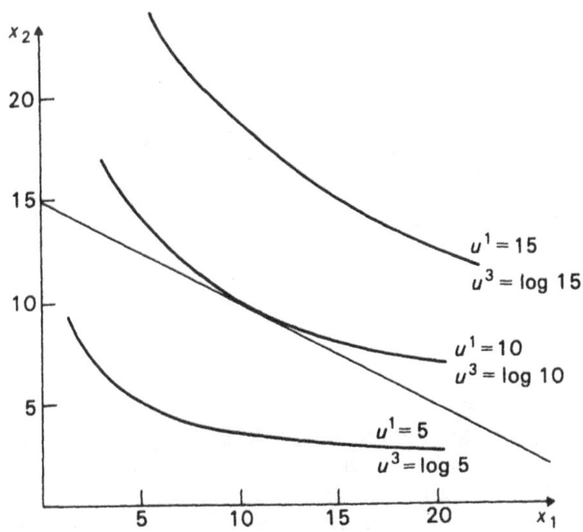

Figur 4.3 Identische Präferenzen

Die Figur 4.3 illustriert diesen Punkt dadurch, daß die Indifferenzkurven die U^1 und U^3 entsprechen für $\alpha = 1/3$ angegeben werden und beide Konsumenten sich den Preisen $p_1 = 1$, $p_2 = 2$ und einem Einkommen $m = 30$ gegenüber sehen, so daß gilt $x_1 = x_2 = 10$.

Es bleibt dem Leser überlassen, zur Übung die Bedingungen erster Ordnung abzuleiten, wenn der Konsument eine Nutzenfunktion $f(U(\mathbf{x}))$ aufweist, wobei f eine Funktion ist, deren Ableitung immer positiv ist. Ferner zeige man, daß er die selben Nachfragefunktionen aufweist, wie der Konsument, der die Nutzenfunktion $U(\mathbf{x})$ hat.

Der Nachweis der Bedeutungslosigkeit des Nutzens im vorliegendem Zusammenhang sollte den Leser ermahnen, vorsichtig zu sein, wenn die Theorie des Konsumentenverhaltens diskutiert wird und ein großes Gewicht auf die Ideen des Nutzens und des Grenznutzens gelegt wird. Sicherlich können wir die Gleichungen $U_i/\lambda = p_i$ salopp wie folgt interpretieren: „Ein Gut wird in der Menge gekauft für die gilt, daß ihr Grenznutzen gleich ihrem Preis ist" (wobei $1/\lambda$ ein Skalierungsfaktor ist, der den Nutzen in Geldbeträge übersetzt), doch sind solche Aussagen höchstens eine bequeme Kurzform. Der oben angegebene Ansatz ist viel besser.

4.4 Ausgabenminimierung und kompensierte Nachfragefunktionen

Es ist nützlich, ein alternatives Problem für den Konsumenten zu betrachten, nämlich das Problem der Minimierung der Ausgaben, die notwendig sind, eine gegebene Indifferenzkurve zu erreichen.

$$\begin{aligned} &\underset{\mathbf{x}}{\text{minimiere}} \quad \mathbf{px} \\ &\text{unter der Nebenbedingung } U(\mathbf{x}) = u \end{aligned} \tag{23}$$

Das Problem für den Produzenten ist formal identisch mit dem Kostenminimierungsproblem des Abschnitts 2.4 für den Produzenten. Ohne weitere Diskussion wissen wir, daß die Lösungen für (23) die Funktionen $\mathbf{x}(\mathbf{p}, u)$ ergeben. Diese Funktionen sind analog zu den Inputnachfragefunktionen der Firmen und heißen, **kompensierte Nachfragefunktionen** des Konsumenten. Der Grund für diese Terminologie ergibt sich sofort. Analog zur Kostenfunktion der Firma haben wir die **Ausgabenfunktion** des Konsumenten

$$e(\mathbf{p}, u) = \mathbf{px}(\mathbf{p}, u) \tag{24}$$

Wir wissen aus der Theorie der kostenminimierenden Unternehmung, daß die kompensierten Nachfragefunktionen homogen vom Grade Null in den Preisen sind und, daß die Ausgabenfunktion in den Preisen homogen vom Grade 1 ist.

Die $\mathbf{x}(\mathbf{p}, u)$ sind, wie in der Theorie der kostenminimierenden Unternehmung, vermöge der Lagrangemethode abgeleitet. Schreiben wir den Lagrangemultiplikator, der in der Lösung von (23) verwendet wird, als μ, um ihn nicht mit dem Multiplikator des Nutzenmaximierungsproblems (6) zu verwechseln, dann haben wir $n + 1$ Bedingungen erster Ordnung für die Lösung von (23):

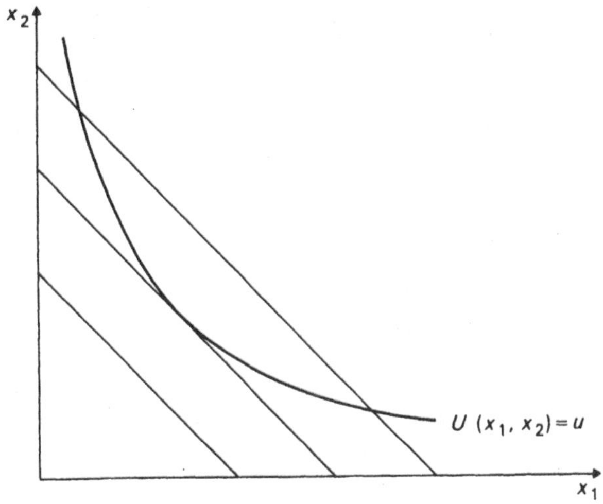

Figur 4.4 Ausgabenminimierung

$$p_i = \mu \partial U/\partial x_i \quad i = 1, \ldots, n \tag{25}$$
$$u = U(x) \tag{26}$$

Diese Gleichungen definieren $x_1, x_2, \ldots, x_n$ und μ als Funktionen von p und u.

Im Zwei-Güterfall wird diese Lösung durch Figur 4.4 illustriert. Die Gleichung (26) ergibt die Indifferenzkurve, die einem festen Nutzenniveau u entspricht. Die Ausgabenniveaus $p_1x_1 + p_2x_2$ werden durch eine Anzahl paralleler Geraden repräsentiert, wobei die geringere Ausgabe eine Gerade ergibt, die näher am Ursprung verläuft. Das niedrigste Ausgabenniveau, das mit dem Nutzenniveau u vereinbar ist, entspricht der Budgetgeraden die tangential zur Indifferenzkurve verläuft. Die Tangentenbedingung wird durch die Gleichung (25) gegeben, da die Elimination von μ die Bedingung $p_1/p_2 = U_1/U_2$ ergibt. Wiederum liefert die abnehmende Grenzrate der Substitution eine hinreichende Bedingung. Die Analogie mit der kostenminimierenden Unternehmung ist exakt.

Nun können wir eine bemerkenswerte Eigenschaft der Ausgabenfunktion beweisen. (Die Kostenfunktion des Unternehmens weist eine exakt analoge Eigenschaft auf, die man in der Übungsaufgabe 4.7 angeben und beweisen muß). Was passiert mit der Funktion $\mathbf{x}(\mathbf{p}, u)$ und somit mit der Ausgabenfunktion, wenn sich p_i verändert? (Man vergleiche die Diskussion mit der in Abschnitt 2.6, die die Konsequenzen für die Kostenfunktion für ein sich veränderndes y aufzeigte). Wenn sich p_i verändert, wird der Konsument weiter seine Ausgaben minimieren, so daß die x_i und μ sich verändern, um die Gleichungen (25) und (26) zu erfüllen. Aus (24) bekommen wir

$$\frac{\partial e(\mathbf{p}, u)}{\partial p_i} = x_i(\mathbf{p}, u) + \sum_{j=1}^{n} p_j \frac{\partial x_j(\mathbf{p}, u)}{\partial p_i} \tag{27}$$

(25) impliziert jedoch $p_j = \mu \partial U/\partial x_j$ für alle j, so daß gilt

$$\sum_{j=1}^{n} p_j \frac{\partial x_j(\mathbf{p}, u)}{\partial p_i} = \mu \sum_{j=1}^{n} \frac{\partial U(\mathbf{x})}{\partial x_j} \frac{(\partial x_j(\mathbf{p}, u)}{\partial p_i} \tag{28}$$

Da $U(\mathbf{x}) = u$ gilt, impliziert dies, daß die rechte Seite von (28) gleich Null ist. Also erhalten wir

$$\frac{\partial e(\mathbf{p}, u)}{\partial p_i} = x_i(\mathbf{p}, u) \tag{29}$$

Die Ableitung der Ausgabenfunktion bezüglich des Preises eines Gutes entspricht der nachgefragten Menge dieses Gutes.

Dieses Resultat ist aus folgendem Grunde bemerkenswert. Falls die x_i's konstant und nicht Funktionen der Preise wären, dann würde (29) offensichtlich richtig sein, da $e = \Sigma_{j=1}^{n} p_j x_j$. Aber jedes dieser x_j hängt von den Preisen ab, einschließlich des Preises p_i, so daß wir n weitere Effekte von p_i auf e haben. Wir haben bewiesen, daß diese zusätzlichen Effekte sich immer auf Null addieren!

Ein weiteres bemerkenswertes Resultat folgt unmittelbar aus (29):

$$\frac{\partial x_i(\mathbf{p}, u)}{\partial p_j} = \frac{\partial x_j(\mathbf{p}, u)}{\partial p_i}, \tag{30}$$

da $\partial^2 e/\partial p_j \, \partial p_i = \partial^2 e/\partial p_i \, \partial p_j$. (Es bleibt dem Leser überlassen, das analoge Resultat für eine kostenminimierende Firma zu beweisen; dieses Resultat wurde in (2.62) angegeben, aber nicht bewiesen).

Da wir die Nachfragefunktionen, die der Nutzenfunktion $x_1^\alpha x_2^{1-\alpha}$ entsprechen, abgeleitet haben, erscheint es auch sinnvoll, wenn wir die kompensierten Nachfragefunktionen angeben. Die Ableitung ist formal identisch zum Kostenminimierungsbeispiel des Abschnitts 2.7. Wir erhalten die kompensierten Nachfragefunktionen

$$x_1(p_1, p_2, u) = \left(\frac{\alpha}{1-\alpha} \frac{p_2}{p_1}\right)^{1-\alpha} u, \quad x_2(p_1, p_2, u) = \left(\frac{1-\alpha}{\alpha} \frac{p_1}{p_2}\right)^{\alpha} u \tag{31}$$

und die Ausgabenfunktion

$$e(p_1, p_2, u) = \left(\frac{p_1}{\alpha}\right)^{\alpha} \left(\frac{p_2}{1-\alpha}\right)^{1-\alpha} u \tag{32}$$

Leicht sieht man, daß diese Funktionen die Bedingung (29) erfüllen.

4.5 Die Slutsky-Gleichung und komparative Statik

Wir betrachten nun die Beziehung zwischen den Nachfragefunktionen $\mathbf{x}(\mathbf{p}, m)$ und den kompensierten Nachfragefunktionen $\mathbf{x}(\mathbf{p}, u)$. Ganz klar ist folgender Sachverhalt: Wenn der Konsument das Ausgabenminimierungsproblem beim Nutzenniveau u löst und tatsächlich m ausgibt, dann maximiert das selbe Güterbündel den Nutzen unter einer Nebenbedingung eines Budgets in Höhe von m, wenn dies den Nutzenwert von u ergibt. (Diagrammatisch repräsentiert die Indifferenzkurve u das höchste Nutzenniveau, das mit der Budgetgeraden m vereinbar ist. Auch liefert dies die Budgetgerade, die das niedrigste Ausgabenniveau darstellt, das mit der Indifferenzkurve kompatibel ist). Folglich gilt, $x_i(\mathbf{p}, u) = x_i(\mathbf{p}, m)$, falls $m = e(\mathbf{p}, u)$; das heißt:

$$x_i(\mathbf{p}, u) = x_i(\mathbf{p}, e(\mathbf{p}, u)) \tag{33}$$

Differenzieren wir (33) bezüglich p_i, dann erhalten wir

$$\frac{\partial x_i(\mathbf{p}, u)}{\partial p_i} = \frac{\partial x_i(\mathbf{p}, m)}{\partial p_i} + \frac{\partial x_i(\mathbf{p}, m)}{\partial m} \frac{\partial e(\mathbf{p}, u)}{\partial p_i} \tag{34}$$

Verwenden wir (29) und ordnen um, dann ergibt dies

$$\frac{\partial x_i(\mathbf{p}, m)}{\partial p_i} = \frac{\partial x_i(\mathbf{p}, u)}{\partial p_i} - x_i \frac{\partial x_i(\mathbf{p}, m)}{\partial m} \tag{35}$$

Die Gleichung (35) heißt **Slutsky-Gleichung.** Sie spaltet den Preiseffekt auf die Nachfrage (der Ausdruck auf der linken Seite) **in einen Substitutionseffekt** (der erste Ausdruck auf der rechten Seite) und **einen Einkommenseffekt** (der zweite Term auf der rechten Seite) auf. In Elastizitäten ausgedrückt ergibt die Slutsky-Gleichung

$$\frac{p_i}{x_i} \frac{\partial x_i(\mathbf{p}, m)}{\partial p_i} = \frac{p_i}{x_i} \frac{\partial x_i(\mathbf{p}, u)}{\partial p_i} - \frac{p_i x_i}{m} \frac{m}{x_i} \frac{\partial x_i(\mathbf{p}, m)}{\partial m}, \tag{36}$$

so daß die Preiselastizität der Nachfrage gleich der Substitutionselastizität minus dem Produkt der Einkommenselastizität und dem Anteil des Einkommen ist, der für das Gut ausgegeben wird.

Man kann dies vermöge einer hilfreicheren Terminologie ausdrücken. Das Geldeinkommen des Konsumenten beträgt m. Sein Realeinkommen (oder sein Lebensstandard) wird durch u repräsentiert. Seine **Lebenshaltungskosten** (das heißt die Kosten, einen gewissen Lebensstandard zu erreichen) betragen e. Nun ist die ökonomische Deutung der Slutsky-Gleichung klar. Ein Anstieg von p_i bei konstantem Geldeinkommen hat zwei Effekte. Einmal wird Gut i im Vergleich zu den anderen Gütern relativ teurer und senkt das Realeinkommen der Konsumenten dadurch, daß die Mengen der Güter reduziert werden, die der Konsument mit dem Geldeinkommen m kaufen kann. Der Substitutionseffekt ist der erste Effekt, nämlich der Effekt, der sich aus einem Anstieg von p_i für die Nachfrage nach x_i ergibt, wenn das Realeinkommen des Konsumenten unverändert ist. Der Einkommenseffekt ist der zweite Effekt. (29) zeigt nämlich, daß x_i den Effekt eines Anstiegs von p_i auf die Lebenshaltungskosten mißt. Damit mißt dies die Reduktion des Realwertes eines festen Geldeinkommens m, und nach Multiplikation mit $\partial x_i/\partial m$ ergibt sich der Effekt auf die Nachfrage.

Eine graphische Veranschaulichung hiervon kann man im Zwei-Güterfall geben und man kann dadurch die Terminologie-Substitutionseffekt und kompensierte Nachfragefunktion erklären. Anstatt infinitesimale Veränderungen zu verwenden, wie sie durch die Ableitungen in der Slutsky-Gleichung wiedergegeben werden, zeigen wir in Figur 4.5 den Effekt eines endlichen Anstiegs von p_1. Die Budgetgerade war ursprünglich tangential zu der Indifferenzkurve im Punkte A.

Ein Anstieg von p_1 bei konstantem p_2 und m läßt den Achsenabschnitt mit der x_2-Achse unverändert (in m/p_2), doch der Achsenabschnitt mit der x_1-Achse verschiebt sich zum Ursprung hin (und ist gleich m/p_1) und wir erhalten die neue Budgetgerade, die tangential zu einer Indifferenzkurve im Punkte C verläuft. Diese Budgetgerade hat ihre Steigung verändert und wurde hin zum Ursprung verschoben. Diese beiden Änderungen können getrennt werden. Die gestrichelte Gerade zeigt die Budgetgerade des Konsumenten nach einem p_1-Anstieg, wenn der Konsument hinreichend zusätzliches Geldeinkommen erhalten hat, um ihn auf derselben Indifferenzkurve zu halten. Dieses zusätzliche Geldeinkommen **kompensiert** ihn für die Preiserhöhung, indem dies sein Realeinkommen unverändert läßt. Sein gewählter Punkt verschiebt sich von A nach B und der Konsum von Gut 1 fällt von x_1^1 auf x_1^0. Dies ist der Substitutionseffekt, der durch die Ableitung der kompensierten Nachfragefunktion gemessen wird. Wenn der Konsument nun das kompensierende Geldeinkommen verlöre, würde sich seine Budgetgerade gegen den Ursprung hin verschieben, nämlich von der gestrichelten Linie durch B auf die parallele Gerade durch C. Sein gewählter Punkt verschiebt sich dann von B auf C und der Konsum von Gut 1 verändert sich von x_1^0 auf x_1^3. Dies ist der Einkommenseffekt der Preisänderung. Wir können die formale Identität der Theorie einer kostenminimierenden Firma bemühen, um in der Theorie eines ausgabenminimierenden Konsumenten ein komparativ statisches Resultat zu beweisen. Ein identisches Argument zu dem, das uns auf die Formel (2.61) führte besagt, daß

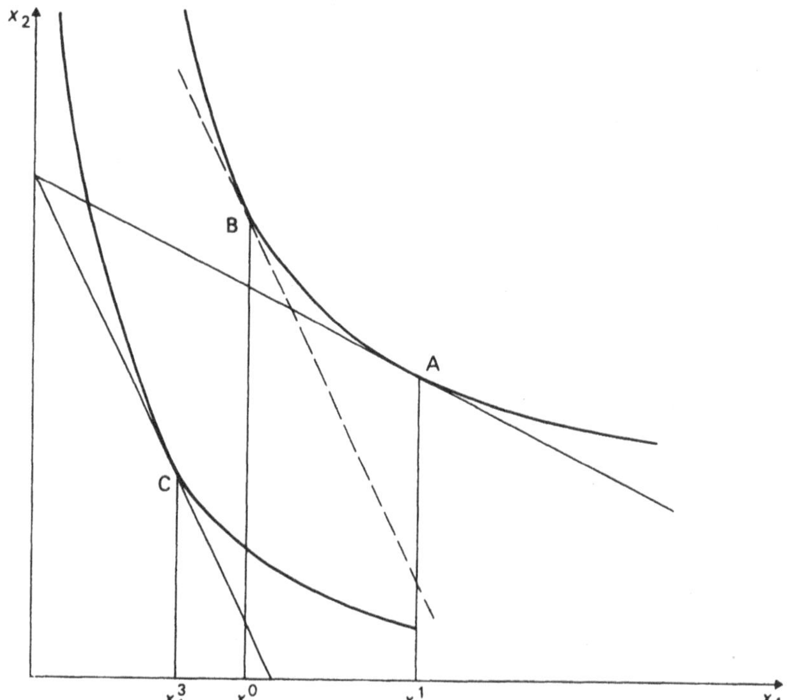

Figur 4.5 Einkommens- und Substitutionseffekte: Der Nutzenansatz

$$\frac{\partial x_i(\mathbf{p}, u)}{\partial p_i} \leq 0, \tag{37}$$

das heißt, der **Substitutionseffekt ist negativ** oder die **kompensierte Nachfragefunktion für jedes beliebige Gut ist eine abnehmende Funktion des Preises dieses Gutes.** Dieses Resultat wird in Figur 4.5 illustriert, wobei der Punkt B links vom Punkt A liegt.

Die Suche nach weiteren allgemeinen komparativ statischen Resultaten ist jedoch hoffnungslos. Leicht zeigt man vermöge eines Beispiels, daß $\partial x_i(\mathbf{p}, m)/\partial m$ entweder positiv oder negativ sein kann. Figur 4.5 zeigt einen Fall, in dem sowohl $\partial x_1/\partial m$ als auch $\partial x_2/\partial m$ positiv sind, doch kann man das Diagramm leicht modifizieren, um das erforderliche Beispiel zu erhalten. Es sollte nicht außerordentlich erscheinen, daß ein Konsument bei steigendem Einkommen weniger von einem bestimmten Gut zu konsumieren wünscht. Jedoch wird es wahrscheinlicher sein, daß $\partial x_i/\partial m$ positiv und nicht negativ ist, da ein reicheres Wirtschaftssubjekt mehr Geld zum Ausgeben hat als ein armes. (Es wird dem Leser in Übungsaufgabe 4.13 überlassen genau zu zeigen, was wir mit „wahrscheinlicher" meinen). Ein Gut, dessen Konsum mit steigendem Einkommen ansteigt, so daß $\partial x_i/\partial m > 0$ gilt, heißt **Normalgut**. Wenn der Konsum mit dem Einkommen sinkt, so daß $\partial x_i/\partial m < 0$ gilt, dann heißt das Gut **inferiores Gut**.

Aus (35) und (37) folgt, falls $\partial x_i/\partial m > 0$, daß $\partial x_i(\mathbf{p}, m)/\partial p_i < 0$ ist. **Ein normales Gut weist einen negativen Preiseffekt auf, oder die Nachfragefunktion eines normalen Gutes ist eine abnehmende Funktion des Preises dieses Gutes.** Wenn jedoch $\partial x_i/\partial m < 0$ gilt, wird der Preiseffekt in einen negativen Substitutionseffekt und einen positiven Einkommenseffekt aufgeteilt, so daß er kein eindeutiges Vorzeichen aufweist. Wenn der Einkommenseffekt den Substitutionseffekt überwiegt, dann erhöht sich die Nachfrage nach diesem Gut mit seinem Preis. Ein Gut für das dies zutrifft, heißt **Giffen-Gut** und es ist dem Leser in Übungsaufgabe 4.16 überlassen zu zeigen, daß dies um so wahrscheinlicher ist, je größer der Ausgabenanteil des Konsumenteneinkommens für inferiore Güter ist.

Es bleibt auch dem Leser überlassen (vergleiche Übungsaufgabe 4.17), für $i \neq j$ zu beweisen, daß

$$\frac{\partial x_i(\mathbf{p}, m)}{\partial p_j} = \frac{\partial x_i(\mathbf{p}, u)}{\partial p_j} - x_j \frac{\partial x_i(\mathbf{p}, m)}{\partial m} \tag{38}$$

gilt. Erinnern wir uns nun an Gleichung (30). Falls $\partial x_i(\mathbf{p}, u)/\partial p_j = \partial x_j(\mathbf{p}, u)/\partial p_i > 0$, heißen die Güter i und j **Substitute**. Wenn die Ungleichung anders herum verläuft, dann heißen die Güter **Komplemente**. Butter und Margarine sind wahrscheinlich Substitutionsgüter, während Butter und Brot wahrscheinlich Komplementärgüter sind. Es bleibt dem Leser überlassen (Übungsaufgabe 4.18) zu zeigen, daß bei nur zwei Gütern diese Güter Substitutionsgüter sein müssen.

Wenn $\partial x_i(\mathbf{p}, m)/\partial p_j > 0$ gilt, heißt Gut i **Bruttosubstitut** für Gut j; bei umgedrehter Ungleichung heißt Gut i **Bruttokomplement** für Gut j. Man erkennt aus (38), daß im allgemeinen $\partial x_i(\mathbf{p}, m)/\partial p_j \neq \partial x_j(\mathbf{p}, m)/\partial p_i$.

Wir haben schon bemerkt, daß die kompensierten Nachfragefunktionen homogen vom Grade Null in den Preisen sind und, daß die Ausgabenfunktion homogen vom Grade 1 in den Preisen ist. Leicht zeigt man, daß die Nachfragefunktionen x(**p**, m) homogen vom Grade Null in Preisen und Einkommen sind.

Es bleibt dem Leser in Übungsaufgabe 4.9 überlassen, erneut die Nachfragefunktionen und kompensierten Nachfragefunktionen zu betrachten, die aus der Nutzenfunktion $x_1^\alpha x_2^{1-\alpha}$ abgeleitet wurden, und die Gleichungen (35), (37) und (38) zu bestätigen.

4.6 Offenbarte Präferenzen

Es gibt einen alternativen Ansatz zur Theorie des Konsumentenverhaltens, der keinen Rückgriff auf das Konzept des Nutzens erfordert. Der Schlüssel zum alternativen Ansatz ist die Annahme, daß der Konsument in verschiedenen Situationen eine Wahl trifft, die damit **konsistent** ist, daß er feste Präferenzen aufweist. Wenn in einer Situation sowohl A und B mögliche Wahlen darstellen und er A wählt, sagen wir, daß seine Wahl offenbart, daß er A dem Punkte B vorzieht. Die Konsistenz erfordert dann, daß in jeder anderen Situation in der sowohl A als auch B verfügbar sind, er nicht B wählen sollte. Denn eine derartige Wahl würde offenbaren, daß er B dem Punkte A vorzöge, was seiner früheren offenbarten Präferenz widerspräche.

Nehmen wir an, daß der Konsument einer Budgetbeschränkung unterliegt, die wir in Figur 4.6 durch eine durchgezogene Linie darstellen und er das Konsumbündel X wählt. Seine Wahl offenbart, daß er X jedem anderen Punkt auf oder unter der Budgetgeraden vorzieht, denn alle derartigen Punkte sind mögliche Wahlen für sein gegebenes Einkommen. Nehmen wir nun an, daß Änderungen der Preise und des Einkommens seine Budgetbeschränkung auf die gestrichelt eingezeichnete Linie durch den Punkt Y_1 verschieben.

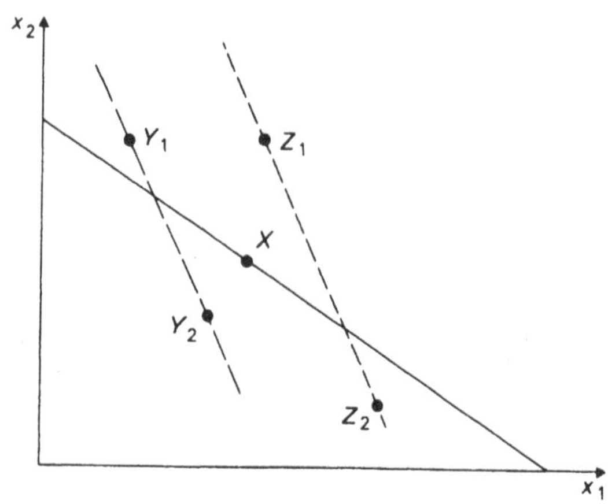

Figur 4.6 Offenbarte Präferenzen

Er wird nun einen Punkt wie Y_1 oder Y_2 wählen, was von seinen Präferenzen abhängt. Falls seine Wahl auf Y_1 fiele, wird nichts über seine Präferenzen offengelegt: Als er X wählte war Y_1 nicht verfügbar, weil es oberhalb seiner Budgetgeraden lag; und als er Y_1 wählte, war X nicht verfügbar. Wenn jedoch seine Wahl in der neuen Situation auf Y_2 fiele, würden wir wissen, daß er X dem Bündel Y_2 vorzieht, denn diese Präferenz wurde durch seine Wahl von X in der ersten Situation offenbart als auch Y_2 verfügbar war. Wir würden auch wissen, daß die Verschiebung seiner Budgetgeraden ihn schlechter gestellt hätte.

Nehmen wir im Gegensatz dazu an, daß sich seine Budgetgerade auf eine Position verschoben hätte, die durch die gestrichelte Linie durch Z_1 wiedergegeben wird. Betrachten wir den Punkt Z_2, der auf der neuen Budgetgeraden aber unterhalb der alten liegt. Man erkennt, daß X unterhalb der neuen Budgetgeraden liegt. Als er X wählte, war Z_2 auch verfügbar; und da X und Z_2 beide in der neuen Situation verfügbar sind, würde es für ihn inkonsistent sein, nun Z_2 zu wählen. Nur eine Wahl wie Z_1, die oberhalb der ursprünglichen Budgetgeraden liegt, ist eine konsistente Wahl und da X immer noch verfügbar ist, zeigt die Wahl von Z_1, daß er den Punkt Z_1 dem Punkt X vorzieht. Die Verschiebung der Budgetgeraden hat ihn besser gestellt.

Die Logik dieser Beispiele kann man verwenden, um allgemeinere Aussagen zu machen. Sei angenommen, daß sich der Konsument den Preisen $\mathbf{p}^1$ und einem Einkommen m^1 gegenübersieht und er das Konsumbündel $\mathbf{x}^1$ wählt (und es gilt $\mathbf{p}^1 \mathbf{x}^1 = m^1$); wenn sich nun noch die Preise auf $\mathbf{p}^2$ verändern und sich sein Einkommen auch verändert, wird er x^2 wählen. (Der Einfachheit halber ignorieren wir die triviale Möglichkeit, daß $\mathbf{x}^1 = \mathbf{x}^2$). Wenn $\mathbf{x}^2$ auch verfügbar war, als er $\mathbf{x}^1$ wählte, hat er eine Präferenz für $\mathbf{x}^1$ gegenüber $\mathbf{x}^2$ geoffenbart, so daß $\mathbf{x}^2$ konsistent nur dann gewählt werden kann, wenn $\mathbf{x}^1$ nicht verfügbar wäre. Das heißt

$$\mathbf{p}^1\mathbf{x}^2 \leq \mathbf{p}^1\mathbf{x}^1 \Rightarrow \mathbf{p}^2\mathbf{x}^2 < \mathbf{p}^2\mathbf{x}^1 \tag{39}$$

Symmetrisch ergibt sich

$$\mathbf{p}^2\mathbf{x}^1 \leq \mathbf{p}^2\mathbf{x}^2 \Rightarrow \mathbf{p}^1\mathbf{x}^1 < \mathbf{p}^1\mathbf{x}^2 \tag{39a}$$

Es gibt also drei Möglichkeiten. Wenn $\mathbf{p}^1\mathbf{x}^2 < \mathbf{p}^1\mathbf{x}^1$ und $\mathbf{p}^2\mathbf{x}^2 < \mathbf{p}^2\mathbf{x}^1$ dann offenbart der Konsument eine Präferenz für $\mathbf{x}^1$ gegenüber $\mathbf{x}^2$ und er ist in der ersten Situation besser gestellt. Wenn $\mathbf{p}^2\mathbf{x}^1 < \mathbf{p}^2\mathbf{x}^2$ und $\mathbf{p}^1\mathbf{x}^1 < \mathbf{p}^1\mathbf{x}^2$, zieht der Konsument das Bündel $\mathbf{x}^2$ dem Bündel $\mathbf{x}^1$ vor, und er ist in der zweiten Situation besser gestellt. Wenn $\mathbf{p}^1\mathbf{x}^2 > \mathbf{p}^1\mathbf{x}^1$ und $\mathbf{p}^2\mathbf{x}^1 > \mathbf{p}^2\mathbf{x}^2$, sind wir nicht in der Lage, vom Konsumentenverhalten zu schließen, welches der beiden Bündel er vorzieht und in welcher Situation er besser gestellt ist.

Die Theorie der offenbarten Präferenzen kann benutzt werden, um eine alternative Aufteilung des Preiseffektes in Einkommens- und Substitutionseffekt zu treffen. Betrachten wir in Figur 4.7 dieselbe Preisänderung wie in Figur 4.5. Wenn sich bei konstantem m und p_2 p^1 erhöht, wird die Budgetgerade steiler und näher dem Ursprung verlaufen und somit verschiebt sich das gewählte Konsumbündel von A auf C. Nehmen wir nun an, daß wir für den Konsumenten den Effekt der Preiserhöhung einkommensmäßig kompensieren wollen, aber wir wissen nichts über die Konsumentenpräferenzen als das was durch sein Verhalten geoffenbart wird. Insbesondere kennen wir nicht die Gestalt der Indifferenzkurve durch den Punkt A. Wenn wir dem Konsumenten ein so hohes Einkommen gäben, daß er immer noch A kaufen könnte, wird seine Budgetgerade die gestrichelte Linie durch A sein, die parallel zur Geraden durch C verläuft. So kann er immer noch A kaufen und er kann nicht schlechter gestellt sein als am Anfang; d.h., er wurde kompensiert. Tatsächlich wird er einen Punkt wie D wählen, der auf dem Teil der neuen Budgetgeraden liegt, der oberhalb der alten Geraden verläuft. Diese Reduktion des Konsums von x_1 von x_1^1 auf x_1^2 gibt den Substitutionseffekt des Anstiegs von p_1 an und die Konsistenz garantiert, daß sich in der Tat eine Verminderung ergibt, so daß der Substitutionseffekt negativ ist. (Tatsächlich ist möglich, daß D mit A übereinstimmt, so daß wir genaugenommen sagen müßten, daß der Substitutionseffekt nichtpositiv ist). Die Verschiebung von D nach C mit der Änderung in x_1 von x_1^2 auf x_1^3 bezeichnet den Einkommenseffekt. Wir haben keine theoretische Rechtfertigung für die Annahme, daß dieser positiv oder negativ ist.

Im allgemeinen sei angenommen, daß sich die Preise von $\mathbf{p}^1$ auf $\mathbf{p}^2$ verschieben und der Konsumpunkt sich von $\mathbf{x}^1$ nach $\mathbf{x}^3$ verschiebt, wenn das Einkommen m^1 unverändert bleibt. Wir kompensieren den Konsumenten für die Preisänderung dadurch, daß wir ihm ein Einkommen m^2 geben, das $m^2 = \mathbf{p}^2\mathbf{x}^1$ erfüllt. Tatsächlich wird der Konsument zu den Preisen $\mathbf{p}^2$ mit dem Einkommen m^2 das Bündel $\mathbf{x}^2$ wählen. Da $m^2 = \mathbf{p}^2\mathbf{x}^1 = \mathbf{p}^2\mathbf{x}^2$, impliziert die Gleichung (39a), daß $\mathbf{p}^1\mathbf{x}^1 < \mathbf{p}^1\mathbf{x}^2$ (falls nicht $\mathbf{x}^1 = \mathbf{x}^2$; in diesem Fall gilt natürlich $p^1x^1 = p^1x^2$). Folglich haben wir

$$\mathbf{p}^1\mathbf{x}^1 - \mathbf{p}^2\mathbf{x}^1 \leq \mathbf{p}^1\mathbf{x}^2 - \mathbf{p}^2\mathbf{x}^2 \tag{40}$$

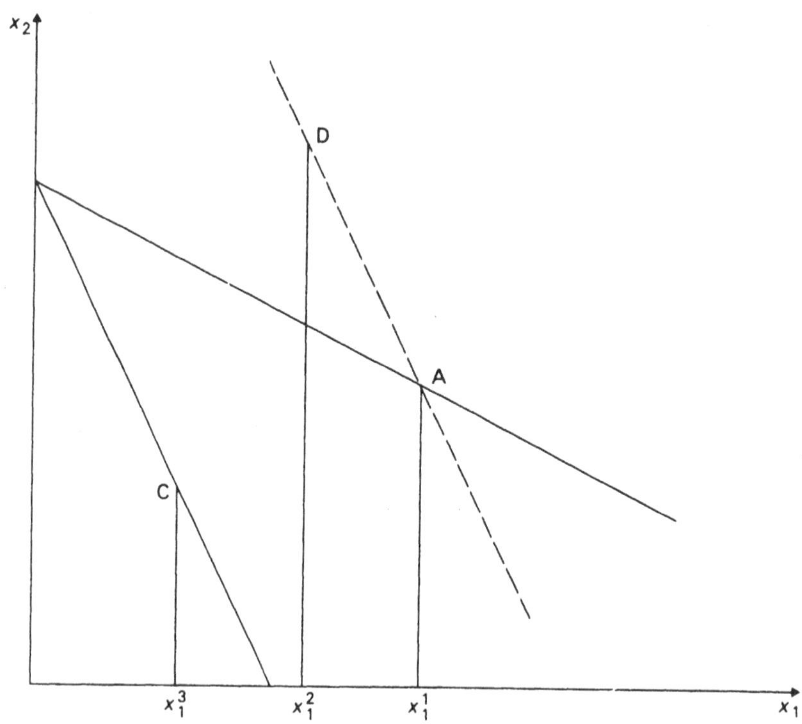

Figur 4.7 Einkommens- und Substitutionseffekte: Der Ansatz der offenbarten Präferenzen

Nehmen wir nun an, daß der einzige Unterschied zwischen dem Vektor $\mathbf{p}^1$ und dem Vektor $\mathbf{p}^2$ darin besteht, daß sich p_i verändert hat. Dann ergibt sich aus (40)

$$(p_i^1 - p_i^2)(x_i^1 - x_i^2) \leq 0 \tag{41}$$

und wir haben das allgemeine Resultat, daß der Substitutionseffekt negativ ist. Wenn wir die Figuren 4.5 und 4.7 kombinieren, sehen wir, daß es einen Unterschied zwischen dem Ansatz der offenbarten Präferenzen und dem Nutzenansatz gibt, nämlich, wie beide den Preiseffekt in einen Einkommens- und Substitutionseffekt aufteilen. Die Punkte A, B, C und D in Figur 4.8 sind genau die selben wie in den Figuren 4.5 und 4.7. Wir sehen sofort, wenn wir dem Konsumenten genug Einkommen nach einem Preisanstieg von p_2 geben, damit er immer noch in A konsumieren könnte, er tatsächlich im Punkte D konsumiert, und dieser Punkt liegt auf einer höheren Indifferenzkurve als der Punkt A. Wir haben ihn für den Preisanstieg überkompensiert: Der geringere Betrag der Kompensation, der ihm ermöglichte, im Punkt B zu konsumieren, wäre ausreichend, um sein Realeinkommen konstant zu halten. Es bleibt jedoch dem Leser in Übungsaufgabe 4.22 überlassen zu zeigen, daß dies nur der Fall ist, wenn wir auf nichtinfinitesimale Preisänderungen sehen. Der Einkommenseffekt einer infinitesimalen Preisänderung ist für beide Definitionen gleich, so daß die Aufteilung des Preiseffektes in Substitutions- und Einkommenseffekt gleich ist und die Gleichungen (35) und (37) könnten genau so gut aus dem Ansatz der offenbarten Präferenzen abgeleitet worden sein. Betrachten wir schließlich einige Situationen, in denen die für die Kompensation der Preisänderungen notwendigen Einkommensänderungen tatsächlich berechnet und bezahlt werden. Nehmen wir an, daß der Staat die Lebenshaltungskostenerhöhung für Rentner mit 10% kalkuliert und daß ihre Renten um 10% angehoben werden sollten. Machen wir die vertraut klingende Aussage präziser. Der Staat stellt fest, welches Güterbündel von einem typischen Rentner konsumiert wird. Dann berechnet der Staat bei sich erhöhenden Preisen, wobei einige Preise stärker steigen als andere, daß die Kosten dieses Güterbündels sich um 10% erhöht haben. Ein 10%iger Anstieg im Geldeinkommen ist somit notwendig, um einem typischen Pensionär zu ermöglichen, soviel zu kaufen, wie er vor der Preiserhöhung gekauft hat. Jedoch zeigt die Figur 4.8, daß eine Kompensation, die den Kauf des ursprünglichen Bündels zuläßt, normalerweise den Kauf von Bündeln erlaubt, die besser als das ursprüngliche sind. Daß die Figur 4.8 keinen irreführend einfachen Fall zeigt, wird durch die Tatsache wiedergegeben, daß im allgemeinen für $\mathbf{p}^2\mathbf{x}^2 = \mathbf{p}^2\mathbf{x}^1$ aus einem früheren Argument folgt, daß $\mathbf{x}^2$ dem Bündel $\mathbf{x}^1$ vorgezogen wird. (Es gibt zwei triviale Ausnahmen für diese Feststellung: Zwei Umstände, in denen $\mathbf{x}^2$ gleich $\mathbf{x}^1$ ist. Es bleibt dem Leser überlassen, dies herauszufinden. Hierzu vergleiche man Übungsaufgabe 4.21). Also wird eine 10%ige Einkommenserhöhung infolge eines 10%igen Lebenshaltungskostenanstiegs den typischen Rentner besser stellen als vorher. Die Intuition hinter diesem Resultat ist einfach. Ein 10%iger Anstieg der Lebenshaltungskosten bringt üblicherweise mit sich, daß einige Preise um mehr als 10% ansteigen und andere um weniger. Das heißt, die relativen Preise ändern sich. Der Rentner **kann** soviel wie vorher kaufen und er wird genauso gut gestellt sein wie zuvor, aber er sollte die Güter substituieren, deren Preise stärker gestiegen sind und auf Güter überwechseln, deren Preise weniger hochgegangen sind und sich deshalb besser stellen.

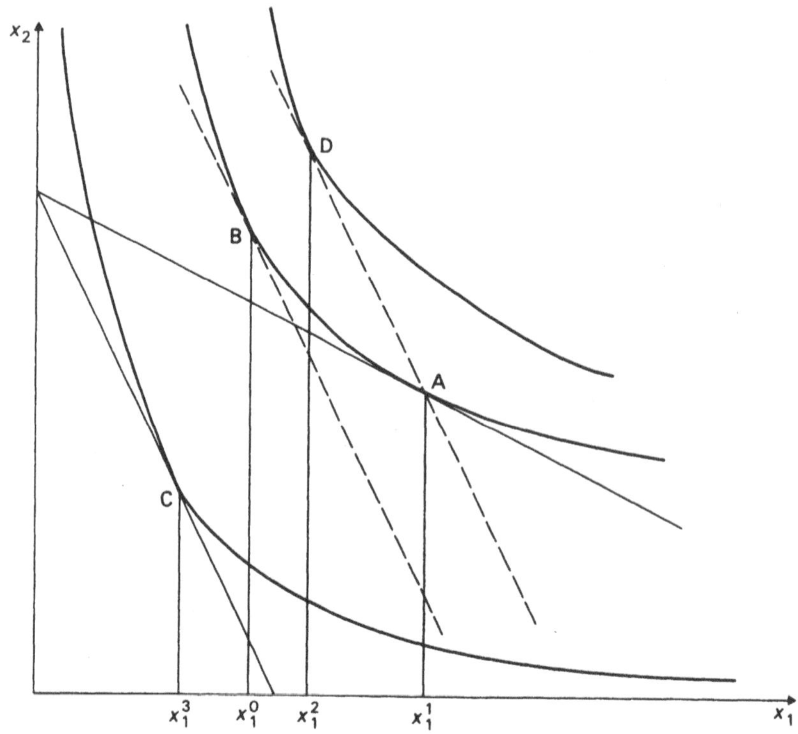

Figur 4.8 Der Nutzenansatz und der Ansatz über offenbarte Präferenzen im Vergleich

Warum berechnet der Staat den erforderlichen Einkommensanstieg, um den Rentner in die Lage zu versetzen, sein früheres Güterbündel zu kaufen und nicht den (geringeren) Einkommensanstieg, der ermöglicht, daß der Rentner auf seiner alten Indifferenzkurve verbleibt? Die Antwort ist offensichtlich. Der Staat kann herausfinden, was ein typischer Rentner kauft, aber es ist ihm nicht möglich, die Indifferenzkurve eines typischen Rentners zu ermitteln.

Das gleiche Argument ist für die Verhandlungsführung einer Gewerkschaft anwendbar, die einen Lohnanstieg in Höhe des Lebenshaltungskostenanstiegs anstrebt. Auch ist dieses Argument für den Vergleich zweier Lebenshaltungskostenniveaus in unterschiedlichen Ländern anwendbar. Wenn wir z.B. das Einkommen berechnen, das im zweiten Jahr oder in einer zweiten Situation notwendig ist, um die Güter aus dem ersten Jahr oder aus der ersten Situation zu kaufen, überschätzen wir das notwendige Einkommen, das erforderlich ist, um den Lebenshaltungsstandard eines typischen Konsumenten in Wirklichkeit aufrechtzuerhalten (dies nennt man einen basisgewichteten Index der Lebenshaltungskosten).

4.7 Das individuelle Arbeitsangebot

Leicht weitet man die Theorie des Konsumenten aus, um ein sehr einfaches Modell des Arbeitsangebots zu entwickeln. Sei **x** der Gütervektor, der in einer Woche von einem Wirtschaftssubjekt konsumiert wird, und bezeichne L die Zahl der wöchentlichen Arbeitsstunden. Da insgesamt 168 Stunden in einer Woche zur Verfügung stehen, arbeitet der Konsument in 168 – L Stunden nicht. Man nennt diese Zeit Freizeit und sie wird mit

$$N = 168 - L \tag{42}$$

bezeichnet. Wir können Freizeit als ein anderes Gut behandeln, das zu seiner Lebensfreude beiträgt, so daß die Nutzenfunktion durch

$$U = U(\mathbf{x}, N) \tag{43}$$

gegeben wird. Wenn wir annehmen, daß der Konsument ein Geldeinkommen m hat, das aus anderen Quellen als Arbeit stammt, dann ist bei einem Lohnsatz w das gesamte verfügbare Einkommen für Ausgabenzwecke **x** gleich wL + m, so daß seine Budgetnebenbedingung gleich

$$\mathbf{px} = wL + m \tag{44}$$

ist. Verwenden wir (42), können wir dies umschreiben zu

$$\mathbf{px} + wN = 168w + m \tag{45}$$

Das Ziel des Individuums besteht darin, (43) unter der Nebenbedingung (45) zu maximieren. Man erkennt aus (45), daß die Opportunitätskosten der Freizeit gleich w sind. Der Konsument beginnt die Woche mit einem Geldeinkommen von m und mit 168 zur Verfügung stehenden Zeitstunden, wobei jede dieser Zeitstunden zum Lohnsatz w verkauft werden kann. Somit kostet jede Freizeitstunde genau w, genauso wie jede Gütereinheit von Gut i den Preis p_i hat.

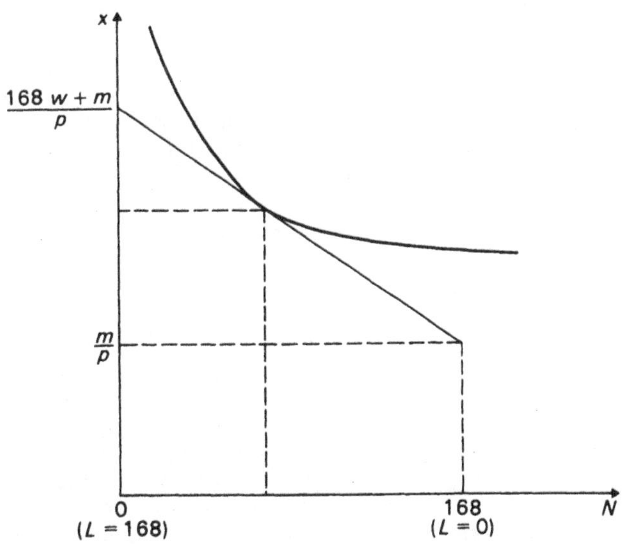

Figur 4.9 Das individuelle Arbeitsangebot

Der Fall, in dem es nur ein Gut x im Vektor **x** gibt, wird in Figur 4.9 illustriert. Die Budgetgerade endet in $N = 168$, $x = m/p$, da das Individuum nicht weniger als Null Stunden arbeiten kann und es in diesem Punkt m/p für das Gut x ausgibt.

Die Steigung der Budgetgeraden beträgt w/p und wird oft als Reallohn bezeichnet, da dieser in Gütern mißt (im Gegensatz zu Geld) was durch eine zusätzliche Stunde Arbeit gewonnen wird. Offensichtlich ist der Optimalpunkt, wie gewöhnlich, der Tangentialpunkt in dem $U_N/U_x = w/p$.

Im allgemeinen ergibt die Maximierung von (43) unter der Nebenbedingung (45) über die Lagrangefunktion die folgenden Bedingungen erster Ordnung

$$\partial U/\partial x_i = \lambda p_i \quad i = 1, \ldots, n \tag{46}$$

$$\partial U/\partial N = \lambda w \tag{47}$$

Ferner gilt natürlich (45). Aus diesen n + 2 Gleichungen in **x**, N und λ leiten wir die Konsumentennachfragefunktionen $\mathbf{x}(\mathbf{p}, w, m)$ und $N(\mathbf{p}, w, m)$ ab, wobei die letztere die Nachfrage nach Freizeit angibt. Aus der Tatsache, daß $L = 168 - N$ gilt, haben wir eine **Arbeitsangebotsfunktion**

$$L = L(\mathbf{p}, w, m) = 168 - N(\mathbf{p}, w, m) \tag{48}$$

Das interessanteste Merkmal dieser einfachen Theorie ist (das Gut Freizeit sei ein normales Gut), daß die Einkommens- und Substitutionseffekte in entgegengesetzter Richtung wirken, so daß der Effekt von w auf $L(\mathbf{p}, w, m)$ nicht eindeutig ist. (Dies steht im Gegensatz zu den Nachfragefunktionen $\mathbf{x}(\mathbf{p}, w, m)$; leicht überprüft man, daß wie zuvor der Effekt von p_i auf x_i nur dann mehrdeutig ist, wenn x_i ein inferiores Gut ist). Dies liegt daran, daß w auf beiden Seiten von (45) erscheint. Man veranschaulicht dies sehr einfach, wie in Figur 4.10. Dort wird der Effekt eines Anstiegs von w gezeigt. Der gewählte Punkt verschiebt sich von Punkt A auf Punkt C.

Da C auf einer höheren Indifferenzkurve als A liegt, hat ein Anstieg im Realeinkommen stattgefunden, der durch eine Reduktion des Geldeinkommens kompensiert werden kann, die die Budgetgerade hin zum Ursprung parallel zur neuen Budgetgeraden verschiebt, bis der gewählte Punkt B auf der alten Indifferenzkurve liegt. Die Verschiebung von A nach B heißt Substitutionseffekt. Der Anstieg des Lohnsatzes impliziert einen Anstieg in den Relativkosten der Freizeit, so daß die Nachfrage nach Freizeit zurückgeht und das Arbeitsangebot ansteigt. Die Verschiebung von B nach C stellt den Einkommenseffekt dar, der impliziert (da die Freizeit als normales Gut angenommen wird), daß sich die Nachfrage nach Freizeit erhöht und das Arbeitsangebot zurückgeht. Die Summe beider Veränderungen kann entweder zu einer Abnahme oder einer Zunahme des Arbeitsangebots führen.

Die Analyse wird benutzt, um die Effekte einer Einkommensbesteuerung für das Arbeitsangebot aufzuzeigen. Eine Steuererhöhung ist effektiv mit einer Verminderung des Lohnsatzes gleichzusetzen. Der Substitutionseffekt reduziert die Bereitwilligkeit zu arbeiten. Es lohnt nicht, so hart zu arbeiten, wenn das meiste Geld für Steuern verloren geht. Damit wird dieser Effekt üblicherweise umschrieben. Doch der Einkommenseffekt erhöht das Arbeitsangebot, denn man

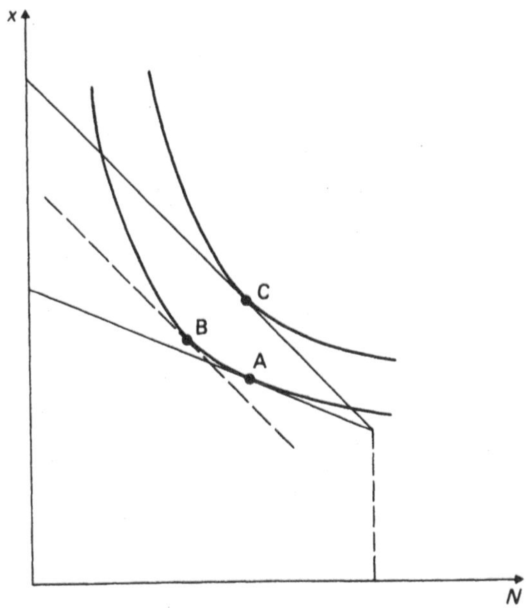

Figur 4.10 Einkommens- und Substitutionseffekte einer Lohnerhöhung

muß härter arbeiten, um genug Geld zu haben, nachdem die Steuern bezahlt sind.

Wenn wir ein unterschiedliches Optimierungsproblem unter Nebenbedingung betrachten, könnten wir kompensierte Nachfragefunktionen und eine Ausgabenfunktion ableiten, die das Arbeitsangebot und die Güternachfrage enthält (oder äquivalent ausgedrückt, die Freizeit als eines der nachgefragten Güter mit aufnimmt). Die gesamte Analyse ist klar und sie wird dem Leser überlassen.

Für einige Zwecke ist es hilfreich, den Ansatz der offenbarten Präferenzen für diese Problembereiche zu verwenden. Wiederum ist die Ausweitung des Ansatzes der offenbarten Präferenzen einfach und wird hier nicht im einzelnen entwikkelt.

Man muß betonen, daß ein sehr einfaches Modell vorliegt. Die augenscheinlichste Abweichung von der Realität ist, daß es wenige Beschäftigte gibt, die einen Stundenlohn erhalten und die Möglichkeit haben, die Zahl der Arbeitsstunden selbst zu wählen. (Diesem kann man zumindest teilweise durch die Beobachtung begegnen, daß die Arbeitnehmer unter verschiedenen Beschäftigungen wählen können, die unterschiedlich feste aber verschiedene Arbeitsstunden haben). Was wichtiger ist, ist vielleicht der Einwand, daß die von den Wirtschaftssubjekten angebotene Arbeitsmenge keine homogene eindimensionale Menge ist, die in Stunden gemessen wird und für die ein fester Lohnsatz bezahlt wird, sondern eine Größe, die sich je nach Fertigkeiten, Motivation, Arbeitseinsatz und Arbeitszufriedenheit unterscheidet. Die oben skizzierte Theorie ist deshalb der Beginn einer theoretischen Behandlung der Fragen, die mit dem Arbeitsangebot zusammenhängen und nicht das letzte Wort darüber. Man erkennt jedoch sofort, daß es relativ leicht ist, einige der Komplikationen mit einzubeziehen. Überstundenzahlungen bedeuten einen höheren Lohnsatz pro Stunde, wenn man über einen bestimmten Punkt hinausgeht. Eine progressive Einkommenssteuer bedeutet einen höheren Steuersatz und somit einen Lohnsatz der nach Steuer geringer ist, wenn das Einkommen ein gewisses Niveau überschritten hat. Solche multiplen Lohnsätze führen zu geknickten Budgetlinien, wie in Figur 4.11 illustriert wird und die eine Budgetgerade bei einer progressiven Einkommenssteuer abbildet. (Eine regressive Einkommenssteuer, oder ein Überstundensystem würde einen unterschiedlichen Knick ergeben).

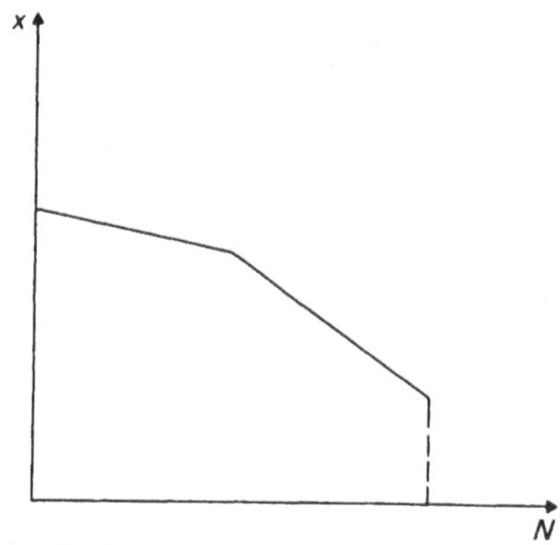

Figur 4.11 Eine geknickte Budgetgerade

4.8 Marktnachfrage und Arbeitsangebot

Im gesamten Kapitel haben wir uns mit dem Verhalten von Individuen befaßt, aber genauso wie wir die Marktangebotsfunktion für ein Gut durch Addition der individuellen Angebotsfunktion der Unternehmungen abgeleitet haben, können wir die Marktnachfragefunktion für ein Gut durch die Addition der individuellen Nachfragefunktionen der Wirtschaftssubjekte ableiten. Wenn es also H Individuen gibt, die wir durch den oberen Index $h = 1, \ldots, H$ unterscheiden, mit zugehöriger Nachfragefunktion $x_i^h(\mathbf{p}, m^h)$ für Gut i, dann wird die Marktnachfrage gegeben durch

$$\sum_{h=1}^{H} x_i^h(\mathbf{p}, m^h)$$

Wenn wir den Giffenfall ausschließen, können wir sagen, daß die Marktnachfrage eine abnehmende Funktion von p_i ist, da jede individuelle Nachfragefunktion im Preis p_i abnimmt. Geometrisch ausgedrückt summieren wir horizontal eine Menge von nach unten geneigten individuellen Nachfragekurven, um eine Marktnachfragekurve zu erhalten, die nach unten geneigt ist.

Es ist jedoch schwieriger, ein abnormales Verhalten des Arbeitsangebotes auszuschließen. Wir sahen die Möglichkeit, daß ein Arbeitnehmer weniger arbeiten wird, wenn der Lohn ansteigt und dies war kein Ausnahmefall, der von einer Menge unwahrscheinlicher Annahmen abhing, sondern eine reale Möglichkeit. In einem derartigen Fall würde sich eine individuelle Arbeitsangebotskurve nach rückwärts neigen, wie in der Figur 4.12 für $w > w_0$ angezeigt wird. Es ist klar, daß sich das aggregierte Arbeitsangebot somit nach rückwärts lehnen kann. Im Fall einer speziellen Beschäftigung jedoch wird jeder Tendenz dafür, daß dies beobachtet werden könnte, zumindest teilweise durch die Tatsache entgegengewirkt, daß höhere Löhne zusätzliche Arbeiter in diesen Berufszweig locken.

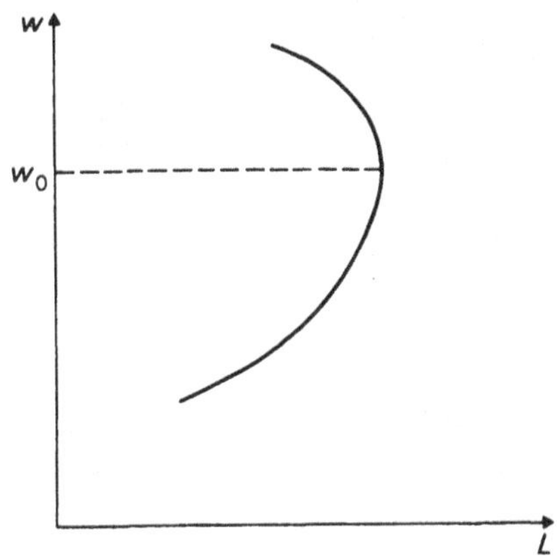

Figur 4.12 Eine rückwärtsgeneigte Arbeitsangebotsfunktion

Übungsaufgaben

4.1 Man verwende Annahme (i) des Abschnitts 4.1 um zu zeigen, daß sich Indifferenzkurven nicht schneiden können.

4.2 Man leite Nachfragefunktionen ab, die den folgenden Nutzenfunktionen entsprechen

(i) $\log x_1 + \log x_2$
(ii) $x_1^2 x_2$
(iii) $x_1^\alpha x_2^\beta x_3^\gamma$

wobei in (iii) α, β, γ alle positiv sind und gilt $\alpha + \beta + \gamma = 1$.

4.3 Welche der folgenden Nutzenfunktionen repräsentieren dieselben Präferenzordnungen:

(i) $x_1^{1/2} x_2^{1/2}$
(ii) $x_1^2 x_2$
(iii) $\log x_1 + \log x_2$?

4.4 Man leite die Bedingungen erster Ordnung der Nutzenmaximierung für einen Konsumenten ab, dessen Nutzenfunktion gleich f (U(x)) ist, wobei f eine Funktion bezeichnet, deren Ableitung immer positiv ist und man zeige, daß die resultierenden Nachfragefunktionen mit denen eines Konsumenten übereinstimmen, dessen Nutzenfunktion U(x) ist. Man erkläre, warum dies der Fall ist.

4.5 Man zeige, daß die Nachfragefunktionen eines Konsumenten homogen vom Grade 0 in p und m sind. Man gebe hierzu eine verbale Erklärung.

4.6 Man zeige in einem Diagramm für eine nichtquasikonkave Nutzenfunktion, daß die Bedingungen erster Ordnung nicht notwendigerweise das Nutzenmaximierungsproblem lösen.

4.7 Man formuliere und beweise die Resultate für ein kostenminimierendes Unternehmen, die den Gleichungen (29) und (30) entsprechen.

4.8 Man leite kompensierte Nachfragefunktionen und die Ausgabenfunktionen, die den folgenden Nutzenfunktionen entsprechen, ab:

(i) $x_1^{1/2} + x_2^{1/2}$
(ii) $\alpha \log x_1 + (1 - \alpha) \log x_2$

Man bestätige die Gültigkeit von (29) und (33) (man erinnere sich daran, daß die Nachfragefunktionen in Abschnitt 4.3 abgeleitet wurden).

4.9 Für die Nutzenfunktion $x_1^\alpha x_2^{1-\alpha}$ bestätige man die Gültigkeit von (35), (37) und (38).

4.10 Man beweise, daß der Substitutionseffekt negativ ist.

4.11 Man beweise, daß die kompensierten Nachfragefunktionen homogen vom Grade 0 in den Preisen sind und daß die Ausgabenfunktion homogen vom Grade 1 in den Preisen verläuft. Man gebe eine verbale Erklärung.

4.12 Man zeichne für ein inferiores Gut ein Diagramm.

4.13 Gilt notwendigerweise, daß $\Sigma_{i=1}^n p_i x_i(\mathbf{p}, m) = m$. Man benutze diese Tatsache, um zu zeigen, daß nicht alle Güter inferior sein können. Man präzisiere die Aussage des Abschnitts 4.5, die besagte, daß ein Gut eher normal als inferior sein wird.

4.14 Sei angenommen, daß alle von einem Konsumenten gekauften Güter für ihn normal sind und daß sich der Preis jedes Gutes um 10% bei unverändertem Geldeinkommen erhöht. Wie wird der Effekt auf das Konsummuster des Konsumenten sein?

4.15 Man zeichne ein Diagramm für ein Giffengut.

4.16 Unter der ceteris paribus-Annahme wird ein inferiores Gut eher ein Giffengut sein, wenn der Konsument einen hohen Anteil seines Einkommens für dieses Gut ausgibt. Man gebe hierfür eine verbale Erklärung und eine geometrische Erklärung mit Hilfe der Diagramme, die benutzt wurden, um die Übungsaufgabe 4.15 zu lösen. Ferner verwende man (36) für eine mathematische Erklärung.

4.17 Man beweise die Formel (38).

4.18 Man zeige, daß bei zwei Gütern diese Güter Substitutionsgüter sein müssen. Man zeichne ein Diagramm, um zu zeigen, daß sie nicht Bruttosubstitute sein müssen.

4.19 In der Nutzenfunktion

$$U(x_1, x_2) = (x_1 - a_1)^\alpha (x_2 - a_2)^{1-\alpha}$$

ist α eine Konstante, die $0 < \alpha < 1$ erfüllt, und a_1 und a_2 sind positive Konstante. Man leite Nachfragefunktionen, kompensierte Nachfragefunktionen und die Ausgabenfunktion, die dieser Nutzenfunktion entsprechen, ab. (Man kommt leichter zurecht, wenn man sich an die Ausführungen hält, die für den Fall der Funktion $x_1^\alpha x_2^{1-\alpha}$ angebracht waren). Man gebe eine Interpretation der Konstanten a_1 und a_2 und man finde heraus, ob die Güter Substitute oder Bruttosubstitute sind. Man bestätige, daß die Slutsky-Gleichung gilt.

4.20 Man beobachtet einen Konsumenten in den folgenden zwei Situationen:
(i) Bei einem Einkommen von £ 80 kauft er 20 Einheiten von Gut x zu einem Preis von £ 1 und 3 Einheiten von Gut y zu einem Preis von £ 20 pro Stück;
(ii) Bei einem Einkommen von £ 160 kauft er 30 Gütereinheiten von Gut x zum Stückpreis von £ 4 und 2 Einheiten von Gut y zu einem Stückpreis von £ 20.
Ist sein Verhalten in beiden Situationen mit unveränderten Präferenzen konsistent?

4.21 Man zeige, daß es zwei Situationen gibt (einer entsteht wegen der Art der Preis- und Einkommensveränderungen, während der andere von der Art der Konsumentenpräferenzen herrührt), in denen eine Preis- und Einkommensänderung die Gleichung $m^2 = \mathbf{p}^2\mathbf{x}^1$ erfüllt und dies zu keiner Veränderung des Konsums führt, so daß gilt $\mathbf{x}^2 = \mathbf{x}^1$.

***4.22** Ein zu Gleichung (29) analoges Resultat ist offensichtlich, wenn das Konzept der Einkommenskompensation für Preisänderungen aus der Theorie offenbarter Präferenzen benutzt wird. Dann zeige man, daß der Einkommenseffekt eines Anstiegs von p_i durch $-x_i(\partial x_i/\partial m)$ ohne Rücksicht auf das benutzte Konzept der Kompensation gegeben wird, so daß die Slutsky-Gleichung genau so gut vermöge des Ansatzes der offenbarten Präferenzen abgeleitet werden kann.

4.23 Ein Beamter wird von Brüssel nach London versetzt. Der Staat kalkuliert das von ihm benötigte Einkommen, um seinen früheren Lebensstandard aufrecht zu erhalten und zahlt ihm sein Einkommen in Belgischen Franken. Ist der Beamte besser oder schlechter gestellt?

4.24 Die Präferenzen des Individuums werden durch die Nutzenfunktion

$$U(x_1, x_2, N) = \log x_1 + 2 \log x_2 + 9 \log N$$

beschrieben, wobei x_1 und x_2 die konsumierten Gütermengen pro Tag bezeichnen und L die Zahl der Arbeitsstunden pro Tag ist und $N = 24 - L$ gilt. Die Güterpreise seien p_1 und p_2. Sein Einkommen leitet sich teilweise aus seiner Arbeit zum Lohnsatz w pro Stunde ab, doch hat er auch „unverdientes" Einkommen in Höhe von m pro Tag. Man leite die Nachfragefunktionen nach Gütern und seine Angebotsfunktion nach Arbeit ab. Man zeige, daß er für $m = 0$ eine feste Stundenzahl pro Tag unabhängig von den Preisen arbeitet. Falls aber $m > 0$, überwiegt der Substitutionseffekt einer Lohnerhöhung den Einkommenseffekt.

4.25 Betrachten wir ein Individuum, dessen Verhalten durch die Maximierung von U(x, N) unter einer Budgetbeschränkung beschrieben werden kann, wobei N die Freizeitnachfrage und x den Konsum eines einzigen Gutes mißt. Der Staat erwägt zweierlei Arten der Besteuerung seines Einkommens:

(i) Eine progressive Steuer, wobei ein erster Teil des Einkommens mit einem niedrigeren Steuersatz als der Rest besteuert wird.

(ii) Eine regressive Steuer, bei der die Steuer für den ersten Einkommensteil hoch und für den Rest niedrig ist.

Wenn die Raten in beiden Systemen so gewählt werden, daß das Realeinkommen des Wirtschaftssubjektes in beiden Fällen gleich bleibt, erhebt sich die Frage, unter welchem System er mehr Arbeit anbietet. (Man beantworte diese Frage zuerst dadurch, daß man die Nutzendefinition des Realeinkommens benutzt und dann die Definition mit Hilfe der offenbarten Präferenzen).

4.26 Herr Doolittle hat „unverdientes" Einkommen von £ 40 pro Woche, doch arbeitet er 20 Stunden pro Woche zu einem Lohnsatz von £ 2 pro Stunde. Nach dem Verlust seiner Beschäftigung findet er eine andere Anstellung, die pro Stunde einen Lohn von £ 1,80 erbringt und entscheidet sich in dieser Beschäftigung 25 Stunden pro Woche zu arbeiten.

(i) Ist sein Verhalten mit unveränderten Präferenzen konsistent?

(ii) In welcher Situation stellt er sich besser?

(iii) Kann man hieraus deduzieren, ob die Freizeit ein Normalgut oder ein inferiores Gut für ihn ist?

(iv) Wenn sich während seiner Beschäftigung sein „unverdientes" Einkommen auf 44 pro Woche erhöht, da eine reiche Tante gestorben ist und er trotzdem weiter 25 Stunden pro Woche arbeitet, kann man daraus schließen, daß das traurige Ereignis zu einer Veränderung seiner Präferenzen geführt hat?

4.27 Manchmal wird behauptet, daß mit den Löhnen der Bergarbeiter in Großbritannien auch die Fehlrate angestiegen ist. Man erkläre ein derartiges Phänomen.

Kapitel 5
Wohlfahrtsökonomik für Wettbewerbsmärkte

5.1 Einführung

Nachdem wir eine Theorie entwickelt haben, die beschreibt, wie ein Wettbewerbsmarkt die Ressourcen verteilt, sind wir nun in der Lage, den Marktmechanismus zu bewerten. Wir haben gesehen, wie das Preissystem das Angebot und die Nachfrage für In- und Outputs reguliert, Unternehmungen in bestimmte Industrien anzieht, kontrolliert wie und wieviel die Unternehmungen produzieren und die Allokation der Güter auf die Konsumenten bestimmt. Verrichtet das Preissystem diese Aufgabe gut? Die Wohlfahrtsökonomik befaßt sich mit Fragen dieser Art.

Ein gebräuchliches Argument ist das folgende. Auf einem Wettbewerbsmarkt produzieren die Unternehmungen diejenige Menge, zu der die Grenzkosten gleich dem Preis sind, während die Konsumenten die Produkte solange kaufen, wie der Preis kleiner oder gleich dem Preis ist, den sie zu zahlen gewillt sind. Die Grenzkosten sind die Kosten der zusätzlichen Produktivkräfte, die notwendig sind, um eine zusätzliche Einheit des Gutes zu produzieren. Der Markt rationiert die produzierten Güter und sorgt für eine Allokation der Güter auf diejenigen Individuen, die gewillt sind, zumindest die Kosten des Angebots des Gutes für sie zu bezahlen und er verweigert denjenigen Individuen die Güter, die diese Kosten nicht aufbringen möchten und stattdessen ihr Einkommen für andere Güter ausgeben möchten. Ein ähnliches Argument ist offensichtlich für Güter möglich, die Output einer Industrie und Input einer anderen sind; bzw. für den Faktor Arbeit der von den Individuen angeboten und von den Unternehmungen eingesetzt wird. Somit werden Güter denjenigen zugeteilt, die gewillt sind dafür zu bezahlen und die Resourcen werden dort eingesetzt, wo ihre Verwendung die höchste Wertschätzung besitzt.

Dieses Argument wird in Figur 5.1 illustriert, in der wir ein Angebotsnachfragediagramm für Gut i zeichnen. Die Angebotskurve $y_i(p_i)$ und die Nachfragekurve $x_i(p_i)$ schneiden sich im Gleichgewichtspreis p_i^* und der Menge q_i^*.

Die Angebotskurve ergibt sich als Summe der Grenzkostenkurven der Produzenten (MC) und es gilt für $y_i < q_i^*$, daß $MC_i < p_i^*$, während für $y_i > q_i^*$, die Beziehung $MC_i > p_i^*$ gilt. Die Nachfragekurve wird durch das Verhalten der Konsumenten bestimmt und wir sahen, daß ein typischer Konsument die Beziehung

$$p_i = \frac{1}{\lambda} \frac{\partial U}{\partial x_i} \tag{1}$$

erfüllt (vergleiche 4.8).

Grob gesprochen kann diese Beziehung dadurch beschrieben werden, daß der Preis gleich dem Grenznutzen (MU) sein sollte. (Man beachte, daß λ unabhängig von i ist und erinnere sich, daß der tatsächliche Wert des Nutzens irrelevant

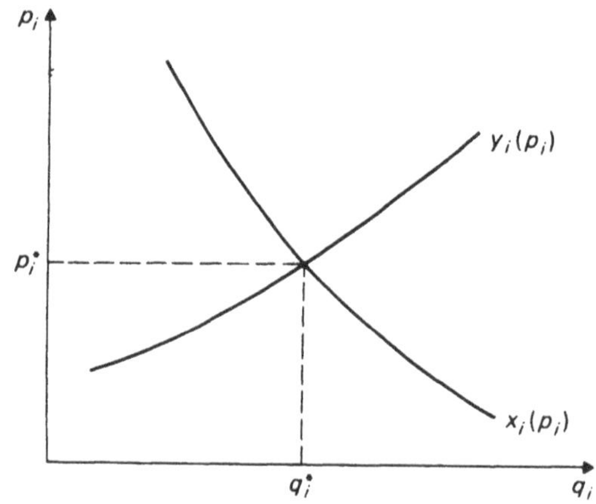

Figur 5.1 Gleichgewicht auf einem Wettbewerbsmarkt

bleibt). Also gilt für $x_i < q_i^*$, daß $MU_i > p_i^*$ ist, während für den Fall $x_i > q_i^*$ die Beziehung $MU_i < p_i^*$ gilt, wobei MU_i für $(1/\lambda)$ $(\partial U/\partial x_i)$ steht.

Es ist nicht wünschenswert die Situation $q_i < q_i^*$ zu haben, denn dann würde $MC_i < MU_i$ gelten und es gäbe Individuen, die für eine Einheit des Gutes mehr zu zahlen bereit wären, als die Kosten ihres Angebots betragen. Umgekehrt ist bei $z_i > q_i^*$ richtig, daß $MC_i > MU_i$ gilt und q_i ist zu hoch. Die Marktgleichgewichtsmenge $q_i = q_i^*$ stellt die optimale Menge dar.

Dieses Argument besitzt mehrere Merkmale, die unsere Aufmerksamkeit verdienen. (i) Man sollte erkennen, daß es nur auf einen Wettbewerbsmarkt anwendbar ist, auf dem sowohl Anbieter und Nachfrager den Preis als gegeben und unabhängig von ihrem eigenen Verhalten ansehen. Wenn wir Märkte betrachten, die nicht Wettbewerbsmärkte in diesem Sinne sind, werden wir sehen, daß die Geschichte anders ist. Dies wird im nächsten Kapitel aufgegriffen. (ii) Wir nehmen auch an, daß sich die Konsumenten rational verhalten und ihre Wünsche so gut wie möglich verwirklichen und wir akzeptieren die eigene Urteilskraft der Konsumenten darüber, was gut für sie ist. Wir sollten an die Möglichkeit denken, daß sich Konsumenten irrational oder unklug verhalten. Ferner können sie durch irreführende Informationen über Produkte über die sie unvollständig informiert sind, beeinflußt werden. Es ist gleichermaßen möglich, daß ein Produzent unvollständig über die technologischen Möglichkeiten für ihn informiert ist. Die Tatsache, daß wir nicht mehr darüber sagen können, bedeutet nicht, daß diese Dinge unwichtig sind. (iii) Die Zahlung, die ein Produzent für Inputs leistet, muß nicht den wahren Produktionskosten entsprechen. Z.B. kann es sein, daß er nicht für die Umweltverschmutzung aufkommen muß, die durch seine Aktivitäten entstehen. Ein ähnlicher Punkt läßt sich für den Konsumenten formulieren. Das Zigarettenrauchen in Gegenwart von Nichtrauchern verursacht für die Nichtraucher Kosten, die die Raucher nicht in Rechnung stellen müssen. (iv) Der Nutzen als solcher hat keine Bedeutung und deshalb sind die Grenznutzen der Individuen nicht vergleichbar. Wenn sich ein Konsument entscheidet, sein Geld für ein Gut und nicht für ein anderes auszugeben, können wir annehmen (unter der Nebenbedingung in (ii) oben), daß er das gewählte Gut vorzieht (sein Grenznutzen pro ausgegebener DM ist für das gewählte Gut höher). Doch kann die Tatsache, daß ein Individuum mehr für ein Gut als für ein anderes auszugeben bereit ist, den relativen Reichtum wiederspiegeln und nicht die relative Notwendigkeit des Gutes für das Individuum. (v) Es gibt ein fragliches Element in vorstehendem Argument. Bei der Verwendung des Konzepts der Grenzkosten nehmen wir implizit an, daß die Bewertung der Inputs durch den Markt korrekt ist. Das heißt, um zu zeigen, daß ein Markt optimal funktioniert, scheinen wir anzunehmen, daß andere Märkte optimal arbeiten. Außerdem beeinflußt der Konsum anderer Güter den Grenznutzen eines Individuums. Wir müssen alle Märkte simultan betrachten. Der nächste Abschnitt bewerkstelligt dies und beleuchtet die in (iv) aufgeworfene Streitfrage.

5.2 Paretoeffizienz

Betrachten wir eine Wirtschaft in der n Güter konsumiert werden und Arbeit der einzige Produktionsfaktor ist, der von den Individuen angeboten wird, so daß sich die Individuen, wie in Abschnitt 4.7 beschrieben, verhalten. (Leicht sieht man, daß die Annahme, daß der Faktor Arbeit der einzige von den Individuen angebotene Faktor ist, ohne wesentliche Änderung der folgenden Argumente aufgehoben werden kann. Diese Annahme wird nur gemacht, um die Darstellung leichter zu machen). Individuum h konsumiert Güter in den Mengen, die durch den Vektor $\mathbf{x}^h = (x_1^h, \ldots, x_n^h)$ gegeben werden, und bietet Arbeit im Betrag L^h an. Insgesamt gibt es H Individuen in der Wirtschaft. Die vollständige Beschreibung des Konsums und des Arbeitsangebotes in der Wirtschaft wird durch den (n+1)H Vektor $\mathbf{a} = (\mathbf{x}^1, \mathbf{x}^2, \ldots, \mathbf{x}^H, L^1, L^2, \ldots, L^H)$ gegeben. Einen derartigen Vektor nennen wir eine **Allokation**. (Man nehme zur Kenntnis, daß **a** nicht die Angebote und Nachfragen verschiedener Haushalte summiert; der Vektor **a** listet vielmehr die individuellen Konsumvektoren und das Arbeitsangebot für jedes Individuum auf). Eine Allokation $\mathbf{a}^*$ heißt **Pareto-effizient**, falls es keine andere mögliche Allokation $\mathbf{a}_0$ derart gibt, daß (i) jedes Individuum h das Bündel $(\mathbf{x}^{h0}, L^{h0})$ dem Bündel $(\mathbf{x}^{h*}, L^{h*})$ vorzieht oder zwischen ihnen indifferent ist, und (ii), es ein Individuum k gibt, das $(\mathbf{x}^{k0}, L^{k0})$ dem Bündel $(\mathbf{x}^{k*}, L^{k*})$ vorzieht. Das heißt, $\mathbf{a}^*$ heißt paretoeffizient, wenn es unmöglich ist, jemanden besser zu stellen ohne jemanden schlechter zu stellen.

(Manchmal sagen wir, daß **a** bezüglich des Bündels $\mathbf{a}^1$ Pareto-superior ist, wenn jedermann diese Situation in **a** der Situation in $\mathbf{a}^1$ vorzieht oder indifferent zwischen ihnen ist, und es mindestens ein Individuum gibt, das diese Situation **a** vorzieht. Also ist $\mathbf{a}^*$ Pareto-effizient, wenn es keine andere zulässige Allokation gibt, die Pareto-superior zu ihr eingeschätzt wird).

Betrachten wir das folgende Beispiel. Es gibt zwei Individuen X und Y, die anfänglich einige Äpfel und Bananen in ihrem Besitz haben. Es existiert kein Arbeitsangebot und keine Produktion. Die Grenzrate der Substitution von X zwischen Äpfeln und Bananen in der Ausgangsallokation betrage 1, das heißt, der Tausch eines Apfels gegen eine Banane würde ihn indifferent stellen. Die Grenzrate der Substitution von Y beträgt 4, das heißt, er würde indifferent sein, wenn man ihm 4 Äpfel für eine Banane gäbe. Klarerweise gibt das Individuum Y dem Individuum X zwei Äpfel im Tausch für eine Banane und **beide** stellen sich besser. Die Ausgangsallokation ist deshalb nicht Pareto-effizient.

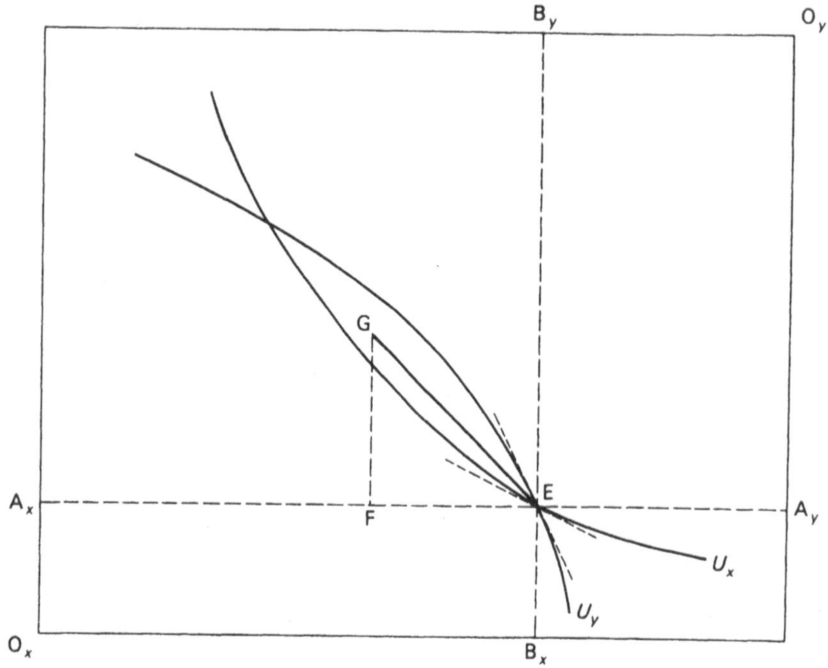

Figur 5.2 Eine Pareto-ineffiziente Allokation

Dies kann man aus der Figur 5.2 erkennen, die eine „Edgeworth-Box" darstellt. X hat O_xA_x Äpfel und O_xB_x Bananen und O_x stellt den Ursprung für seine Indifferenzkurven dar. Der Ursprung für Y ist O_y und seine Indifferenzkarte ist um 180° gedreht und in seinem Besitz befinden sich O_yA_y Äpfel und O_yB_y Bananen. Die Höhe und Breite der Box messen also die Gesamtmenge der Äpfel und Bananen, die für X und Y zur Verfügung stehen und E stellt die Ausgangsallokation dar. Die Indifferenzkurve U_x durch E spiegelt die Präferenzen von X wieder und hat dort die Steigung 1 und entspricht der Grenzrate der Substitution in E. Ähnlich ist U_y die Indifferenzkurve von Y durch E und hat die Steigung 4 in diesem Punkt. Durch den Tausch im Verhältnis 2 Äpfel für 1 Banane kommen die Wirtschaftssubjekte von der Ausgangsallokation zur neuen Allokation im Punkte G. X gibt EF Bananen an Y im Austausch für FG Äpfel, die Y an X gibt. Im Punkte G stellen sich beide besser, weil G oberhalb U_x liegt (von O_x gesehen) und auch oberhalb von U_y (von O_y gesehen). Es ist offensichtlich, daß die Tatsache, daß ihre Grenzraten der Substitution anfänglich unterschiedlich waren, dafür verantwortlich war, daß der Handel beide besser stellt.

*5.3 Die Effizienz des allgemeinen Wettbewerbsgleichgewichts

In Kapitel 1 sahen wir einige Anwendungen der partiellen Gleichgewichtsanalyse. Ein Gleichgewicht auf einem einzigen Markt (oder einer kleinen Zahl eng aufeinander bezogener Märkte) war dann gegeben, wenn die Nachfrage und das Angebot für das betroffene Gut gleich waren und sich alle Erwartungen der Wirtschaftssubjekte erfüllten. Nun gehen wir kurz auf die Betrachtung des allgemeinen Gleichgewichts ein, das existiert, wenn sich alle Märkte in der Wirtschaft im Gleichgewicht befinden. In einer Ökonomie mit n Gütern und Arbeit nehmen wir also an, daß zu den Preisen $(\mathbf{p}, w) = (p_1, p_2, \ldots, p_n, w)$ sich all n + 1 Märkte im Gleichgewicht befinden und bezeichnen die resultierende Allokation mit **a**.

Für das partielle Gleichgewicht bestand keine Schwierigkeit, die Existenz eines Gleichgewichts nachzuweisen. Der Schnittpunkt einer nach unten geneigt verlaufenden Nachfragekurve und einer nach oben geneigten Angebotskurve bestimmte das Gleichgewicht. Selbst dann, wenn ein derartiger Schnittpunkt nicht zu einem positiven Preis und einer positiven Menge verwirklicht werden kann, konnten wir immer noch sagen, was das gleichgewichtige Ergebnis sein wird. Wir erkannten auch, daß die Frage der Stabilität des Gleichgewichts trickreicher ist und das Argument dafür, daß ein partielles Gleichgewicht gewöhnlich stabil ist, ein ziemlich informelles Argument war.

Die Dinge liegen viel schwieriger, wenn wir das allgemeine Gleichgewicht betrachten. Der Beweis der Existenz einer Menge von Preisen, die das Angebot und die Nachfrage simultan auf mehreren Märkten ausgleichen, ist alles andere als trivial. Bedingungen anzugeben, unter denen ein derartiges Gleichgewicht stabil in dem Sinne ist, daß der tatsächliche Preisvektor in der Zeit zum Gleichgewichtspreisvektor konvergiert, ist noch schwieriger. Diesen Problemen wurde von den mathematischen Ökonomen große Aufmerksamkeit geschenkt und man wird bei fortschreitendem Studium der Volkswirtschaftslehre Arbeiten begegnen, die zu diesem Bereich gehören. Diese Arbeiten werden in diesem Buch nicht diskutiert, denn ihre Behandlung würde mathematische Werkzeuge erfordern, die viel komplizierter sind als die hier verwendeten.

Deshalb nehmen wir einfach an, daß die Ökonomie irgendwie einen Gleichgewichtspreisvektor und die zugehörige Allokation erreicht hat. Sei angenommen, daß **a** nicht paretoeffizient ist, so daß es eine Allokation $\mathbf{a}^0$ gibt, die ein Individuum besser stellt und kein anderes schlechter. Da **a** von den Individuen in einer Situation gewählt wird, in der das Individuum h die Budgetbeschränkung (vergleiche Abschnitt 4.7)

$$\mathbf{p}\mathbf{x}^h = wL^h + m^h \tag{2}$$

beachten muß, wobei m^h sein Nicht-Arbeitseinkommen bezeichnet, folgt, daß für alle h

$$\mathbf{p}\mathbf{x}^{h0} - wL^{h0} \geq \mathbf{p}\mathbf{x}^h - wL^h \tag{3}$$

gilt, während für das Individuum k, der seinen Teil der $\mathbf{a}^0$-Allokation streng präferiert, die Beziehung

$$\mathbf{p}\mathbf{x}^{k0} - wL^{k0} > \mathbf{p}\mathbf{x}^k - wL^k \tag{4}$$

gilt, da ein rationales Individuum den Vektor wählen würde, der ihn besser stellt, wenn er nicht mehr Kosten verursacht und er denjenigen Vektor wählen würde, der billiger ist, wenn er von zwei indifferent eingeschätzten Bündeln ausgeht.

(Zum leichteren Verständnis lese man erneut den Abschnitt 4.6). Die Addition dieser Ungleichungen ergibt

$$\mathbf{px}^0 - wL^0 > \mathbf{px} - wL \tag{5}$$

wobei $\mathbf{x} = \Sigma_{h=1}^{H} \mathbf{x}^h$ den aggregierten Konsumvektor der Allokation **a** darstellt und $L = \Sigma_{h=1}^{H} L^h$ ist.

Die rechte Seite von (5) stellt die Ausgaben der Konsumenten für Güter minus ihrem Arbeitseinkommen im Wettbewerbsgleichgewicht dar und wegen (2) muß dies gleich der Summe aus den Nicht-Arbeitseinkommen m^h der Konsumenten sein. Da Arbeit der einzige von den Individuen angebotene Faktor ist, müssen die Einkommen m^h aus den Anteilen der Individuen an den Gewinnen der Unternehmungen herrühren (einschließlich Renten der Faktoren, die im Unternehmensbesitz sind). Also stellt die rechte Seite von (5) den Gesamtgewinn der Firmen dar.

(Man kommt zur gleichen Schlußfolgerung, wenn man beobachtet, daß der Ertrag der Unternehmungen gleich den Ausgaben der Konsumenten ist, während die Ausgaben der Unternehmungen dem Arbeitseinkommen der Konsumenten entsprechen).

Jedoch ist nach Annahme $\mathbf{a}^0$ ein zulässige Allokation, so daß $(\mathbf{x}^0, L^0)$ eine zulässige Outputmenge und Menge der Inputs für die Unternehmungen der Volkswirtschaft ist. Die rechte Seite von (5) stellt die Gesamtgewinne dar, die durch die Unternehmungen zu den Preisen $(\mathbf{p}, w)$ durch die Produktion $\mathbf{x}^0$ aus L^0 gemacht würden. Sie sind größer als der im Wettbewerbsgleichgewicht tatsächlich gemachten Gewinn. Es gibt zumindest eine Unternehmung, die zu diesen Preisen durch Veränderung ihres Produktionsplans mehr Gewinne machen würde als sie es in der alternativen Allokation $\mathbf{a}^0$ täte. Dies widerspricht der Tatsache, daß preisnehmende Unternehmungen im Wettbewerb ihre Gewinne maximieren. Somit muß unsere ursprüngliche Annahme, daß eine zulässige Allokation $\mathbf{a}^0$ existiert, die (3) und (4) erfüllt, falsch sein und deshalb **ist ein allgemeines Wettbewerbsgleichgewicht paretoeffizient.**

Salopp gesprochen zeigt dieser Beweis folgendes: Falls es möglich wäre, ein Individuum besser zu stellen ohne andere schlechter zu stellen, dann könnte eine Unternehmung ihre Gewinne dadurch erhöhen, daß sie geeignete Reallokationen zwischen den Individuen durchführt. Im Beispiel, das in Figur 5.2 veranschaulicht wird, könnte eine Unternehmung eine Banane von X im Austausch für 1 1/2 Äpfel kaufen und die Banane an Y verkaufen und dafür 3 1/2 Äpfel bekommen. X und Y wären besser gestellt und die Unternehmung erzielt einen zusätzlichen Gewinn in Höhe von 2 Äpfeln.

Ein entscheidender Punkt im Beweis, daß ein Wettbewerbsgleichgewicht Pareto-effizient ist, ist die Annahme, daß alle Individuen und Unternehmungen (kurz, alle Wirtschaftssubjekte) sich denselben Preisen gegenüber sehen. Wenn verschiedene Wirtschaftssubjekte sich unterschiedlichen Preisen für das gleiche Gut gegenübersehen, würde eine ineffiziente Allokation der Ressourcen resultieren. Zum Beispiel gelte für den in Figur 5.2 illustrierten Fall folgendes: Wenn aus irgendeinem Grund X glaubte, daß das Preisverhältnis der Äpfel für Bananen gleich 1 wäre, während Y glaubte, daß die Bananen genauso viel kosten wie 4 Äpfel, dann würden beide in E bleiben wollen und dies wäre ein ineffizientes Gleichgewicht.

Ein allgemeineres Beispiel wird durch den Fall geliefert, in dem in unserem allgemeinen Gleichgewicht mit n Gütern und Arbeit, Steuern auf die Transaktionen zwischen Produzenten und Konsumenten erhoben werden. Der Staat, der die Steuern erhebt, hat keine wirkliche Bedeutung und er gibt diese Einnahmen nicht aus, so daß der Nettosteuerertrag einfach wieder zurück an die Wirtschaftssubjekte fließt. (Man beachte, daß eine Subvention als eine negative Steuer aufgefaßt werden kann, so daß der Staat in Wirklichkeit keinen Ertrag aus diesen Steuern erzielt). Die Unternehmungen erhalten $\mathbf{p}^t$ für die Güter und zahlen einen Lohnsatz w^t für die Arbeit, doch müssen die Individuen die Preise $\mathbf{q}^t$ für die Güter bezahlen und erhalten einen Lohnsatz von ω^t. Die Steuern auf die Güter sind deshalb gleich $\mathbf{t} = \mathbf{q}^t - \mathbf{p}^t$ und die Steuer auf den Faktor Arbeit beträgt $\tau = w^t - \omega^t$.

Zu diesen Preisen erwirtschaften die Unternehmungen einen Gewinn $\mathbf{p}^t\mathbf{x}^t - w^tL^t$, während die gesamten Nettosteuereinnahmen $\mathbf{t}\mathbf{x}^t + \tau L^t$ betragen, wobei $\mathbf{x}^t$ die Produktion (und den aggregierten Konsum) und L^t die angebotene Arbeitsmenge bezeichnen. Das Nicht-Arbeitseinkommen besteht nun aus der Summe der Gewinne und des Steuerertrages, so daß wir erhalten

$$\sum_{h=1}^{H} m^{ht} = \mathbf{p}^t\mathbf{x}^t - w^tL^t + \mathbf{t}\mathbf{x}^t + \tau L^t = \mathbf{q}^t\mathbf{x}^t - \omega^t L^t \tag{6}$$

Nun betrachten wir eine alternative Allokation. Der Staat schafft alle Steuern für Transaktionen ab, doch kündigt er an, daß er alle Gewinne konfiszieren wird. Der Staat wird dann die Erträge umverteilen, so daß jedes Individuum zumindest genauso gut da steht wie in der Ausgangsallokation. Ist dies durchführbar? In der Ausgangsallokation konsumierte Individuum h den Betrag $\mathbf{x}^{ht}$ und bot Arbeit L^{ht} an, so daß uns die Theorie der offenbarten Präferenzen sagt, daß für die neuen Preise $\mathbf{p}$, w ein Einkommen von

$$m^h = \mathbf{p}\mathbf{x}^{ht} - wL^{ht} \tag{7}$$

hinreichend ist, um sicherzustellen, daß Wirtschaftssubjekt h sich zumindest so gut stellt als zuvor. Dies erfordert eine Gesamtzahlung vom Staat in Höhe von

$$\sum_{h=1}^{H} m^h = \mathbf{p}\mathbf{x}^t - wL^t \tag{8}$$

Jedoch werden in der neuen Allokation die Unternehmungen dem Produktionsplan $(\mathbf{x}, L)$ folgen, der sich von $(\mathbf{x}^t, L^t)$ unterscheiden kann. Da der neue Plan von den Unternehmungen zu den Preisen $(\mathbf{p}, w)$ gewählt wird und der alte Plan zulässig ist, folgt hieraus, daß der neue Plan zu diesen Preisen gewinnbringender sein muß. Deshalb gilt

$$\mathbf{p}\mathbf{x} - wL \geq \mathbf{p}\mathbf{x}^t - wL^t \tag{9}$$

Die linke Seite von (9) ergibt den Gesamtgewinn in der neuen Allokation, so daß dies der gesamte Betrag ist, der für die Umverteilung durch den Staat verfügbar ist. Verknüpfen wir (9) und (8), dann sehen wir, daß der Staat in der Tat ausreichend Mittel verfügbar hat, um die Summe m^h für die betroffenen Individuen aufzubringen. Falls die Gleichung (9) mit dem strengen Ungleichheitszeichen gilt, gäbe es mindestens ein Individuum, dem man mehr geben kann als das m^h, das (7) erfüllt. Wir wissen auch aus der Theorie offenbarter Präferenzen, daß ein Einkommen von m^h, wie es durch (7) definiert wird, normalerweise ein Individuum besser stellt als zuvor. Also haben wir das Resultat, daß es ein Gleichgewicht ohne Steuern auf Transaktionen gibt, daß jedermann zumindest so gut stellt wie im Steuergleichgewicht und mit Ausnahme außergewöhnlicher Fälle, mindestens ein Individuum besser stellt, so daß Steuern auf Transaktionen Ineffizienz verursachen.

5.4 Einkommensumverteilung

Das allgemeine Gleichgewichtsmodell, das wir im vorhergehenden Abschnitt darstellten, befaßte sich durch Betrachtung aller Märkte mit dem Problem (v), das wir im ersten Abschnitt aufwarfen. Doch tritt Problem (iv) in leicht unterschiedlicher Form erneut auf. Die Tatsache, daß ein Gleichgewicht Pareto-effizient ist, so daß man niemanden besser stellen kann, ohne jemanden schlechter zu stellen, schließt die Möglichkeit extremer Ungleichheiten zwischen den Individuen nicht aus. Betrachten wir zum Beispiel eine Volkswirtschaft in der es einige Wirtschaftssubjekte gibt, die kein Eigentum geerbt haben, keine Anteile an Unternehmungen besitzen und nur sehr wenig Arbeit anbieten können. In einem Wettbewerbsgleichgewicht werden derartige Wirtschaftssubjekte sehr arm sein, denn sie haben auf den Wettbewerbsmärkten wenig anzubieten, während diejenigen, die günstiger gestellt sind, ein extrem luxuriöses Leben führen können. Die Tatsache, daß ein Gleichgewicht Pareto-effizient ist, besagt nur, daß die Armen nur zu Lasten der Reichen besser gestellt werden können. Kurz gesagt, führt der Markt eine effiziente Ressourcenallokation herbei, doch kann er auch auf eine Einkommensverteilung führen, die von manchen Wirtschaftssubjekten als ungleich angesehen werden kann.

Sei angenommen, daß alle Mitglieder einer Gesellschaft darin übereinstimmen, daß die Einkommensverteilung, die aus einem freien Markt resultiert, ungerecht ist und geändert werden sollte. Was kann getan werden?

Eine offensichtliche Antwort ist die, Geld von den Reichen zu nehmen und dies den Armen zukommen zu lassen. Im letzten Abschnitt des Kapitels 3 argumentierten wir, daß ein Teil des Lohnes der Wirtschaftssubjekte mit speziellen gefragten Fertigkeiten als ökonomische Rente gesehen werden kann, genauso wie die kurz- oder langfristigen positiven Gewinne von Unternehmungen. Wenn wir einfach einen Teil der Renten der Glücklichen konfiszierten und die Erträge an die weniger Glücklichen transferierten und dann alle frei produzieren und handeln lassen würden, erreichen wir ein neues effizientes Wettbewerbsgleichgewicht, das aber eine gerechtere Einkommensverteilung aufweist.

Ein einfaches Beispiel einer derartigen Redistribution wird in Figur 5.3 gezeigt. Das Diagramm der Figur 5.3 entspricht dem Diagramm der Figur 5.2. Sei vorausgesetzt, daß X und Y eine Erstausstattung von Gütern im Punkte E_1 haben. Wenn sie miteinander zum Preisverhältnis, das durch die Steigung der Geraden E_1H_1 gegeben wird, Handel treiben, dann werden sie im Punkte G_1 zu handeln wünschen, das heißt, in dem Punkte, in dem jede ihrer Indifferenzkurven tangential zur Budgetgeraden verläuft. X möchte E_1F_1 Bananen verkaufen und F_1G_1 Äpfel kaufen und dies sind die Mengen die Y kaufen bzw. verkaufen möchte, so daß beide Märkte im Gleichgewicht sind. Daß diese Situation Paretoeffizient ist, wird durch die Tatsache gezeigt, daß die Indifferenzkurven im Punkte G_1 tangential zu einander verlaufen.

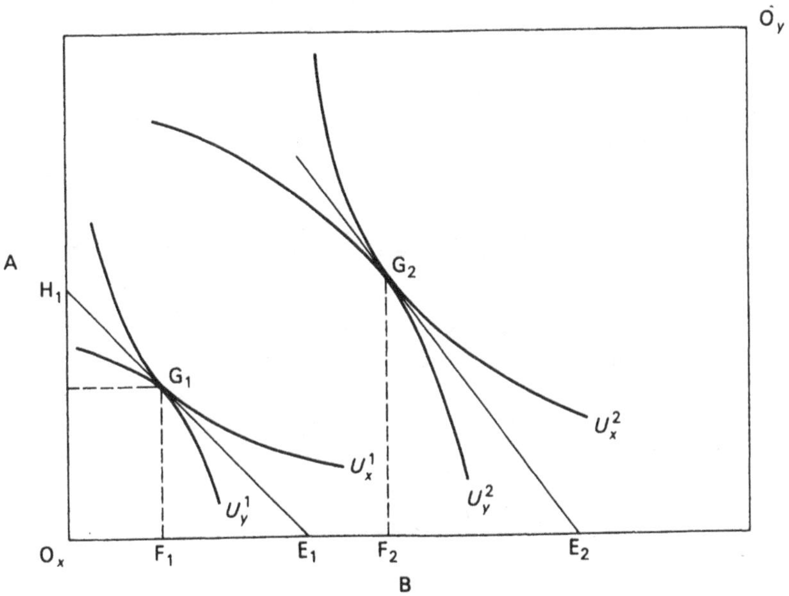

Figur 5.3 Umverteilung durch Pauschalbeträge

(Falls wir einen anderen Preis gewählt hätten, sieht man sehr leicht, daß wir im allgemeinen kein Gleichgewicht erreicht hätten). In unserem Gleichgewicht sieht sich X einer Budgetgeraden gegenüber, die nahe an O_x liegt, während Y eine Budgetgerade hat, die sehr weit von O_y entfernt liegt, so daß es scheint, daß Y sehr viel besser als X gestellt ist. Nehmen wir an, daß E_1E_2 von Y's Bananen konfisziert und an X verteilt wurden, so daß die Ausstattungen auf E_2 verschoben wurden. Anschließend wird den Wirtschaftssubjekten erlaubt, Handel zu treiben. Das neue Gleichgewicht wäre in einem Punkt wie G_2 gelegen, der Pareto-effizient ist, wobei jedoch im Vergleich zu G_1 X besser und Y schlechter gestellt wäre.

Es gibt jedoch enorme Probleme, eine derartige Umverteilung in der Realität durchzuführen (auch wenn man das Problem nicht beachtet, ob sich die Individuen einer Gesellschaft einigen können, wie die von ihnen gewünschte Umverteilung sein soll). Wir haben schon in der Theorie der Unternehmung diskutiert, wie schwierig es ist, wahre Profite (Renten) von normalen Zahlungen an Inputs zu trennen.

Falls eine Unternehmung hohe Gewinne erzielt, da sie auf dem richtigen Markt zur rechten Zeit agiert, kann dies das Resultat geschickter Entscheidungen und nicht nur Glück sein. Wenn die Geschickten für ihre Arbeit gut entlohnt werden, ist das dann nicht der Lohn für ihre Anstrengungen und für ihre Ausbildung?

Die Schwierigkeiten, diese Trennung sauber durchzuführen, macht es in der Wirklichkeit unmöglich, wahre Gewinne zu versteuern, ohne auch damit Initiative, Investitionen und Arbeit zu besteuern und damit zu entmutigen. Eine geeignete Untersuchung des Problems, Methoden für eine Veränderung der Einkommensverteilung zu entwerfen, ohne zu sehr mit der Effizienz des Marktes in Konflikt zu kommen, erfordert weitere Techniken, die außerhalb der Reichweite dieses Buches liegen. Der Konflikt zwischen Gleichheit und Effizienz wird bei vielen politischen Streitfragen wieder auftauchen, doch von nun an werden diese Fragen in einem einfacheren Zusammenhang eines einzigen Marktes, nämlich dem Modell des Abschnitts 5.1, diskutiert. Das heißt, wir gehen vom allgemeinen Gleichgewicht zurück zur partiellen Gleichgewichtsanalyse.

5.5 Konsumentenrente und der Effekt von Steuern

Betrachten wir die Nachfragekurve x(p), die in Figur 5.4 illustriert wird. Es ist üblich, den Preis als Funktion der Menge auszudrücken, das heißt: $p = p(x)$. Diese **inverse Nachfragefunktion** mißt die marginale Bereitschaft des Konsumenten für das Gut zu zahlen: p(x) ist der Preis pro Guteinheit, den ein Konsument zu zahlen gewillt ist, um etwas mehr von dem Gut zu erhalten, wenn bereits x Einheiten konsumiert werden. Somit ist der gesamte Ertrag, den ein Konsument aus der Konsumtion von x_1 Einheiten des Gutes erhält, gleich

$$B(x_1) = \int_0^{x_1} p(x)\,dx \tag{10}$$

Diese Beziehung hat die Eigenschaft, daß $B'(x) = p(x)$. Der Preis mißt den Ertrag einer zusätzlichen Konsumeinheit dieses Gutes für den Konsumenten. Der Ausdruck hat auch die Eigenschft, daß $B(0) = 0$. Dies wird graphisch als die gesamte Fläche unter der Nachfragekurve zwischen Null und x_1 abgebildet; die Summe der Flächen die mit A, B und D in der Figur 5.4 bezeichnet werden, ergibt die ganze Fläche. Es wird die Menge x_1 nachgefragt, wenn der Preis gleich p_1 ist, so daß die Konsumausgaben p_1x_1 sind, die durch die Flächen B und D im Diagramm dargestellt werden. Der Gesamtertrag für die Konsumenten ist somit größer als die Ausgaben um die Fläche A, die **Konsumentenrente** genannt wird und mathematisch durch

$$CS(x_1) = \int_0^{x_1} p(x)\,dx - p_1x_1 = \int_0^{x_1} (p(x) - p_1)\,dx \tag{11}$$

gemessen wird. Wenn der Preis nun auf p_2 fallen sollte, würde die Konsumentenrente nun als Summe der Flächen A, B und C dargestellt. Der Anstieg der Konsumentenrente besteht aus zwei Teilen: Die Fläche B stellt die erhöhte Konsumentenrente dar, die wegen der gesunkenen Güterpreise der Güter entsteht, die schon zum Preis von p_1 konsumiert wurde, während C die Konsumentenrente ist, die mit dem Mehrkonsum von $x_2 - x_1$ verknüpft ist.

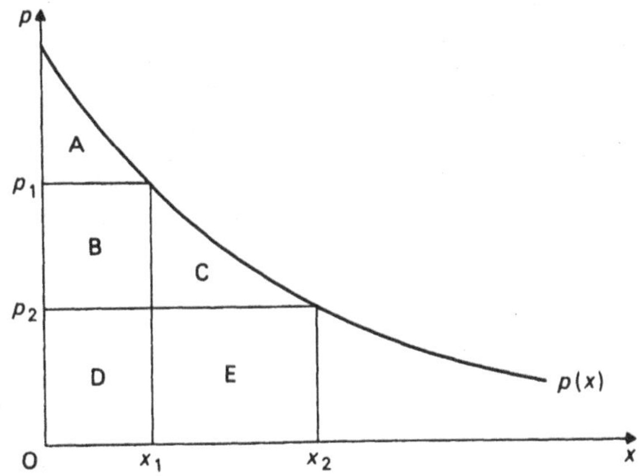

Figur 5.4 Konsumentenrente

Das Argument entspricht unserer Argumentation in Abschnitt 3.6 (vergleiche insbesondere Figur 3.12). Dort entspricht die Angebotskurve auf einem Wettbewerbsmarkt, den Grenzkosten der Produktion und die Fläche unterhalb der Angebotskurve mißt, die gesamten variablen Kosten, so daß die Fläche zwischen der horizontalen Geraden zum Marktpreis und der Angebotskurve Gewinne mißt (zuzüglich der fixen Kosten).

Offensichtlich ist das ein sehr informelles Argument. Man kann das Argument mit Gewinn präzisieren. Nehmen wir an, daß ein typischer Konsument sich den Preisen **p** für n Güter gegenübersieht und eine nutzenmaximierende Wahl trifft, die in einem Nutzenniveau u resultiert. Aus den Gleichungen (4.29) wissen wir, daß seine Ausgabenfunktion e(**p**, u) und die kompensierte Nachfragefunktionen **x(p**, u) die Eigenschaft

$$x_i(\mathbf{p}, u) = \frac{\partial e(\mathbf{p}, u)}{\partial p_i} \qquad (12)$$

besitzen. Sei angenommen, daß p_i von p_{i1} auf p_{i2} fällt und alle anderen Preise unverändert bleiben. Ein Maß des Ertrages einer derartigen Preisänderung für den Konsumenten wird durch die Abnahme der Ausgaben gegeben, die ihn auf der selben Indifferenzkurve belassen, auf der er vor der Preisänderung war. Wir kompensieren ihn für die Preisänderung in der Terminologie des Kapitels 4 und die **kompensierende Variation** seines Geldeinkommens beträgt $e(\mathbf{p}_1, u) - e(\mathbf{p}_2, u)$, wobei sich die Preisvektoren $\mathbf{p}_1$ und $\mathbf{p}_2$ nur in ihrer i-ten Komponente unterscheiden und es gilt $p_{i1} > p_{i2}$, so daß dann $e(p_1, u) > e(p_2, u)$. Verwenden wir (12), dann erhalten wir

$$e(\mathbf{p}_1, u) - e(\mathbf{p}_2, u) = \int_{p_{i2}}^{p_{i1}} \frac{\partial e(\mathbf{p}, u)}{\partial p_i} dp_i = \int_{p_{i2}}^{p_{i1}} x_i(\mathbf{p}, u)\, dp_i \qquad (13)$$

Wenden wir uns erneut Figur 5.4 zu, dann sehen wir, daß wenn die Nachfragekurve durch den Graphen der kompensierten Nachfragefunktion für Gut i gegeben wird, dann entspricht die Fläche B + C dem Integral der Nachfrage x_i bezüglich p_i in den Integrationsgrenzen p_{i2} bis p_{i1}.

Hierbei wird der Nutzen der Preisreduktion für den Konsumenten gemessen. Also kann man die Konsumentenrente streng rechtfertigen, wenn das Realeinkommen entlang der benutzten Nachfragekurve konstant ist. Was kann man zur Verteidigung der Konsumentenrente sagen, wenn sich das Realeinkommen oder die Preise anderer Güter zusammen mit p_i verändern? Diese Frage behandeln wir hier nicht.

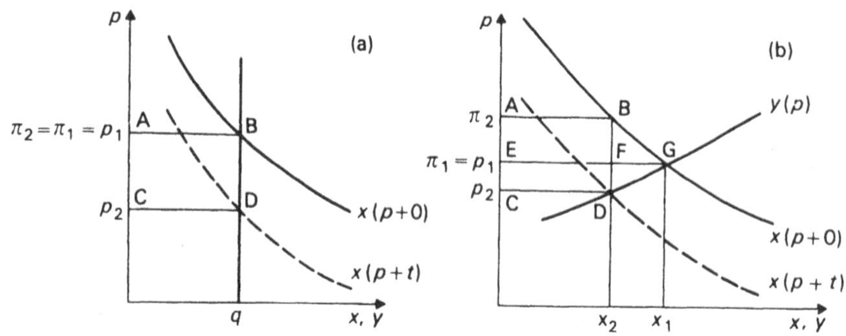

Figur 5.5 Die Effekte von Verkaufssteuern

Wir sind überzeugt, daß der angewandte Ansatz nicht gänzlich willkürlich ist und wir können nun eine partielle Gleichgewichtsversion des Arguments des Abschnitts 5.3 entwickeln, nämlich, daß Steuern auf Transaktionen Ineffizienz verursachen. Der Effekt einer Verkaufssteuer auf zwei verschiedenen Märkten wird in der Figur 5.5 illustriert (man betrachte nochmals Figur 1.3 und den Abschnitt 1.4, wenn man sich nicht mehr an die Details des Argumentes erinnert). Im Markt (a) ist das Angebot vollständig unelastisch und das Nicht-Steuergleichgewicht befindet sich im Punkte B. Eine Steuer verschiebt die Nachfragekurve nach unten, so daß der Preis des Anbieters auf p_2 fällt, während der Konsumentenpreis in p_1 verbleibt. Der Staat hat den Steuerertrag erhöht, der durch die Fläche ABDC gemessen wird, und dieser stammt zur Gänze aus der Rente der Anbieter. Die verkaufte Menge bleibt konstant. Im Gegensatz dazu ist auf Markt (b) eine Situation gegeben, in der die Verschiebung der Nachfragekurve den Angebotspreis auf p_2 drückt, während der Konsumentenpreis sich auf $\pi_2 = p_2 + t$ erhöht. Die Menge fällt von x_1 auf x_2 und der Staat erzielt einen Steuerertrag, der durch die Fläche ABDE gemessen wird. Jedoch reduziert dieser Anstieg des Konsumentenpreises die Konsumentenrente um die Fläche ABFE plus der Fläche BGF. Auch sinkt der Produzentenertrag von p_1x_1 auf p_2x_2, während die Kosten um die Fläche unterhalb der Angebotskurve zwischen D und G fallen, so daß die Gewinne um die Fläche EFDC plus der Fläche FGD fallen. (Man betrachte erneut Abschnitt 3.6 und Figur 3.12, falls Unklarheiten bestehen). Somit sind die Verluste der Konsumenten und Produzenten um die Menge, die durch die Fläche BGD wiedergegeben wird, größer als der erhobene Betrag. Dies ist der Verlust an Konsumentenrente und Gewinnen, der mit der Menge $x_1 - x_2$ zusammenhängt, die wegen der Steuer nicht mehr gehandelt wird. Es gibt Konsumenten, die mehr zu zahlen gewillt sind, als die Kosten der Produktion dieses zusätzlichen Outputs betragen, doch verhindert die Steuer, daß sie mit den Produzenten zu einem für beide Teile vorteilhaften Handel zusammen kommen. Eine Aufhebung der Steuer würde die Erträge des Staates reduzieren, aber die Wohlfahrt der Konsumenten und Produzenten in einem derartigen Ausmaß erhöhen, daß Konsumenten und Produzenten in der Lage wären, dem Staat die entgangenen Erträge zu bezahlen und sich immer noch besser zu stellen. Dies wäre eine Paretoverbesserung, so daß die Steuer eine Ineffizienz begründet, die durch die Fläche BGD dargestellt wird.

Wir können unterschiedliche Arten von Steuern vergleichen, wenn wir diese Technik benützen. Stellen wir uns vor, daß sich der Staat entschlossen hat, die Einkommen der Bauern zu erhöhen, die durch den des Wettbewerb mit ausländischen Bauern (mit niedrigen Kosten) leiden.

Die einfachste Art, dies zu tun ist, einfach Geld an die Farmer zu transferieren. Dies ist aber politisch schwer durchzusetzen. So sei angenommen, daß der Staat zwischen einer Subvention der Landwirtschaft und einer Steuer auf Importe (die man oft als Zoll bezeichnet) wählen kann.

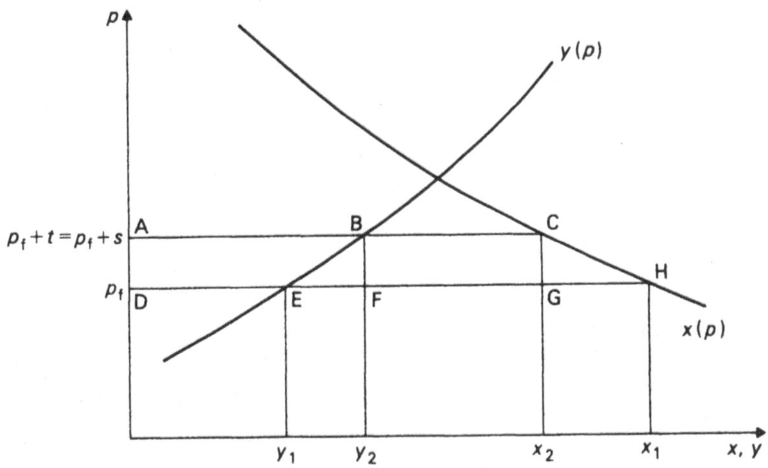

Figur 5.6 Subvention oder Zoll?

Sei vorausgesetzt, daß das Angebot der Ausländer unendlich elastisch ist. Dann entspricht der Markt dem in Figur 5.6 illustrierten. Hier ist das ausländische Angebot zum festen Preis p_f verfügbar, y(p) bezeichnet die Angebotskurve des Inlands für landwirtschaftliche Produkte und x(p) die Nachfragekurve der inländischen Konsumenten.

Ohne staatlichen Eingriff muß der Marktpreis p_f betragen. (Es bleibt dem Leser in Übungsaufgabe 5.6 überlassen, daß der Preis weder höher noch niedriger als p_f sein kann). Zu diesem Preis ist die inländische Produktion y_1 und der Konsum beträgt x_1, so daß die Importe $x_1 - y_1$ sind. Sei nun vorausgesetzt, daß die Bauern eine Subvention von s pro produzierte Einheit erhalten. Der Marktpreis wird in p_f bleiben, doch erhalten die Bauern $p_f + s$, so daß die angebotene Menge auf y_2 steigt und somit die Importe auf $x_1 - y_2$ abfallen. Der Staat bezahlt an Subventionen sy_2 und diese werden durch die Fläche ABFD im Diagramm repräsentiert.

Die Produzentengewinne steigen um ABED, so daß von den Einnahmen, der durch den Staat ausgegeben wird, der Betrag, der durch die Fläche BEF gemessen wird, verloren ist. Dies ist der Effizienzverlust der Subvention. Wenn andererseits Importeure eine Steuer von t auf jede importierte Einheit zu zahlen hätten, wird sich der Marktpreis auf $p_f + t$ erhöhen, so daß die inländische Produktion wieder auf y_2 steigt (falls $t = s$ gilt) und der inländische Konsum auf x_2 fällt, während die Importe auf $x_2 - y_2$ zurückgehen. Der Staat nimmt einen Zollertrag in Höhe von $t(x_2 - y_2)$ ein, der durch die Fläche BCGF repräsentiert wird. Wiederum steigen die Produzentengewinne in Höhe von ABED, aber nun haben wir einen Verlust der Konsumentenrente ACHD. Wenn wir von diesem Verlust die Gewinne, die durch den Staat und durch die Produzenten erzielt werden, abziehen, haben wir den Nettoverlust, der durch die zwei Flächen BEF und CGH dargestellt wird. Dies ist der Effizienzverlust des Zolles. Wiederum identifiziert man leicht die Quelle dieser Verluste. Güter können von Ausländern zum Preis p_f gekauft werden, so daß BEF die zusätzlichen Kosten der Produktion von $y_2 - y_1$ im Inland darstellt, wenn nicht importiert wird, während CGH den Verlust an Konsumentenrente wiedergibt und zwar für die Konsumenten, die bereit waren, mindestens p_f zu bezahlen, um $x_1 - x_2$ von den Ausländern zu kaufen, doch durch den Zoll daran gehindert werden.

Wir sehen, daß der Zoll eine weniger effiziente Methode ist, Einkommen auf die Bauern umzuverteilen, als es die Subvention war, da der Zoll einen zusätzlichen Verlust CGH begründet, der bei einer Subvention nicht auftritt. Andererseits spart der Zoll dem Staat die Subventionskosten ABFD und erhöht die Einnahmen des Staates um BCGF, so daß der Staat ACGD auf Kosten der Konsumenten gewinnt, indem er von der Subvention auf den Zoll umschwenkt. Der letzte Punkt ist, daß die politische Diskussion von Importzöllen häufig impliziert, daß dies Steuern für die Ausländer sind, die den inländischen Produzenten nützen. Dieses Beispiel zeigt, daß dies nicht der Fall ist. Der Zoll ist eine Steuer auf die inländischen Konsumenten, die den Produzenten nützt (und die die staatlichen Einnahmen erhöht).

5.6 Externalitäten

Wir kommen nun zum Problem (iii), das in der Einleitung aufgeworfen wurde. Betrachten wir den Fall einer Industrie, die im Produktionsprozeß die Umwelt verschmutzt. Die Opfer der Verschmutzung haben Kosten aufzuwenden, um diese Effekte zu mildern. Also haben wir eine Situation, wie sie in Figur 5.7 gezeigt wird.

Die Angebotskurve mißt nun nicht mehr die Grenzkosten. Die Produzenten müssen die Inputkosten bezahlen und diese Kosten bestimmen ihr Angebot; doch müssen die Produzenten nicht für die Kosten, die anderen durch die Umweltverschmutzung aufgebürdet werden, aufkommen.

Diese Kosten bedeuten, daß die wahre Grenzkostenkurve oberhalb der Angebotskurve liegt. (Man kann dies so formulieren, daß die Angebotskurve die **privaten Grenzkosten** der Produktion zeigt, während die wahre Grenzkostenkurve die **sozialen Grenzkosten** der Produktion zeigt).

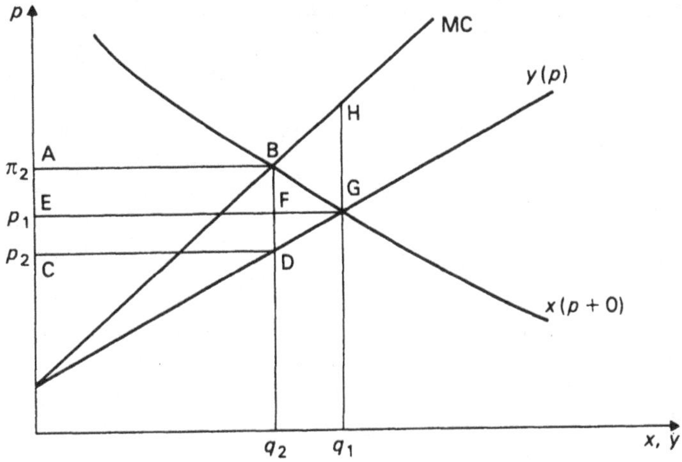

Figur 5.7 Externe Effekte der Produktion

Das Marktgleichgewicht ist im Punkte G, in dem der Preis p_1 und der Output q_1 betragen. Dieses Gleichgewicht ist nicht effizient. Betrachten wir den Effekt einer Verkaufssteuer, die den Output auf q_2 reduziert und den Konsumentenpreis auf π_2 erhöht und den Produzentenpreis auf p_2 abgesenkt hat. Dann wissen wir aus unseren früheren Analysen der Effekte einer Verkaufssteuer (vergleiche Figur 5.3(b)), daß sich der Verlust an Konsumentenrente, der Verlust an Produzentengewinn und der Anstieg der staatlichen Einnahmen zusammen zu einem Nettoverlust addieren, der durch die Fläche BGD wiedergegeben wird. Nun muß man jedoch noch einen zusätzlichen Effekt in Betracht ziehen. Der Unterschied zwischen der Angebotskurve und der wahren Grenzkostenkurve ergibt die Grenzkosten der Verschmutzung, so daß eine Reduktion der Verschmutzungskosten gleichbedeutend mit einem Gewinn der Opfer der Verschmutzung ist, der durch die Fläche BHGD gegeben wird. Also macht die Gesellschaft einen Nettogewinn aus einer Reduktion des Outputs, der durch die Fläche BHG wiedergegeben wird. Das ursprüngliche Gleichgewicht war ineffizient.

Die Logik des Arguments sollte klar sein. Die Konsumenten, die mit den letzten $q_1 - q_2$ Einheiten von Output versorgt werden, sind nicht gewillt, die wahren Grenzkosten der Produktion zu bezahlen, so daß die Fläche zwischen der Grenzkostenkurve und der Nachfragekurve den Verlust mißt, der aus der Tatsache herrührt, daß sie bedient werden.

Das Gleichgewicht in Punkt B wird dem Gleichgewicht im Punkt G nur dann von allen Individuen vorgezogen, wenn die Verlierer aus der Veränderung durch die Gewinner kompensiert werden. Die Konsumenten und Produzenten des Gutes verlieren. Der Staat und die Opfer der Verschmutzung gewinnen. Die Gewinner könnten die Verlierer für ihren Verlust kompensieren und immer noch positive Gewinne für sich behalten. Wenn die Kompensation nicht tatsächlich gezahlt wird, haben wir eine Erhöhung der Effizienz, aber auch eine Veränderung der Einkommensverteilung als Resultat der Korrektur der Externalität mit Hilfe einer Steuer.

Ein analoges Argument gilt für den Fall der externen Erträge, das heißt für den Fall, in dem die sozialen Kosten geringer als die privaten sind. Nun ist eine Subvention notwendig, um die Externalität zu korrigieren, wie man leicht überprüfen kann.

Es gibt viele Situationen, in denen Externalitäten bei der Produktion oder bei der Konsumtion existieren können. Auf einer verstopften Straße wird ein zusätzlicher Straßenbenützer für die anderen Straßenbenützer Kosten dadurch verursachen, daß er sie weiter verlangsamt. Eine Fabrik, in der ungelernte Arbeiter ausgebildet werden, bringt Vorteile für andere Fabriken in der Umgebung, wenn die Arbeitskräfte von einer Fabrik zur anderen wechseln; ein schöner Garten erfreut die Passanten sowie die Eigentümer; Impfungen gegen ansteckende Krankheiten reduzieren das Risiko für Nichtgeimpfte diese Krankheit zu bekommen usw. In jedem Fall erfordert die Effizienz, daß sich die sozialen Kosten und Erträge im Grenzfall ausgleichen, aber es sind die privaten Kosten und Erträge, die der Markt ausgleicht.

5.7 Öffentliche Güter

Eine extreme Form einer Externalität beim Konsum liefert der Fall öffentlicher Güter. Ein öffentliches Gut ist ein Gut, dessen gesamte Verfügbarkeit Befriedigung für ein Individuum stiftet. Dies hängt nicht von der Menge ab, die das Individuum besitzt. Als Beispiel haben wir Radio- oder Fernsehsendungen. Sie können keinem einzelnen Konsumenten angeboten werden, ohne zur gleichen Zeit den gesamten Konsumenten des selben Gebietes angeboten zu werden. Diese Aussage läßt sich natürlich nicht auf Fernsehsendungen, die durch Kabel übertragen werden, anwenden. Andere Beispiele sind Verteidigung, Straßen, saubere Luft und Polizeidienste. Einige öffentliche Güter werden übermäßig genutzt – je mehr Leute eine bestimmte Straße benutzen, desto weniger effektiv wird diese Straße den Straßennutzern dienen – trotzdem liegt ein öffentliches Gut vor. (Es gibt viele andere Güter wie Ausbildung, Krankenpflege, Wohnungen, und Müllabfuhr, die in vielen Gesellschaften durch den Staat und nicht durch den Markt bereitgestellt werden. Dies sind keine öffentlichen Güter, obwohl bei ihrer Konsumtion bedeutende Externalitäten auftreten).

Die Bedingung, die angibt, wieviel von einem öffentlichen Gut produziert werden sollte, unterscheidet sich von der für private Güter. In (10) wird die Funktion B(x) so definiert, daß sie den Gesamtertrag mißt, den die Konsumenten aus der Konsumtion von x Einheiten des Gutes erhalten. Wir könnten genauso leicht die Ertragsfunktion für jedes Individuum definieren:

$$B^h(x^h) = \int_0^{x^h} p^h(x)\,dx \tag{14}$$

Hier gibt $p^h(x)$ die inverse Nachfragefunktion des Wirtschaftssubjektes h an. Wenn wir versuchen, den Gesamtertrag minus den Kosten für ein gewöhnliches „privates“ Gut zu maximieren, dessen Kostenfunktion gleich c(y) ist, dann erhalten wir das Problem

$$\max_{x^1,\dots,x^H}! \sum_{h=1}^{H} B^h(x^h) - c(x^1 + \dots + x^H) \tag{15}$$

Die H notwendigen Bedingungen für ein Maximum sind:

$$B^{h\prime}(x^h) = c'(y), \qquad h = 1, \dots, H, \tag{16}$$

die auch als

$$p^h(x^h) = c'(y) \qquad h = 1, \dots, H \tag{17}$$

geschrieben werden können. Diese Bedingungen werden auf einem Wettbewerbsmarkt erfüllt, auf dem alle Konsumenten den selben Preis bezahlen und der Preis gleich den Grenzkosten ist. Wir haben eine andere Darstellung des einfachen Argumentes von 5.1 und man erkennt die Wichtigkeit der Annahme, daß die Gesamterträge gleich der ungewichteten Summe der individuellen Erträge ist, wobei die individuellen Erträge durch die Bereitschaft zu zahlen gemessen werden.

Der Ertrag eines Wirtschaftssubjekts aus einem öffentlichen Gut hängt jedoch von der gesamten Verfügbarkeit des Gutes ab. Wenn wir versuchen, den Ertrag minus die Kosten zu maximieren, dann erhalten wir

$$\max_{y}! \sum_{h=1}^{H} B^h(y) - c(y) \tag{18}$$

Die einzige notwendige Bedingung ist dann

$$\sum_{h=1}^{H} B^{h\prime}(y) = c'(y) \tag{19}$$

d.h.

$$\sum_{h=1}^{H} p^h(y) = c'(y) \tag{20}$$

Eine Einheit des öffentlichen Gutes sollte angeboten werden, wenn alle Individuen **zusammen** gewillt sind, die Produktionskosten zu tragen, wobei jedes Individuum den Betrag beisteuert, der dem Wert des Gutes für das Individuum entspricht. Diese Beiträge werden sich typischerweise von Wirtschaftssubjekt zu Wirtschaftssubjekt unterscheiden.

(Der Leser, der sich durch den Abschnitt 5.3 durchgearbeitet hat, sollte in der Übungsaufgabe 5.11 den Beweis der Paretooptimalität des allgemeinen Wettbewerbsgleichgewichts auf den Fall ausweiten, in dem öffentliche Güter vorhanden sind und verschiedene Individuen die gleiche Menge konsumieren müssen, aber für die Güter unterschiedliche Preise zu zahlen haben).

Es scheint naheliegend, wie das Angebot öffentlicher Güter durch den Markt bereitgestellt werden könnte. Diejenigen, die das Gut produziert haben möchten, müssen sich zusammentun, wobei jeder von ihnen einen Betrag bezahlt, der dem Wert des Gutes für ihn entspricht. Die Wirtschaftssubjekte werden dann das Gut erhalten, wenn die gesamte Bereitschaft zu zahlen die Produktionskosten übersteigt.

Betrachten wir jedoch den Fall eines öffentlichen Gutes, dessen Grenzkosten der Produktion konstant sind und 1000 DM betragen. Es gibt 100 identische Konsumenten in der Volkswirtschaft und jeder von ihnen bewertet den Zugriff auf eine Einheit dieses Gutes mit 15 DM, den Zugriff auf zwei Einheiten mit 27 DM und auf 3 Einheiten mit 36 DM, das heißt $p(1) = 15$, $p(2) = 12$ und $p(3) = 9$. Offensichtlich ist es optimal, 2 Einheiten des Gutes zu produzieren und jedes Individuum muß 20 DM beitragen, um die Kosten der Produktion abzudecken. Sei jedoch angenommen, daß die Wirtschaftssubjekte nicht voneinander wissen, wie ihre wahren Präferenzen sind und man sich in die Lage eines der 100 Wirtschaftssubjekte versetzt. Man könnte vorgeben, daß man überhaupt nicht wünscht, daß das Gut produziert wird. Falls die verbleibenden 99 Individuen ehrlich sind, werden sie übereinstimmen, daß 2 Einheiten des Gutes angeboten und die Kosten zwischen ihnen aufgeteilt werden, so daß das einzelne Wirtschaftssubjekt die Erträge umsonst erhält. Man hat einen Anreiz, ein **Trittbrettfahrer** zu sein. Natürlich können andere Individuen unehrenhaft sein und versuchen, auch Trittbrettfahrer zu werden, doch ist nicht offensichtlich, daß dies die eigene Strategie verändern wird. Solange die anderen 99 bereit sind, die 2000 DM oder mehr zusammen aufzubringen, um 2 Gütereinheiten zu erhalten, gibt es keinen Anreiz für das einzelne Wirtschaftssubjekt, irgend etwas anzubieten. Wenn die Wirtschaftssubjekte zusammen weniger als 1973 DM aufbringen wollen, dann werden die Güter nicht produziert werden, auch dann nicht, wenn das einzelne Wirtschaftssubjekt 27 DM anbietet. Man könnte dann genausogut gar nichts anbieten. Nur dann, wenn die Individuen mehr als 1973 DM beitragen, und weniger als 2000 DM, wird der Beitrag des einzelnen Wirtschaftssubjektes im eigenen Interesse liegen. Die Chancen, daß gerade hinreichend viele Wirtschaftssubjekte unehrlich sind und die gesamten Beiträge in diesen kritischen Bereich fallen, mag klein erscheinen, so daß es für den Einzelnen die beste Strategie ist, nichts anzubieten. Wenn alle diese Berechnung anstellen, wird jeder nichts anbieten und das öffentliche Gut wird nicht produziert werden. Die Analyse bleibt im wesentlichen unverändert, wenn es zwischen den Individuen echte Unterschiede in den Präferenzen gibt.

Die Sache ist etwas unterschiedlich, wenn diejenigen, die keinen Beitrag leisten, von den Erträgen des öffentlichen Gutes ausgeschlossen werden können, aber es wird immer noch Probleme geben. Der Versuch, verschiedene Beträge unterschiedlichen Leuten aufzuerlegen, gibt einen Anreiz, die eigene Wertschätzung des Gutes zu untertreiben. Ein Pauschalbeitrag könnte nicht ausreichen, genug Erträge hereinzubringen, um die Kosten des Gutes abzudecken und wird diejenigen ausschließen, die weniger zu zahlen bereit sind, als es dem Pauschalbetrag entspricht. Offensichtlich ist es ineffizient, diese Individuen auszuschließen, denn die Grenzkosten dafür, daß ein zusätzliches Individuum Zugang zu einem öffentlichen Gut hat, sind Null, falls keine Überbeanspruchung des öffentlichen Gutes gegeben ist.

Die Probleme können gemildert werden, wenn man die Versorgung mit öffentlichen Gütern dem Staat überträgt. Dies ist aber keine vollständige Lösung. Der Staat muß herausfinden, wie die Bedürfnisse und Wünsche der Wirtschaftssubjekte in Bezug auf das öffentliche Gut sind und er muß das Geld aufbringen, um für die produzierten Güter zu bezahlen. Wenn Steuern zur Bezahlung für öffentliche Güter eng an den angegebenen Wünschen der Wirtschaftssubjekte ausgerichtet sind, bleibt uns immer noch das Trittbrettfahrerproblem, nämlich der Anreiz, die wahren Präferenzen zu untertreiben. Wenn andererseits die öffentlichen Güter aus dem allgemeinen Steuerertrag bezahlt werden und der Zugang zu ihnen frei ist, dann werden wir höchstwahrscheinlich ein effizientes Angebot an ihnen haben. Doch geschieht dies auf Kosen einer Einkommensumverteilung. Umverteilung wird von den Wirtschaftssubjekten, die Steuern bezahlen und wenig vom öffentlichen Gut haben, an die, die großen Nutzen vom Konsum des öffentlichen Gutes haben, stattfinden. Auch geschieht alles ohne Rücksicht auf die Kosten, die sich bei der Steuererhebung in der Ineffizienz niederschlagen. Betrachten wir einige Beispiele. Die Verteidigung wird ohne Gebühr angeboten, und zu einem gewissen Ausmaß vom Staat geregelt und vom Steuerzahler bezahlt. Ein Pazifist mißt dem Gut, das er erhält, keinerlei Wert bei, aber er muß dafür Steuern bezahlen. Straßen und Brücken sind gewöhnlich frei benutzbar, obwohl das Eigentum an Autos und die Verwendung von Kraftstoff in vielen Ländern sehr stark besteuert wird. Kraftstoffsteuern können hinreichend genau die Nutzer treffen, obwohl sie eine ineffiziente Belastung für die Benutzung nicht verstopfter Straßen darstellen. Steuern auf das Kraftfahrzeugeigentum haben diesen ineffizienten Effekt nicht, doch entmutigen sie auf ineffiziente Art und Weise das Eigentum an Kraftfahrzeugen und implizieren auch eine Umverteilung vom Autoeigentümer, der sein Auto sehr wenig nutzt, zum starken Nutzer. Gebühren für die Benutzung von Straßen und Brücken führen zu einer ineffizienten Unternutzung der nicht überfüllten Fazilitäten, doch involvieren sie eine geringere Umverteilung. Die Fernsehgebühr, mit der in Großbritannien das nichtkommerzielle BBC-Fernseh-Radioprogramm finanziert wird, garantiert, daß ein Fernseheigentümer nicht abgeschreckt wird, zusätzliche Fernsehsendungen zu empfangen. Doch entmutigt dies auf ineffiziente Art und Weise den marginalen Kauf eines Fernsehgerätes. Nun könnte man dasselbe über ein Kabelfernsehsystem sagen, für das eine feste jährliche Gebühr unabhängig vom Verbrauch anfällt. Beide Systeme implizieren eine Umverteilung vom gelegentlichen Benutzer zum Dauerfernseher. Diejenigen Kabelfernsehsysteme, die je nach dem Programm ihre Gebühren berechnen, vermeiden diese Umverteilung, aber zu Effizienzkosten, die den Grenzkonsumenten eines Gutes entmutigt, das zu Grenzkosten von Null angeboten werden könnte.

Die gesamte Diskussion läßt zwei Probleme beiseite. Gibt es Methoden, mit denen ein Staat die wahren Wünsche der Wirtschaftssubjekte nach einem öffentlichen Gut herausfinden kann? Wird ein demokratischer Staat versuchen, die Wünsche seiner Bürger nach öffentlichen Gütern optimal zu erfüllen? Die Behandlung dieser Fragen ist außerhalb der Reichweite dieses Buches.

5.8 Preiskontrollen

Nehmen wir an, daß eine gesetzliche Obergrenze für den Preis eines bestimmten Gutes festgelegt wird. Offensichtlich tritt kein Effekt auf, wenn der Gleichgewichtspreis unterhalb dieser Grenze liegt, so daß wir unsere Aufmerksamkeit auf den Fall beschränken können, für den der Maximalpreis unterhalb des Gleichgewichtspreises liegt. Dies wird in Figur 5.8 illustriert.

Der Gleichgewichtspreis beträgt p, doch wird der Preis auf p_{max} fixiert. Zu diesem Preis möchten die Konsumenten q_2 kaufen, während die Produzenten nur q_1 verkaufen möchten, so daß eine Überschußnachfrage in Höhe von $q_2 - q_1$ entsteht. Da nicht alle Konsumentennachfragen erfüllt werden können, wird eine Güterknappheit eintreten.

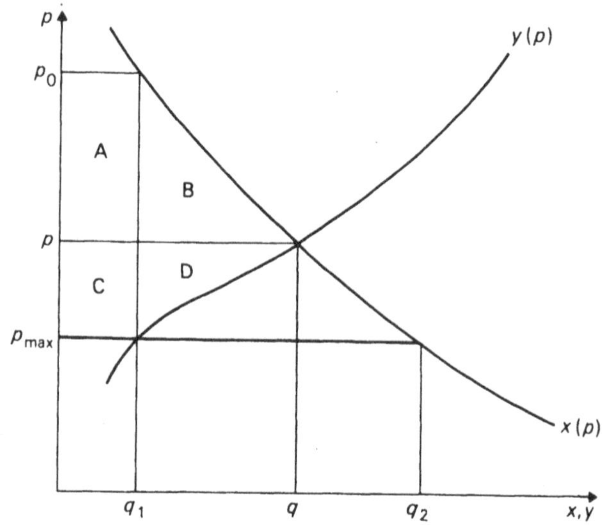

Figur 5.8 Der Effekt einer Preisobergrenze

Wir können mit der Analyse von Preiskontrollen nicht fortfahren, ohne zu erörtern, wie die Güter tatsächlich zwischen den verschiedenen Konsumenten aufgeteilt werden. Es gibt verschiedene Möglichkeiten:

(i) Der Staat kann **Rationierungs-Coupons verkaufen**. Es werden q_1 Coupons gedruckt und es wird verkündet, daß eine Gütereinheit nur dann gekauft werden kann, wenn der Konsument mit dem Preis einen Coupon aushändigt. Offensichtlich ist der Preis, den ein Konsument für ein Rationierungscoupon zu zahlen gewillt ist, gleich der Differenz zwischen dem Preis, den er für das Gut ausgeben möchte und dem Preis p_{max}, den er tatsächlich für das Gut bezahlt. In der Tat ist die Nachfragekurve für die Rationierungscoupons identisch mit der Güternachfragekurve, außer daß die horizontale Achse nach oben um p_{max} verschoben wird. Der Markt für Rationierungscoupons wird in Figur 5.9 illustriert. Es gibt Konsumenten, die zumindest p_0 für q_1 Einheiten des Gutes bezahlen möchten, so daß sie gewillt sind $p_0 - p_{max}$ für q_1 Rationierungscoupons zu zahlen und dies wird der Gleichgewichtspreis sein, den der Staat verlangen kann. Die Konsumenten bezahlen effektiv p_0 für das Gut, nämlich p_{max} an den Produzenten und $p_0 - p_{max}$ an den Staat, wenn q_1 konsumiert wird. Der Staat erhält einen Ertrag aus dem Verkauf der Rationierungscoupons, der durch die Flächen A und C in Figur 5.8 wiedergegeben wird. Das Ergebnis ist mit dem identisch, das sich dann einstellen würde, wenn der Staat eine Steuer in Höhe von $p_0 - p_{max}$ erhoben hätte. Es gibt einen Effizienzverlust an Konsumentenrente und für die Gewinne, der durch die Flächen B und D wiedergegeben wird.

(ii) Der Staat kann die **Rationierungscoupons umsonst ausgeben und ihren Wiederverkauf zulassen.**

Der Unterschied zwischen diesem und dem vorigen Fall ist, daß die Coupons den Wirtschaftssubjekten und nicht dem Staat gehören, wenn sie auf den Markt kommen. Der Markt wird weiterhin durch die Figuren 5.8 und 5.9 illustriert. Nun kommt der Ertrag A + C aber den ursprünglichen Eigentümern der Coupons zu und nicht dem Staat.

(iii) Der Staat kann die **Rationierungscoupons ausgeben und ihren Wiederverkauf verbieten**. Leicht sieht man, daß dies für jeden Konsumenten schlechter als die Möglichkeit (ii) ist. Dem Konsumenten, der gewillt wäre, mehr als p_0 für eine zusätzliche Gütereinheit zu bezahlen, das heißt, mehr als $p_0 - p_{max}$ für einen zusätzlichen Rationierungscoupon zu zahlen bereit ist, wird nicht erlaubt, diese Transaktion durchzuführen.

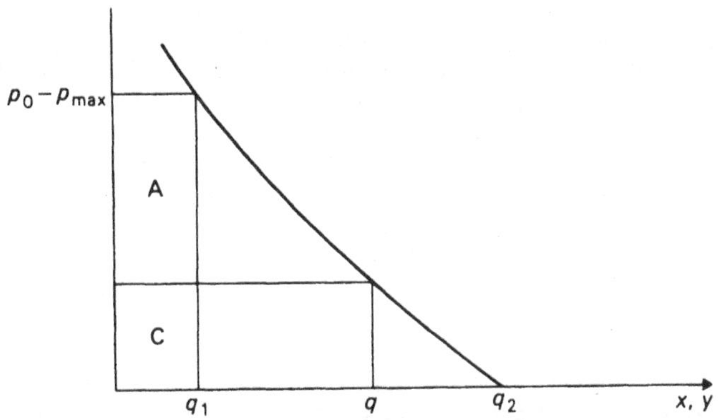

Figur 5.9 Der Markt für Rationierungscoupons

Andererseits würde der Konsument, der $p_0 - p_{max}$ in bar dem Halten eines Rationierungscoupons vorgezogen hätte, das heißt, der Konsument, der eine marginale Einheit des Gutes geringer als p_0 einschätzt, auch daran gehindert werden, die Transaktion durchzuführen, die ihn besser gestellt hätte.

(iv) Die Güter können durch **Warteschlangen zugeteilt werden, wobei ein Wiederverkauf der Güter zugelassen ist.** Dann würde der Preis p_0 der Gleichgewichtspreis sein und da ein Gewinn von $p_0 - p_{max}$ durch die Warteschlange erzielt werden könnte, wenn eine Gütereinheit zum kontrollierten Preis gekauft würde, würde ein Individuum, das seine Zeit mit w pro Stunde bewertet (da dies sein Lohn ist, oder der marginale Wert, den er der Freizeit beimißt) gewillt sein, für h Stunden anzustehen, um eine Einheit zu kaufen, wobei $wh = p_0 - p_{max}$. In diesem Fall haben wir die Effizienzverluste B und D wie zuvor und die Flächen A und C repräsentieren nun den Wert der Zeit, der mit Warten verbracht wird, was einen weiteren Verlust für die Gesellschaft ausmacht. Dieses Arrangement ist unzweifelhaft schlechter als die Arrangements (i) und (ii).

(v) Es gibt schließlich die Möglichkeit der **Allokation durch Schlangenbildung mit einem verbotenen Wiederverkauf**. Diesen Fall kann man nur schwer mit (iv) vergleichen. In (iv) konnten die Konsumenten jemand anderen dafür bezahlen, für ihn Schlange zu stehen. Nun müssen sie selbst Schlange stehen. Einige Konsumenten, die das Gut hoch bewerten, können ihre Zeit noch höher bewerten, so daß sie nicht kaufen. Die Wartezeit wird kürzer sein, als in der vorhergehenden Situation. Es kann jedoch einige Konsumten geben, die nicht in der Lage waren, zum Preis p_0 zu kaufen, die aber nun in der Lage sind, Schlange zu stehen und zum Preis p_{max} zu kaufen, da ihre Bewertung der Zeit w' und die verbrachte Zeit in der Schlange h' die Bedingung $p_{max} + w'h' < p_0$ erfüllen. Diese Konsumenten sind besser gestellt als sie es in (iv) waren. Jene jedoch, die durch die Aussicht auf das Schlangestehen ausgeschlossen werden, sind schlechter gestellt. Jedoch sind die Konsumenten schlechter gestellt als im Fall, in dem man ihnen einfach einen Rationierungscoupon gegeben hatte, den sie nicht verkaufen konnten. Denn dann würden sie das Gut für p_{max} gekauft haben, ohne daß sie die Kosten des Schlangestehens aufzubringen gehabt hätten. Also ergibt sich eine Möglichkeit, die Rationierungscoupons zu verteilen, die das Arrangement (iii) für einige besser und nicht schlechter für alle macht, als es im Arrangement (v) der Fall ist.

Was schließen wir hieraus für den Fall der Preiskontrolle in einem Wettbewerbsmarkt? Ein offensichtliches Argument für eine Preisobergrenze ist, daß diese den Konsumenten nützt. Jedoch haben wir gesehen, daß da eine Knappheit der Güter geschaffen wird, die Preiskontrolle nicht alle Konsumenten begünstigt. Manchmal wird argumentiert, wenn sich die Konsumenten für Güter anzustellen haben, eine fairere Allokation der Ressourcen resultiert, da die ärmeren Wirtschaftssubjekte, die nicht genug Geld haben, wenn die Güter nur durch ihren Preis zugeteilt werden, nun in der Lage sind, Güter zu erhalten, da die Zeit zwischen den Wirtschaftssubjekten gleichmäßiger verteilt ist als das Geld. In der Tat haben ärmere Leute mit niedrigeren Löhnen niedrigere Opportunitätskosten der Zeit, so daß sie es sich eher leisten können, sich anzustellen als reichere Leute. Das Problem mit diesem Argument ist, wie wir gesehen haben, daß es eine Art der Verteilung der Rationierungscoupons gibt, die jedermann besser stellt als die Zuteilung vermöge einer Schlange, da die Schlangen jedermanns wertvolle Zeit vergeuden. Wenn wir also den Armen nützen wollen, sollten wir ihnen dann nicht einfach mehr Rationierungscoupons als den Reichen geben? Oben wurde jedoch gezeigt, daß es für alle besser ist, wenn die Rationierungscoupons wiederverkauft werden können, so daß ein Wiederverkauf erlaubt werden sollte. Wenn der Preis kontrolliert wird, und die Überschußnachfrage durch die Ausgabe wiederverkaufbarer Rationierungscoupons kontrolliert ist, wird der Effekt der gleiche wie bei einer Steuer sein, außer daß der Staat die Steuereinnahmen in Form von wertvollen Coupons weitergibt. Wenn der Staat wirklich etwas für die benachteiligte Position der Armen auf dem Markt machen will, wäre es nicht besser, einfach den Konsum des Gutes zu besteuern und die Steuererträge bar an die Armen zu verteilen?

Übungsaufgaben

5.1 Man finde Argumente dafür, daß es Unternehmern erlaubt wird, Arbeiter für gefährliche Beschäftigungen einzustellen, wobei diese Einstellung nicht von staatlichen Regulierungen über Sicherheit behindert wird. Man identifiziere die schwachen Punkte in diesen Argumenten.

5.2 Man argumentiere für den Konsum und den Handel von Betäubungsmitteln. Gibt es schwache Punkte in diesem Argument?

5.3 Herr A geht in einen Laden und kauft 10 Pfund Kartoffeln zu 16 Pence pro Pfund und 3 Pfund Karotten zu 10 Pence pro Pfund. Herr B geht in einen anderen Laden und kauft 6 Pfund Kartoffeln zu 13 Pence pro Pfund und 3 Pfund Karotten zu 10 Pence pro Pfund. Wenn angenommen wird, daß das Gemüse von gleicher Qualität ist, diskutiere man die Möglichkeit eines beide besser stellenden Tausches zwischen A und B, falls sie sich treffen sollten.

5.4 Zwei Konsumenten haben einen Bestand von Gütern (x_1^1, x_2^1) und (x_1^2, x_2^2). Ihre betreffenden Nutzenfunktionen U^1 und U^2 erfüllen

$$\frac{U_1^1(x_1^1, x_2^1)}{U_2^1(x_1^1, x_2^1)} > \frac{U_1^2(x_1^2, x_2^2)}{U_2^2(x_1^2, x_2^2)}$$

wobei die Subskripte die partielle Differentiation bezeichnen. Welche Art von Tausch ergäbe eine Pareto-Verbesserung?

5.5 Wenn die inverse Nachfragefunktion eines Gutes $p = x^{-b}$ beträgt, wie sieht die Nachfrageelastizität aus? Man gebe die Konsumentenrente zum Preis $p = 1$ an, wenn (i) $0 < b < 1$, (ii) falls $b = 1$, (iii) falls $b > 1$. Man kommentiere das Ergebnis.

5.6 Für den landwirtschaftlichen Markt, der in Abschnitt 5.5 diskutiert wurde, erkläre man sorgfältig, warum der inländische Gleichgewichtspreis ohne staatliche Intervention p_f sein würde und warum er angesichts eines Zolls auf p_f+t steigt.

5.7 (i) Sei angenommen, daß ein Gut vom Ausland importiert wird (und der Einfachheit halber sei angenommen, daß das ausländische Angebot vollkommen elastisch ist) und der Staat wünscht den Konsum dieses Gutes zu vermindern. Man diskutiere die relativen Vorzüge einer Steuer auf den Konsum und einer Importsteuer.

(ii) Wenn stattdessen das Ziel des Staates die Reduktion der Importmenge wäre, dann diskutiere man die relativen Vorzüge einer Produktionssubvention, einer Konsumsteuer und einer Importsteuer.

5.8 Viele große Städte leiden an Straßenverkehrsproblemen, die insbesondere zu Stoßzeiten schwerwiegend sind. Angesichts dieser Tatsache diskutiere man, ob irgendeine der folgenden Maßnahmen gut oder schlecht ist:

(i) Eine Erhebung einer Gebühr für private Fahrzeuge für das Fahren in der Stadt.
(ii) Hohe Gebühren für die ganztägigen Parkmöglichkeiten für private Kraftfahrzeuge und geringe Gebühren für kurzfristiges Parken;
(iii) Eine Reduktion der Parkmöglichkeiten;
(iv) Separate Busfahrbahnen, von denen die privaten Kraftfahrzeuge in den Stoßzeiten ausgeschlossen werden;
(v) Die Forderung, daß die öffentlichen Transportmittel profitabel arbeiten sollen;
(vi) Freier Transport der Rentner mit öffentlichen Transportmitteln, außer zu Stoßzeiten.

***5.9** Hier sind einige Ausschnitte aus einem Artikel in New Statesman vom 28. November 1980.

Heute kostet es 10 Pence, 5 Meilen mit der South Yorkshire-Buslinie zu fahren, verglichen mit 50 Pence für die gleiche Entfernung in West Yorkshire. Im letzten Jahr wurden 64% des Süd-Yorkshire-Einkommens in Form einer Subvention gezahlt, verglichen mit 21% in West Yorkshire. Anders ausgedrückt, jeder Passagier kostet den Zahlern von West Yorkshire 5 Pence, verglichen mit 10 Pence in Süd Yorkshire.

Der Effekt der Preispolitik war, daß die Anzahl der Fahrgäste in den Bussen von Süd Yorkshire anstieg ... und einer der Effekte dieses Anstiegs des Geschäftes war, daß man in Süd Yorkshire einen besseren Gegenwert für sein Geld erhält, wenn man irgendein gemeinsam akzeptiertes Effizienzmaß (vergleiche Tabelle) verwendet.

Die Best-Value Buslinie

	Süd-Yorkshire	West-Yorkshire
Beförderungskosten eines Passagiers	16 p	23 p
Zahl der beförderten Passagiere pro Beschäftigten	52.000	38.000
Durchschnittliche Zahl der Passagiere pro Bus	18	13
Buskosten in einer Meile	£ 1,19	£ 1,33
Zahl der Busmeilen pro Beschäftigten	7.000	6.600
Zahl der gefahrenen Meilen jedes Busses im Jahr	34.000	29.000

Liegt genügend Information vor, um zu beurteilen, welche Buslinie den höchsten Wert hat? Welche ist die Buslinie mit dem höchsten Wert? Falls die Angabe nicht möglich ist, welche zusätzliche Information ist nötig, um zu einem Ergebnis zu kommen?

5.10 Was sind nach Ihrer Meinung die Hauptargumente für und gegen die folgenden Arten von staatlicher Intervention in der Volkswirtschaft:

(i) Die Bereitstellung freier medizinischer Versorgung anstatt eines Systems kommerzieller Versorgung in der Medizin und der Krankenversicherung;

(ii) Die Subvention absterbender Industrien wie der Stahlindustrie, der Schiffbauindustrie und der Textilindustrie;

(iii) Direktinvestitionen und Beteiligung des Staates bei fortgeschrittenen technologischen Projekten, wie des Überschallpassagierflugzeugs, elektronischer Bauelemente und der Raumforschung.

***5.11** Man erweitere das Modell des Abschnitts 5.3 um öffentliche Güter, wobei jedes Individuum einen Preis für jedes öffentliche Gut bezahlt und diese Preise möglicherweise zwischen den Individuen variieren. In einem Wettbewerbsgleichgewicht wählen die Individuen ihren privaten Konsum und ihr Arbeitsangebot für gegebene Preise der öffentlichen und privaten Güter, für gegebene Mengen öffentlicher Güter und gegebenes Nichtarbeitseinkommen. Die Firmen wählen ihre Produktionspläne bei gegebenen Preisen, wobei der Preis eines öffentlichen Gutes für eine Firma die Summe der Preise ist, die den Individuen abverlangt werden. Man zeige, daß ein Wettbewerbsgleichgewicht Pareto-effizient ist.

5.12 Angenommen es gäbe 100 Leute, die gewillt sind, 1000 Pfund zu bezahlen, um eine neue Straße in ihrer Gemeinde zu bekommen, während weitere 100 Wirtschaftssubjekte jeweils 500 Pfund zu zahlen bereit sind. Falls die Straße 125000 Pfund kosten würde, diskutiere man die Wünschbarkeit ihres Baues und jegliche Probleme, beim Versuch, das nötige Geld aufzubringen.

5.13 Sollte für das Ausleihen von Büchern aus öffentlichen Büchereien eine Gebühr erhoben werden?

5.14 Sei angenommen, daß die Nachfragefunktion für die Nutzung einer Brücke gleich

$$p = 100 - 0{,}1x$$

ist, wobei p der Preis in Pfennigen ist, den ein Brückenbenutzer zahlen würde und x die Anzahl der täglichen Überquerungen ist. Wenn es täglich DM 450 kosten würde, die Brücke offen zu halten, sollte sie dann geöffnet werden und wenn ja, wer sollte dafür bezahlen?

5.15 Betrachten wir einen einzelnen Konsumenten auf einem Markt für ein Gut, dessen Preis kontrolliert wird, wie es in Abschnitt 5.8 der Fall war. Man zeichne eine Budgetgerade für dieses Gut und allen anderen Gütern, wenn der Güterpreis p_{max} beträgt, der Konsument aber rationiert wird, wenn er mehr als r Einheiten dieses Gutes kaufen möchte. Nun sei angenommen, daß Rationierungscoupons zu einem Preis von $p_0 - p_{max}$ gekauft und verkauft werden können. Man zeichne eine neue Budgetgerade und zeige, daß der Konsument entweder besser gestellt wird oder zumindest genauso gut dasteht wie bei der ersten Budgetgeraden.

Wie wäre seine Budgetgerade, wenn das Gut in unbegrenzten Mengen zum Preis p_0 gekauft werden könnte? Oder wie wäre sie, wenn die Rationierungscoupons vom Staat zum Preis $p_0 - p_{max}$ gekauft werden müßten, wobei der Preis des Gutes in p_{max} fixiert ist. Welche Annahmen über die Einkommenseffekte müssen deshalb der partiellen Gleichgewichtsanalyse der Möglichkeiten (i) und (ii) des Abschnitts 5.8 zu grundeliegen.

5.16 Sei angenommen, daß in einem Staat Brot zum subventionierten Preis von p verkauft wird. Der Staat limitiert die Menge des verkauften Brotes an ein Wirtschaftssubjekt dadurch, daß jede Person einen nichttransferierbaren Rationierungscoupon hat. Der Staat erlaubt jedoch die Existenz eines freien Marktes für unsubventioniertes Brot in dem jedermann, der mehr Brot will als er Rationierungscoupons besitzt, Brot zum Preis $p_1 > p$ kaufen kann.

Sei angenommen, daß die Konsumenten das Brot nicht wieder verkaufen können, das sie zum subventionierten Preis kaufen und auch, daß das Angebot nichtsubventionierten Brotes vollständig elastisch ist. Man zeige unter Verwendung von Indifferenzkurven zwischen Brot und anderen Gütern mit dem oben implizierten Typus einer Budgetbedingung, wie ein Konsument seine Ausgaben zwischen Brot und anderen Gütern aufteilt. Man betrachte hierzu zwei Konsumenten, wobei einer im Gleichgewicht mehr Brot haben möchte, als es die Zahl der verfügbaren Coupons ihm erlaubt und ein Konsument, der weniger möchte.

Sei angenommen, daß die Gesamtzahl der ausgegebenen Rationierungscoupons geringer ist als die gesamte gekaufte Brotquantität. Nun sei angenommen, daß der Staat den Konsumenten erlaubt, Rationierungscoupons zu kaufen und zu verkaufen, während er diese Coupons frei ausgibt. Wenn das Brot kein inferiores Gut ist, gebe man nach Ableitung von Nachfrage- und Angebotskurven für Coupons den Gleichgewichtspreis eines Coupons an.

5.17 Angesichts der Diskussion in Abschnitt 5.8 gehe man auf Übungsaufgabe 1.32 zurück und überlege, ob man seine Antwort revidieren möchte.

Kapitel 6
Theorien des Nichtwettbewerbsverhaltens

6.1 Einführung

Sowohl in der deskriptiven Theorie der Kapitel 1-4 als auch in der normativen Theorie des Kapitels 5 wird explizit angenommen, daß sich alle Wirtschaftssubjekte kompetitiv verhalten, das heißt, sie nehmen an, daß alle Preise unabhängig von ihren eigenen Aktionen bestimmt werden. Diese Theorien nehmen explizit oder implizit auch an, daß alle Wirtschaftssubjekte voll über alle relevanten Details der Ökonomie, in der sie handeln, informiert sind. In diesem Kapitel werden wir einige Fälle betrachten, in denen diese Annahme nicht gilt und wir werden sehen, daß sehr viele der Schlußfolgerungen der früheren Kapitel beträchtlich modifiziert werden müssen. Es sollte klar sein, daß wir das Wort kompetitiv auf eine Art und Weise gebrauchen, die sich von der Umgangssprache unterscheidet. Das Verhalten, das wir in diesem Kapitel studieren, ist genau so aggressiv an dem Eigeninteresse ausgerichtet wie das Verhalten in den früheren Kapiteln. Der Unterschied liegt nur darin, daß die Wirtschaftssubjekte keine Preisnehmer sind (oder nicht vollständig über die Ökonomie informiert sind, in der sie agieren).

6.2 Die monopolistische Unternehmung

Die vielleicht am wenigsten plausible Wettbewerbsannahme ist die Annahme, daß die Unternehmungen die Preise ihrer Produkte als gegeben betrachten. Wir beginnen deshalb mit dem einfachsten Fall einer Unternehmung, die ein Preissetzer ist und kein Preisnehmer, nämlich dem Fall des Monopols auf einem Markt, der nur von einer Unternehmung bedient wird.

Die Unternehmung produziert den Output y und hat eine Kostenfunktion von c(y). Ihr Outputpreis p ist nicht konstant sondern eine Funktion von y: $p = p(y)$ ist die inverse Nachfragefunktion auf dem Markt für das Produkt, da der Output der Unternehmung die Gesamtquantität ist, die für den Konsumenten verfügbar ist. Da $p'(y) < 0$, sieht sich die Firma einer nach unten geneigten Nachfragefunktion gegenüber.

Das Gewinnmaximierungsproblem für eine derartige Unternehmung ist

$$\max_y ! \; p(y)\, y - c(y). \tag{1}$$

Die Bedingung erster Ordnung ist

$$p(y) + p'(y)\, y - c'(y) = 0. \tag{2}$$

Die Bedingung zweiter Ordnung ist

$$2p'(y) + p''(y)\, y - c''(y) < 0, \tag{3}$$

(vergleiche (2.49)-(2.51)). Also erhalten wir als notwendige Bedingung, daß die Grenzkosten $c'(y)$ nicht gleich dem Preis, sondern gleich dem Grenzertrag (MR) gesetzt werden müßten. Der Grenzertrag ist definiert als (MR = marginal revenue)

$$MR = R'(y) = p(y) + p'(y)\, y, \tag{4}$$

während der Ertrag der Unternehmung gleich

$$R(y) = p(y)\, y \tag{5}$$

ist. Der Grenzertrag besitzt eine sehr einfache Interpretation. Wenn eine Wettbewerbsfirma eine zusätzliche Einheit Output verkauft, erhält sie p. Ein Monopolist jedoch muß seinen Preis reduzieren, um mehr zu verkaufen, wenn der gesamte Output zu einem einzigen Preis verkauft werden soll, so daß der zusätzliche Gewinn aus folgender Differenz besteht: Der Ertrag einer zusätzlichen Einheit $p(y)$ minus dem Betrag, den die Unternehmung verliert, wenn sie den Preis reduziert, zu dem der ursprüngliche Output verkauft wird, $p'(y)\, y$. (Man erinnere sich, daß $p'(y) < 0$). Wir können also gleichsetzen

$$MR = p\left(1 + \frac{y}{p}\frac{dp}{dy}\right) = p\left(1 + \frac{1}{e_{xp}}\right), \tag{6}$$

wobei e_{xp} die Preiselastizität der Nachfrage für das Gut bezeichnet, da die inverse Nachfragefunktion $p(y)$ durch Inversion der Nachfragefunktion $x(p)$ abgeleitet wird und man $x = y$ setzt. Folglich ist MR positiv genau dann, wenn $e_{xp} < -1$, d.h. $|e_{xp}| > 1$.

Aus Gleichung (4) sehen wir, daß für $y = 0$, MR und $p(0)$ gleich sind, sonst aber $MR < p(y)$ gilt. Betrachten wir z.B. die lineare Funktion $p = a - by$. Wir erhalten $R = ay - by^2$, so daß $MR = a - 2by$. Die Grenzertragskurve ist eine Gerade, die zweimal so steil verläuft wie die Nachfragekruve, wenn die Nachfragekurve auch linear verläuft.

Figur 6.1 gibt eine grafische Darstellung eines gewinnmaximierenden Monopolisten. Die Gewinne werden im Punkt y_1 maximiert, in dem MC = MR und MC schneidet MR von unten, so daß die Bedingung zweiter Ordnung (die als $d(MR - MC)/dy < 0$) geschrieben werden kann) erfüllt ist. Der Wert der Gewinne ist gleich

$$p(y_1)\, y_1 - c(y_1) = (p_1 - AC_1) y_1.$$

Wie in der Theorie einer Wettbewerbsunternehmung ist es möglich, daß ein Monopolist überhaupt nicht produzieren will. Dies ist dann der Fall, wenn seine maximalen Gewinne negativ sind. Leicht kann man auch Beispiele für eine monopolistische Unternehmung konstruieren, in denen der Monopolist kurzfristig weiterproduziert, auch dann, wenn Verluste gemacht werden (vgl. Übungsaufgabe 6.1).

Man beachte, daß man keine Angebotsfunktion für einen Monopolisten definieren oder eine Angebotskurve zeichnen kann. Gleichung (2) kann nicht nach y als Funktion von p aufgelöst werden, da p nicht exogen ist. Aus der Kenntnis der

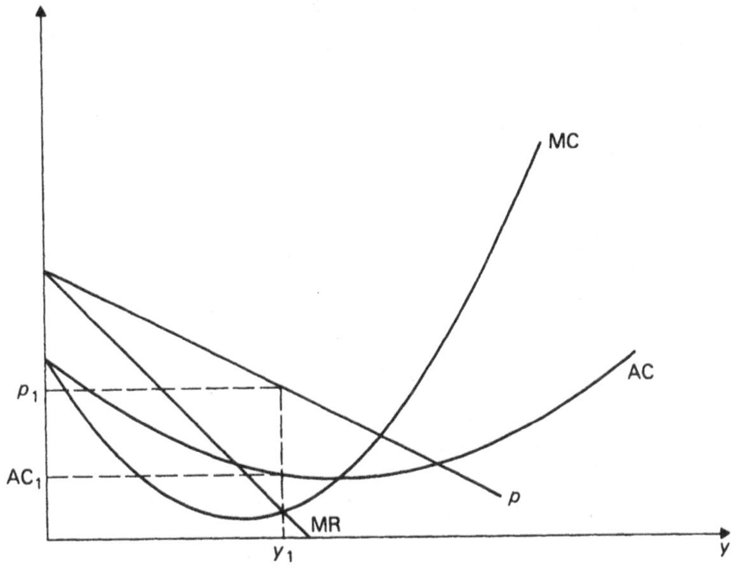

Figur 6.1 Ein gewinnmaximierender Monopolist

Kostenfunktion der Unternehmung, dem tatsächlich geforderten Preis können wir nicht die angebotene Menge deduzieren. Die Entscheidungen der Unternehmung hängen von den Annahmen der Unternehmung über die Gestalt und Lage der Nachfrage und Grenzertragskurven ab.

Stellen wir uns vor, daß wir zwei Industrien mit identischer Nachfrage- und Grenzkostenfunktion vergleichen, wobei die eine eine Wettbewerbsindustrie ist und die andere Industrie aus einer einzigen, monopolistischen Unternehmung besteht. Leicht kann man zeigen, daß im monopolistischen Fall der Output geringer sein wird. In der Wettbewerbsindustrie ist die Angebotskurve der Industrie gleich der Grenzkostenkurve, die wiederum durch Addition der Grenzkostenkurven der Unternehmungen (der Angebotskurven) erhalten wird. Der Output wird so gewählt, daß der Preis gleich den Grenzkosten ist, da alle Unternehungen Preisnehmer sind. Der preissetzende Monopolist wählt im Gegensatz dazu eine Preis-Output-Kombination, die die Bedingung Grenzertrag gleich Grenzkosten erfüllt. Die Abbildung 6.1 macht klar, daß der Output des Monopolisten geringer ist. Die ökonomische Logik dahinter ist einfach: Durch die Beschränkung des Outputs kann der Monopolist den Preis und den Gewinn erhöhen. In einer Wettbewerbsindustrie würde das Gleiche gelten, doch hat keine Unternehmung einen Anreiz, den Output zu senken, da die Entscheidung einer einzigen Unternehmung nicht den Preis beeinflußt und somit wird die größere Menge produziert. (Jedoch ignoriert dieser Vergleich, daß diejenigen Industrien, die sich zu Monopolen entwickeln, diejenigen sind, in denen beträchtliche „Economies of Scale" vorkommen, mit anderen Worten, Industrien mit wachsenden Skalenerträgen sind. Der Fall 6 des Abschnittes 3.4 zeigte, daß das Wettbewerbsverhalten in einer Industrie in dieser Lage wahrscheinlich nicht beibehalten wird).

Die Logik des monopolistischen Verhaltens wirft auch Licht auf die Preisbildung für einige Arten von Arbeit. Es gibt viele Beschäftigungen – hauptsächlich die Berufe wie z.B. Ärzte, Rechtsanwälte und Buchhalter, aber auch Berufe mit geringeren Anforderungen an die Geschicklichkeit, wie z.B. bei Zeitungsdrukkern und Dockarbeitern – bei denen Gewerkschaften den Eintritt neuer Beschäftigten kontrollieren. Die Ziele der Gewerkschaften sind möglicherweise zu komplex, um als Gewinnmaximierungsverhalten in irgendeinem Sinn charakterisiert zu werden, aber diejenigen Gewerkschaften, die den Eintritt kontrollieren können, üben sicherlich diese Kontrolle in der Kenntnis aus, daß ein beschränktes Angebot einen höheren Preis impliziert.

Eine monopolistische Unternehmung kann so geringen Einfluß auf jedem der Märkte, in denen sie die Inputs kauft, haben, so daß sie sich als Preisnehmer auf diesen Märkten verhalten kann. Die in den Abschnitten 2.4-2.8 entwickelte Theorie der Kostenminimierung kann dann ohne Qualifikation angewendet werden, so daß die Kostenfunktion, die als c(y) oben geschrieben wurde, tatsächlich gleich c(**w**, y) ist, wobei **w** der Vektor der Inputpreise ist. Es ist leicht, zu zeigen (vgl. Übungsaufgabe 6.2), daß in einem derartigen Monopol mit einer Produktionsfunktion $y = F(\mathbf{z})$, die Inputs in den Mengen beschafft werden, die

$$MR \frac{\partial F}{\partial z_i} = w_i \qquad i = 1, \ldots, n \tag{7}$$

erfüllen (vgl. 2.6). Die Logik dahinter sollte klar sein. Die Grenzkosten eines Inputs werden den Grenzerträgen gleichgesetzt, wobei der Inputpreis gleich den Grenzkosten ist und der Grenzertrag dem Anstieg des Ertrags entspricht, der durch eine zusätzliche Outputeinheit erzielt wird. Der Ausdruck auf der linken Seite von (7) wird **Wertgrenzprodukt** des Inputs i genannt.

Eine große Unternehmung kann jedoch auf den Beschaffungsmärkten so einflußreich sein, daß der Inputpreis von der gekauften Menge abhängt, so daß gilt $w_i = w_i(z_i)$ mit $w_i'(z_i) > 0$. Für eine derartige Unternehmung ist die Kostenminimierung als auch die Gewinnmaximierung im Vergleich zu einer Wettbewerbsunternehmung unterschiedlich. Die Gleichung (2) beschreibt die optimale Wahl des Outputs, und es ist nicht schwierig (vgl. Übungsaufgabe 6.5) zu zeigen, daß die optimale Wahl der Inputs durch die Gleichungen

$$(p(y) + p'(y)y) \frac{\partial F}{\partial z_i} = w_i(z_i) + w_i'(z_i)z_i \qquad i = 1, \ldots, n \tag{8}$$

beschrieben wird, die alternativ als

$$p\left(1 + \frac{1}{e_{xp}}\right) \frac{\partial F}{\partial z_i} = w_i \left(1 + \frac{1}{e_{zi}}\right) \qquad i = 1, \ldots, n \tag{8a}$$

oder

$$MR \frac{\partial F}{\partial z_i} = MC_i \quad i = 1, \ldots, n \tag{8b}$$

angegeben werden können, wobei

$$e_{zi} = w_i/(w_i'(z_i)z_i) = (w_i/z_i)(dz_i/dw_i)$$

die Elastizität des Angebots des Inputs i für die Unternehmung ist. MC_i steht für die Grenzkosten des Inputs i. Wenn $w_i'(z_i) > 0$ gilt, dann ist MC_i größer als w_i aus genau dem gleichen Grund wie MR kleiner als p ist. Die Kosten der Beschaffung einer zusätzlichen Einheit von Input i sind gleich dem Preis, der gezahlt werden muß plus dem Anstieg des Preises, der für die existierenden Inputeinheiten i bezahlt werden muß, um eine zusätzliche Einheit anzuziehen, wenn der gleiche Preis für alle gezahlt werden muß. Eine Unternehmung, die auf diese Art und Weise ein Preissetzer auf einem Inputmarkt ist, heißt **Monopsonist** oder **Monopson**.

6.3 Wohlfahrtsökonomik des Monopols

Wir haben gesehen, daß ein Monopolist das Outputniveau produziert, für das der Outputpreis größer als die Grenzkosten der Produktion ist. Das Argument in Abschnitt 5.1, daß in einem Wettbewerbsmarkt das korrekte oder effiziente Outputniveau produziert wird, hängt entscheidend von der Tatsache ab, daß der Preis gleich den Grenzkosten ist. (Auch das formale Argument in Abshcnitt 5.3, daß ein Wettbewerbsgleichgewicht Pareto-effizient ist, verwendet in seinem letzten Schritt die Tatsache, daß die Unternehmungen Preisnehmer sind). So sollten wir nicht überrascht sein, daß in einem monopolisierten Markt die Produktion auf einem ineffizient niedrigen Outputniveau stattfindet.

Abb. 6.2 reproduziert Abb. 6.1 mit der Ausnahme, daß die AC- und MR-Kurven der Übersichtlichkeit halber weggelassen wurden. Nehmen wir an, der Preis wäre von p_1 auf p_2 reduziert und die verkaufte Menge von y_1 auf y_2 angehoben worden. Die Konsumentenrente würde sich um den Betrag, der durch Flächen A und B wiedergegeben wird, erhöhen.

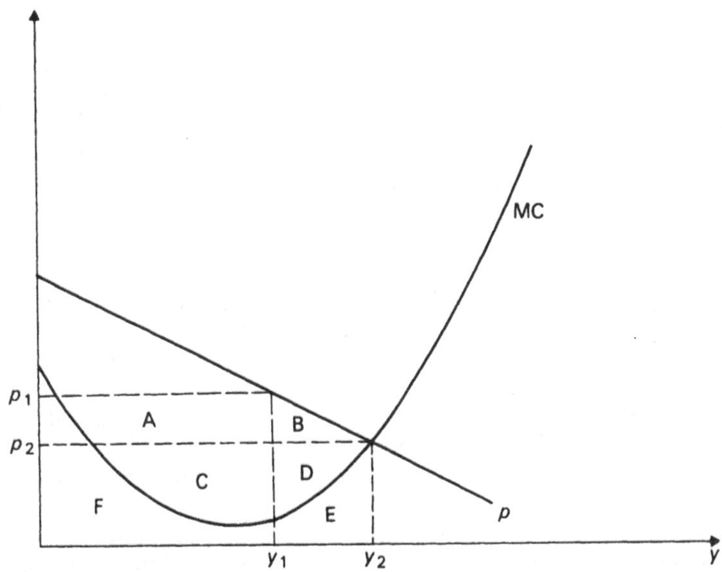

Figur 6.2 Die Ineffizienz des Monopols

Der Verkaufserlös würde sich von A + C + F auf C + D + E + F verändern, so daß er um den Betrag D + E − A anstiege. Die Kosten würden sich um E erhöhen, so daß die Gewinne sich um A − D vermindern. (Wir wissen, daß die Gewinne zurückgehen werden, da y_1 das gewinnmaximierende Outputniveau des Monopolisten darstellt). Somit ist die Zunahme der Konsumentenrente größer als die Abnahme des Gewinnes nämlich um den Betrag, der durch die Fläche B + D wiedergegeben wird.

Wie kann nun der Output von y_1 auf y_2 angehoben werden? Unsere Analyse der Externalitäten auf Wettbewerbsmärkten legt nahe, daß Steuern und Subventionen eine geeignete Maßnahme für eine Verschiebung des Gleichgewichts darstellen. Der Monopolist berücksichtigt den Ertragsverlust aus seinen laufenden Verkäufen, wenn er seinen Preis senkt, um die Verkäufe zu erhöhen, doch stellt dies keinen wahren Verlust für die Gesellschaft dar, sondern nur einen Transfer vom Monopolisten an seine existenten Kunden. Also unterschätzt der Monopolist den wahren sozialen Wert des Outputs und somit ist eine Subvention eine geeignete Politik. Wenn eine Subvention von s pro Einheit bezahlt wird, dann werden die Gewinne gleich $p(y)\,y + sy - c(y)$ sein, wobei $p(y)$ den Preis bezeichnet, der von den Konsumenten bezahlt worden ist, so daß eine notwendige Bedingung für die Maximierung gleich

$$p(y) + p'(y)\,y + s - c'(y) = 0 \tag{9}$$

ist, das heißt

$$MR = c'(y) - s \tag{10}$$

Die Bedingung zweiter Ordnung ist immer noch (3). Gleichung (9) definiert y als eine implizite Funktion von s, und die Differentiation ergibt uns

$$(c''(y) - 2p'(y) - p''(y)y)\,\frac{dy}{ds} = 1 \tag{11}$$

so daß $dy/ds > 0$, wenn (3) erfüllt ist. Offensichtlich erhöhen sich die Gewinne auch mit s. Tatsächlich kann man leicht zeigen, daß wenn $\pi(s)$ die maximalen Profite für ein gegebenes s darstellt, $d\pi/ds = y$ gilt (Vgl. Übungsaufgabe 6.6(a)). Graphisch kann dies dadurch veranschaulicht werden, daß man eine Kurve MC − s zeichnet, die s Einheiten unterhalb der MC Kurve verläuft, wobei der Schnittpunkt dieser neuen Kurve mit der MR-Kurve das neue Outputniveau bestimmt. Um das optimale Outputniveau y_2 für den Fall, der in den Abbildungen 6.1 und 6.2 gezeigt wird, zu erhalten, ist es notwendig, eine Subvention einzuführen, die gleich der vertikalen Entfernung zwischen MC und MR im Punkte y_2 ist. Dann müssen wir in die Wohlfahrtsberechnung der Abbildung 6.2 zwei neue Elemente einführen. Ein Betrag $s \cdot y_2$ wird durch den Staat als Subvention ausbezahlt, und der Gewinn des Monopolisten wird sich um $sy_2 - (A - D)$, im Vergleich zum ursprünglichen Gleichgewicht, erhöhen. Es mag paradox erscheinen, eine Politik einzuführen, die den Gewinn des Monopolisten erhöht, aber dies ist ein weiteres Beispiel für einen Konflikt zwischen Effizienz und Einkommensverteilung. Es ist effizient, den monopolistischen Output zu erhöhen, aber um den Monopolisten zu veranlassen dies zu tun, erfordert dies eine Methode, die das Einkommen von den Steuerzahlern auf den Monopolisten transferiert. Müßte der Monopolist eine

Gewinnsteuer mit einer Rate bezahlen, die den Subventionsertrag wieder hereinholt, könnte diese Umverteilung rückgängig gemacht werden. (Es bleibt dem Leser überlassen zu überlegen, warum die Zahlung eines Geldbetrages als Subvention, die dann als Gewinnsteuer zurückbezahlt werden muß, einen Effekt auf das Verhalten der Unternehmung hat – Vgl. Übungsaufgabe 6.6(b).

6.4 Preisdiskriminierung

Die oben gegebene Interpretation des Grenzertrages zeigt, warum ein Monopolist nicht bis zu dem Punkt anbietet, in dem der Preis gleich den Grenzkosten ist. Um einen zusätzlichen Kunden zu gewinnen, müßte der Monopolist den Preis für die existierenden Kunden senken. Wenn die Unternehmung verschiedene Preise für verschiedene Kunden verlangen könnte, gälte dieses Argument nicht mehr. Eine notwendige Bedingung für eine derartige **Preisdiskriminierung** ist, daß das Produkt nicht wiederverkaufbar ist. Beispiele für Preisdiskriminierungen kommen bei Eisenbahnfahrscheinen und Flugtickets, Hotelpreisen, Postgebühren und Arztrechnungen vor.

Perfekte Diskriminierung liegt vor, wenn jeder Konsument mit einem unterschiedlichen Preis für jeden noch so geringen Teil des von ihm konsumierten Gesamtoutputs belastet werden kann. Offensichtlich ist der Satz, der von einer gewinnmaximierenden Firma verlangt werden soll, gleich dem maximalen Preis, den jeder Konsument zu zahlen bereit ist. Diese Information wird durch die inverse Nachfragefunktion gegeben. Der Gesamtertrag wird dadurch gefunden, daß man den Ertrag, der für jeden Teilverkauf erhalten wird, addiert, d.h. durch Integration der inversen Nachfragefunktion. Dies ergibt

$$R(y) = \int_0^y p(x)\,dx \tag{12}$$

(vgl. 5.10). Daß dies das korrekte Maß ist, wird durch die Beobachtung bestätigt, daß $R(0) = 0$ und daß $R'(y) = p(y)$, so daß die Rate, mit dem der Ertrag durch zusätzliche Verkäufe erhöht wird, durch den Preis gegeben wird, zu dem dieser zusätzliche Verkauf gemacht wird. Die Gewinne betragen

$$\pi(y) = \int_0^y p(x)\,dx - c(y) \tag{13}$$

und die notwendige Bedingung für die Gewinnmaximierung ist gleich (wenn man sich erinnert, daß $R'(y) = p(y)$)

$$p(y) - c'(y) = 0 \tag{14}$$

Dies ist die gleiche Regel, wie sie für eine Wettbewerbsindustrie gilt. Der Grund hierfür ist einfach. Da der marginale Verkauf zu einem Preis durchgeführt werden kann, den der Grenzkonsument zu zahlen bereit ist, ohne daß der Preis für schon existierende Verkäufe verringert wird, ist die inverse Nachfragefunktion die Grenzertragsfunktion eines vollständig diskriminierenden Monopolisten.

Damit führt vollständige Preisdiskriminierung zu einem effizienten Outputniveau. Dieser Effizienzgewinn wird von einer Redistribution des Einkommens begleitet, wenn man dies mit einem nichtdiskriminierenden Monopol vergleicht. Der Konsument erhält keine Konsumentenrente, denn alles fließt als Ertrag dem Monopol zu, was wir sehen, wenn wir 5.10 und 5.12 vergleichen. (Leicht kann man Beispiele konstruieren, in denen ein nichtdiskriminierender Monopolist Verluste bei der Produktion machen würde und deshalb nichts produziert. Dagegen wird ein diskriminierender Monopolist ein positives, effizientes Outputniveau produzieren). Wenn wir die vollständige Preisdiskriminierung mit dem Wettbewerbsfall vergleichen, finden wir keinen Effizienzunterschied, da in beiden Fällen der Output gleich ist. Doch impliziert die Diskriminierung eine Umverteilung der Konsumentenrente auf den Monopolisten.

An diesem Punkt zahlt es sich aus, auf die Diskussion der öffentlichen Güter in Abschnitt 5.6 zurückzukommen, da die gleichen Streitfragen betoffen sind. Eine effiziente Versorgung mit öffentlichen Gütern wird gesichert, wenn der Anbieter öffentlicher Güter als vollständig diskriminierender Monopolist auftreten kann.

Es ist jedoch praktisch unmöglich, daß jede Unternehmung genügend Information über ihren Markt haben kann, um perfekt zu diskriminieren. Deshalb werden in der Tat nur wenige unterschiedliche Preise verlangt. Wir können dies **unvollständige Preisdiskriminierung** nennen. Nehmen wir an, daß der Markt in zwei Teile, mit zugehörigen inversen Nachfragefunktionen $p_1(x_1)$ und $p_2(x_2)$, aufgespalten werden kann. Dann sind die Gewinne der Unternehmungen eine Funktion von x_1 und x_2:

$$\pi(x_1, x_2) = p_1(x_1)\,x_1 + p_2(x_2)\,x_2 - c(x_1 + x_2), \tag{15}$$

da der Output gleich $x_1 + x_2$ ist. Wir haben zwei notwendige Bedingungen für die Gewinnmaximierung.

$$p_i(x_i) + p_i'(x_i)\,x_i - c'(x_1 + x_2) \qquad i = 1, 2, \tag{16}$$

das heißt

$$c'(y) = MR_i = p_i\left(1 + \frac{1}{c_i}\right) \qquad i = 1, 2, \tag{17}$$

wobei MR_i den Grenzertrag auf Markt i bezeichnet und e_i die Elastizität der Nachfrage wiedergibt.

Also gilt für $|e_1| > |e_2|$, daß $p_1 < p_2$: Der diskriminierende Monopolist berechnet einen höheren Preis auf dem Markt, auf dem die Nachfrage eine geringere Elastizität aufweist.

Betrachten wir die Preise für Flugtickets als ein Beispiel. Rückflugtickets mit Bedingungen bezüglich des Vorausbuchens und der Länge des Aufenthaltes sind viel billiger als nicht eingeschränkte Tickets. Das Ziel ist, den Markt in zwei separate Märkte aufzuteilen. Touristen planen ihre Urlaubsreisen im voraus und können üblicherweise die Bedienungen erfüllen. Doch sind die Restriktionen speziell darauf hin ausgerichtet, daß Geschäftsreisende gezwungen sind, die teureren

Flugscheine zu erwerben. Man kann von Geschäftsreisenden erwarten, daß sie eine geringere Elastizität der Nachfrage für Flugreisen aufweisen als Touristen, so daß die Theorie die Praxis zu beschreiben scheint. (Man beachte, daß es nicht zutrifft, wenn man sagt, daß es sinnvoll ist, den Geschäftsreisenden mehr als den Touristen abzuverlangen, weil sie reicher als die Touristen sind, denn es ist die Differenz in der Elastizität der Nachfrage und es sind nicht die Einkommensdifferenzen, die hier den Ausschlag geben).

Dieses Beispiel ist atypisch in dem Sinne, daß die Güter, die beiden Konsumententypen zur Verfügung gestellt werden, im wesentlichen die gleichen sind, da die Restriktionen für Vorausbuchungen und Aufenthaltsdauer nicht signifikant die Kosten für eine Fluggesellschaft beeinflussen. Die meisten Formen der Preisdiskriminierung beinhalten jedoch eine echt unterschiedliche Dienstleistung, die für den Konsumenten produziert wird, um den Markt aufzuspalten. Erste Klasse Flugreisende bekommen ein besseres Essen und haben breitere Sitze als Flugpassagiere der zweiten Klasse, gebundene Ausgaben von Büchern sind fester und dauerhafter eingebunden als Paperback-Ausgaben usw.

Dies kann man in die Theorie mit einfügen, indem man die Kosten von x_1 und x_2 abhängen läßt und nicht von ihrer Summe, so daß die Gewinne gleich

$$\pi(x_1, x_2) = p_1(x_1)\, x_1 + p_2(x_2)\, x_2 - c(x_1, x_2) \tag{18}$$

sind und die Bedingungen erster Ordnung schreiben sich

$$\frac{\partial c}{\partial x_i} = p_i(x_i) + p_i'(x_i)\, x_i, \quad i = 1, 2, \tag{19}$$

das heißt,

$$MC_i = MR_i = p_i \left(1 + \frac{1}{e_i}\right), \quad i = 1, 2 \tag{20}$$

Obwohl also die Grenzkosten des Angebotes für verschiedene Märkte unterschiedlich sein können (da breitere Sitze oder festere Einbände mehr kosten), ist dies nicht die volle Erklärung des Preisunterschiedes. Die Lücke zwischen Preis und Grenzkosten wird auf dem Markt größer sein, der eine niedrigere Elastizität aufweist.

Offensichtlich kann man dies sofort auf den Fall verallgemeinern, indem ein Markt in mehr als zwei Teilmärkte aufgespalten wird.

Da die unvollständige Preisdiskriminierung so aussieht, als wäre sie in der Mitte zwischen der Nichtdiskriminierung und der vollständigen Diskriminierung angesiedelt, ist man versucht, daraus zu schließen, daß sie ein effizienteres Outputniveau als das nichtdiskriminierende Monopol zur Folge hat, aber nicht in dem voll effizienten Niveau der vollständigen Diskriminierung. Jedoch ist die erste Hälfte dieser Schlußfolgerung inkorrekt. Es ist nicht der Fall, daß die imperfekte Diskriminierung notwendigerweise die verkaufte Menge erhöht. Der Leser wird in Übungsaufgabe 6.12 angehalten, dies durch ein Beispiel zu zeigen. Der Punkt ist folgender: Da die Preisdiskriminierung erlaubt, separate Preise auf jedem Markt zu begründen, wird ein Preis gesenkt und der andere im Vergleich zum nichtdiskriminierenden Preis erhöht. (In Übungsaufgabe 6.13 soll man darüber nachdenken, warum sich nicht beide in dieselbe Richtung verändern). Also wird auf einem Markt ermöglicht, daß Konsumenten, die früher vom Konsum ausgeschlossen waren, obwohl sie mehr als die Grenzkosten zu zahlen bereit waren, nun in die Lage versetzt werden, zu konsumieren; doch wird auf dem anderen Markt der Konsum reduziert, so daß die Ineffizienz erhöht wird. Der Effizienzgewinn im ersten Markt muß nicht den Verlust auf dem anderen überwiegen. Im Gegensatz dazu muß es im Fall perfekter Diskriminierung, in dem die gesamte Ineffizienz eliminiert wird, eine Effizienzsteigerung geben.

Fassen wir zusammen. Vom Standpunkt der Effizienz aus sollten die Konsumenten, die bereit sind, die Grenzkosten zu bezahlen, befriedigt werden. Vollständige Preisdiskriminierung erfüllt dieses Ziel, unvollständige Preisdiskriminierung kann näher an dieses Ziel kommen als Nichtdiskriminierung. Beide Typen der Diskriminierung haben auch Implikationen für die Einkommensverteilung, die man als wünschenswert oder als nicht wünschenswert ansehen kann.

Leicht kann man die Theorie auf den Fall eines Monopsons ausweiten. Eine Unternehmung wird den Wunsch haben, unterschiedliche Preise für unterschiedliche Quellen im Angebot des gleichen Inputs anzubieten, wenn die Angebotselastizität zwischen den beiden Quellen unterschiedlich ist. Die detaillierte Ableitung ist dem Leser überlassen (vgl. Übungsaufgabe 6.15).

6.5 Oligopol und Spieltheorie

Im gewissen Sinn stellen die monopolistische Unternehmung und die Unternehmung bei vollständigem Wettbewerb zwei Extremfälle dar. Die eine hat den gesamten Markt für sich, während die andere sich dem Wettbewerb von so vielen anderen Unternehmungen ausgesetzt sieht, daß der Preis, zu dem sie verkauft, außerhalb ihrer Kontrolle ist. Beide Unternehmungen haben jedoch eines gemeinsam: Sie können ihre Pläne formulieren, ohne sich über die Reaktionen ihrer Konkurrenten Gedanken zu machen. Der Monopolist deshalb, weil er keine Wettbewerber hat, und die Wettbewerbsunternehmung deshalb, weil ihre Aktionen allein einen unbedeutenden Effekt auf den Markt als Ganzes haben. In der Realität sind wenige Unternehmungen echte Monopolisten und wenige Industrien bestehen aus echten Wettbewerbsunternehmungen, so daß wir in der Mitte angesiedelte Möglichkeiten zwischen Wettbewerb und Monopol betrachten sollten. Derartige Mischformen werden insgesamt als **unvollständige Konkurrenz** bezeichnet. In fast allen derartigen Fällen, die zwischen den Extremen angesiedelt sind, muß eine Unternehmung explizit die Reaktionen ihrer Konkurrenten und potentiellen Konkurrenten in Rechnung stellen. Das Studium, wie Wirtschaftssubjekte in Situationen handeln, in denen ihre Handlungen die Reaktionen der anderen Wirtschaftssubjkete beeinflussen können, ist der Gegenstand der Spieltheorie.

Eine Industrie, in der es eine geringe Zahl von Unternehmungen gibt, wird **Oligopol** genannt. Der einfachste Annahmenkatalog ist hier der folgende: (i) Unternehmungen schließen sich nicht zusammen; (ii) jede Unternehmung versucht die Gewinne zu maximieren unter der Annahme, daß die Outputs der anderen Unternehmungen fixiert sind. Nehmen wir an, daß die Marktnachfragekurve für ein Produkt linear verläuft.

$$p = a - bx \tag{21}$$

Insgesamt gebe es n Firmen, von denen jede eine lineare Kostenfunktion

$$c_f = cy_f \quad f = 1, \ldots, n \tag{22}$$

aufweist, wobei a, b und c Konstante sind. Die konsumierte Menge x gleicht der Summe der Outputs der Firmen, d.h.:

$$x = \sum_{f=1}^{n} y_f \tag{23}$$

Betrachten wir eine typische Unternehmung, deren Gewinne gleich

$$\pi_f(y_f, x) = (a - bx)\, y_f - cy_f \tag{24}$$

sind. Die Unternehmung versucht, diesen Ausdruck bezüglich y_f unter der Annahme zu maximieren, das die Outputs aller anderen Unternehmungen fixiert sind, so daß wir aus (23) erhalten, $dx/dy_f = 1$. Also haben wir die Bedingungen erster Ordnung

$$a - c - bx - by_f = 0 \tag{25}$$

(Offensichtlich ist die Bedingung zweiter Ordnung erfüllt). Nun wird (25) für alle f erfüllt und wir erhalten nach Summation über alle f und unter Verwendung von (23)

$$n(a - c - bx) - bx = 0, \tag{26}$$

so daß

$$x = \frac{n}{n+1} \, \frac{a-c}{b} \tag{27}$$

und

$$y_f = \frac{1}{n+1} \, \frac{a-c}{b} \tag{28}$$

Das Argument läßt sich für jeden Wert von n anwenden. Für $n = 1$ haben wir das Monopolergebnis $x = (a - c)/2b$. Für wachsendes n sinkt der Output jeder Firma, doch das Gesamtangebot erhöht sich, und wenn sich n Unendlich nähert, erreicht der Output $(a - c)/b$, nämlich den Wettbewerbsoutput, der produziert werden würde, wenn die Unternehmungen Preisnehmer wären. (Man sollte dem letzten Resultat nicht zuviel Bedeutung beimessen. Es wurde in einem sehr einfachen Beispiel abgeleitet. Wichtiger ist, daß es keinen Hinweis gibt, wie der tatsächliche Wert von n in jedem konkreten Fall bestimmt werden kann).

Das Gleichgewicht, das durch (27) und (28) beschrieben wird, wurde unter der Annahme abgeleitet, daß alle Unternehmungen identisch sind und jede Unternehmung handelt, als ob der Output der anderen gegeben wäre. Diese Annahme geht auf den französischen Ökonomen Cournot des 19. Jahrhunderts zurück, und das von uns abgeleitete Gleichgewicht heißt **Cournot-Gleichgewicht**. (Es ist ein Beispiel eines umfassenderen Gleichgewichtskonzepts der Spieltheorie, das man **Nash-Gleichgewicht** nennt). Im Cournot-Gleichgewicht hat keiner der Unternehmungen einen Anreiz, ihren Output vom Gleichgewichtswert weg zu verändern, solange alle anderen Unternehmungen ihre gleichgewichtigen Outputs wählen. Eine weitere Betrachtung dieses Beispiels wird durch die Beschränkung auf den Fall $n = 2$ erleichtert. Ein Oligopol mit zwei Unternehmungen wird Duopol genannt. Gleichung (25) wird für die Unternehmung 1 zum Ausdruck

$$a - c - by_2 - 2by_1 = 0, \tag{29}$$

so daß

$$y_1 = \frac{a - c - by_2}{2b} \tag{30}$$

gilt. Ähnlich wird die Unternehmung 2 y_2 so wählen, daß es

$$y_2 = \frac{a - c - by_1}{2b} \tag{31}$$

erfüllt. Diese Funktionen beschreiben y_1 als Funktion von y_2 und y_2 als Funktion von y_1 und werden **Reaktionsfunktionen** genannt. Die zugehörigen **Reaktionskurven** werden in Abb. 6.3 abgebildet. Das Cournot-Gleichgewicht ist in $y_1 = y_2 = (a - c)/3b$ und wird durch den Punkt C dargestellt, in dem sich beide Kurven schneiden.

Ganz natürlich ist es, zu fragen, ob dieses Gleichgewicht stabil ist. Nehmen wir an, wir beginnen im Punkt $y_2 = 0$, so daß die Firma 1 ein Monopolist ist und den monopolistischen Output $(a - c)/2b$ wählt. Der Markt ist in Punkt P_1. Unternehmung 2 wird reagieren, indem sie y_2 erhöht, so daß wir uns nach Punkt P_2 bewegen. Wenn dieser Wert von y_2 gegeben ist, wird die Unternehmung 1 ihren Output reduzieren wollen, so daß wir auf Punkt P_3 übergehen und dies setzt sich so fort, bis der duopolistische Gleichgewichtspunkt C erreicht wird. Leicht sieht man, daß der Markt gegen C konvergiert, ohne Rücksicht auf den Startpunkt, wenn in jedem Schritt die eine Unternehmung glaubt, daß der Output der anderen Unternehmung fixiert ist. Das Problem mit diesem Argument ist, daß solch ein Glaube sich unmittelbar als falsch erweist und es somit nicht sehr befriedigend ist, eine Theorie auf der Annahme aufzubauen, daß alle Wirtschaftssubjekte auf der Basis von Erwartungen agieren, die sich systematisch als falsch erweisen.

Man stelle sich die Situation im tatsächlichen Gleichgewicht vor. Die erste Unternehmung glaubt, daß y_2 auf dem Niveau $(a - c)/3b$ fixiert ist und dies ist wohl begründet, da y_2 in der Tat diesen Wert annimmt (da umgekehrt die Unternehmung 2 die richtige Erwartung von y_1 hat).

Sei nun angenommen, daß die Unternehmung 1 erkennt, daß die Unternehmung 2 eine Reaktionsfunktion hat, die durch (31) beschrieben wird, und daß

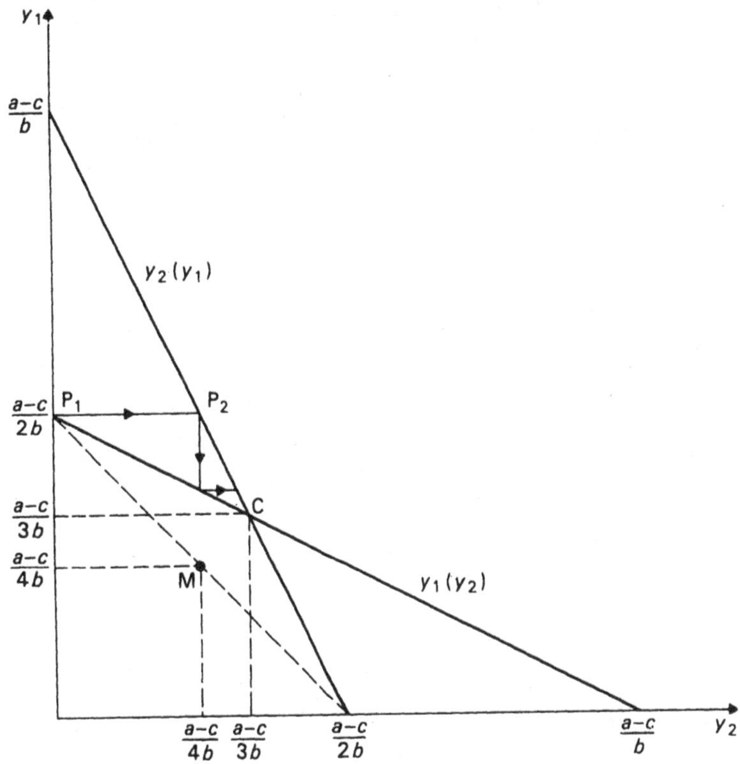

Figur 6.3 Das Cournotsche Duopol

Unternehmung 1 die Gewinne unter der Annahme maximiert, daß (31) erfüllt ist und nicht unter der Annahme, daß y_2 fixiert ist. Also ist das Ziel der Unternehmung 1 gleich

$$\max_{y_1, y_2}! \; (a - by_1 - by_2)\, y_1 - cy_1 \tag{32}$$

unter der Nebenbedingung $y_2 = (a - c - by_1)/2b$

Dies kann man umformen zu

$$\max_{y_1}! \; \frac{1}{2}\,(a - c)\, y_1 - \frac{1}{2} by_1^2 \tag{33}$$

Die Lösung hiervon ist

$$y_1 = \frac{a - c}{2b}, \tag{34}$$

so daß sich

$$y_2 = \frac{a-c}{4b} \tag{35}$$

ergibt.

Dies ist das **„Stackelberg-Gleichgewicht"**, in dem die Firma 1 der **Führer** und die Firma 2 der **Folger** ist. Es wird durch den Punkt S_1 in Abb. 6.4 gezeigt.

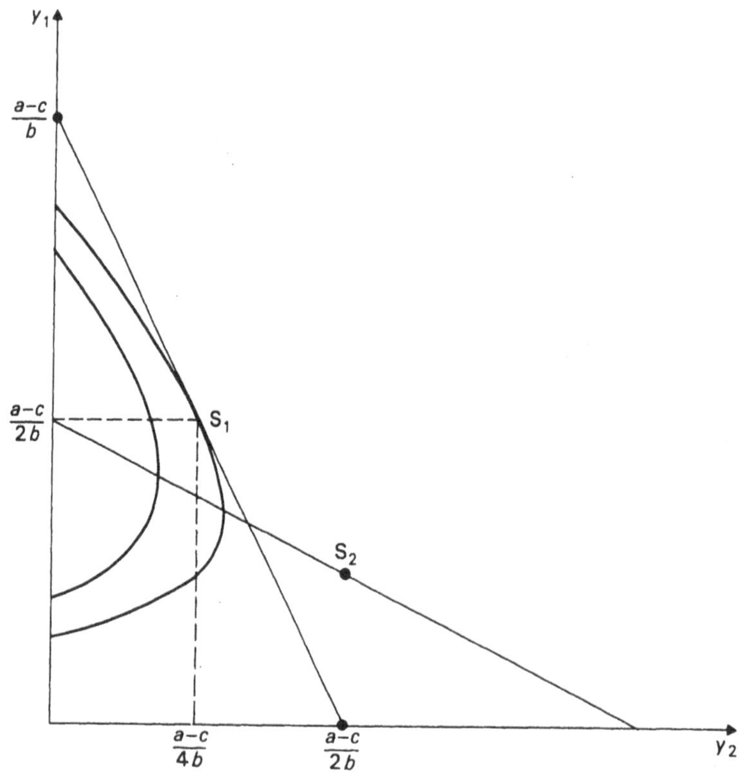

Figur 6.4 Das Stackelbergsche Duopolgleichgewicht

Um den Unterschied zwischen den beiden Gleichgewichten zu verstehen, mag es hilfreich sein, die Höhenlinien der Gewinnfunktion der Firma 1 zu betrachten. Diese Höhenlinien des Diagramms weisen die Eigenschaft auf, daß die Gewinne umso niedriger sind, je weiter entfernt die Höhenlinien vom Monopolpunkt $y_1 = (a-c)/2b$, $y_2 = 0$ liegen. Die Höhenlinien verlaufen vertikal, wenn sie die $y_1(y_2)$ Gerade kreuzen, da diese Gerade so definiert ist, daß die Gewinne bei gegebenem y_2 maximiert werden. Der Stackelberg-Führer wählt den Punkt auf der $y_2(y_1)$ Geraden, der sich auf der höchsten Konturhöhenlinie befindet: Deshalb wird der Punkt S_1 gewählt.

Offensichtlich liegt ein symmetrisches Stackelberg-Gleichgewicht in S_2 vor, in dem die Unternehmung 2 der Führer und die Unternehmung 1 der Folger ist. Dies wirft ein offensichtliches Problem auf, daß in einem Stackelberg-Gleichgewicht eine unerklärte Asymmetrie bleibt. Wenn beide Unternehmungen versuchen, die Führerrolle zu spielen, wird jede von ihnen entdecken, daß ihre Hypothese, daß die andere Firma passiv auf ihrer Reaktionskurve verbleiben wird, unrichtig ist, so daß kein Gleichgewicht existiert, solange beide versuchen zu führen.

Bis jetzt haben wir angenommen, daß sich beide Firmen nicht kooperativ verhalten. Wie jedoch Adam Smith in seinem klassischen Buch „The Wealth of Nations" im Jahre 1776 herausstellte: „Wirtschaftssubjekte der gleichen Branche treffen sehr selten zusammen, ohne daß das Gespräch in einer Verschwörung gegen die Öffentlichkeit oder in einem Plan, die Preise zu erhöhen endet, selbst wenn sie ursprünglich zusammentrafen, um sich zu vergnügen oder Ablenkung zu finden". Bleiben wir beim Duopolbeispiel und betrachten wir die Möglichkeit, daß sich die Firmen **zusammenschließen.** (In der Sprache der Spieltheorie betrachten wir die Möglichkeit einer **kooperativen** Lösung des Spiels). Wenn die Unternehmungen zusammenarbeiten und ihren gemeinsamen Gewinn maximieren, müssen sie das Outputniveau so wählen, daß

$$\max_{y}!\ (a - by)\,y - cy \tag{36}$$

verwirklicht wird. Als Lösung ergibt sich natürlich das Monopolgleichgewicht $y = (a - c)/2b$. Wir müssen dann entscheiden, wie wir die Produktion und die Gewinne zwischen den Firmen verteilen, aber es ist offensichtlich für sie, sich auf folgende Lösung

$$y_1 = y_2 = \frac{a - c}{4b} \tag{37}$$

zu einigen. Dieser Punkt wird durch M in der Abb. 6.3 wiedergegeben.

Es gibt jedoch bei dieser kooperativen Lösung ein schwerwiegendes Problem: Jede Unternehmung hat einen Anreiz, die Vereinbarung zu brechen. Sei angenommen, daß $a = 13$, $b = 1$ und $c = 1$, so daß das Cournot-Gleichgewicht $y_1 = y_2 = 4$ beträgt, während die kooperative Lösung gleich $y_1 = y_2 = 3$ ist. Machen wir auch der Einfachheit halber die völlig willkürliche Annahme, daß die Unternehmungen übereingekommen sind, jeweils 3 Einheiten zu produzieren und bei der Überlegung, das Übereinkommen zu brechen, sie nur ein Outputniveau in der Größe von 4 als Alternative betrachten. Leicht berechnet man die Gewinne, die zu den Outputs gehören, wie sie in folgender Tabelle gezeigt werden:

	$y_2 = 3$	$y_2 = 4$
$y_1 = 3$	$\pi_1 = 18$ $\pi_2 = 18$	$\pi_1 = 15$ $\pi_2 = 20$
$y_1 = 4$	$\pi_1 = 20$ $\pi_2 = 15$	$\pi_1 = 16$ $\pi_2 = 16$

Die Unternehmungen befinden sich nun in einer Situation, die die Spieltheoretiker als das **Gefangenendilemma** beschreiben. Die Unternehmung 1 kann argumentieren: Wenn sich Unternehmung 2 an das Übereinkommen hält $y_2 = 3$ zu wählen, kann sie ihre Gewinne von 18 auf 20 dadurch erhöhen, daß sie das Übereinkommen bricht; wenn unterdessen die Unternehmung 2 das Übereinkommen bricht und $y_2 = 4$ setzt, kann die Unternehmung 1 ihre Gewinne von 15 auf 16 erhöhen, wenn sie auch das Übereinkommen bricht. Also besitzt die Unternehmung 1 einen eindeutigen Anreiz, das Produktionsniveau $y_1 = 4$ zu wählen. (Wenn eine Handlung besser als eine andere Handlung ist, ohne Rücksicht auf die Handlung des gegnerischen Wirtschaftssubjekts, dann nennen die Spieltheoretiker diese Handlung eine **dominante Strategie**). Im Symmetriefall wird die Unternehmung 2 das Produktionsvolumen $y_2 = 4$ setzen, und beide Unternehmen sind schlechter gestellt als im Fall, in dem sie ihr Übereinkommen eingehalten hätten. (Wenn man von den aufgeworfenen Streitfragen hinreichend motiviert wird, um sich weiter mit Spieltheorie zu beschäftigen, wird man rasch herausfinden, warum dieses Problem den Namen „Gefangenendilemma" bekommen hat).

Dies illustriert, warum Abkommen, zusammen zu arbeiten zwischen Unternehmungen (die man oft Kartelle nennt) instabile Arrangements sind. Wir sollten jedoch nicht voreilig den Schluß ziehen, daß die Übereinkunft platzen muß. Es ist plausibel, daß die oben beschriebene Situation sich von Periode zu Periode wiederholt. Sei angenommen, daß die Unternehmung 1 der Unternehmung 2 mit folgender Drohung kommt: „Wenn Sie ein Produktionsvolumen von $y_2 = 4$ zu irgendeiner Zeitperiode wählen, dann werden wir $y_1 = 4$ in den folgenden beiden Perioden produzieren". Wenn die Unternehmung 2 dann betrügt, werden ihre Gewinne von 18 auf 20 in der ersten Periode steigen, aber dann auf 16 in den nächsten beiden Perioden abfallen. Der Gewinn von 2 Einheiten in der ersten Periode wird kaum den Verlust von 4 in den verbleibenden 2 Perioden aufwiegen und die Unternehmung 2 berechnet, daß es das Beste ist, y_2 auf dem Niveau 3 aufrechtzuerhalten.

In der Zwischenzeit natürlich macht sie eine analoge Drohung gegenüber Unternehmung 1, um zu sichern, daß y_1 auf dem Niveau 3 verbleibt.

In diesem einfachen Beispiel haben wir bisher erreicht, 4 verschiedene Gleichgewichte zu beschreiben, die alle nicht gleichermaßen plausibel, aber alle sicherlich möglich sind. Im Cournotschen Duopolgleichgewicht beträgt der Gesamtoutput $2\,(a - c)/3b$ und somit beträgt der Preis $c + (a - c)/3$, im Stackelberg-Gleichgewicht beträgt der Output $3(a - c)/4b$, so daß der Preis $c + (a - c)/4$; im Gleichgewicht bei Kooperation beträgt der Output $(a - c)/2b$ und der Preis ist $c + (a - c)/2$. Alle diese Gleichgewichte zeigen die Eigenschaft, daß der Output geringer als der Wettbewerbsoutput $(a - c)/b$ ist, und daß der Preis über den Grenzkosten c liegt; doch unterscheiden sich die Preise und Mengen ja nach der Entfernung vom Wettbewerbsgleichgewicht.

6.6 Differenzierte Produkte und monopolistischer Wettbewerb

Im Beispiel, das wir im vorhergehenden Abschnitt diskutierten, produzierten die Unternehmungen jeweils das gleiche Produkt und der Preis des Produktes war gerade so hoch, um die gesamte produzierte Menge zu verkaufen. Ein realistischeres Modell des Oligopols würde voraussetzen, daß die Unternehmungen der selben Industrie Güter produzieren, die sehr ähnlich aber nicht identisch sind. Die Unterschiede mögen ziemlich trivial sein, so wie die Verpackung verschiedener Seifen oder sie könnten beträchtlich sein, wie z.B. die detaillierte technische

Differenzierung verschiedener Automobile. Dann kann jede Unternehmung den Preis für ihr eigenes Produkt setzen.

Nehmen wir an, daß zwei Unternehmungen eng miteinander in Wettbewerb stehende aber differenzierte Produkte produzieren. Unternehmung 1 sieht sich einer Nachfragefunktion $y_1 = y_1(p_1, p_2)$ für ihr Produkt gegenüber, wobei p_1 den Preis ihres Produktes bezeichnet und p_2 der Preis des Produktes des Konkurrenten ist, und wobei die partiellen Ableitungen der Nachfragefunktionen $y_{11} < 0$ und $y_{12} > 0$ erfüllen. Ähnlich sei die Nachfragefunktion der Unternehmung 2 gleich $y_2 = y_2(p_1, p_2)$ und sie besitze die Eigenschaften $y_{21} > 0$ und $y_{22} < 0$. Die Kostenfunktionen der Unternehmungen werden gegeben durch $c_1(y_1)$, bzw. $c_2(y_2)$. Wenn die Unternehmung 1 ihren Preis unter der Annahme setzt, daß p_2 gegeben ist, versucht sie, das Problem

$$\max_{p_1}!\; p_1 y_1(p_1, p_2) - c_1(y_1(p_1, p_2)) \tag{38}$$

zu lösen, und die Lösung ergibt $p_1 = p_1(p_2)$ ihre Reaktionsfunktion. Ähnlich kann die Unternehmung 2 ihre Reaktionsfunktion $p_2 = p_2(p_1)$ ableiten. Ein **Cournot-Nash Preisgleichgewicht** würde durch ein Preispaar (p_1, p_2) mit der Eigenschaft

$$p_1 = p_1(p_2(p_1)) \tag{39}$$

dargestellt sein. Ein **Stackelberg-Preisgleichgewicht** mit Unternehmung 2 als Führer würde dadurch abgeleitet werden, daß man annimmt, daß die Unternehmung 2 p_2 so wählt, daß das Problem

$$\max_{p_2}!\; p_2 y_2(p_1(p_2), p_2) - c_2(y_2(p_1(p_2), p_2)) \tag{40}$$

gelöst wird, während (38) weiter das Verhalten von Unternehmung 1 beschreibt. Ein **kooperatives Preisgleichgewicht** ist ein Paar (p_1, p_2), das

$$\max_{p_1, p_2}!\; p_1 y_1(p_1, p_2) + p_2 y_2(p_1, p_2) - c_1(y_1(p_1, p_2)) - c_2(y_2(p_1, p_2)) \tag{41}$$

löst. (Eine derartige Lösung könnte durch eine Gewinnteilungsübereinkunft ergänzt werden).

Wiederum fahren wir mit einem Beispiel fort. Sei angenommen, daß $y_1 = 7 - 2p_1 + p_2$, $y_2 = 7 + p_1 - 2p_2$, $c_1 = y_1$, $c_2 = y_2$. Die Gewinne der Unternehmung 2 sind deshalb

$$\pi_1 = 9p_1 - 2p_1^2 + p_1 p_2 - 7 - p_2 \tag{42}$$

Die Maximierung bezüglich p_1 für ein gegebenes p_2 gibt die Reaktionsfunktion

$$p_1 = \frac{9}{4} + \frac{1}{4} p_2 \tag{43}$$

und symmetrisch dazu die Reaktionsfunktion von Unternehmung 2, $p_2 = (9 + p_1)/4$. Somit haben wir ein Cournot-Nash Preisgleichgewicht

$$p_1 = p_2 = 3 \quad y_1 = y_2 = 4 \tag{44}$$

Die Reaktionsfunktionen werden in Abb. 6.5 dargestellt und das Gleichgewicht befindet sich in Punkt C, wo sie sich die Kurven schneiden.

Im Stackelberg-Gleichgewicht mit Unternehmung 2 als Führer beschreibt (43) das Verhalten von Unternehmung 1, doch maximiert die Unternehmung 2 den Ausdruck:

$$\begin{aligned} \pi_2 &= 9p_2 - 2p_2^2 + p_2\left(\frac{9}{4} + \frac{1}{4}p_2\right) - 7 - \frac{9}{4} - \frac{1}{4}p_2 \\ &= 11p_2 - \frac{7}{4}p_2^2 - \frac{37}{4} \end{aligned} \tag{45}$$

Damit wählt die Unternehmung 2 den Preis $p_2 = 22/7$ und die Unternehmung 1 setzt $p_1 = 85/28$. Dieser Punkt wird durch S_2 in Abb. 6.5 gezeigt.

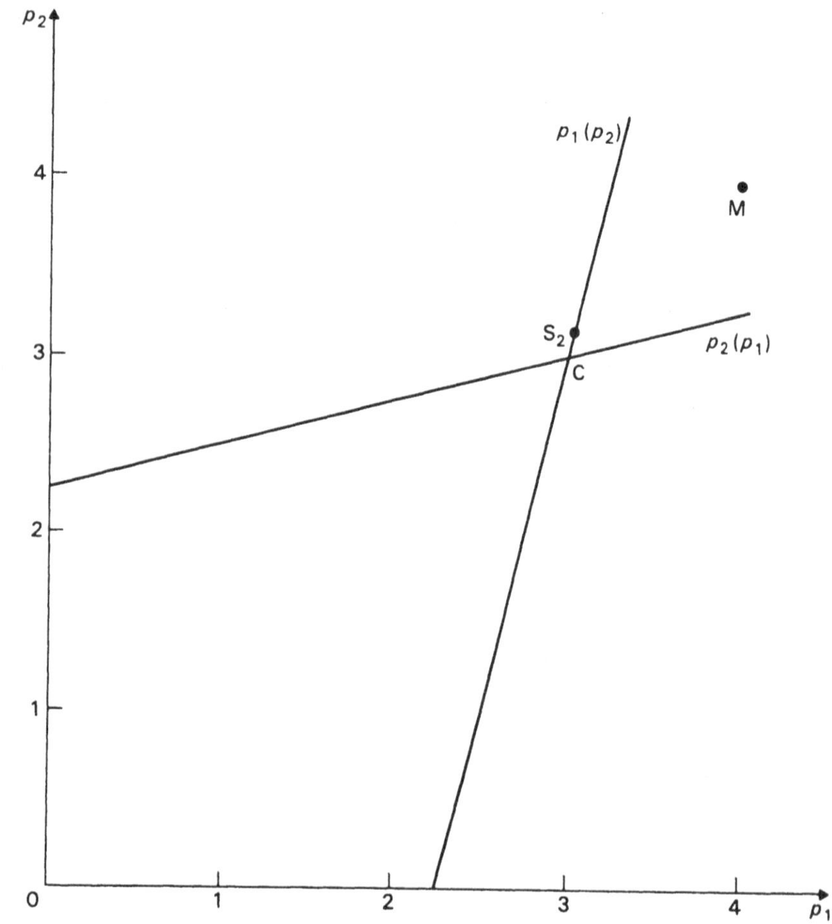

Figur 6.5 Duopol mit differenzierten Produkten

Im kooperativen Gleichgewicht handeln die beiden Unternehmungen zusammen wie ein Monopolist, der zwei Produkte herstellt, und maximieren

$$\pi_1 + \pi_2 = 8(p_1 + p_2) - 2(p_1^2 + p_2^2) + 2p_1p_2 - 14 \tag{46}$$

bzgl. p_1 und p_2. Die Lösung beträgt $p_1 = p_2 = 4$, $q_1 = q_2 = 3$ und sie wird durch den Punkt M in Abb. 6.5 gezeigt.

Kurz gesagt ist dieses Beispiel direkt analog zum Beispiel des vorhergehenden Abschnitts, mit dem einzigen, wirklichen Unterschied, daß hier die Unternehmungen Preise für differenzierte Produkte setzen und nicht die Mengen eines homogenen Produktes festlegen.

Wie im vorhergehenden Beispiel zeigt dies, daß in einem oligopolistischen Markt mehrere Gleichgewichte auftreten können und es nicht offensichtlich ist, welches tatsächliche Ergebnis sich in der Realität einstellt. Vielleicht ist die schwerwiegendste Lücke die Tatsache, daß wir eine feste Zahl von Unternehmungen in der Industrie angenommen haben. In der Realität treten neue Unternehmungen ein oder die Furcht vor solchen Neueintritten modifiziert diese Gleichgewichte. Es ist plausibel, daß sowohl das Cournot-Nash-Gleichgewicht als auch das kooperative Gleichgewicht umso näher am Wettbewerbsgleichgewicht liegt, je leichter es für andere Unternehmungen ist, in eine Industrie einzutreten.

Wir können diese Hypothesen nicht geeignet untersuchen, doch können wir eine Marktstruktur betrachten, in der der Eintritt neuer Firmen von Bedeutung ist. Wir nehmen an, daß es eine große Anzahl von Unternehmungen in der Industrie gibt, aber jede ein Produkt produziert, das sich von dem Produkt der anderen unterscheidet und es keine Zutrittsbarrieren für den Eintritt weiterer Unternehmungen gibt. Diese Marktstruktur heißt **monopolistische Konkurrenz**.

Also sieht sich eine typische Unternehmung einer Nachfragekurve für ihr Produkt gegenüber, die eine Funktion der Preise der Güter aller Rivalen und ihres eigenen Preises ist.

$$y_i = y_i(p_1, p_2, \ldots, p_n) \tag{47}$$

Es gilt $\partial y_i/\partial p_i < 0$ und $\partial y_i/\partial p_j \geq 0$, $j \neq i$. Da die Unternehmung viele Konkurrenten hat, nimmt sie an, daß ihre Rivalen nicht auf ihre eigenen Entscheidungen reagieren, so daß bei ihrer eigenen Preissetzung die Unternehmung die Cournot-Nash Annahme macht, daß die Preise der anderen Firmen gegeben sind. Also ist ihre Zielfunktion gleich

$$\max_{p_i}! \; p_i y_i(p_1, \ldots, p_n) - c_i(y_i(p_1, \ldots, p_n)), \tag{48}$$

wobei $c_i(y_i)$ ihre Kostenfunktion beschreibt. Die Bedingung erster Ordnung ist

$$y_i + p_i \frac{\partial y_i}{\partial p_i} - c_i'(y_i) \frac{\partial y_i}{\partial p_i} = 0 \tag{49}$$

und wenn man sich erinnert, daß die Nachfrageelastizität von y_i bzgl. des eigenen Preises p_i durch

$$e_i = \frac{p_i \, \partial y_i}{y_i \, \partial p_i} \tag{50}$$

gegeben ist, können wir (49) als

$$c_i'(y_i) = p_i \left(1 + \frac{1}{e_i}\right) \tag{51}$$

schreiben, so daß die Unternehmung wie ein Monopolist die Grenzkosten dem Grenzertrag gleichsetzt, doch muß nun der Grenzertrag sorgfältiger definiert werden, nämlich als der Ertrag der Unternehmung für eine zusätzliche Output-Einheit, wenn alle anderen Unternehmungen ihre Preise konstant halten.

Jedoch muß im Gleichgewicht eine weitere Bedingung erfüllt sein. Wenn eine typische Unternehmung positive Gewinne macht, könnten neue Unternehmungen durch die Aussicht auf Gewinne in diesen Markt angelockt werden, wenn sie ein ähnliches Produkt produzieren. Somit wird der Markt bei einer konstanten Anzahl von Unternehmungen nur dann im Gleichgewicht sein, wenn der Preis gleich den Durchschnittskosten ist.

$$p_i = c_i(y_i)/y_i \tag{52}$$

Die Gleichungen (51) und (52) zusammen implizieren, da $e_i < 0$, daß die Grenzkosten $c_i'(y_i)$ geringer als die Durchschnittskosten $c_i(y_i)/y_i$ sind, so daß wir durch Gleichung (3.4) und die begleitende Diskussion wissen, daß die Durchschnittskosten eine abnehmende Funktion des Ouptuts sind.

Das Gleichgewicht der Unternehmung wird in Abb. 6.6 illustriert, in der die Nachfragekurve d_i die Kombination von p_i und y_i angibt, die für die Unternehmung verfügbar sind, wenn die Preise der anderen Unternehmungen konstant sind. MR_i wird unter der gleichen Annahme gezeichnet, und y_i^* ist der von der Unternehmung gewählte Produktionsplan.

Wenn die Nachfragekurve **tangential** zur Durchschnittskostenkurve im Punkte y_i^* verläuft, sind (51) und (52) erfüllt. (Man vergleiche Üungsaufgabe 6.24).

Falls die Nachfragekurve d_i die Durchschnittskostenkurve geschnitten hätte, dann würden die Unternehmungen positive Gewinne machen. Neue Unternehmungen wären eingetreten, obwohl die präzisen Einzelheiten, wie sich d_i verändern würde, auf Grund der Tatsache kompliziert sind, daß wir betrachten müßten, wie sich alle Preise der Unternehmungen aufgrund des Neueintritts verändern würden, ist es ziemlich offensichtlich, daß die d_i-Kurve nach links verschoben worden wäre, bis sich das Tangentengleichgewicht eingestellt hätte. Ähnlich würde für den Fall, daß d_i unterhalb von $c(y_i)/y_i$ läge, Austritte aus der Industrie die Kurve d_i nach rechts verschieben.

Im Gleichgewicht übersteigt der Preis die Grenzkosten und somit gibt es eine Überschußkapazität in dem Sinn, daß die Unternehmungen einen Output produzieren, der geringer ist als der Output, in dem die Durchschnittskosten am niedrigsten sind. Wir müssen uns davor hüten, daraus zu schließen, daß Ineffizienz vorliegt. Wenn in der Abb. 6.6 die Nachfragekurve den Minimalpunkt der Durchschnittskostenkurve schnitte und die Unternehmung dazu verleitet werden würde (durch Besteuerung oder Subventionen), in diesem Punkt zu produzieren, würde der Preis gleich den Grenzkosten sein und die durchschnittlichen Produktionskosten würden so niedrig wie möglich sein. Dies kann aber nur der Fall sein, wenn die d_i-Kurve rechts von der gleichgewichtigen d_i-Kurve läge, d.h. wenn es weniger Unternehmungen auf dem Markt gäbe.

Dem Konsumenten steht in dieser Situation eine geringere Auswahl an Produkte zur Verfügung, und wenn die Konsumenten wirklich eine Vielzahl von Produkten in diesem Markt schätzen, können sie aufgrund der geringeren Zahl von verfübgbaren Produkten schlechter gestellt sein, auch dann wenn die Preise niedriger sind.

Es gibt einen weiteren Punkt beim monopolistischen Wettbewerb, der beachtet werden muß. Da es viele Unternehmungen auf dem Markt gibt, kann es sein, daß jede einzelne Unternehmung die Nachfrageelastizität e_i als sehr hoch empfindet, so daß bei erfüllten Gleichungen (52) und (51) der Preis und die Durchschnittskosten sehr nahe an den Grenzkosten liegen, damit das Ergebnis sich nicht sehr vom vollständigen Wettbewerb unterscheidet.

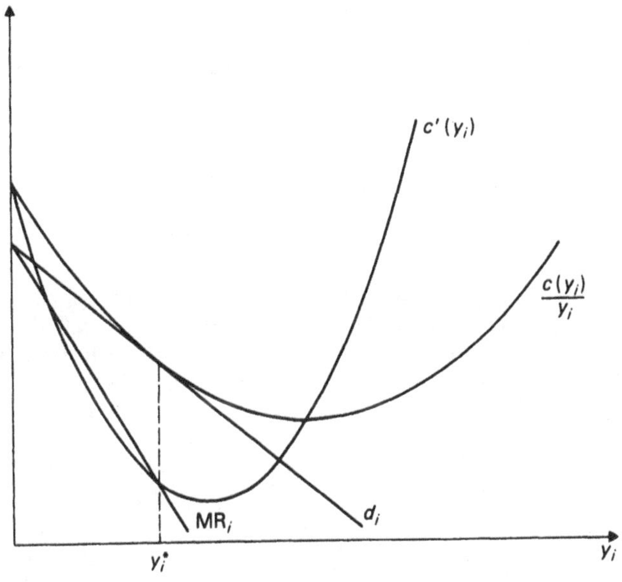

Figur 6.6 Monopolistischer Wettbewerb

Wenn wir schließlich überlegen, welche Märkte im monopolistischen Wettbewerb stehen, sind offensichtliche Beispiele Markenartikel, wie elektronische Konsumgüter, Automobile, Seifen; ferner Dienstleistungen des Einzelhandels wie die eines Gemüseladens. In jedem Fall sind die Güter, die von verschiedenen Anbietern angeboten werden, sehr ähnlich, aber für jeden Verkäufer hinreichend unterschiedlich, so daß er sich einer Nachfrage für sein Gut gegenübersieht, die nicht unendlich elastisch ist. Wenn wir jedoch den Markt für Seifen, Fernsehgeräte und Autos betrachten, betrachten wir Märkte, in denen sowohl in Europa als auch in Amerika fast alle Güter von einer kleinen Zahl von Unternehmungen angeboten werden. Also erscheint ein oligopolistisches Verhalten, in dem jede Unternehmung die Reaktion des Wettbewerbes in Rechnung stellt, plausibler zu sein als das Verhalten, das in der Theorie des monopolistischen Wettbewerbs angenommen wird. Wenn wir Tante-Emma-Läden, Tankstellen, Friseure, Massagesalons usw. betrachten, dann sehen wir, daß viele Anbieter vorhanden sind, aber an jedem Standort gibt es nur eine kleine Anzahl von ihnen, so daß möglicherweise jeder Anbieter glaubt, daß er nur mit einer geringen Zahl von naheliegenden Rivalen in Konkurrenz steht. Somit ist das oligopolistische Verhalten wiederum plausibler als der monopolistische Wettbewerb.

Wenn wir die Diskussion der Theorie des Oligopols und der monopolistischen Konkurrenz zusammenfassen, ist vielleicht die offensichtlichste Feststellung die, daß die Theorie nicht so schlüssig ist, wie die Theorie der Wettbewerbsmärkte oder die Theorie der Monopole. Wir sind dadurch vorangekommen, daß wir auf eine Reihe eng zusammenhängender Beispiele schauten und diese Beispiele zeigten eine große Diversität möglicher Ergebnisse. Die wichtige Frage, wie oligopolistisches Verhalten vom Eintritt neuer Wettbewerber (oder der Furcht vor dem Eintritt solcher Wettbewerber) beeinflußt wird, haben wir nur für den Extremfall monopolistischer Konkurrenz beurteilt, wobei wir das nicht sehr überraschende Resultat erhielten, daß bei geringem Unterschied der Annahmen gegenüber den Annahmen der vollständigen Konkurrenz sich das Ergebnis auch nicht sehr unterscheiden wird.

6.7 Märkte bei unvollständiger Information

Wir sind nun fast in der Lage, verschiedene Teile der Theorie, die wir in diesem Kapitel und im vorhergehenden Kapitel entwickelt haben, zusammenzufügen, doch sollten wir zuvor herausstellen, welche Streitfragen in den von uns entwikkelten Theorien ignoriert wurden. Wir haben angenommen, daß Unternehmungen und Individuen ihre Entscheidungen in einer Umgebung treffen, über die sie die relevanten Informationen haben. Die Unternehmungen kennen die Produktionsfunktionen mit denen sie produzieren, die Konsumenten kennen die Preise und Qualitäten aller Produkte auf dem Markt, der für sie von Interesse ist, usw. In der Realität jedoch sind die Wirtschaftssubjekte über ihre ökonomische Umgebung unvollständig informiert, die Beschaffung von Information verursacht Kosten und die Umgebung verändert sich ständig aufgrund zufälliger Ereignisse (so wie durch das Wetter oder Unfälle) und wegen des nicht prognostizierbaren Verhaltens anderer Wirtschaftssubjekte. Einige der interessantesten und fundamentalsten Fragen der Wirtschaftstheorie handeln davon, wie Institutionen und Wirtschaftssubjekte auf Unsicherheit und unvollkommene Information reagieren. Wir können hier diese Streitfragen nicht richtig untersuchen, doch einige Beispiele können dem Leser dabei helfen bei der Anwendung der entwickelten Theorien auf Situationen, in denen sie nicht ohne Modifikation anwendbar sind, vorsichtig zu sein.

Institutionen und Verhaltensweisen, die aus erster Sicht monopolistisch aussehen mögen und deshalb nicht wünschenswert sind, können sinnvoller dadurch erklärt werden, daß sie als Reaktion auf unvollkommene Information entstehen. Betrachten wir zum Beispiel Patente. Ein Patent gibt dem Erfinder das Recht, über eine Periode von Jahren exklusiv seine Erfindung zu nutzen (oder andere Nutzer dafür bezahlen zu lassen). Er hat deshalb für die Nutzung seiner Erfindung ein Monopol und erzielt Monopolgewinne. Die effiziente Nutzung neuer Erfindungen ist nur möglich, wenn alle Zugang zu ihr haben. Die Funktion des Patents ist es jedoch, potentiellen Erfindern einen Anreiz zu geben, nach nützlichen Erkenntnissen zu forschen. Es gibt keine einfache Antwort auf die Frage, wieviel Patentschutz Erfinder erhalten sollen, um ein richtiges Gleichgewicht zwischen effizienter Verwendung von Information und adequatem Anreiz, neue Entdeckungen zu machen, zu erreichen.

Eine andere offensichtlich monopolistische Praxis ist die übliche Vorgehensweise im professionellen Mannschaftssport, Spieler mit langfristigen Verträgen zu binden, wobei die Spieler manchmal auch dann nicht frei werden, für einen anderen Verein zu spielen, wenn ihr formaler Vertrag ausgelaufen ist. Wenn ein anderer Verein den Spieler einer anderen Mannschaft haben möchte, muß er einen Transferbetrag an den betroffenen Verein bezahlen, damit dieser den Spieler aus seinem Vertrag entläßt. Auf dem ersten Blick scheinen die Vereine zusammen ein Monopson für den Spielermarkt zu organisieren, indem sie verhindern, daß das Gehalt guter Spieler dadurch nach oben getrieben wird, daß verschiedene Vereine sie einstellen möchten. Doch würde die Aufgabe langfristiger Verträge sicherlich die Spielergehälter weniger guter Spieler vermindern, aber gleichzeitig die Gehälter der besten erhöhen. (Die Details dieses Arugments sind dem Leser überlassen). Ein Spieler wird zu Beginn seiner Karriere unsicher sein, als wie gut er sich in der Zukunft herausstellen wird, so daß er ein Beschäftigungssystem akzeptieren wird, in dem sein Gehalt höher sein wird, wenn er sich als weniger guter Spieler entpuppt, in dem aber gleichzeitig sein Gehalt niedriger sein wird, falls er besonders gut sein sollte. Kurz formuliert, die Vereine absorbieren einen Teil des Risikos, denen sich die Spieler gegenübersehen. (Natürlich gibt es ein anderes Merkmal bei dieser Streitfrage. Ein Verein, der sehr gut in der Talenteausbildung ist, wird hohe Transfersummen erzielen, so daß das System auch Anreize bietet, Talente zu suchen und zu fördern ähnlich wie das Patentsystem). Es gibt keine klare Aussage über den genauen Freiheitsgrad für Verträge, der den optimalen Ausgleich zwischen Risikoteilung einerseits und Anreize für Spieler, gut zu sein, andererseits garantiert.

Es gibt Unternehmungen, die sich darauf spezialisieren, Risiken auf sich zu nehmen; solche Unternehmungen heißen Versicherungsgesellschaften. Als Gegenleistung für die Zahlung einer Versicherungsprämie entschädigt die Gesellschaft den Versicherungsnehmer, wenn sein Haus abbrennt, sein Auto gestohlen wird oder er krank wird. Probleme entstehen bei der Behandlung von Versicherungsverträgen, da die Versicherungsgesellschaften unvollständige Information über die Umstände und Verhaltensweisen ihrer Klienten haben. Nehmen wir an, daß man weiß, daß man eine weniger gute Gesundheit als der Durchschnitt hat, die aber nicht so schlecht ist, daß eine ärztliche Untersuchung einen als großes Risiko identifiziert, dann wird man ziemlich begierig sein, eine Krankenversicherung abzuschließen. Wenn man andererseits außerordentlich gesund ist, kann man sich dazu entschließen das Risiko auf sich nehmen, nicht versichert zu sein. Also wird die Versicherungsgesellschaft feststellen, daß ihre Klienten weniger gesund als der Durchschnitt sind, so daß sie sich einer höheren Zahl von Forderungen gegenüber sieht, als wenn die Kunden einen repräsentativen Querschnitt der Bevölkerung bildeten. Dies ist ein Problem der **ungünstigen Selektion**. Dieses Problem entsteht auch auf anderen Märkten. Der Markt für Gebrauchtwagen ist ein Beispiel. Wenn man einen sehr zuverlässigen Wagen besitzt, wird man ihn nicht gerne verkaufen wollen, so daß die Gebrauchtwagen, die zum Verkauf angeboten werden, weniger verläßlich als der Durchschnitt sind. Das Ergebnis der ungünstigen Selektion kann sein, daß gewisse Güterarten, für die Konsumenten gewillt sind zu zahlen, in der Tat nicht angeboten werden.

Ein zweites Problem, das bei der Versicherung entsteht, ist, daß für den Fall der vollen Versicherung eines Hauses gegen Feuerschäden, man weniger sorgfältig mit vorbeugenden Maßnahmen ist. Das Problem des **„moral hazard“** tritt auf. Eine offensichtliche Vorgehensweise, diesem Problem beizukommen, ist für den Versicherer, sich zu weigern, den vollen Wert des Hauses zu versichern, so daß der Eigentümer immer noch Verluste erleidet, wenn das Haus niederbrennt. Ein ehrliches und sorgfältiges Wirtschaftssubjekt, das eine volle Versicherung wünscht, wird dann nicht in der Lage sein, diese zu kaufen. Also wird in Situationen der Unsicherheit und unvollkommener Information man erstens sorgfältig sein müssen, wie man die Funktion gewisser ökonomischer Institutionen beurteilt und zweitens, der Möglichkeiten gewärtig sein, daß gewisse Güter und Dienste nicht für Konsumenten zur Verfügung stehen, auch dann, wenn die Konsumenten bereit sind, die Kosten des Angebots der Güter und Dienstleistungen aufzubringen.

6.8 Zusammenfassung der Ausführungen zur Wohlfahrtsökonomik

Die Analyse, die wir in den letzten beiden Kapiteln dargestellt haben, liefert einige starke Argumente für die marktwirtschaftliche Allokation von Ressourcen, doch wirft sie auch beträchtliche Probleme auf. Welche Rolle wird für eine staatliche Intervention bei der Allokation der Produktivkräfte vorgesehen? Im folgenden liefern wir eine Stichprobe für viele Antworten auf diese Frage.

(1) Der Staat sollte möglichst nicht eingreifen und den Markt seine Arbeit tun lassen. Es sollte vielleicht etwas Einkommensumverteilung für die ärmsten Mitglieder der Gesellschaft geben (durch Barzahlungen, die die Wirtschaftssubjekte ausgeben können, wie sie es für richtig halten); auch sollte die Verteidigung gewährleistet sein und rechtliche und Polizeidienstleistungen bereitgestellt werden, sowie Straßen und Brücken zur Verfügung stehen. Es gibt Probleme der Externalitäten, der Information, öffentlicher Güter und des Monopols, was alles bedeutet, daß der Markt unvollkommen funktioniert, doch werden staatliche Versuche, die Dinge zu verbessern, eher dahinwirken, daß die Märkte noch weniger perfekt funktionieren. Politische Entscheidungen übertragen die Macht auf eine zentralisierte Bürokratie, während der Markt die Entscheidungsfindung dezentralisiert.

(2) Der Markt sollte das primäre Instrument für die Allokation der Ressourcen darstellen, doch sollte er in einem beträchtlichen Ausmaß staatlicher Intervention und Kontrolle unterliegen. Der Staat sollte des Steuersystem für die Einkommensumverteilung und Vermögensumverteilung benutzen, sollte öffentliche Güter anbieten und sollte einige private Güter, wie Ausbildung und Gesundheitsdienste anbieten (da positive Externalitäten, Marktunvollkommenheiten und Einkommensumverteilungseffekte existieren). Ferner sollte er den Konsum einiger Güter verbieten, für die starke negative Externalitäten vorhanden sind

(so wie z.B. das Heizen mit Kohle) oder er sollte dort, wo die Konsumenten nicht in ihrem eigenen besten Interesse handeln (so wie beim Konsum von Drogen) Steuern und Subventionen auferlegen, die für einige Güter den Marktpreis in Relation zu den sozialen Kosten und Erträgen bringen und er sollte Firmen regulieren oder das Eigentum an ihnen übernehmen, wenn sie substantielle Monopolmacht haben.

(3) Die Allokation der Ressourcen sollte hauptsächlich durch staatliche Planung bestimmt werden und der Markt sollte eine minimale Rolle spielen. Privates Eigentum an Produktionsmitteln sollte größtenteils verboten werden, so daß der meiste Landbesitz und alle bis auf die kleinsten Firmen im Kollektiveigentum und unter Kontrolle des Staates stehen sollten. In der Theorie mag ein Wettbewerbsmarkt effizient funktionieren, aber in der Praxis sind Monopole so vorherrschend, daß die Theorie nicht anwendbar ist. Ferner konzentriert der Markt die Macht in den Händen einiger weniger monopolistischer Kapitalisten und die Gewinne sind keine Leitlinien für eine effiziente Reallokation der Ressourcen, sondern nur die Ausbeute des Monopols. Der Markt führt zu einer großen Ungleichheit in der Einkommensverteilung und die politische Macht der Reichen macht die Redistribution ineffektiv, solange das Marktsystem aufrechterhalten bleibt. Durch die Belohnung der individuellen Anstrengungen entmutigt der Markt die Kooperation und den Altruismus.

(In diesem Buch haben wir noch nicht die Kriterien betrachtet, nach denen ein Staat eine Ökonomie planen könnte und es ist wichtig, zu erkennen, daß die einfache Ablehnung des Preissystems und die Ankündigung, daß die Wirtschaft geplant werden soll, die Frage nicht beantwortet, wie sie geplant werden soll. Es stellt sich tatsächlich heraus, daß ein Großteil der Theorie, der vorstehend entwickelt wurde, verwendet werden kann und Relevanz für die ökonomische Theorie der Planung hat. Viele Aktivitäten wirtschaftlicher Planer können als Versuche interpretiert werden durch Nicht-Marktmethoden zu erreichen, was die Theorie der Wettbewerbsmärkte bei funktionierenden Märkten prognostiziert). Während unserer ganzen Analyse des Preissystems haben wir angenommen, daß sich die Märkte nahe am oder im Gleichgewicht befinden. Die anscheinend chronische Existenz von Unterbeschäftigung der Arbeitsbevölkerung und von Unterauslastung der Ressourcen in Marktwirtschaften wirft die Frage auf, ob der Markt wirklich ein Gleichgwicht erreicht. Dieses und verwandte Probleme werden im Rest des Buches behandelt, wenn wir uns von der Mikroökonomie zur Makroökonomie wenden.

Übungsaufgaben

6.1 Man zeichne für einen Monopolisten ein Diagramm, der kurzfristig einen positiven Output erstellt, der aber langfristig nicht produziert. Gilt notwendigerweise, daß für eine Unternehmung, die kurzfristige Verluste macht, langfristig die Produktion einstellt?

6.2 Ein Monopol mit einer Produktionsfunktion $y = F(z)$ ist ein Preisnehmer auf den Input-Märkten und seine Kostenfunktion lautet $c(\mathbf{w}, y)$. Man zeige durch Betrachtung der Beziehung zwischen den Grenzkosten und den Grenzprodukten, daß bei der gewinnmaximalen Wahl von y die Gleichung (7) erfüllt ist. Alternativ hierzu betrachte man einfach die Wahl von **z**, die

$$\max_{\mathbf{z}} p(F(\mathbf{z}))\, F(\mathbf{z}) - \mathbf{wz}$$

löst und zeige, daß (7) erfüllt sein muß.

6.3 Ein Monopolist verwendet die Inputs z_1 und z_2, um seinen Output y zu produzieren und besitzt die Produktionsfunktion

$$y = z_1^{1/3} z_2^{2/3}$$

und sieht sich den Inputpreisen $w_1 = 8$, $w_2 = 2$ gegenüber. Der Monopolist glaubt, daß die Nachfragefunktion nach seinen Produkten gleich $p = y^{-2}$ ist.
(a) Man gebe die Gewinnfunktion als Funktion von z_1 und z_2 an und maximiere diese Funktion.
(b) Man leite die Kostenfunktion der Unternehmung ab und zeichne die Grenzkosten- und Grenzertragsfunktionen. Man erkläre, warum der Verusch, die Gewinne zu maximieren, fehlschlägt.
(c) Welchen Output sollte die Unternehmung tatsächlich erstellen, wenn ihr Glaube bezüglich der Nachfragefunktion korrekt ist? Ist diese Annahme glaubwürdig?
(d) Sei angenommen, daß die Unternehmung herausfindet, daß ihre Nachfragefunktion tatsächlich gleich $p = 24y^{-1/2}$ beträgt. Wie ist ihre optimale Politik dann?

6.4 Die Betrachtung des Taxi-Geschäftes in einer amerikanischen Stadt offenbart, daß nur eine begrenzte Anzahl von Taxi-Lizenzen durch die städtischen Behörden ausgegeben werden und die meisten von einer Gesellschaft A gehalten werden, die die Stadt davon überzeugt hat, daß es schädlich ist, mehr Lizenzen zu verteilen. Lizenzen können gekauft und verkauft werden. Die Gesellschaft A verkauft die ihr erteilten Lizenzen nicht, doch der Marktpreis der Lizenzen, die gehandelt werden, beträgt 30000 Dollar pro Lizenz. Es gibt Beweise dafür, daß die Gesellschaft A in Wirklichkeit nicht alle Lizenzen ausschöpft, die sie hat.

Würde man erwarten, daß in dieser Stadt die Taxipreise gleich, geringer oder größer sind als die Grenzkosten der Dienstleistung? Bieten die oben angebotenen Tatsachen irgendeinen Beweis der diese Meinung stützt? Warum benutzt die Gesellschaft A nicht alle ihre Lizenzen oder warum verkauft sie nicht alle ungenutzten Lizenzen? Gibt es für die Stadt eine effizientere Politik als die augenblickliche Praxis? Was könnten Gründe dafür sein, daß eine Verbesserung der Politik durch die Stadt in Wirklichkeit nicht durchgesetzt wird?

6.5 Man leite formal die Kostenminimierungs- und Gewinnmaximierungsbedingung der ersten Ordnung für einen Monopsonisten ab.

6.6 (a) Für die vermöge der Gleichungen (9)-(11) beschriebene Unternehmung sei $\pi(s)$ der maximale Wert der Gewinne bei gegebenem s. Man zeige, daß $d\pi/ds = y$ gilt.
(b) Wenn, wie zum Ende des Abschnitts 3.3 diskutiert, ein Monopolist eine Output-Subvention erhält und simultan eine Gewinnsteuer zahlen muß, die genau den Subventionsertrag für den Staat zurückholt, dann zahlt der Staat am Ende nichts an den Monopolisten, und erhält auch nichts vom Monopolisten. Wie kann

eine derartige Politik, die keinen Effekt zu haben scheint, das Verhalten der Unternehmung beeinflussen?

6.7 Nehmen wir an, daß der Staat eines Landes Kontrolle über eine Industrie hat, die in der Welt die einzige Quelle eines bestimmten Gutes ist. Wenn der Staat nur die Wohlfahrt seiner eigenen Bürger im Auge hat, welche Politik würde er dann wählen für (a) die Auslandsverkäufe und (b) die Inlandsverkäufe.

6.8 Man konstruiere ein Beispiel für einen nichtdiskriminierenden Monopolisten, der bei der Produktion Verluste macht und deshalb nicht produzieren wird, während ein vollständig diskriminierender Monopolist einen positiven effizienten Output-Betrag erstellen wird.

6.9 Man betrachte erneut die Brücke, die in der Übungsaufgabe 5.12 beschrieben wird. Angenommen, sie gehört einem Privatmann. Wie sieht die optimale Politik des Privatmanns aus, wenn gilt: (a) Er muß allen Benutzern den gleichen Preis abverlangen und (b) Er kann vollständig diskriminieren? Welcher Fall ist vom Standpunkt der Gesellschaft vorzuziehen?

6.10 Auf dem Umschlag eines Paperback-Buches findet man folgenden Aufdruck: „Die sind nicht gekürzte Taschenbücher von weitverbreiteten Titeln, die an Universitäten der ganzen Welt benutzt werden. Diese Niedrigpreisausgaben werden zum Wohle der Studenten publiziert". Kleingedruckt kann man auch lesen: „Diese Ausgabe kann nur in den Ländern verkauft werden, die von dem Verlagshaus vorgesehen sind. Sie dürfen nicht reexportiert werden und dürfen nicht in den USA, Mexiko oder Kanada verkauft werden". Man diskutiere diese Aussagen. Ist es von Relevanz, daß üblicherweise amerikanischen Studenten Textbücher vorgeschrieben werden, während anderswo die Texte nur empfohlen, aber nicht zwingend vorgeschrieben sind?

6.11 Der Markt für das Produkt einer Unternehmung wird auf 2 Gruppen von Konsumenten aufgeteilt, deren Nachfragefunktionen gleich

$$y_1 = p_y^{-2} \quad y_2 = p_2^{-3}$$

sind. Die Kostenfunktion der Unternehmung ist $c(y_1 + y_2) = 0{,}6\,(y_1 + y_2)$. Gesucht ist die gewinnmaximierende Politik der Unternehmung:
(a) Wenn sie den gleichen Preis auf beiden Märkten verlangen muß, (b) wenn sie verschiedene Preise verlangen kann. Man diskutiere, was mit $y_1 + y_2$ passiert und auch was mit y_1 und y_2 separat passiert. (Einfacher ist es, wenn man das Problem so formuliert, daß die optimalen Preise und nicht die optimalen Quantitäten gewählt werden).

6.12 Man betrachte eine Unternehmung mit konstanten Grenzkosten der Produktion c, die für einen Teil ihres Marktes den Preis p_1 setzen kann, auf dem die Nachfragefunktion

$$y_1 = a_1 - b_1 p_1$$

gilt und auf dem restlichen Markt einen Preis p_2 setzen kann, auf dem die Nachfragefunktion

$$y_2 = a_2 - b_2 p_2$$

gilt, wobei a_i, b_i positive Konstanten sind. Man zeige, daß unvollständige Preisdiskriminierung nicht notwendigerweise dazu führt, daß der Output höher als im Fall eines Monopols ist, der einen einzigen Preis setzt.

6.13 Warum muß bei Preisdiskriminierung zumindest ein Konsument einen niedrigeren Preis haben als ohne Preisdiskriminierung und zuminmdest ein anderer einen höheren Preis?

6.14 Es liegt eine Einproduktunternehmung vor. Der Zusammenhang zwischen ihren Gesamtkosten c und dem Ouptut wird durch eine Kostenfunktion c(y) gegeben. Ein Teil y_1 des Outputs wird direkt an Privathaushalte zu einem Preis p_1 verkauft, der durch die inverse Nachfragefunktion $p_1 = p_1(y_1)$ bestimmt ist. Der Rest des Outputs $y_2 = y - y_1$ wird zum Preis p_3 an eine Tochtergesellschaft verkauft, die dieses Gut verpackt und das Gut zu einem Preis p_2 an einen anderen Teil der Privathaushalte verkauft, deren inverse Nachfragefunktion $p_2 = p_2(y_2)$ beträgt. Die Gesamtkosten der Verpackung und Verteilung durch die Tochtergesellschaft betragen $g(y_2)$.

Man leite Bedingungen für die Maximierung der gemeinsamen Gewinne der Mutter und ihrer Tochter ab. Wenn die Mutter die Tochter einfach dadurch kontrolliert, daß sie den Preis p_3 fixiert und die Tochter anhält, ihre eigenen Gewinne zu maximieren, dann ermittle man die Gewinnmaximierungsregel für die Tochter und zeige dann, daß der Preis p_3 so gesetzt werden sollte, daß er gleich den Grenzkosten der Produktion der Mutter ist, wenn der Gesamtgewinn maximiert werden soll.

6.15 Man skizziere die Theorie eines diskriminierenden Monopsons.

6.16 Nehmen wir an, daß es zwei Fabriken in der Stadt gibt. Die eine Fabrik erfordert Arbeit, von der man glaubt, daß Frauen dafür nicht geeignet sind und somit werden keine Frauen in ihr beschäftigt. Die andere Fabrik beschäftigt sowohl Männer als auch Frauen, die für die erforderliche Arbeit gleich geeignet sind. Würde man erwarten, daß in der zweiten Fabrik die Löhne für Männer und Frauen unterschiedlich sind wenn es keine Gesetze gibt, die unterschiedliche Bezahlung wegen des Geschlechts verbieten?

***6.17** Eine Wettbewerbsindustrie wird in ein Kartell umgebildet. Alle Unternehmungen stimmen darin überein, nur an das Kartell zu verkaufen. Der Preis, der von den Unternehmungen erhalten wird, wird durch das Kartellmanagement bestimmt. Das Kartellmanagement möchte den gesamten von den Unternehmungen angebotenen Output kaufen. Das Management wird dann die Güter zu einem anderen Preis verkaufen. Wie hoch werden die beiden Preise sein, wenn das Kartellmanagement sowohl die Gesamtprofite der Unternehmungen als auch die des Kartellmanagements maximieren möchte? Wie wird der Effekt auf den Output und auf die Gesamtprofite aussehen? (Wenn das Kartellmanagement dagegen nur die eigenen Gewinne maximieren möchte).

6.18 Nehmen wir an, daß im Duopol des Abschnitts 6.5 die Kostenfunktionen der Unternehmungen gleich

$$c_f = cy_f + dy_f^2 \quad f = 1, 2$$

sind. Wie würde dies die Reaktionsfunktionen verändern und die unterschiedlichen Gleichgewichte beeinflussen?

6.19 Im Oligopol des Abschnitts 6.5 sei vorausgesetzt, daß die Kostenfunktion der Unternehmungen gleich

$$c_f = cy_f + g \quad f = 1, \ldots, n$$

sind, wobei g eine Konstante ist. Sei angenommen, daß es eine unbegrenzte Zahl von Unternehmungen gibt, die Zugang zur gleichen Technologie haben und freier Eintritt in und Austritt aus der Industrie gegeben ist. Man gebe die Zahl n der Unternehmungen an, die den Output in einem langfristigen Cournot-Gleichgewicht produzieren.

6.20 Sei angenommen, daß in einem Oligopol mit n Unternehmungen aus Abschnitt 6.5 eine Unternehmung als Stackelberg-Führer gegenüber den verbleibenden $n-1$ Unternehmungen agiert. Wie sieht das Gleichgewicht aus?

6.21 Sei angenommen, daß es nur zwei Unternehmungen auf dem Markt, der in Übungsaufgabe 6.19 beschrieben wird, gibt und eine als Stackelberg-Führer agiert. Man leite die Reaktionsfunktion der zweiten Unternehmung ab und messe den Umständen besondere Aufmerksamkeit zu, in denen diese Unternehmung nichts produziert. Gibt es Werte von g für die die Unternehmung 1 ein Outputniveau wählt, das sicherstellt, daß Unternehmung 2 nicht auf den Markt tritt?

6.22 Man betrachte ein geheimes Oligopol auf einem Markt, auf dem die Werbung effektiv ist und existierende Konsumenten eines Anbieters auf einen anderen anzieht, aber keinen Effekt auf die Gesamtnachfrage nach dem Produkt hat. Welche Regel sollten die Firmen bei der Werbung anwenden? Man kommentiere die Tatsache, daß Berufsorganisationen wie Rechtsanwälte in Großbritannien und die American Medical Association ihren Mitgliedern nicht erlauben, für ihre Dienste zu werben.

6.23 In einer Industrie, die in monopolistischer Konkurrenz steht, glaubt jede Unternehmung, daß der Preis, den sie für ihr Produkt erhalten kann, eine Funktion der Angebotsmenge aller Unternehmungen der Industrie ist, so daß eine typische Unternehmung eine inverse Nachfragefunktion $p_i = p_i(y_1, y_2, \ldots, y_n)$ hat. Sei angenommen, daß jede Unternehmung ein Outputniveau unter der Annahme wählt, daß die Outputniveaus der anderen Unternehmungen gegeben sind. Wird sich das Ergebnis von dem in den Gleichungen (49)-(52) beschriebenen unterscheiden?

6.24 Warum verläuft die Nachfragekurve der Abb. 6.6 tangential zur Durchschnittskostenkurve?

6.25 Sei angenommen, daß es in einem Markt mit monopolistischem Wettbewerb n Unternehmungen gibt und die Unternehmungen sich Nachfragefunktionen

$$y_i = p_i^{-2} \left(\sum_{\substack{j=1 \\ j \neq i}}^{n} p_j^{-1/2} \right)^{-2} \qquad i = 1, \ldots, n$$

gegenübersehen und deren Kostenfunktionen gleich

$$c(y_i) = cy_i + g$$

sind, wobei c und g Konstante bezeichnen. Jede Unternehmung nimmt an, daß die Preise aller anderen Unternehmungen gegeben sind, wenn sie ihren eigenen Preis wählt. Wie groß ist die gleichgewichtige Zahl der Unternehmungen in diesem Markt? Man diskutiere die Eigenschaften der Nachfragefunktion

6.26 Sei angenommen, daß sich alle Friseure einer Stadt zusammenschließen. Sie setzen den Preis eines Haarschnittes so an, daß ihre Gewinne maximiert werden. Sie sind nicht in der Lage, Neueintritte zu verhindern, doch können sie jeden neuen Friseur dazu zwingen, die Preise der Vereinigung zu verlangen. Wie lang wird ein Neueintritt sich fortsetzen und was wird mit dem Preis für Haarschnitte passieren? Hat die Existenz der Vereinigung etwas Gutes oder etwas Schlechtes bewirkt?

6.27 Man erkläre detailliert, warum die Abschaffung langfristiger Verträge für Spieler professioneller Vereinsmannschaften zur Folge hat, daß die Gehälter ungeschickterer Spieler gesenkt werden und die Gehälter der besten Spieler ansteigen.

6.28 Ein Organisator eines Konzerts ist über das Nachfrageniveau nach Eintrittskarten unsicher. Wie sollte er sich gegenüber der Werbung für die Eintrittskarten verhalten (vgl. die Übungsaufgaben 1.32 und 5.17).

6.29 Warum bieten private Versicherungsgesellschaften keine Arbeitslosenversicherungen an?

6.30 Man ist der Meinung, daß ein hoher Anteil von Leerkassetten benutzt wird, um Musikstücke von Schallplatten und bespielten Kassetten abzukopieren. Die Musiker, deren Musik kopiert wird, erhalten keine Tantiemen für die privat gemachten Kopien. Man diskutiere, ob eine Steuer für die Verkäufe von Leerkassetten erhoben werden und die Erträge auf die Musiker verteilt werden sollen.

Kapitel 7
Einführung in die Markoökonomik

7.1 Einführung

Bis jetzt haben wir uns mit Fragen beschäftigt, die einzelne Konsumenten und Unternehmungen und das Angebot und die Nachfrage nach bestimmten Gütern betrafen. All dies ist Gegenstand der Mikoökonomik. Im Gegensatz zu diesen Fragen wenden wir uns nun der Überprüfung makroökonomischer Probleme zu, wie der Bestimmung des gesamten Volkseinkommens, des Niveaus der Arbeitslosigkeit, dem allgemeinen Preisniveau usw.

Es mag nicht offensichtlich sein, daß derartige Konzepte eine große Aufmerksamkeit verdienen. Das allgemeine Preisniveau und das Niveau des Volkseinkommens sind statistische Artifakte, deren Werte von den Konzepten und Definitionen der Statistiker abhängen. Wenn man darüber hinaus aus der Mikrotheorie die Botschaft übernimmt, daß eine systematische Tendenz der Märkte existiert, ihr Gleichgewicht zu finden, dann könnte man an der bloßen Existenz eines Phänomens zweifeln, das man Arbeitslosigkeit nennt. Warum sollte auch das Angebot der Arbeit andauernd die Nachfrage übersteigen?

Es gibt jedoch in der Realität Anhaltspunkte dafür, daß sich das wirtschaftliche System nicht immer im Gleichgewicht befindet. Zum Beispiel wird dies durch die hohen weltweiten Arbeitslosenquoten der 30er und frühen 80er Jahre und die hohen weltweiten Inflationsraten der 70er Jahre gezeigt. Diese Beobachtungen waren ein wesentlicher Anstoß für die Entwicklung der makroökonomischen Theorie.

Es wäre ganz natürlich, unsere mikroökonomischen Modelle als Ausgangspunkt für die Behandlung der Makroökonomik zu verwenden. Wir könnten die mikroökonomische Analyse verwenden und anpassen, um die augenscheinliche Existenz der Arbeitslosigkeit zu erklären, oder die zweifache Frage zu beantworten, warum Inflation vorkommt und ob sie etwas ausmacht.

Tatsächlich beginnen wir mit Modellen, aus denen fast alle mikroökonomischen Betrachtungen freiwillig ausgeschlossen werden. Die Logik einer konsistenten Wahl und der Maximierung, die so zentral für unsere früheren Diskussionen war, scheint keinen Platz zu haben. Willkürliche Annahmen werden oft gemacht. Vielleicht ist die überraschendste Tatsache, daß Preise, die eine derartig wichtige Rolle in der Mikroökonomie spielen, in einem Großteil der von uns diskutierten makroökonomischen Theorie keine Rolle spielen werden.

Bei fortschreitender Behandlung der makroökonomischen Theorie werden allmählich immer mehr mikroökonomische Betrachtungen mit einbezogen. Eine Synthese der Mikroökonomik und der Makroökonomik würde aber eine Entwicklung beider Theoriegebiete auf ein Niveau bedeuten, das außerhalb der Reichweite dieses Buches liegt.

7.2 Das einfachste Modell

Wir beginnen mit einem Modell, in dem die Preise überhaupt keine Rolle spielen. Zu einem bestimmten Zeitpunkt können wir in einer Ökonomie Mengen y_1, y_2, ..., y_n verschiedener Güte beobachten, die produziert wurden und zu Preisen p_1, p_2, ..., p_n verkauft werden. Der Wert des Geamtoutputs ist

$$Y = \sum_{i=1}^{n} p_i y_i$$

Wenn die Faktormengen z_1, z_2, ..., z_m durch Wirtschaftssubjekte zu den Preisen w_1, w_2, ..., w_m angeboten werden, dann sind die Gesamtgewinne der Unternehmungen gleich

$$\pi = \sum_{i=1}^{n} p_i y_i - \sum_{j=1}^{m} w_j z_j$$

Die Einkommen der Wirtschaftssubjekte bestehen aus den Verdiensten, die aus den Faktorangeboten herrühren, und den Gewinnen, so daß sich das gesamte Einkommen auf

$$\pi + \sum_{j=1}^{m} w_j z_j$$

beläuft, das auch gleich Y ist. Das Gesamteinkommen entspricht dem Wert des Gesamtoutputs.

Im folgenden widmen wir der Verteilung des Gesamtoutputs Y zwischen den verschiedenen Gütern keine Aufmerksamkeit, und betrachten auch nicht, wie die Produzenten- und Konsumentenentscheidung eine derartige Teilung beeinflussen. Wir gehen eher so vor, als würde nur ein Gut produziert, wobei Y für das Outputniveau dieses Gutes steht.

Wir beschränken unsere Aufmerksamkeit auf die Ersparnis und die Investition als plausible Quellen makroökonomischer Probleme. Das Einkommen der Wirtschaftssubjekte wird zwischen Konsum und Sparen aufgeteilt, wobei das Ziel des Sparens ist, zusätzlichen Konsum für die Konsumenten oder für ihre Erben in der Zukunft zu ermöglichen. Der Output wird zwischen Konsum und Investition aufgeteilt, wobei die Investition darin besteht, daß der Bestand der Fabriken und der Ausstattung, die den Produzenten zur Verfügung steht, erhöht wird und das Ziel der Investition darin besteht, die zukünftige Produktion auszuweiten. Wenn die Nachfrage nach bestimmten Gütern für den laufenden Konsum sich vom Angebot dieser Güter unterscheidet, kann man erwarten, daß die Existenz dieses Ungleichgewichts Veränderungen bewirkt, die auch relative Preisänderungen mit einschließen, die dann die Märkte näher an das Gleichgewicht heranbringen könnten. Es ist nicht unmittelbar klar, wie der Markt die Sparwünsche der Individuen und die Investitionswünsche der Unternehmen kompatibel macht.

Wir machen anfänglich zwei sehr einfache Annahmen über das Produzentenverhalten: (i) Die Investitionsgüternachfrage, die wir als I schreiben, sei exogen gegeben; (ii) das Gesamtangebot der Güter der Produzenten, d.h. der Gesamtoutput Y wird immer an die Nachfrage angepaßt. Offensichtlich folgt keine dieser Annahmen in natürlicher Weise aus unserer früheren Diskussion des Produzentenverhaltens. Die zweite Annahme insbesondere impliziert die Existenz nicht beschäftigter Inputs, von denen einige bei Nachfrageerhöhungen beschäftigt werden, um zu gewährleisten, daß der Output mit der Nachfrage ansteigen kann.

Nun müssen wir betrachten, wie die Individuen, deren Gesamteinkommen gleich Y ist, dieses Einkommen zwischen Konsum C und Ersparnis S (= Y − C) aufteilen. Was kann die mikroökonomische Theorie des Konsumenten hier aussagen? Bei der Wahl des laufenden Konsumniveaus C wählen die Individuen zwischen laufendem und zukünftigem Konsum.

Betrachten wir ein sehr einfaches Modell, wie eine derartige Wahl durchgeführt werden kann. Nehmen wir an, daß der Konsument zwei Zeitperioden lang lebt und ein Einkommen y_1 und y_2 in den verschiedenen Perioden bezieht. Am Ende der zweiten Periode möchte er keine Erbschaft hinterlassen. Er kann sich zum Zinssatz R verschulden oder er kann zum Zinssatz R Geld verleihen. Er wählt die Konsumbeträge c_1 und c_2 in den verschiedenen Perioden. Da $y_1 - c_1$ seine Ersparnis in der ersten Periode ist, kann er in der zweiten Periode auf sein Einkommen dieser Periode und seine Ersparnis zuzüglich den Zinszahlungen für Konsumzwecke zurückgreifen. Wenn $y_1 - c_1$ negativ ist, muß er diese Schuld mit Zinszahlungen aus seinem Einkommen der zweiten Periode zurückzahlen. Also gilt

$$c_2 = y_2 + (1 + r)(y_1 - c_1) \tag{1}$$

oder äquivalent

$$c_1 + \frac{c_2}{1 + r} = y_1 + \frac{y_2}{1 + r} \tag{1a}$$

Dies sind seine Budgetbeschränkungen. Der Konsument wählt c_1 und c_2 so, daß seine Nutzenfunktion von c_1, c_2 unter dieser Nebenbedingung maximiert wird. (Vgl. Abb. 7.1).

Das Maximierungsproblem ist identisch mit dem Standardmaximierungsproblem des Konsumenten, das wir in Kapitel 4 diskutiert haben, da die Budgetbeschränkung (1a) von der Form $p_1 \cdot c_1 + p_2 \cdot c_2 = m$ ist und in diesem Fall $m = y_1 + y_2/(1 + r)$, $p_1 = 1$ und $p_2 = 1(1 + r)$. Die Tatsache, daß der Preis des Konsums in der zweiten Periode gleich $1/(1 + r)$ ist, spiegelt die Tatsache wieder, daß Gegenwarts- und Zukunftskonsum gegeneinander ausgetauscht werden können, indem man sich zum Zinssatz r verschuldet oder ausleiht. Offensichtlich wird die optimale Konsumwahl in jeder Periode von y_1, y_2 und r abhängen. Wenn wir unsere frühere Notation benutzen, bedeutet dies, daß der laufende Konsum C vom laufenden Einkommen, aber auch vom Zukunftseinkommen und vom Zinssatz abhängt.

Ist dies eine gute Theorie des Konsums und der Sparentscheidungen? Offensichtlich ist die Zweiperiodenstruktur keine gute Beschreibung der Realität, in der die Individuen eine nichtvorhersehbare Zeit leben. Tatsächlich kann man sich leicht vorstellen, daß das Modell auf viele Zeitperioden ausgeweitet werden kann und die Schlußfolgerungen bleiben weiterhin, daß der laufende Konsum

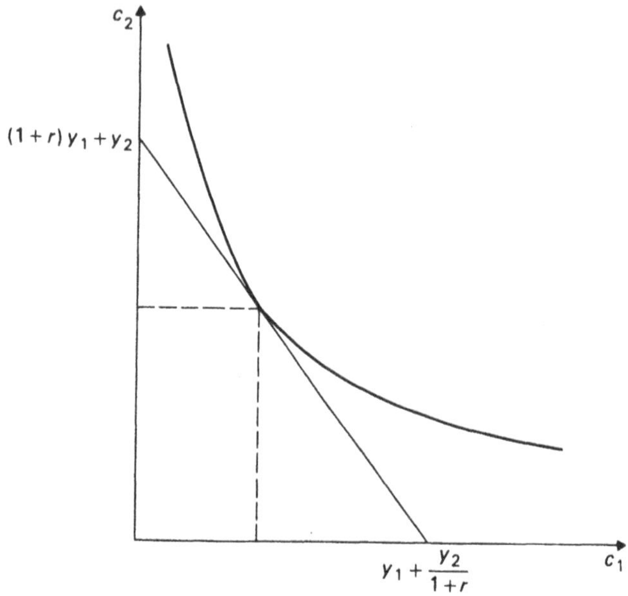

Figur 7.1 Intertemporale Konsumwahl

und die laufende Ersparnis vom laufenden und zukünftigen Einkommen und von den Zinssätzen abhängen. Man kann auch argumentieren, daß die Unsicherheit über die Länge ihres Lebens die Entscheidungsfindung der meisten Wirtschaftssubjekte nicht dominiert. Ein schwerwiegenderes Problem ist, daß es nicht leicht ist, Geld für den laufenden Konsum gegen ein Versprechen, die Schuld aus zukünftigen Einkommen zurückzuzahlen, zu beschaffen und es unmöglich ist, derartige Gelder zum selben Zinssatz zu erhalten, wie er für Ersparnisse angeboten wird. Dies wird Studenten schmerzlich bewußt sein. Wenn wir die Verschuldung ausschließen oder unterschiedliche Zinssätze für Verschuldung und Kreditvergabe haben, würde dies das Modell weiter komplizieren. Aber das entscheidendste Problem dieser Theorie der Sparentscheidung ist die Tatsache, daß die Wirtschaftssubjekte gewöhnlich nicht wissen, wie hoch ihr Einkommen in der Zukunft sein wird. Der beste Anhaltspunkt, den die meisten Wirtschaftssubjekte über ihr wahrscheinliches zukünftiges Einkommen haben, ist vielleicht das laufende Einkommen. Dann sollte c_1 von y_1 und r abhängen, wobei die Abhängigkeit von y_1 eine zweifache Rolle von y_1 wiederspiegelt. Einmal ist y_1 ein Maß des laufenden verfügbaren Einkommens **und** ein Schätzwert des zukünftigen Einkommens.

Um die Dinge zu vereinfachen, werden wir jedoch die Effekte des Zinssatzes ignorieren. Teilweise spiegelt das die Tatsache wieder, daß die Richtung des Effektes von r auf c_1 nicht eindeutig ist (Wie der Leser in Übungsaufgabe 7.3 zeigen soll), und teilweise, weil das Nachdenken, wie man seine eigene Spar- und Konsumentscheidung trifft, ergibt, daß kein starker Einfluß des Zinssatezs auf diese Entscheidung festzustellen ist. Die entscheidende Überlegung ist jedoch, daß es für die nachstehend entwickelten Theorien kaum einen Unterschied macht, ob wir den Einfluß des Zinssatzes auf den Konsum berücksichtigen oder nicht. Wir machen deshalb die Hypothese, daß der Konsum nur vom laufenden Einkommen abhängt: $C = C(Y)$

Welche Form nimmt diese Abhängigkeit von C von Y an? Offensichtlich ist C eine wachsende Funktion von Y. Mehr Einkommen heute und ein erhöhtes, erwartetes Einkommen in Zukunft bedeuten, daß man sich mehr laufenden Konsum leisten kann. Wieviel mehr kann man sich leisten? Wenn sich das Einkommen eines Individuums im laufenden Jahr um DM 1.000,– erhöht und es überzeugt ist, daß sich diese Einkommenserhöhung auch in den zukünftigen Jahren einstellt, dann werden sich seine Konsumausgaben um einen Betrag von ungefähr DM 1.000,– erhöhen. Wahrscheinlicher ist jedoch, daß Unsicherheit beim Wirtschaftssubjekt darüber besteht, ob der Einkommensanstieg in allen zukünftigen Jahren bestehen bleibt, so daß sein Konsum tatsächlich um weniger als DM 1.000,– ansteigt (man stelle insbesondere die Möglichkeit in Rechnung, daß es Jahre geben wird, in denen das Wirtschaftssubjekt wegen Alters oder Krankheit überhaupt kein Einkommen erzielen wird). Also gilt für die Ableitung von C(Y), daß diese $0 < C_Y(Y) < 1$ erfüllt. Diese Ableitung heißt **Grenzneigung des Konsums**.

Wenn wir letztlich bei unserer Hypothese über das Konsum- und Sparverhalten ankommen, die mathematisch durch die Konsumfunktion $C = C(Y)$ beschrieben wird, sollten wir erkennen, daß wir nicht nur eine Reihe von vereinfachenden Annahmen gemacht haben, sondern daß wir auch informell den Erwartungen der Wirtschaftssubjekte über eine unsichere Zukunft große Bedeutung beigemessen haben. Unsere formale Hypothese läßt jedoch die Unsicherheit keine Rolle spielen.

Zu den früher gemachten Annahmen über das Produzentenverhalten fügen wir jetzt unsere Hypothese über das Konsumentenverhalten hinzu: (iii) Der Konsum wird als Funktion des Einkommens beschrieben und weist eine Grenzneigung zum Konsum zwischen 0 und 1 auf.

Formal kann unser Modell wie folgt beschrieben werden

$$Y = C + I \tag{2}$$

$$C = C(Y), \quad 0 < C_Y < 1, \tag{3}$$

wobei Gleichung (2) unsere beiden Annahmen (i) und (ii) über das Produzentenverhalten einschließt, und (3) die Annahme (iii) über das Konsumentenverhalten berücksichtigt.

Wichtig ist es zu erkennen, daß die Gleichung (2) eine **Gleichgewichtsbedingung** ist, die besagt, daß das Angebot gleich der Nachfrage ist, wobei mit „Angebot" und „Nachfrage" Mengen gemeint sind, die die betroffenen Wirtschaftssubjekte zu handeln wünschen. Es ist jedoch möglich, daß die Mengen, die die Individuen und Unternehmen zu kaufen wünschen, sich von den Mengen, die die Unternehmen anzubieten wünschen, unterscheiden. Wenn $Y > C + I$ oder $Y < C + I$, werden einige Unternehmen oder Individuen erkennen, daß ihre Pläne nichterfüllt werden und wir sind nicht im Gleichgewicht. Kombinieren wir diese beiden Gleichungen und eliminieren C, dann erhalten wir

$$Y = C(Y) + I. \tag{4}$$

Dies definiert implizit Y, das Gleichgewichtsniveau des Outputs und des Einkommens, als Funktion von I. In unseren mikroökonomischen Modellen bringt der Preis des Gutes die Ökonomie ins Gleichgewicht. Im vorliegenden Fall passen sich keine Preise an, aber unter den gemachten Annahmen gibt es ein eindeutiges Output- und Einkommensniveau Y, das (4) erfüllt.

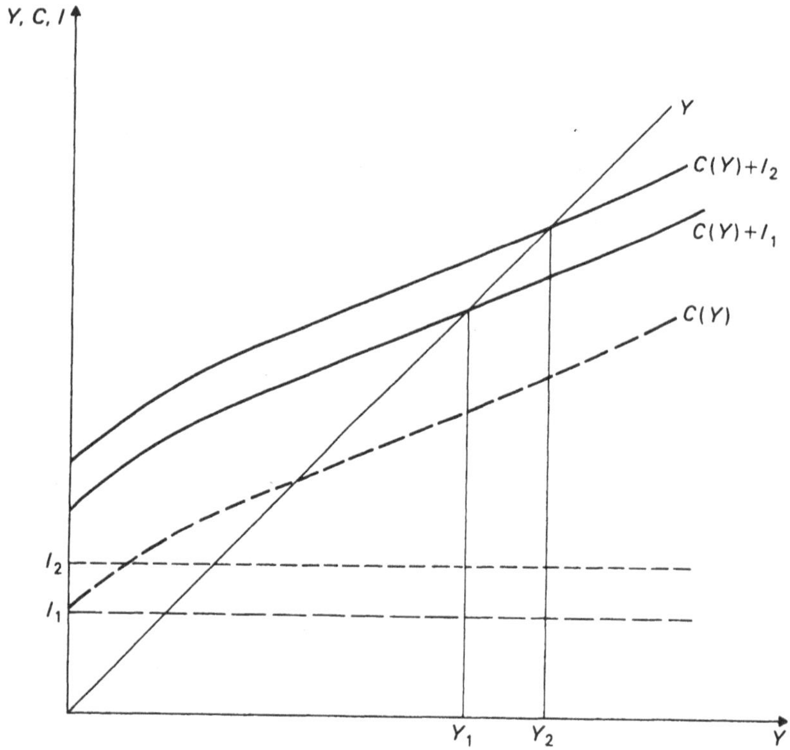

Figur 7.2 Der Multiplikator

Die Bestimmung des Gleichgewichtsnivcaus von Y wird in Abb. 7.2 gezeigt, in der die Funktion C(Y) + I, deren Steigung kleiner 1 ist, die Funktion Y schneidet, die die Steigung 1 aufweist. Ohne Kenntnis der Form der Funktion C(Y) können wir nicht explizit nach Y auflösen, doch können wir genauso wie in den Beispielen des Kapitels 1 komparativ statische Resultate durch Differentiation ableiten. Differenzieren wir nach I, dann erhalten wir:

$$\frac{dY}{dI} = C_Y \frac{dY}{dI} + 1, \tag{5}$$

so daß gilt

$$\frac{dY}{dI} = \frac{1}{1 - C_Y} \tag{6}$$

Da $0 < C_Y < 1$, gilt $dY/dI > 1$. Der Wert von dY/dI, der in diesem Modell gleich $1/(1 - C_Y)$ ist, wird **Multiplikator** genannt. Bei einem exogenen Anstieg der Investitionsnachfrage haben wir einen höheren Anstieg des Gleichgewichtsniveaus des Outputs. Dies ersieht man aus Abb. 7.2, wenn der Anstieg von Investitionen von I_1 auf I_2 das Gleichgewichtsniveau von Y von Y_1 auf Y_2 erhöht.

Auf den ersten Blick mag die Vorstellung, daß ein exogener Anstieg der Nachfrage von einer Einheit einen höheren Output-Anstieg zur Folge hat, beispielsweise von 3 Einheiten, wenn C_Y den plausiblen Wert von 2/3 annimmt, paradox erscheinen. Der Schlüssel zum Verständnis dieses Sachverhalts ist, daß sich der Output erhöht, um die erhöhte Investitionsnachfrage zu befriedigen, daß aber gleichzeitig das Einkommen ansteigt und somit die Konsumnachfrage expandiert und der Multiplikator die Output-Erhöhung mißt, die sowohl dem exogenen Anstieg der Investitionsnachfrage und der endogenen Erhöhung der Konsumnachfrage, die durch die Output-Erhöhung selbst verursacht wird, entspricht.

(Bei der Analyse makroökonomischer Modelle werden wir oft differenzieren und es ist nützlich, wenn wir der oben verwendeten Konvention folgen und die Ableitungsnotation dy/dx verwenden, um den Effekt einer Veränderung einer exogenen Variablen auf den Gleichgewichtswert einer endogenen Variablen anzugeben, bzw. wenn erforderlich, die Notation für die partielle Ableitung $\partial y/\partial x$ zu verwenden. Andererseits verwenden wir die Notation mit tiefgestellten Indizes, um die Differentiation oder die partielle Differentiation einer Funktion anzugeben, die einen Teil der Struktur des Modells ausmacht).

Eine alternative Vorgehensweise, das Modell darzustellen, ist, die Ersparnis S als Y − C zu definieren, so daß die Ersparnisse eine Funktion von Y sind und gemäß

$$S(Y) \equiv Y - C(Y) \tag{7}$$

definiert sind. Aus $S_Y = 1 - C_Y$ folgt, daß $0 < S_Y < 1$. Das Modell kann nun in einer einzigen Gleichung angegeben werden.

$$S(Y) = I \tag{8}$$

Wir erhalten dann

$$S_Y \frac{dY}{dI} = 1 \tag{9}$$

und es gilt

$$\frac{dY}{dI} = \frac{1}{S_Y} \tag{10}$$

Offensichtlich sind (8), (9) und (10) genau äquivalent zu (4), (5) und (6) und wir haben denselben Multiplikator abgeleitet. Die Ableitung S_Y heißt **Grenzneigung** des Sparens.

Wenn wir die Gleichgewichtsbedingung als $Y = C(Y) + I$ schreiben, dann betonen wir, daß wir eine Bedingung haben, die das Angebot und die Nachfrage nach dem gesamten Output gleichsetzt. Schreiben wir die Bedingung als S(Y) = I, erhalten wir eine unterschiedliche, aber äquivalente Interpretation. Produktion und Einkommen sind gleich, wie wir schon bemerkten. Ein Teil des Einkommens wird für den Konsum ausgegeben, aber ein Teil wird als Gespartes nicht ausgegeben. Ein Teil der Nachfrage nach der Produktion ist die Konsumnachfrage, ein anderer Teil besteht aus neuer Nachfrage der Firmen nach Investitionen. Im Gleichgewicht ist es erforderlich, daß die Nichtausgaben S(Y) gleich diesen zusätzlichen Investitionen I sind. Im allgemeinen verwenden wir die Formulierung „Angebot gleich Nachfrage" für die Gleichgewichtsbedingung.

Betrachten wir nun ein Beispiel für das wir wissen, daß die Konsumfunktion linear verläuft: $C(Y) = a + cY$.

In diesem Fall wird die Gleichgewichtsbedingung zu

$$Y = a + cY + I, \tag{11}$$

die man explizit lösen kann und man erhält

$$Y = \frac{a + I}{1 - c}, \tag{12}$$

so daß der Multiplikator $1/(1 - c)$ ist. Wir können auch nach C auflösen und dabei $C = (a + bI)/(1 - c)$ herleiten.

Wenn wir in diesem Modell den Effekt einer exogenen Veränderung der Konsumneigung studieren möchten, führen wir eine sogenannte Dummy-Variable e ein, die diese Änderung in der Konsumfunktion beschreibt, so daß wir erhalten,

$$C = C(Y, e) \quad C_e > 0 \tag{13}$$

(Man erinnere sich an das Ende von Abschnitt 1.7 für eine Frühanwendung von Dummy-Variablen). Also ist die Gleichgewichtsbedingung gleich

$$Y = C(Y, e) + I \tag{14}$$

Differenzieren wir diese bezüglich e, dann erhalten wir

$$\frac{dY}{de} = C_Y \frac{dY}{de} + C_e, \tag{15}$$

so daß gilt

$$\frac{\partial Y}{\partial e} = \frac{C_e}{1 - C_Y} > 0 \tag{16}$$

Eine Abnahme in der Sparneigung hat also eine einkommenserhöhende Wirkung. Dies ist offensichtlich gleichbedeutend mit einer Erhöhung der Konsumneigung. Betrachten wir nun den Einfluß auf die tatsächliche Ersparnis, die sich als

$$S = Y - C(Y, e) \tag{17}$$

ergibt, so daß wir

$$\frac{\partial S}{\partial e} = (1 - C_Y)\frac{\partial Y}{\partial e} - C_e = 0 \tag{18}$$

erhalten.

Eine reduzierte Sparneigung führt zu keiner Veränderung der tatsächlichen Ersparnis, da der Effekt genau durch den Effekt des Sinkens im Gleichgewichtsniveau des Einkommens ausgeglichen wird. Dies wird als **Sparparadoxon** beschrieben. (Wenn man auf das Modell in der Form „Abflüsse gleich Zuflüsse" schaut, dann sollte der Grund für dieses Resultat unmittelbar augenfällig sein).

7.3 Die Einführung des Außenhandels und die Berücksichtigung des Staates

Betrachten wir zwei neue Variablen. Einmal die Exporte X und die Importe M. Sei X exogen und setzen wir $M = M(Y)$ mit $0 < M_Y < 1$. (M_Y heißt die Grenzneigung zum Import). Die Exporte sind eine zusätzliche Quelle der Nachfrage nach Output, doch wird ein Teil der Nachfrage durch Importe abgedeckt, so daß die Gleichgewichtsbedingung erfordert, daß das Angebot an inländisch produzierten Gütern gleich der Gesamtnachfrage minus den Importen ist:

$$Y = C(Y) + I + X - M(Y) \tag{19}$$

(Alternativ kann die Gleichgewichtsbedingung wie folgt geschrieben werden

$$S(Y) + M(Y) = I + X \tag{19a}$$

Die ausländische Nachfrage nach Gütern ist ein Zufluß, während das im Ausland ausgegebene Einkommen einen Abfluß darstellt; dies ist jedoch intuitiv viel weniger offensichtlich als das Angebotsnachfrageargument, das uns die Formel (19) ergab).

Um zum Beispiel den Effekt von X auf Y abzuleiten, differenzieren wir (19) und erhalten

$$(1 + M_Y - C_Y)\ \frac{\partial Y}{\partial X} = 1 \tag{20}$$

Also erhalten wir

$$\frac{\partial Y}{\partial X} = \frac{\partial Y}{\partial I} = \frac{1}{1 + M_Y - C_Y}\left(= \frac{1}{S_Y + M_Y}\right) \tag{21}$$

Dieser Multiplikator ist kleiner als der in (6) abgeleitete Multiplikator ohne Außenhandel. Die Intuition hinter diesem Resultat ist, daß ein Teil der zusätzlichen Nachfrage, der in der Expansion erzeugt wird, in das Ausland abfließt, so daß die Expansion geringer ausfällt.

Unter bestimmten Umständen sollten die Exporte nicht als exogene Variable modelliert werden, da die Exporte eines Landes die Importe des anderen sind. Wenn das betrachtete Land hinreichend groß ist, im Vergleicht zu seinen Handelspartnern, dann hat der von uns importierte Betrag einen bedeutenden Multiplikatoreffekt auf das Einkommen des anderen Landes (was durch die Erhöhung ihrer Exporte begründet wird), was wiederum ihre Importe von uns erhöht und unser Einkommen erhöht. Betrachten wir den Fall zweier Länder, die wir mit den oberen Indizes 1 und 2 unterscheiden. Wir haben zwei Gleichgewichtsbedingungen

$$\begin{aligned} Y^1 &= C^1(Y^1) + I^1 + X^1 - M^1(Y^1) \\ Y^2 &= C^2(Y^2) + I^2 + X^2 - M^2(Y^2) \end{aligned} \tag{22}$$

Da aber $X^1 = M^2(Y^2)$ und $X^2 = M^1(Y^1)$ gilt, erhalten wir

$$\begin{aligned} Y^1 &= C^1(Y^1) + I^1 + M^2(Y^2) - M^1(Y^1) \\ Y^2 &= C^2(Y^2) + I^2 + M^1(Y^1) - M^2(Y^2) \end{aligned} \tag{22a}$$

Wir haben zwei Gleichungen mit zwei Unbekannten Y^1 und Y^2 und die Effekte einer Veränderung von I^1 werden dadurch gefunden, daß wir beide Gleichungen bezüglich I^1 differenzieren. Wir erhalten dann

$$\begin{aligned} (1 + M^1_Y - C^1_Y) \frac{\partial Y^1}{\partial I^1} - M^2_Y \frac{\partial Y^2}{\partial I^1} &= 1 \\ - M^1_Y \frac{\partial Y^1}{\partial I^1} + (1 + M^2_Y - C^2_Y) \frac{\partial Y^2}{\partial I^1} &= 0 \end{aligned} \tag{23}$$

Somit gilt

$$\frac{\partial Y^1}{\partial I^1} = \frac{1 + M^2_Y - C^2_Y}{(1 + M^1_Y - C^1_Y)(1 + M^2_Y - C^2_Y) - M^1_Y M^2_Y} > 0 \tag{24}$$

$$\frac{\partial Y^2}{\partial I^1} = \frac{M^1_Y}{(1 + M^1_Y - C^1_Y)(1 + M^2_Y - C^2_Y) - M^1_Y M^2_Y} > 0 \tag{25}$$

Leicht sieht man aus (24), daß $\partial Y^1/\partial I^1 > 1/(1 + M^1_Y - C^1_Y)$ gilt, so daß der Multiplikator größer als im vorhergehenden Fall ist, bei dem wir angenommen hatten, daß die Exporte eines Landes exogen sind. Wiederum ist die Erklärung einfach. Die zusätzliche Nachfrage, die durch ausländisches Angebot gedeckt wird, erzeugt selbst zusätzliche Nachfrage nach unseren Gütern und diese Rückwirkung erhöht das Gleichgewichtsniveau des Outputs.

Gleichermaßen wichtig ist die Einführung der Rolle des Staates in unser Modell. Der Einfachheit halber sei anfänglich angenommen, daß es keinen Außenhandel gibt.

Der Staat kann Güter nachfragen, doch kann er auch die Steuern erhöhen. Wenn wir die Staatsausgaben für Güter mit G und die Besteuerung mit T bezeichnen, dann können wir folgendermaßen fortfahren. Der Staat muß nicht G = T setzen, denn er kann ein Defizit machen, wenn G > T ist und sich auf verschiedene Weise Geld beschaffen ohne die Besteuerung zu benutzen, um seine Rechnungen zu bezahlen. Bald werden wir sehen, wie der Staat sich Geld beschafft, um ein Defizit abzudecken, und dies wird sich als wichtig erweisen.

Die Staatsausgaben stellen eine zusätzliche Quelle der Nachfrage dar. Jedoch beeinflußt die Besteuerung die Nachfrage oder das Angebot nicht direkt. Die Besteuerung stellt einen Transfer von den Individuen an den Staat dar, die die Nachfrage dadurch beeinflußt, daß sie das verfügbare Einkommen der Haushalte zu Konsum- und Sparzwecken senkt. Wir definieren das **verfügbare Einkommen** als $Y - T$ und nehmen an, daß

$$C = C(Y - T) \tag{26}$$

gilt. (Wir schreiben nun C_Y, um die Ableitung von C bezüglich $Y - T$ zu bezeichnen). Die Gleichgewichtsbedingung ist nun

$$Y = C(Y - T) + I + G \tag{27}$$

Wir erhalten drei Multiplikatoren

$$\frac{\partial Y}{\partial G} = \frac{\partial Y}{\partial I} = \frac{1}{1 - C_Y} > 0 \tag{28}$$

$$\frac{\partial Y}{\partial T} = \frac{-C_Y}{1 - C_Y} < 0 \tag{29}$$

Die wachsenden Staatsausgaben erhöhen den Output auf genau die gleiche Art und Weise wie es die Investitionen tun. Ein Anstieg der Besteuerung reduziert den Konsum und begründet eine Kontraktion des Outputs.

Eine Erhöhung der Staatsausgaben bei **ausgeglichenem Budget** wird durch einen Anstieg von G modelliert, der durch eine gleiche große Veränderung von T begleitet wird, so daß gilt, $dT/dG = 1$. Der Effekt einer derartigen Veränderung ist gleich

$$\frac{\partial Y}{\partial G} + \frac{\partial Y}{\partial T}\frac{dT}{dG} = \frac{\partial Y}{\partial G} + \frac{\partial Y}{\partial T} = 1 \tag{30}$$

Dies ergibt einen Multiplikator bei ausgeglichenem Budget von 1. Warum dieser Multiplikator positiv ist, ist leicht zu verstehen. Ein Anstieg von G um eine Einheit erhöht die Nachfrage nach Gütern um eine Einheit. Dagegen reduziert ein Anstieg von T die Nachfrage nicht um eine Einheit, da nur ein Teil hiervon konsumiert worden wäre. Somit erhöht ein gleich großer Anstieg von G und T die Nachfrage. Die Erklärung, warum das Ergebnis eine Output-Erhöhung von genau einer Einheit heraus kommt, wird auf den nächsten Abschnitt verschoben.

Es ist einfach, das Modell auf den Fall auszuweiten, wo Außenhandel und staatliche Aktivität zugleich vorkommen. Die Gleichgewichtsbedingung wird zu

$$Y = C(Y - T) + I + G + X - M(Y) \tag{31}$$

(Man beachte, daß M eine Funktion von Y und nicht von $Y - T$ ist. Es wird dem Leser in Übungsaufgabe 7.9 überlassen, dies zu begründen). In diesem Modell können wir 4 Multiplikatoren ableiten. Es sind dies die Effekte von Änderungen in I, X, G und T auf Y. Es sei dem Leser überlassen, diese Multiplikatoren abzuleiten und auch den Multiplikator bei ausgeglichenem Budget zu errechnen.

Natürlich können die Modelle genauso gut bei Verwendung der „Abfluß gleich Zuflußversion" der Gleichgewichtsbedingung abgeleitet werden. Definieren wir die Ersparnis als verfügbares Einkommen minus Konsum, dann erhalten wir

$$S(Y - T) \equiv Y - T - C(Y - T) \tag{32}$$

Eine zu Gleichung (31) äquivalente Bedingung ergibt sich dann als

$$S(Y - T) + T + M(Y) = I + G + X \tag{33}$$

Die Ersparnisse, die Besteuerung und Importe sind alles Abflüsse aus dem Einkommen; die Investition, die Staatsausgaben und Exporte sind alles Zuflüsse für die Nachfrage.

All diese Modelle nehmen die Existenz von nichtbeschäftigten Ressourcen an, doch implizieren sie auch, daß der Staat das Instrument der Fiskalpolitik (Veränderung in den Ausgaben und der Besteuerung) besitzt und dies sollte eine mächtige Waffe bei der Bekämpfung der Arbeitslosigkeit sein. Wenn aus irgendeinem Grund das Gleichgewicht der Volkswirtschaft in einem Output-Niveau resultiert, zu dem beträchtliche Unterbeschäftigung herrscht, dann kann der Staat, wie es scheint, die Lage durch Erhöhung von G oder Reduktion von T, oder beides, verbessern. Es gibt jedoch mehrere Gründe, warum die Dinge nicht so einfach sind. Erstens ist die Information des Staates über die Volkswirtschaft immer unvollkommen, so daß die Größe der erforderlichen Politikänderungen immer zweifelhaft ist. Dieses Problem wird etwas durch die Existenz von automatischen, fiskalischen Stabilisatoren gemildert, nämlich dadurch, daß die Steuereingänge höher sind, wenn das Einkommen höher ist, Wegen der Art und Weise wie Steuern erhoben werden, und aufgrund der Tatsache, daß die Zahlen von Arbeitslosengeld niedriger sind, wenn das Einkommen höher ist. Doch können solche Stabilisatoren nicht das gesamte Problem eliminieren. (Zahlungen des Staates, wie Arbeitslosengeld und Sozialhilfe sollten als negative T-Beträge aufgefaßt werden und nicht als Teil von G, das direkte Staatsausgaben für Güter beschreibt).

Wir nehmen in den obigen Modellen immer an, daß der Markt sich immer sofort an das neue Gleichgewicht anpaßt. Im nächsten Abschnitt betrachten wir ein Modell mit zeitlichen Verzögerungen und erkennen, daß derartige lags signifikante Implikationen für die Fiskalpolitik haben.

Viel wichtiger ist folgendes: (i) Diese Modelle betrachten nicht, wie die Finanzierungsart der Differenz zwischen G und T die Volkswirtschaft beeinflußt; (ii) wir haben keine Theorie der Investitionen, die als exogen festgelegt angesehen werden, obwohl man leicht an Gründe denken kann, warum in der Realität die Investitionen durch die staatliche Politik beeinflußt werden; (iii) die Preise spielen in diesen Modellen überhaupt keine Rolle. Der letzte Punkt ist sehr wichtig, weil es unterbeschäftigte Ressourcen in der Ökonomie gibt, obwohl das Angebot und die Nachfrage für Güter ausgeglichen werden. Insbesondere impliziert die Arbeitslosigkeit, daß das Angebot an Arbeit größer als ihre Nachfrage ist. Wir sollten auch Möglichkeiten in Betracht ziehen, daß Mechanismen in der Volkswirtschaft wirken, die darauf hinaus laufen, daß die Arbeitslosigkeit ohne staatliche Intervention korrigiert wird.

7.4 Einfache dynamische Modelle

Es ist vielleicht nicht gänzlich plausibel, daß der Konsum nur vom laufenden Einkommen abhängen soll. Wie können Wirtschaftssubjekte ihren Konsum auf der Basis eines Einkommensniveaus planen, das selbst teilweise durch den tatsächlichen Konsum bestimmt ist? Die Multiplikatormodelle beschreiben das Gleichgewicht, doch um zu verstehen, wie das Gleichgewicht in der Wirklichkeit erreicht wird, machen wir die plausiblere Annahme, daß der Konsum auf der Basis des Einkommens der Vorperiode geplant wird.

Wir setzen voraus, daß die Konsumfunktion linear ist. Dann ersetzen wir (2) und (3) durch

$$Y_t = C_t + I_t \tag{34}$$

$$C_t = a + cY_{t-1} \quad 0 < c < 1 \tag{35}$$

Nun nehmen wir an, daß die Investition von Periode zu Periode gleich bleibt, so daß $I_t = I$ gilt. Dann ist das Angebot gleich der Nachfrage, wenn

$$Y_t = a + cY_{t-1} + I \tag{36}$$

gilt, doch befindet sich die Wirtschaft nur im Gleichgewicht, wenn das Einkommensniveau Y_{t-1}, auf dem die Konsumenten ihre Pläne basieren, gleich dem tatsächlichen Niveau Y_t ist. Somit wird das Gleichgewichtseinkommen Y_e durch

$$Y_e = a + cY_e + I \tag{37}$$

bestimmt und entspricht dem Gleichgewicht, das durch (11) beschrieben wurde. Formal ist das Modell sehr ähnlich zum Spinnwebzyklusmodell des Abschnitts 1.3. Dort hieß es, daß im Gleichgewicht die Erwartungen erfüllt sein müssen und, daß die Gleichheit von Angebot und Nachfrage gegeben sein muß. Subtrahieren wir (37) von (36), dann erhalten wir

$$Y_t - Y_e = c(Y_{t-1} - Y_e) \tag{38}$$

und da $0 < c < 1$, folgt für einen nicht gleichgewichtigen Start der Ökonomie, daß in jeder Periode die Wirtschaft mehr und mehr an das Gleichgewicht heranrückt. In der Tat ergibt eine schrittweise Anwendung von (38) für $t = 1, 2, 3, \ldots$

$$Y_t = c^t Y_0 + (1 - c^t)\, Y_e, \tag{39}$$

was offensichtlich zeigt, daß $Y \rightarrow Y_e$ für $t \rightarrow \infty$.

Sei für die Zeitperiode 0 angenommen, daß die Investitionen sich auf dem Niveau I befinden und daß sich das Einkommen Y_0 auf dem Gleichgewichtsniveau $(a + I)/(1 - c)$ befindet. Nun ist von Beginn der Zeitperiode 1 an das neue

Investitionsniveau gleich $I + \Delta I$. Aus (37) folgt, daß das neue gleichgewichtige Einkommensniveau $Y_e = (a + I + \Delta I)/(1 - c) = Y_0 + \Delta I/(1 - c)$ beträgt. Da wir nicht im Gleichgewicht beginnen, wird es nicht sofort erreicht. In der Tat impliziert (39), daß

$$Y_t = Y_0 + \Delta I \frac{1 - c^t}{1 - c} \tag{40}$$

$$= Y_0 + \Delta I(1 + c + c^2 + \ldots + c^{t-1}) \tag{41}$$

((41) folgt aus der wohlbekannten Methode der Summation einer geometrischen Reihe).

Gleichung (41) zeigt nicht nur, wie das neue Gleichgewicht allmählich erreicht wird, sondern hilft auch zu verstehen, warum der Multiplikator größer als 1 ist. Der anfängliche Zufluß einer zusätzlichen Nachfrage ΔI erhöht Y_1 um diesen Betrag. In der nächsten Periode haben wir eine zusätzliche Nachfrage ΔI, aber auch eine zusätzliche Konsumnachfrage von $c\Delta I$, die von dem erhöhten Einkommen der Vorperiode induziert wird, so daß Y_2 gleich $(1 + c)\Delta I$ ist und oberhalb von Y_0 liegt. In jeder folgenden Periode ist das Einkommen höher, doch ist jede folgende Erhöhung geringer, da nur ein Teil des zusätzlichen Einkommens als zusätzliche Konsumnachfrage der nächsten Periode auftritt.

Wenden wir die gleiche Technik auf komplexere lineare Modelle an, dann können wir diese anderen Multiplikatoren ähnlich verstehen. Also wird im Modell mit Außenhandel bei $C_t = a + cY_{t-1}$ und $M_t = mY_{t-1}$ und mit konstantem I und X das Verhalten der Ökonomie durch

$$Y_t = a + cY_{t-1} + I + X - mY_{t-1} \tag{42}$$

beschrieben, was eine einfache Verallgemeinerung von (36) ist, so daß wir analog zu (41) für den Fall einer permanenten Änderung der Investition von $I + \Delta I$, beim Start im alten Gleichgewicht $Y_0 = (a + I + X)/(1 - c + m)$

$$Y_t = Y_0 + \Delta I\,[1 + (c - m) + (c - m)^2 + \ldots + (c - m)^{t-1}] \tag{43}$$

erhalten. Das Endgleichgewicht beträgt $Y_e = Y_0 + \Delta I/(1 - c + m)$, und aus (43) ersehen wir, daß der Multiplikator kleiner als in (41) ist, da eine anfängliche Injektion der Nachfrage in Höhe einer Einheit den Konsum in der nächsten Periode um c Einheiten erhöht, aber gleichzeitig m Einheiten zusätzlicher Importnachfrage auftreten, so daß der Nachfrageanstieg in dieser Ökonomie $c - m$ beträgt. Wiederum ist in der dritten Periode ein weiterer Anstieg im Betrag von $(c - m)(c - m)$ zu verzeichnen usw.

Betrachten wir nun ein Modell mit zeitlichen Verzögerungen und staatlicher Fiskalpolitik, aber ohne Außenhandel. Die Ökonomie wird durch die Gleichungen

$$Y_t = C_t + I_t + G_t \tag{44}$$

$$C_t = a + c(Y_{t-1} - T_{t-1}) \tag{45}$$

beschrieben. Es bleibt dem Leser in Übungsaufgabe 7.11 überlassen zu zeigen, daß beim Start der Ökonomie im Zeitpunkt 0 mit G_t auf dem Niveau G und dem

Gleichgewichtsoutput Y_0 ein steigendes G_t auf $G + \Delta G$ für alle $t \geq 1$ zur Folge hat, daß

$$Y_t = Y_0 + \Delta G\,(1 + c + c^2 + \ldots + c^{t-1}) \quad t \geq 1 \tag{46}$$

gilt, mit einem Endgleichgewicht

$$Y_e = \frac{a - cT + I + G + \Delta G}{1 - c} = Y_0 + \frac{\Delta G}{1 - c}$$

Betrachten wir jedoch eine Wirtschaft, die im Zeitpunkt 0 mit einer Steuer T_t gleich T und einem Output Y_0 im Gleichgewicht startet. Unter sorgfältiger Beachtung der Konsumfunktion (45) kann man zeigen, daß wenn T auf $T + \Delta T$ steigt, in den folgenden Zeitperioden von $t = 1$ an

$$\begin{aligned} Y_1 &= Y_0 \\ Y_t &= Y_0 - \Delta T(c + c^2 + \ldots + c^{t-1}) \quad t \geq 2 \end{aligned} \tag{47}$$

gilt, mit einem Endgleichgewicht gleich

$$Y_e = \frac{a - cT - c\Delta T + I + G}{1 - c} = Y_0 - \frac{c\Delta T}{1 - c}$$

Leicht sieht man nun, daß man bei gleichzeitiger Berücksichtigung von (46) und (47) den Effekt einer Expansion von G und T auf $G + \Delta T$ und $T + \Delta G$ (ausgeglichenes Budget) für alle Perioden nach $t = 1$ die Beziehung

$$Y_t = Y_0 + \Delta G = Y_e, \quad t \geq 1, \tag{48}$$

ableiten kann, so daß das Endgleichgewicht sofort erreicht wird!

Diese Resultate kann man leicht verstehen. Ein Anstieg der Staatsausgaben in Höhe einer Einheit hat genau den Effekt eines Investitionsanstiegs, so daß (46) genau der Formel (41) entspricht. Ein Anstieg der Besteuerung um eine Einheit wirkt unterschiedlich. Sie hat keinen direkten Effekt auf die Nachfrage und der Effekt auf den Konsum wird um eine Periode verschoben. Der erste Effekt ist dann eine Reduktion um c Einheiten des Konsums in der zweiten Periode und dies wiederum geht in die späteren Perioden ein. Beim Vergleich von (46) und (47) sehen wir, daß der Unterschied zwischen dem Effekt von ΔG und dem Effekt von ΔT einfach der ist, daß der erste Term der Reihe in der Formel (47) fehlt, da eine Veränderung der Staatausgaben einen direkten Effekt in gleicher Höhe auf die Nachfrage aufweist, den eine Besteuerungsänderung nicht hat. Die Tatsache, daß der Multiplikator mit ausgeglichenem Budget gleich 1 ist und seine volle Wirkung sofort erreicht, wie in (48) gezeigt wurde, folgt sofort.

Die einfachen dynamischen Modelle haben die Funktion, die Kräfte, die dem Multiplikator unterliegen, zu klären. Sie sind auch realistischer als die Modelle ohne zeitliche Verzögerungen und sind eine wichtige Information für die Politiker. Nehmen wir an, daß die Zeitperiode in den Modellen (44) und (45) ein Jahr beträgt und daß $c = 0{,}75$ ist, so daß der Multiplikator gleich 4 ist. Ein Staat, der die Ausgaben um 1 Milliarde DM erhöht und einen sofortigen Anstieg um 4 Milliarden DM im Einkommen erwartet, würde enttäuscht werden. (46) zeigt, daß die Einkommensänderungen, in Milliarden DM gemessen, wie folgt sind:

$Y_1 - Y_0 = 1$, $Y_2 - Y_0 = 1{,}75$, $Y_3 - Y_0 = 2{,}3125$, $Y_4 - Y_0 = 2{,}7343$, $Y_5 - Y_0 = 3{,}0508$,

usw. Die Tatsache, daß die staatlichen Maßnahmen sehr langsam wirken, kann substantielle Probleme heraufbeschwören. Ein Staat, der sich einer unmittelbar bevorstehenden Wahl gegenüber sieht, könnte Maßnahmen ergreifen, deren langfristiger Effekt zerstörerisch groß ist, um sicher zu gehen, daß der kurzfristige Effekt eintritt. Eine Regierung, die mit einer klugen Politik Geduld verliert, weil ihre Effekte sich langsam einstellen, könnte geneigt sein, eine törichte Politik zu ergreifen.

Als Erweiterung vgl. man im Anhang die Modifikation des dynamischen Multiplikatormodells, die die Rolle der Investitionen eingehender beschreibt.

7.5 Die Investitionen und der Zinssatz

Betrachten wir ein Investitionsprojekt, das eine Ausgabe in Höhe von x_0 in der Periode 0 erfordert und Gewinne von $x_1, x_2, \ldots, x_T$ in den darauffolgenden Zeitperioden abwirft. Wie sollte ein potentieller Investor ein derartiges Projekt beurteilen?

Alle x_i werden in monetären Einheiten gemessen, wie DM oder Dollar, aber es wäre ein Fehler, den Wert des Projektes einfach dadurch zu ermitteln, daß man die folgende Maßzahl berechnet $x_1 + x_2 + \ldots + x_t - x_0$, denn dann würde man Geldbeträge addieren, die zu unterschiedlichen Zeitperioden anfallen. Eine DM heute ist nicht das Gleiche wie 1 DM im darauffolgenden Jahr.

Nehmen wir an, daß Banken oder andere finanzielle Institutionen einen Zinssatz von r pro Zeitperiode anbieten. Das bedeutet, wenn man 1 DM zur Zeitperiode 0 anlegt, daß man DM $(1 + r)$ in der Zeitperiode 1 erhält. Oder, wenn man 1 DM von einer Bank zum Zinssatz r in der Periode 0 ausleiht, dann muß man in der Periode 1 DM $(1 + r)$ zurückzahlen. Somit kann 1 DM in der Periode 0 auf dem Markt gegen DM $(1 + r)$ in der Periode 1 getauscht werden. Beide haben den gleichen Wert. Wieviel Geld der Periode 0 kann man für x_1 Einheiten in Periode 1 austauschen? Offensichtlich ist die Antwort $x_1/(1 + r)$. Wir sagen, daß $x_1/(1 + r)$ der Gegenwartswert in Periode 0 von x_1 Einheiten in Periode 1 ist. Tatsächlich ist $1/(1 + r)$ der Preis, zu dem Geld der Periode 1 in Geld der Periode 0 getauscht werden kann. (Man vergleiche die Diskussion des Abschnitts 7.2 über die Verschuldung des Konsumenten und die Kreditgebung des Konsumenten).

Allgemeiner ausgedrückt wird 1 DM, die für t Perioden angelegt wird DM $(1 + r)^t$ ergeben, so daß der Gegenwartswert von x_t in der Periode 0 gleich $x_t/(1 + r)^t$ beträgt. Der Preis, zu dem Geld der Periode t gegen Geld der Periode 0 ausgetauscht werden kann, beträgt $1/(1 + r)^t$.

Der Gegenwartswert (PV) (present value) zum Zeitpunkt 0 des ganzen Gewinnstroms der Investition beträgt deshalb

$$PV_0 = \frac{x_1}{1+r} + \frac{x_2}{(1+r)^2} + \ldots + \frac{x_T}{(1+r)^T} \tag{49}$$

Der Nettogegenwartswert (NPV „net present value") der gesamten Investition wird dadurch gefunden, daß man die anfänglichen Ausgaben vom Gegenwartswert abzieht:

$$NPV_0 = -x_0 + \frac{x_1}{1+r} + \frac{x_2}{(1+r)^2} + \ldots + \frac{x_T}{(1+r)^T} \tag{50}$$

Die Multiplikation von x_t mit $(1 + r)^{-t}$ wird manchmal **Abdiskontieren** genannt und $(1 + r)^{-t}$ heißt der **Diskontfaktor**. Hiermit haben wir den Gewinn jedes Jahres in Geldeinheiten der Perioden 0 ausgedrückt und dies haben wir dadurch erreicht, daß wir jede Geldsumme mit ihrem Preis multipliziert haben, genauso wie wir den Geldwert eines gewöhnlichen Güterbündels berechnen, nämlich des Bündels $x_1, x_2, \ldots, x_n$ der gleich $p_1x_1 + p_2x_2 + \ldots + p_nx_n$ ist. Ähnlich berechnen wir für ein Individuum mit Einkommen m, das ein derartiges Bündel kauft, seine Nettoausgaben als $-m + p_1x_1 + \ldots + p_nx_n$.

Wenn der Zinssatz von Periode zu Periode schwankt und in der Periode 1 r_1 beträgt, r_2 in der Periode 2 usw., dann kann man leicht zeigen, daß die Gegenwartswertkalkulation zu dem Ausdruck

$$PV_0 = \frac{x_1}{1+r_1} + \frac{x_2}{(1+r_1)(1+r_2)} + \ldots + \frac{x_T}{(1+r_1)(1+r_2)\ldots(1+r_T)} \tag{49a}$$

führt. Ferner kann man einen zu (50) äquivalenten Ausdruck angeben.

Wenn der Gegenwartswert des Gewinnstroms größer als x_0 ist, sollte das Projekt durchgeführt werden, da der Wert der Erträge größer ist als die Erträge, die die finanziellen Institutionen für eine Anlage von x_0 anbieten. Äquivalent ausgedrückt können wir sagen, daß ein Projekt dann unternommen werden soll, wenn der Nettogegenwartswert positiv ist. (Das Argument setzt voraus, daß kein Risiko vorhanden ist, d.h. der Investor kennt die Erträge des Projekts und was die Banken offerieren).

Wenn alle x_t für $t > 1$ positiv sind, dann ist PV_0 eine abnehmende Funktion von r und mit wachsendem r wird es immer unwahrscheinlicher, daß ein gegebenes Projekt den Gegenwartswerttest besteht. Der potentielle Investor, der Geld auszugeben hat, wird dann eher zum herrschenden Zinssatz der Bank sein Geld geben als es in ein Projekt zu investieren. Ein potentieller Investor, der Schulden aufnehmen muß, um sein Investitionsprojekt zu finanzieren, wird erkennen, daß die erwarteten Erträge seine Schulden zuzüglich der Zinsen nicht voll abdecken werden.

Selbst wenn einige der x_t negativ sind, ist es wahrscheinlich, daß die negativen x_t in den frühen Perioden auftreten, wenn das Projekt startet, so daß in diesem Fall PV_0 fast sicher eine abnehmende Funktion von r ist, da $1/(1 + r)^t$ stärker abnimmt, wenn ein gegebener Anstieg von r bei größerem t auftritt.

Also muß man das Investitionsniveau einer Ökonomie nicht länger als exogen annehmen. Wir können annehmen, daß

$$I = I(r) \quad I_r < 0 \tag{51}$$

gilt.

Man beachte, daß obwohl es in unserer Diskussion über die Berechnung des Gegenwartswertes darum ging, den Geldwert eines Investitionsprojektes herauszuarbeiten, unser eigentliches Interesse der Bereitschaft der Investoren gilt, eine Fabrikstätte zu bauen, Maschinen und Rohstoffe zu kaufen, nämlich der Investitionsnachfrage nach Gütern. (Falls irgendeine Gefahr bestehen sollte, die Investition in diesem Sinne mit finanziellen Investitionen zu verwechseln, wie z.B. einer Geldanlage in einer Bank, dann beziehen wir uns auf I als reale Investitionen).

Dies ist immer noch eine unvollständige Theorie der Investition, denn sie behandelt die x_t, die das einzelne Projekt beschreiben, als exogen bestimmt. In der Tat hängen die zukünftig erwarteten Erträge für jedes Projekt davon ab, wie andere Projekte sind oder welche anderen Projekte durchgeführt werden und sie hängen auch vom zukünftigen Verhalten der Wirtschaft als ganzes ab. Für den Augenblick jedoch lassen wir solche Fragen beiseite.

*7.6 Diskontieren in stetiger Zeit

Das Modell des vorhergehenden Abschnitts war in diskreter Zeit formuliert. Ein alternativer Ansatz, der in manchen Fällen nützlicher sein kann, ist eine stetige Zeitformulierung.

Die Zinseszinsen wachsen mit einer fixen Rate. In stetiger Zeit wird der Zinseszins einfach durch eine Exponentialfunktion dargestellt. Nur eine Funktion der Form

$$y(t) = y(0)\, e^{rt} \tag{52}$$

hat die Eigenschaft eines stetigen Wachstums mit der Rate r:

$$\frac{dy(t)}{dt} = ry(t) \tag{53}$$

Diese Eigenschaft der Exponentialfunktion kann durch die Betrachtung der diskreten Zeit verstanden werden, wenn die Zeit immer feiner unterteilt wird. Eine Geldeinheit, die für t Perioden zu einem Zinssatz von r pro Zeitperiode angelegt wird, wird am Ende des Zeitabschnitts $(1 + r)^t$ wert sein. Wenn wir stattdessen den Zins zweimal pro Zeitperiode berechnen und den Zins mit der Rate r/2 pro halber Zeitperiode bezahlen, dann wird über die 2t Halbperioden eine Einheit Geld auf $(1 + r/2)^{2t}$ Einheiten anwachsen. Wenn wir jede Periode feiner unterteilen, beispielsweise in n Zeitintervalle, dann erhalten wir das Resultat $(1 + r/n)^{nt}$. Für immer größer werdendes n kommen wir immer näher an die stetige Berechnung, das heißt an das stetige Wachstum und da

$$\lim_{n \to \infty} \left(1 + \frac{r}{n}\right)^{nt} = e^{rt} \tag{54}$$

gilt, liefert die Exponentialfunktion das geeignete Zinsmaß.

Ein Geldbetrag von y(0), der zu einem stetig berechneten Zinssatz r von der Zeit 0 bis zum Zeiptunkt t angelegt wird, hat einen Wert von $y(0)\,e^{rt}$ im Zeitpukt t. Also ist der Gegenwartswert von x(t) zum Zeitpunkt 0 gleich $x(t)\,e^{-rt}$. Also hat ein Investitionsprojekt, das einen Ertragsstrom x(t) $(0 \leq t \leq T)$ erbringt, einen Gegenwartswert zum Zeitpunkt 0 von

$$PV_0 = \int_0^T x(t)\,e^{-rt}\,dt \tag{55}$$

da wir, um eine Summe bei stetiger Zeit zu berechnen, integrieren müssen. Der Rest des Arguments des Abschnitts 7.5 folgt nun unwesentlich abgeändert.

7.7 Wertpapiere und der Zinssatz

Ein Wertpapier stellt ein Zahlungsversprechen einer festen Geldsumme zu verschiedenen Zeitpunkten dar. Zuerst wollen wir ein Beispiel betrachten. Ein Wertpapier der englischen Regierung beispielsweise erbringt für den Halter des Wertpapiers jeden 31. März £ 10, beginnend vom Ausgabedatum bis einschließlich zum 31. März 1993. Das Wertpapier erbringt zusätzlich £ 100, wenn es am 31. März 1993 eingelöst wird. Am 1. April 1983 hat dieses Wertpapier den Gegenwartswert in Pfund von

$$PV = \frac{10}{1+r} + \frac{10}{(1+r)^2} + \ldots + \frac{10}{(1+r)^{10}} + \frac{100}{(1+r)^{10}} \tag{56}$$

Im allgemeinen hat ein Wertpapier, das jährlich eine Summe a erbringt und b zum Ende seiner Laufzeit, einen Gegenwartswert von

$$PV = \frac{a}{1+r} + \frac{a}{(1+r)^2} + \ldots + \frac{a}{(1+r)^T} + \frac{b}{(1+r)^T} \tag{57}$$

$$= \frac{a}{r}\left(1 - \frac{1}{(1+r)^T}\right) + \frac{b}{(1+r)^T} \tag{58}$$

((58) wird aus (57) abgeleitet, indem man die Standardmethode der Summierung einer geometrischen Reihe benutzt).

Einige Wertpapiere haben eine unendliche Laufzeit (in Großbritannien heißen solche Wertpapiere „Consols") und der Wert eines derartigen Wertpapiers kann ermittelt werden, indem man in (58) $T \to \infty$ gehen läßt. Der Wert beträgt dann a/r. Es bleibt dem Leser überlassen, in Übungsaufgabe 7.16 eine Rechtfertigung dafür mit Hilfe des Konzeptes der Opportunitätskosten zu finden, was nicht weiter schwer ist.

Aus (58) folgt sofort, daß für a/r = b der Gegenwartswert PV = b ist. Also sollte man bereit sein für ein Wertpapier, deren Gegenwartswert durch (56) gegeben wird, £ 100, zu bezahlen wenn der Marktzins 10% beträgt, d.h. zu r = 0,1. Für die Entwicklung unserer Theorie ist die Tatsache von Wichtigkeit, daß sich bei änderndem Marktzins r der Wert des Wertpapiers ändern muß, da die Summen a und b konstant sind. Aus (57) ersehen wir, daß der Gegenwartswert jeder jährlichen Zahlung eine abnehmende Funktion von r ist, so daß der Gegenwartswert eines Wertpapiers eine abnehmende Funktion von r sein wird. Es gibt aktive und etablierte Märkte für viele Wertpapiertypen und der Preis, zu dem ein Wertpapier gekauft oder verkauft werden kann, sollte seinem Gegenwartswert entsprechen, so daß es eine inverse Beziehung zwischen dem Preis der Wertpapiere und dem Zinssatz gibt.

Wenn man erwartet, daß der Zinssatz in Zukunft schwanken wird, dann muß (57) genau wie (49) modifiziert werden und zwar zu

$$PV = \frac{a}{1+r_1} + \frac{a}{(1+r_1)(1+r_2)} + \ldots + \frac{a+b}{(1+r_1)(1+r_2)\ldots(1+r_T)} \qquad (57a)$$

Diesmal ist aber eine Vereinfachung wie in (58) nicht möglich. Der Wert des Wertpapiers hängt nun von den gegenwärtigen und erwarteten Marktzinssätzen ab und wenn irgendeine dieser Raten steigt, wird der Wert des Wertpapiers fallen.

(Man sollte nicht dadurch verwirren lassen, daß ein wie oben beschriebenes Wertpapier manchmal wie folgt genannt wird: „10% Obligation 1993". Dies ist einfach eine Abkürzung für ein Wertpapier, das den oben beschriebenen zukünftigen Zahlungsstrom erbringt. Es kann sehr gut sein, daß das Wertpapier zu einem ursprünglichen Marktzins von 10% emittiert wurde, so daß der Staat in der Lage war, das Wertpapier für £ 100 zu verkaufen, doch was wichtig ist, ist einerseits einmal das feste Zahlungsmuster und andererseits die gegenwärtigen und erwartenden zukünftigen Zinssätze, die beträchtlich variieren können und sehr wohl von 10% verschieden sein können).

7.8 Die Geldnachfrage

Wir gehen nun zu der Diskussion der Geldnachfrage in einer Volkswirtschaft über. Von größter Wichtigkeit ist hier das Verständnis des Unterschiedes zwischen **Beständen und Strömen**. Als wir früher die Multiplikatormodelle betrachtet haben, waren alle Mengen Stromgrößen: Das Volkseinkommen, die Investition, der Konsum, Exporte usw. wurden alle in DM oder Dollar pro Jahr ausgedrückt. Das verfügbare Geldangebot und die Nachfrage nach Geld zu einem bestimmten Zeitpunkt sind jedoch Bestände, die einfach in DM angegeben werden. Eine Aussage, wie z.B. „ein Anstieg des staatlichen Geldangebots um eine Million DM, muß unvermeidbar zu einem Ausgabenanstieg in gleicher Höhe führen, da die Wirtschaftssubjekte mehr Geld zum Ausgeben haben", muß mit großer Skepsis begegnet werden, denn sie besagt, daß eine direkte Beziehung zwischen zwei Mengen besteht, die nicht direkt vergleichbar sind. Wird behauptet, daß sich die Ausgaben um DM 1 Million pro Woche (d.h. DM 52 Millionen pro Jahr) oder um DM 1 Million pro Monat (DM 12 Millionen pro Jahr) oder um DM 1 Million pro Jahr erhöhen oder wird einfach behauptet, daß sich die Ausgaben vorübergehend erhöhen bis DM 1 Million zusätzlich ausgegeben worden sind, so daß der Anstieg des Gleichgewichtsstroms der Ausgaben Null beträgt?

Es gibt wahrscheinlich eine Beziehung zwischen der Geldmenge und dem Strom wirtschaftlicher Aktivität, doch dies ist eine diffizilere Beziehung als die, durch die obige Aussage behauptete. Der Schlüssel zu dieser Beziehung ist die Geldnachfrage.

Sei das Niveau des Volkseinkommens gleich Y und werde dieses in Millionen DM pro Jahr gemessen. Dies stellt den Gesamtwert der Transaktionen von Gütern dar, die jährlich zwischen Konsumenten und Produzenten in der Wirtschaft stattfinden. Da fast alle Transaktionen die Verwendung von Geld mit sich bringen, ist es sinnvoll anzunehmen, daß der Betrag an Geld, den die Wirtschaftssubjekte zu halten wünschen, d.h. das durchschnittliche Niveau ihrer Bankguthaben und Kassenhaltung, eine Funktion des Niveaus der Transaktionen ist, die sie erwarten. Natürlich gibt es andere Transaktionen, wie z.B. Transaktionen von Finanzanlagen oder Transaktionen zwischen Firmen an Zwischenprodukten. Doch kann man sinnvollerweise annehmen, daß der Gesamtwert der Transaktionen eng mit dem Gesamteinkommen zusammenhängen wird. Der Geldbetrag, den die Individuen und Firmen zu halten wünschen, hängt von der Einkommenshöhe und dem Output ab. Die einfachste Beziehung, die man annehmen kann, ist, daß die Geldnachfrage proportional zum Einkommensniveau ist:

$$M_d = kY \tag{59}$$

1/k heißt Umlaufsgeschwindigkeit, denn sie mißt die durchschnittliche Häufigkeit, mit dem das Geld die Hände wechselt. Wenn nur Transaktionen mit Gütern zwischen Individuen und Firmen betrachtet werden, so daß Y das Transaktionsniveau bezeichnet, und falls $k = 1/4$, so daß das Niveau der jährlichen Transaktionen viermal so groß wie der Wert des Geldbestandes ist, dann wird im Durchschnitt 1 DM viermal pro Jahr die Hände wechseln.

Es gibt aber keinen besonderen Grund, warum die Umlaufsgeschwindigkeit konstant sein soll. Es kann z.B. sein, daß bei steigendem Volkseinkommen sich finanzielle Institutionen derart entwickeln, daß im Durchschnitt die Wirtschaftssubjekte geringere Geldbestände halten (die Verwendung von Kreditkarten liefert ein Beispiel). Die Geldnachfrage wäre immer noch eine wachsende Funktion von Y aber keine lineare Funktion mehr:

$$M_d = L(Y) \quad L_Y > 0 \tag{60}$$

Diese **Transaktionsnachfrage** nach Geld wird durch andere Faktoren ergänzt. Haushalte und Firmen sind nie sicher, welche Transaktionen in der unmittelbaren Zukunft nötig sein werden und man sollte normalerweise erwarten, daß sie eine **Vorsichtsnachfrage nach Geld** haben, d.h. einen Geldbestand halten, um gegen das Unerwartete gewappnet zu sein. Wir sollten erwarten, daß diese Nachfrage auch eine Funktion des tatsächlichen Transaktionsnvieaus ist.

Der Geldbestand eines Individuums ist ein Teil seines Vermögensbestandes, welcher zusätzlich aus Eigentum an dauerhaften Gütern und Finanzanlagen besteht, wie Wertpapiere und Aktien. Warum sollte jemand Geld halten, wenn das Halten von Wertpapieren zu Zinseinkommen führt? Wir haben einen Teil der

Antwort auf diese Frage oben angedeutet. Geld ist ein sehr bequemes Mittel Transaktionen zu erleichtern, erwartete und unerwartete. Die Tatsache, daß Geldhaltung Opportunitätskosten aufweist, nämlich den entgangenen Zinsertrag für Wertpapiere (oder Dividenden auf Aktien), könnte uns dazu veranlassen, zu erwarten, daß die Transaktions- und Vorsichtsnachfrage nach Geld durch den Zinssatz beeinflußt wird. Man kann den Geldbestand auch dann reduzieren, wenn das Transaktionsniveau unverändert ist. Stellen wir uns ein Individuum vor, das £ 280 alle 4 Wochen erhält und £ 10 täglich ausgibt. Wenn dieses Individuum £ 280 auf ein laufendes Konto einzahlt oder diesen Betrag als Bargeld hält, dann wird der durchschnittliche Geldbestand £ 140 betragen. Wenn der Zinssatz für Wertpapiere hoch ist, könnte er versucht sein, £ 140 in Wertpapieren zu Beginn des Monats anzulegen und diese nach 2 Wochen zu verkaufen. Dies wird seinen Durchschnittsbestand an Geld auf £ 70 verringern. Ähnlich verhält es sich mit der Vorsichtsnachfrage nach Geld. Ein hoher Zinssatz für Wertpapiere wird das Individuum in Versuchung führen, das Risiko einzugehen, gelegentlich nicht genug Geld zu haben.

Somit sieht es so aus, als ob unsere Geldnachfragefunktion gleich

$$M_d = L(Y, r) \quad L_Y > 0, L_r < 0 \tag{61}$$

sein dürfte. Dieser Eindruck wird verstärkt, wenn wir uns darüber klar werden, daß ein Individuum oder eine Firma einen Teil seines Vemrögens in der Form von Geld zu halten wünscht, ganz abgesehen davon, daß eine Notwendigkeit besteht, Transaktionen zu finanzieren. Ohne Inflation ist Geld eine sichere Anlage. £ 100 Bargeld werden immer noch £ 100 im nächsten Jahr wert sein. Wertpapiere variieren in ihrem Preis, wie wir im vorhergehenden Abschnitt sahen, so daß für £ 100 gekaufte Wertpapiere später sehr viel weniger wert sein können, wenn der Marktzinssatz sich erhöht. Die Erträge für das halten von Wertpapieren, bestehen in den festen jährlichen Zahlungen und in der Chance von Kapitalgewinnen, aber dies muß man gegen die Kosten, nämlich die Risiken von Kapitalverlusten abwägen. Es scheint somit wahrscheinlich, daß ein Individuum, das sein Vermögen nicht zu großen Risiken eines Verlustes aussetzen möchte, einen Teil seines Vermögens in Geld hält. Da ein Anstieg des Volkseinkommens normalerweise von einer Vermögenserhöhung begleitet wird, sollte die Nachfrage nach Geld eine wachsende Funktion von Y sein. Ein Anstieg von r reduziert den Wert der Wertpapiere und reduziert somit das Gesamtvermögen, aber er erhöht auch die relative Attraktivität der Wertpapiere und man könnte somit erwarten, daß die Geldnachfrage eine abnehmende Funktion von r ist. Wir haben deshalb einen zusätzlichen Grund zu glauben, daß $L_y > 0$ und $L_r < 0$ sind.

Schließlich führt die Tatsache, daß Kapitalgewinne und Verluste für Wertpapiere auftreten können, zu einer **Spekulationsnachfrage** nach Geld. Wenn man erwartet, daß die Zinssätze fallen, erwartet man, daß der Wertpapierpreis steigt, so daß man soviele Wertpapiere wie möglich halten sollte. Wenn man erwartet, daß die Zinssätze steigen, sollte man eher Geld als Wertpapiere halten. Der Fall eines Wertpapiers mit unendlicher Laufzeit zeigt, warum das Spekulationsmotiv der Geldhaltung ziemlich stark sein könnte. Ein Wertpapier, das £ 10 auf Dauer erbringt, hat einen Wert von £ 500, wenn der Zinssatz 2% beträgt. Wenn man £ 500 für ein Jahr in Wertpapieren anstatt in Geld anlegt, dann beinhaltet dies einen Zinsgewinn von £ 10. Wenn sich jedoch der Zinssatz auf 3% erhöht, würde der Preis des Wertpapiers auf £ 333,33 fallen und der Kapitalverlust von 166,67 würde offensichtlich den Zinsgewinn überwiegen. Andererseits würde sich der Wert des Wertpapieres verdoppeln, wenn der Zins auf 1% fiele.

Damit soll die Geldnachfrage eine wachsende Funktion der Differenz zwischen erwartetem Zinssatz r_e und dem tatsächlichen Zinssatz r sein. Also erhalten wir

$$M_d = L(Y, r, r_e) \quad L_Y > 0, L_r < 0, L_{r_e} > 0, \tag{62}$$

da die spekulative Nachfrage den negativen Effekt von r verstärkt (für ein gegebenes r_e) und dies impliziert einen positiven Effekt von r_e (bei gegebenem r).

Die gesamte Diskussion zuvor basierte darauf, daß Wertpapiere die einzige alternative Finanzanlageform zu Geld sind. In der Realität gibt es andere Vermögensanlagen, von denen die wichtigste die Anlage in Aktien bei Gesellschaften ist. Eine Aktie verspricht eine jährliche Dividendenzahlung, die mit den Gewinnen der Gesellschaft zusammenhängen, so daß im Gegensatz zu einem Wertpapier der jährlich gezahlte Betrag unsicher ist und von Jahr zu Jahr variieren kann. Das gleiche Prinzip wie bei der Bewertung der Wertpapiere kann für die Bewertung von Aktien angewendet werden. Die erwarteten zukünftigen Erträge werden abdiskontiert. Die Annahme, daß Wertpapiere und Geld die einzigen Finanzanlagen sind, dient dazu, die Theorie einfach zu halten und die Komplikationen auszuschließen, die dadurch begründet sind, daß die Unsicherheit der zukünftigen Erträge auf Aktien mitberücksichtigt werden.

7.9 Gleichgewicht auf Güter- und Geldmärkten

Kombinieren wir die Gleichung (27) und (51), ergibt dies eine neue Gleichung, die die Gleichheit von Angebot und Nachfrage nach Gütern in einer geschlossenen Volkswirtschaft beschreibt.

$$Y = C(Y - T) + I(r) + G \tag{63}$$

Es ist jedoch bequemer, diese Gleichung alternativ in der Form

$$S(Y - T) + T = I(r) + G \tag{64}$$

zu schreiben.

Für gegebenes exogenes r sind diese Gleichungen im wesentlichen dieselben wie (27) und (33). Wenn wir jedoch das Gleichgewicht auf dem Geldmarkt betrachten, können wir den Zinssatz endogenisieren und eine komplexere, realistischere und nützlichere Theorie entwickeln als es die Multiplikatoranalyse der Abschnitte 7.2 und 7.3 war.

Die Bestimmung des Geldangebots ist eine komplizierte Sache. Das Angebot an Banknoten, die den Individuen zur Verfügung stehen, wird direkt durch den Staat kontrolliert. Während das Geldangebot in Form von Bankeinlagen vom Verhalten des Bankensystems abhängt, welches der Staat nur sehr schwer kontrollieren kann. Wir umgehen diese Komplikation einfach dadurch, daß wir annehmen, der Staat habe hinreichende Kontrolle über das Bankensystem, um das Geldangebot perfekt zu regulieren. Dann wird das Gleichgewicht auf dem Geldmarkt durch die Gleichung

$$M = L(Y, r, r_e) \tag{65}$$

beschrieben, wobei M das Geldangebot bezeichnet.

Die Gleichungen (64) und (65) sind zwei Gleichungen in den endogenen Variablen Y und r, mit T, G, M und r_e exogen. Graphisch können sie durch die mit IS und LM bezeichneten Kurven der Abb. 7.3 dargestellt werden. Die nach unten geneigt verlaufende IS Kurve ist der geometrische Ort der Punkte (Y, r), die (64) erfüllen.

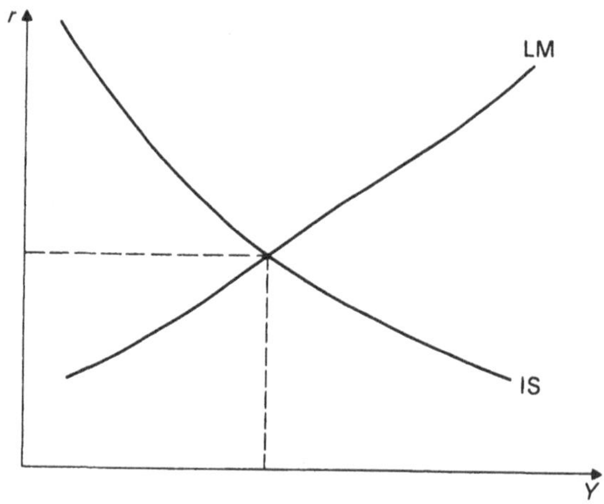

Figur 7.3 Das IS-LM Diagramm

Bei fallendem r erhöht sich I, so daß Y ansteigen muß, um S anzuheben und die Gleichheit aufrechtzuerhalten. Formaler dargestellt, ergibt sich nach Differentiation von (64) nach r und Behandlung von Y als implizite Funktion von r, daß diese implizite Funktion die Ableitung

$$\frac{dY}{dr} = \frac{I_r}{S_Y} < 0 \tag{66}$$

besitzt. Dies ergibt die negative Steigung der IS-Kurve. Die nach oben geneigt verlaufende LM-Kurve ist der geometrische Ort der (Y, r), die (65) erfüllen. Mit steigendem r vermindert sich L, und Y muß sich erhöhen, um L gleich M zu halten. Die implizite Funktion Y(r), die durch (65) definiert wird, besitzt die Ableitung

$$\frac{dY}{dr} = -\frac{L_r}{L_Y} > 0, \tag{67}$$

was eine positive Steigung der LM-Kurve ergibt.

Der Punkt, in dem sich die IS- und LM-Kurven in Abb. 7.3 schneiden, ergibt ein eindeutiges Wertepaar (Y, r) das (64) und (65) erfüllt. Es ist der Punkt, in dem sowohl der Gütermarkt als auch der Geldmarkt im Gleichgewicht sind.

Die Rechtfertigung dafür, daß die Geldnachfrage vom Zins abhängt, ist die Existenz von Wertpapieren. Sollten wir uns nicht Gedanken darüber machen, ob das Angebot und die Nachfrage nach Wertpapieren gleich ist? Betrachten wir eine Zeitperiode t und nehmen wir an, daß zu Beginn der Periode die Individuen und Firmen (das Publikum) die Bestände M_{t-1} und B_{t-1} an Geld und Wertpapieren halten, so daß die Privaten einen Bestand an finanziellem Vermögen in Höhe von $M_{t-1} + B_{t-1}$ halten. Während der Periode gibt es einen Sparstrom S_t und eine Investition I_t und die Differenz $S_t - I_t$ stellt den Teil der Ersparnis dar, der nicht in reale Kapitalanlagen investiert wird. Damit ist dies die Erhöhung des Bestands an finanziellen Aktiva der Privaten, so daß am Ende der Periode das finanzielle Vermögen $M_{t-1} + B_{t-1} + S_t - I_t$ beträgt. Die Privaten möchten einen Geldbetrag L_t am Ende der Periode halten, so daß der Betrag, den sie als Wertpapiere zu halten wünschen, d.h. die Wertpapiernachfrage

$$B_t^d = M_{t-1} + B_{t-1} + S_t - I_t - L_t \tag{68}$$

ist. Wenn der Gütermarkt im Gleichgewicht ist, gilt $S_t - I_t = G_t - T_t$. Doch bezeichnet $G_t - T_t$ das staatliche Defizit, das entweder durch Schuldenaufnahme, d.h. durch den Verkauf von Wertpapieren seitens des Staates ausgeglichen werden kann oder durch Geldschöpfung finanziert werden kann, d.h. dadurch daß der Staat seine Rechnungen durch den Druck zusätzlicher Banknoten bezahlt oder das Bankensystem dazu bringt, den Kredit für den Staat zu erhöhen. Also erhalten wir

$$S_t - I_t = G_t - T_t = M_t - M_{t-1} + B_t - B_{t-1} \tag{69}$$

In (69) bezeichnen M_t und B_t das Geld und Wertpapierangebot zum Ende der Periode t. Die Gleichungen (68) und (69) zusammen implizieren, daß

$$B_t^d = M_t + B_t - L_t \tag{70}$$

gilt, doch ist auch $M_t = L_t$ erfüllt, wenn sich der Geldmarkt im Gleichgewicht befindet. Wenn also sowohl der Güter- als auch der Geldmarkt sich im Gleichgewicht befinden, dann gilt $B_t^d = B_t$, was bedeutet, daß der Wertpapiermarkt sich auch im Gleichgewicht befindet (dies ist ein Spezialfall des allgemeineren Resultats, das unter dem Namen „**Walras' Gesetz**" bekannt ist). Es reicht somit aus, die zwei Gleichungen (64) und (65) zu benutzen, um das Gleichgewicht aller drei Märkte zu beschreiben.

7.10 Komparative Statik im IS-LM Modell

Es ist nun einfach, die Effekte verschiedener exogener Veränderungen zu analysieren. Um den Effekt einer Veränderung von G auf Y und r herauszufinden, differenzieren wir (64) und (65) und erhalten

$$S_Y \frac{\partial Y}{\partial G} - I_r \frac{\partial r}{\partial G} = 1$$
$$L_Y \frac{\partial Y}{\partial G} + L_r \frac{\partial r}{\partial G} = 0 \qquad (71)$$

Die Lösung ergibt

$$\frac{\partial Y}{\partial G} = \frac{L_r}{S_Y L_r + I_r L_Y} > 0 \qquad (72)$$

$$\frac{\partial r}{\partial G} = \frac{-L_Y}{S_Y L_r + I_r L_Y} > 0 \qquad (73)$$

da gilt: $S_y > 0$, $L_y > 0$, $I_r < 0$, $L_r < 0$. Man beachte weiter, daß gilt

$$\frac{\partial Y}{\partial G} = \frac{1}{S_Y + I_r L_Y/L_r} < \frac{1}{S_Y} \qquad (74)$$

so daß eine Veränderung der Staatsausgaben das Einkommen erhöht, dies aber geringer ausfällt als im einfachen Multiplikatormodell. Der Zins steigt auch.

Leicht ersieht man aus Abb. 7.4 was passiert. Anfänglich ist das Gleichgewicht in (Y_A, r_A). Ein Anstieg von G bei konstantem r besitzt einen Multiplikatoreffekt auf dem Gütermarkt, denn (64) (mit r und deshalb auch I konstant) stellt das einfache Multiplikatormodell dar. Ein Anstieg von G verschiebt die IS-Kurve nach rechts mit der Rate $1/S_y$.

Insbesondere, falls r auf r_A bliebe, würde ein Anstieg von G in der Höhe von ΔG das Einkommen auf $Y_A + \Delta G/S_Y$ erhöhen. Das erhöhte Einkommen jedoch erhöht die Geldnachfrage (reduziert die Nachfrage nach Wertpapieren), was den Zinssatz nach oben drückt (den Preis der Wertpapiere vermindert) und der höhere Zinssatz, der erforderlich ist, um den Geldmarkt (und den Wertpapiermarkt) ins Gleichgewicht zu bringen, reduziert das Investitionsniveau. Dies dämpft den Multiplikatoreffekt der erhöhten Staatsausgaben (manchmal wird dies dadurch

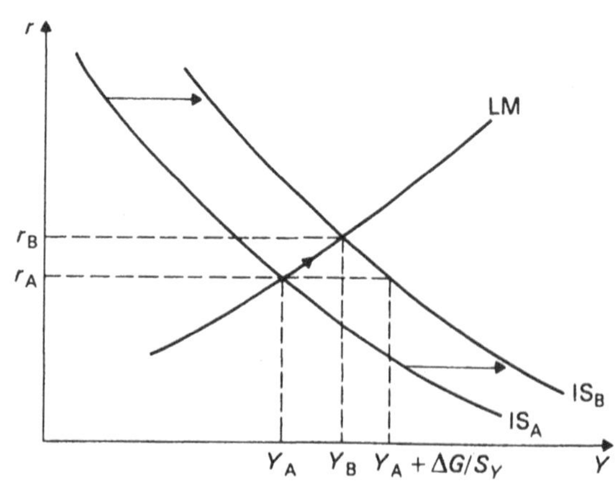

Figur 7.4 Der Effekt eines Anstiegs von G

beschrieben, daß die Staatsausgaben die private Investition „verdrängen", („crowding out")).

Schließlich erreichen wir das neue Gleichgewicht (Y_B, r_B). Leicht sieht man, daß eine Verminderung der Besteuerung, oder eine ausgeglichene Budgetexpansion qualitativ ähnliche, aber quantitativ unterschiedliche Effekte haben.

Man erkennt, daß es falsch ist zu sagen, daß eine fiskalische Expansion die Zinssätze erhöht (die Wertpapierpreise senkt), da der Staat mehr Wertpapiere verkaufen muß, um sein Defizit abzudecken. Was tatsächlich passiert ist, daß der Einkommensanstieg, der durch die Erhöhung der Staatsausgaben begründet wird, das Publikum veranlaßt, einen Teil ihrer Wertpapierbestände zu verkaufen, da ihre Nachfrage nach Geld gestiegen ist und dieses Wertpapierangebot, als Teil des vorhandenen Bestandes, begründet das Sinken der Wertpapierpreise. Das erhöhte staatliche Defizit verändert den Strom neuer Wertpapiere auf dem Markt, aber in einer anderen Größenordnung. Der Strom ändert sich solange, bis der Zinssatz ihr neues Niveau r_B in dem in Abb. 7.4 gezeigten Fall erreicht hat, und sich der Zinssatz nicht mehr weiter erhöht. Es bleibt dem Leser überlassen, in Übungsaufgabe 7.23 sorgfältig darzustellen, wie das ständige Angebot zusätzlicher staatlicher Wertpapiere im neuen Gleichgewicht absorbiert wird, ohne daß ein weiteres Ansteigen des Zinssatzes verursacht wird.

Die Effekte einer Änderung von M können ähnlich analysiert werden. Wir differenzieren hierzu (64) und (65) nach M:

$$\begin{aligned} S_Y \frac{\partial Y}{\partial M} - I_r \frac{\partial r}{\partial M} &= 0 \\ L_Y \frac{\partial Y}{\partial M} + L_r \frac{\partial r}{\partial M} &= 1 \end{aligned} \tag{75}$$

Hieraus erhalten wir

$$\frac{\partial Y}{\partial M} = \frac{I_r}{S_Y L_r + I_r L_Y} \tag{76}$$

$$\frac{\partial r}{\partial M} = \frac{S_Y}{S_Y L_r + I_r L_Y} \tag{77}$$

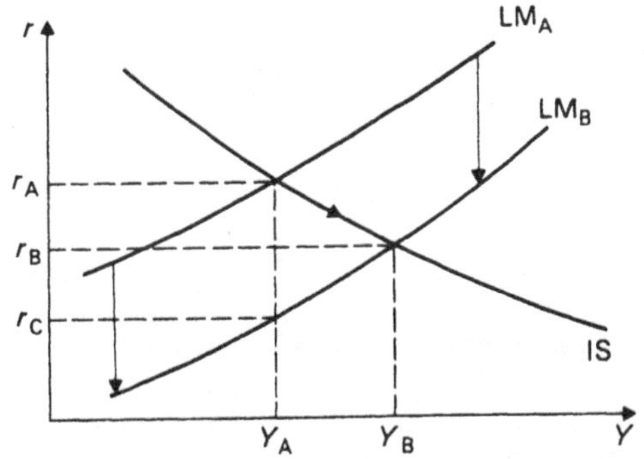

Figur 7.5 Der Effekt eines Anstiegs von M

Dieser Fall wird in Abb. 7.5 illustriert. Anfänglich ist das Gleichgewicht in (Y_A, r_A) gelegen. Ein Anstieg des Geldangebotes bei unverändertem G und T erfordert, daß der Staat das neue Geld unter das Publikum bringt. Offensichtlich kann dies dadurch geschehen, daß der Staat vom Publikum Wertpapiere gegen Geld kauft (oder sich bei Wertpapierkäufen zurückhält, die erforderlich wären, um ein existierendes Defizit zu decken). Eine derartige Politik reduziert den Zinssatz, da das Publikum nur dann bereit ist, einen Teil seines Geldvermögens für Wertpapiere einzutauschen, wenn der Wertpapierpreis sich erhöht. Das Sinken des Zinssatzes von r_A auf r_C in Abb. 7.5 führt zu einem Investitionsanstieg und damit (durch den üblichen Multiplikatorprozeß) zu einem Einkommensanstieg, bis das Gleichgewicht auf dem Gütermarkt wieder hergestellt wird und das Gesamtgleichgewicht im Punkte (Y_B, r_B) erreicht wird.

Alternative exogene Änderungen können ähnlich betrachtet werden. Der erwartete Zinssatz befindet sich bereits im Modell. Man kann auch die Effekte einer Veränderung folgender Variablen analysieren, nämlich Veränderung in der Sparneigung oder in der Investitionsneigung.

7.11 Fiskal- und Geldpolitik

Wir haben nun zwei augenscheinlich einfache Maßnahmen zur Verfügung, die ein Staat benutzen kann, um das Niveau des Volkseinkommens und damit das Arbeitslosigkeitsniveau zu beeinflussen.

Der Staat kann **Fiskalpolitik** betreiben, d.h. die Staatsausgaben verändern und die Besteuerung modifizieren. Als Alternative hierzu kann er eine **Geldpolitik** verfolgen, nämlich das Geldangebot in der Volkswirtschaft verändern. Wie wir gesehen haben, sind diese beiden Politiken dadurch miteinander verbunden, daß der Staat den Unterschied zwischen seinen Ausgaben und den Steuereinnahmen zu finanzieren hat. Von der Konzeption her jedoch können beide Politiken verschieden sein. Eine Veränderung der Staatsausgaben oder der Besteuerung, heißt reine Fiskalpolitik, wenn die Auswirkungen auf die Staatsfinanzen vollständig durch den Kauf oder Kauf von staatlichen Wertpapieren beschrieben werden, so daß das Geldangebot konstant bleibt. Eine Veränderung des Geldangebotes ohne Veränderung der staatlichen Ausgaben oder der Besteuerung heißt reine Geldpolitik. Hingegen ist eine Änderung der Staatsausgaben oder der Besteuerung, die nicht vollständig durch Wertpapierverkäufe oder -käufe finanziert wird, einer Mischung aus Geld- und Fiskalpolitik. Warum sollte der Staat eher die eine als die andere Politik wählen?

(i) Die relative Wirksamkeit der verschiedenen Politiken hängt von der Größe der folgenden vier Ableitungen ab: S_Y, I_r, L_Y, L_r. Falls $L_r = 0$, gilt $\partial Y/\partial G = 0$ und $\partial Y/\partial M = 1/L_Y$. Falls hingegen $L_r = -\infty$, haben wir $\partial Y/\partial G = 1/S_Y$ und $\partial Y/\partial M = 0$. Falls man glaubt, daß die Geldnachfrage sehr zinselastisch reagiert, sollte man glauben, daß die Geldpolitik effektiv und die Fiskalpolitik ineffektiv ist. Hingegen ist im Falle, daß die Geldnachfrage sehr zinselastisch reagiert, die Geldpolitik ineffektiv und die Fiskalpolitik effektiv.

Umgekehrt liegt für kleines I_r der Wert des Multiplikators $\partial Y/\partial G$ nahe bei $1/S_Y$ und $\partial Y/\partial M$ ist klein, so daß die Fiskalpolitik effektiv und die Geldpolitik ineffektiv ist. Hingegen bedeutet ein hoher Wert von $-I_r$, daß die Fiskalpolitik ineffektiv und die Geldpolitik effektiv ist.

Leicht sieht man, wie unterschiedliche Einschätzungen über die Größe von L_r und I_r sich auf die Gestalt der IS- und LM-Kurven auswirken. Man kann mit diesem Wissen eine diagrammatische Analyse der relativen Effektivität beider Politiken unter verschiedenen Umständen durchführen.

Eine andere Dimension der relativen Effizienz verschiedener Politiken ist die Geschwindigkeit, mit der diese Politiken wirken. Da die komparative Statik nur zeigt, wie sich das Gleichgewicht verändert und nichts über den Prozeß aussagt, durch den die Wirtschaft von einem Gleichgewicht auf das andere übergeht, sagt das hier entwickelte Modell nichts über die Geschwindigkeit aus, mit der das neue Gleichgewicht erreicht wird.

(ii) Einige politische Maßnahmen sind politisch leichter durchsetzbar als andere. Im britischen Parlamentssystem z.B. kann man fast sicher sein, daß Änderungen der Fiskalpolitik, die vom Finanzminister gewünscht werden, durch das Parlament bestätigt werden (auch dann, wenn manchmal einige Mitglieder der Regierung gegen diese Veränderungen sind). Im Gegensatz dazu wird die Trennung der Macht in den USA zwischen der Exekutive und der Legislative dazu führen, daß fiskalische Änderungen, die vom Präsidenten als wesentlich angesehen werden, durch den Kongreß abgelehnt oder verzögert werden. Für die Geldpolitik gilt ganz ähnlich, daß das Ausmaß, in dem eine Zentralbank unter staatlicher Kontrolle steht dafür verantwortlich ist, ob die von der Regierung gewollten politischen Änderungen tatsächlich durchgeführt werden.

(iii) Die verschiedenen Politiken haben unterschiedliche Effekte auf die Zahlungsbilanz. Leicht sieht man, wie man das IS-LM Modell auf eine offene Volkswirtschaft ausweitet. Die Gleichungen hierzu sind

$$S(Y - T) + T + IM(Y) = I(r) + G + X \tag{78}$$

$$M = L(Y, r) \tag{79}$$

IM (Y) bezeichnet die Importe und X bezeichnet die Exporte. Klarerweise wird jede Politik, die Y erhöht, die **Handelsbilanz** X – IM verschlechtern. Jedoch besteht die Zahlungsbilanz aus der Handelsbilanz plus dem Nettokapitalzustrom (da ein ausländischer Kauf von Investitionsgütern oder eines Anteilscheins am Eigentum von Investitionsgütern im betrachteten Land den gleichen Effekt auf die Deviseneinnahmen hat, wie der Kauf von Gütern zum Zwecke des Imports). Die Expansion der Geldmenge reduziert den Zinssatz und wird die Investitionsbereitschaft der Ausländer im betrachteten Land vermindern, hingegen das Interesse der Inländer, im Ausland zu investieren, erhöhen. Deshalb wird eine Reduktion des Kapitalzustroms folgen und sich eine Erhöhung des Kapitalabstroms ergeben, so daß sich die Zahlungsbilanz verschlechtert, falls der Wechselkurs konstant bleibt (der Wechselkurs ist der Preis der Währung eines Landes in Relation zum Preis der ausländischen Währung). Andererseits wird ein Anstieg des Zinssatzes, der durch eine fiskalische Expansion induziert wird, eine günstige Änderung in den Kapitalströmen hervorrufen, die der Verschlechterung der Handelsbilanz entgegenwirkt. Somit kann sich die Zahlungsbilanz verbessern.

(iv) Die verschiedenen Politiken beeinflussen das Investitionsniveau unterschiedlich. Eine fiskalische Expansion erhöht den Zinssatz, und der Effekt der Expansion wird durch die daraus folgende Reduktion der Investitionen gedämpft. Eine monetäre Expansion hingegen erhöht das Einkommen genau deswegen, weil das Sinken der Zinssätze die Investition erhöht. Das Investitionsniveau beeinflußt die zukünftige Größe und Zusammensetzung des Kapitalstocks in einer Volkswirtschaft und die Vorstellungen des Staates über das wünschenswerte Investitionsniveau könnte deswegen ihre gesamtwirtschaftliche Politik beeinflussen.

Obwohl die in diesem Kapitel entwickelten Modelle für das Verständnis einer großen Anzahl makroökonomischer Probleme und Probleme der Wirtschaftspolitik hilfreich sind, gibt es hier einige schwerwiegende Schwächen aufzudecken. Viele der Verhaltensannahmen sind, wie schon betont wurde, ziemlich ad hoc. Die Verbindungen mit unseren mikroökonomischen Theorien sind manchmal recht dünn. Das Phänomen der Inflation wird nicht behandelt, obwohl das Inflationsproblem die Aufmerksamkeit der Politiker in den jünsten Jahren genauso sehr in Anspruch genommen hat wie das Problem der Arbeitslosigkeit. In der Tat scheinen Preise (abgesehen von dem Zinssatz) keine Rolle in unserem Modell zu spielen und dies bringt uns auf die zu Beginn des Kapitels aufgeworfene theoretische Frage zurück. Wenn die Preise eine geeignete Rolle spielen, wird dann die Wirtschaft nicht einfach ein Gleichgewicht erreichen, in dem keine Arbeitslosigkeit existiert? Dies sind Fragen, denen wir uns im nächsten Kapitel zuwenden werden.

Übungsaufgaben

7.1 Man zeige, wie die Abb. 7.1 modifiziert werden sollte wenn: (a) Kreditaufnahme unmöglich ist; (b) der Zinssatz für Kreditaufnahme höher ist als der Zinssatz für Kreditvergabe.

7.2 Warum werden Banken ungern Kredite an Studenten geben, die aus den zukünftigen Verdiensten der Studenten zurückgezahlt werden sollen?

7.3 Ausgehend vom Modell, das in Abb. 7.1 illustriert wurde, zeige man, wie sich die Budgetgerade durch eine Änderung von r verschiebt und wie deshalb der Effekt von r auf c_1 davon abhängt, ob c_1 größer ist als y_1.

7.4 Warum führt im Sparparadoxon-Modell des Abschnitts 7.2 eine erhöhte Sparneigung dazu, daß das Gleichgewichtsniveaus des Einkommens, gerade so stark sinkt, daß es keine Veränderung im tatsächlichen Betrag der Ersparnis gibt?

7.5 Man diskutiere, wie sich eine Änderung der Konsumneigung auf die Ersparnis in einer offenen Volkswirtschaft auswirkt.

7.6 Betrachten wir eine Wirtschaft mit exogen vorgegebener Investition und ohne Außenhandel, in der die Steuern als fester Anteil vom Gesamteinkommen erhoben wird, so daß gilt $T = tY$ und in der der Konsum ein fester Anteil vom verfügbaren Einkommen ist, d.h. $C = c(Y - T)$. Man ermittle den Effekt einer Veränderung von c, der Grenzneigung zum Konsum, auf die gesamten Ersparnisse.

7.7 In einer geschlossenen Volkswirtschaft mit $T = tY$, einer Konsumfunktion $C = C(Y - T)$, und exogen bestimmten I und G bestimme man die Effekte auf das Volkseinkommen und auf das staatliche Defizit von: (i) einer Veränderung von G; (ii) einer Veränderung von t.

Falls wir eine offene Volkswirtschaft mit Importen $M = M(Y)$ und exogen bestimmten Exporten gegeben hätten, gebe man den Effekt einer G-Änderung auf das Volkskommen, auf das Staatsdefizit und auf das Handelsbilanzdefizit an.

7.8 Man leite aus Gleichung (24) her, daß gilt:

$$\partial Y^1/\partial I^1 > 1/(1 + M^1_Y - C^1_Y).$$

7.9 Man analysiere den ausgeglichenen Budgetmultiplikator einer offenen Volkswirtschaft, deren Gleichgewicht durch (31) beschrieben wird. Man erkläre sorgfältig den Unterschied zwischen diesem Resultat und dem Resultat für eine geschlossene Volkswirtschaft. Man rechtfertige die Annahme, daß M von Y und nicht von $Y - T$ abhängt. Wie sieht der ausgeglichene Budgetmultiplikator aus, wenn M eine Funktion von $Y - T$ und nicht von Y ist?

7.10 Sei angenommen, daß im Modell, das durch die Gleichung (34) und (35) beschrieben wird, sich zum Zeitpunkt 0 die Volkswirtschaft im Gleichgewicht mit einem Investitionsniveau I befindet. In der Zeitperiode 1 erhöht sich die Investition auf $I + \Delta I$, doch wird das Investitionsniveau in allen darauffolgenden Perioden wieder I betragen. Man zeige den Effekt auf das Einkommen im Zeitablauf auf und weise nach, daß Y_t auf das ursprüngliche Gleichgewichtsniveau zurückkehrt (im Gegensatz zum Resultat eines permanenten Anstiegs von I, das wir in (41) beschrieben haben).

7.11 Wir legen das Modell, das durch Gleichungen (44) und (45) beschrieben wird, zugrunde. Man zeige, daß die Effekte einer andauernden Veränderung von G und einer permanenten, ausgeglichenen Veränderung von G und T bei ausgeglichenem Budget durch (46), (47) und (48) beschrieben werden.

7.12 Man rechtfertige die Gegenwartswertberechnung (49a), wenn die zukünftigen Zinssätze sich von Periode zu Periode unterscheiden.

7.13 Sei angenommen, daß ein Individuum zwei Perioden lebt. In der ersten Periode seines Lebens kann es einen Anteil T seiner Zeit dafür verwenden, um sich auszubilden und wird hierbei ein Nettoeinkommen von $Y(1 - T)$ erzielen. In der zweiten Lebensperiode beträgt sein Einkommen $(1 + 2\alpha T^{1/2})\, Y$, wobei α einen Fähigkeitsindex darstellt. Zu gegebenem Zinssatz r ist der Wert von T gesucht, der den Gegenwartswert seines Lebenseinkommens in der ersten Periode maximiert. Ferner soll die Beziehung zwischen dem optimalen T und den Werten von r und α diskutiert werden und es sollen Bedingungen angegeben werden, für die $T = 1$ gilt.

***7.14** Eine Maschine hält T Jahre und im Alter t produziert sie einen Strom von Nettoerträgen $q(t)$ für ihren Eigentümer, wobei gilt $q'(t) < 0$. Der Marktzins beträgt r, so daß sich der Wert der Maschine im Alter t auf

$$P(t) = \int_t^T q(s)\, e^{-r(s-t)}\, ds$$

beläuft.

(i) Sei angenommen, daß die Lebenszeit T nicht physikalisch determiniert wird, sondern vom Eigner der Maschine festgelegt wird. Wie wird er T wählen? Wie wird sich T bei einer Veränderung von r oder einer Veränderung der Lohnsätze verändern?

(ii) Welchen Preis würde ein rationaler Investor für eine neue Maschine zu zahlen bereit sein?

(iii) Man beweise, daß gilt

$$q(t) = rP(t) - \frac{dP(t)}{dt}$$

und interpretiere diese Gleichung dahingehend, daß sie die Gleichheit zwischen dem Ertrag und den Opportunitätskosten der Verwendung der Maschine mit dem Alter T zeigt.

(iv) Wenn tatsächlich $q(t) = q\,e^{-\delta t}$ gilt, welchen Wert muß dann T haben? Man leite einen expliziten Ausdruck für P(t) und dP(t)/dt ab.

7.15 Der Staat möchte in Höhe von £ 100 Kredit aufnehmen und dafür Wertpapiere ausgeben. Der Marktzins beträgt 5% und der Staat möchte das Wertpapier für £ 100 in 10 Jahren zurückzahlen. Welche jährliche Zahlung für das Wertpapier ist erforderlich, um einen rationalen Sparer dazu zu bewegen, dieses Wertpapier zu kaufen? Welchen Effekt würde die Erwartung steigender Zinssätze in der Zukunft ausüben?

7.16 Man drücke vermöge der Opportunitätskosten aus, warum ein Wertpapier mit unendlicher Laufzeit den Wert a/r besitzt, wobei a die jährliche Zahlung und r den Zinssatz bezeichnen.

Man beweise folgende Aussage: Wenn ein Wertpapier für b Geldeinheiten verkauft wird, nach 10 Jahren mit b Geldeinheiten zurückgekauft wird und wenn die jährliche Zahlung a beträgt und der Marktzins gleich r ist, dann muß gelten, daß b = a/r. Man drücke dies mit Hilfe der Opportunitätskosten aus.

7.17 Was ist der Gegenwartswert eines Wertpapiers mit unendlicher Laufzeit am 1. Januar 1983, das jeweils £ 100 am 31. Dezember jedes geraden Jahres erbringt? Wie ist der Gegenwartswert eines Wertpapiers, das zu ungeraden Jahren £ 100 erbringt? Welche Summe ergeben die beiden Gegenwartswerte?

7.18 Welchen Effekt hat ein Anstieg des Zinssatzes auf die Anteilspapiere an Unternehmungen, ceteris paribus? Warum muß man die ceteris paribus-Annahme machen?

***7.19** Gesucht ist der Gegenwartswert eines stetigen „cash flows" mit der Rate a pro Jahr für T Jahre, falls der Zinssatz r beträgt. Man vergleiche die Antwort mit dem in (58) abgeleiteten Wert für eine Reihe mit diskreten jährlichen Zahlungen. Was passiert mit dem Ggenwartswert für $T \rightarrow \infty$?

7.20 Man diskutiere den Effekt folgender institutioneller Veränderung auf die Umlaufsgeschwindigkeit des Geldes und die Nachfrage nach Geld:

(i) Eine Veränderung zu monatlichen Lohnzahlungen im Vergleich zu wöchentlichen Lohnzahlungen.

(ii) Die Begründung einer Vielzahl von Institutionen, bei denen es leicht und kostenlos möglich ist, Geld für zinsbringende Anlagen einzutauschen und umgekehrt;

(iii) Ein großer Anstieg der Konkurse (man denke an den Effekt auf die Bereitschaft, Geschäfte auf Kredit zu unternehmen und an die Effekte für die Vermögensbesitzer);
(iv) Eine weite Verbreitung von Kreditkarten.

7.21 Was wären die Konsequenzen für die Geldnachfrage, wenn der britische Premierminister folgende Aussage macht: „Der Staat prüft die Möglichkeiten, den Zinssatz zu reduzieren"?

7.22 Es sei vorausgesetzt, daß die Geldnachfrage durch

$$L = 1375 + 0{,}25Y - 50r$$

gegeben ist und Y das Volkseinkommen, r den Zinssatz in % bezeichnen. $r > 2$, und die Nachfrage nach Geld unendlich zinselastisch bei $r = 2$ wird. Ferner ist das Geldangebot M gleich 2500.

Man skizziere eine LM-Kurve. Wie groß ist der Zinssatz (i), wenn $Y < 4900$; (ii) wenn $Y = 6500$? Was passiert mit der LM-Kurve, wenn sich M auf 2600 erhöht?

7.23 Sei angenommen, daß sich das IS-LM System im Gleichgewicht befindet und daß im Gleichgewicht $G > T$ gilt, so daß der Staat im Defizit ist. Da M konstant ist, muß dieses Defizit durch den Verkauf von Wertpapieren finanziert werden. Deshalb gibt es einen ständigen Anstieg im Angebot an Wertpapieren auf dem Wertpapiermarkt.

Es wird in Abschnitt 7.9 behauptet, daß der Wertpapiermarkt notwendigerweise im Gleichgewicht ist, was aber nur der Fall sein kann, falls ein ständiges Anwachsen in der Nachfrage nach Wertpapieren gegeben ist. Woher kommt dieser Anstieg?

7.24 Man analysiere im IS-LM-Modell mathematisch den Effekt folgender Parameteränderungen: (i) einer Änderung von T; (ii) einer Veränderung von G und T bei ausgeglichenem Budget; (iii) einer Veränderung des erwarteten Zinssatzes; (iv) eines exogenen Anstiegs in der Sparneigung. Man gebe eine verbale und graphische Erklärung der Vorgänge.

7.25 Man analysiere die Effekte der in Übungsaufgabe 7.20 aufgelisteten Veränderungen und der in Übungsaufgabe 7.21 zitierten Aussage.

7.26 Man analysiere graphisch die Effekte einer Fiskal- und Geldpolitik im IS-LM System für verschiedene Werte von L_r und I_r. Man rechtfertige sorgfältig, wie sich bei den verschiedenen Fällen die Kurven verschieben.

7.27 Ist es möglich, daß der Staat sowohl das Geldangebot als auch den Zinssatz kontrolliert?

7.28 Man analysiere den Effekt einer Veränderung von G auf die Handelsbilanz in einem IS-LM Modell mit Außenhandel.

Kapitel 8
Weitere makroökonomische Probleme

8.1 Die aggregierte Nachfrage, das aggregierte Angebot

Im IS-LM-Modell, das wir im letzten Kapitel entwickelt haben, ist eine wichtige Annahme, daß das Güterangebot immer gleich der Nachfrage ist. Dies kann nur dann der Fall sein, wenn es unterbeschäftigte Ressourcen gibt. Ein anderes Merkmal des Modells ist, daß die Preise keine Rolle spielen.

Welche Rolle könnten die Preise spielen? Wenn P der Geldpreis der Güter ist, dann werden die Gleichungen (7.64) und (7.65) zu

$$S(Y-T)+T=I(r)+G \tag{1}$$

$$L(Y,r)=M/P \tag{2}$$

(Der erwartete Zinssatz r_e spielt in dem Argument hier keine Rolle, so daß er nicht explizit in der Geldnachfragefunktion enthalten ist). Um die Bedeutung dieses modifizierten Gleichungssystems zu verstehen, sollte man den Unterschied zwischen realen und nominellen Größen klären.

Stellen wir uns vor, daß der Output aus einem einzigen Gut besteht. Die Output-Menge wird mit Y und ihr Preis mit P bezeichnet. Der Wert des Outputs beträgt PY und dies ist gleich dem Wert des Einkommens. Es ist jedoch das Nominaleinkommen, denn ein Anstieg von PY, der durch einen Preisanstieg P hervorgerufen wurde, bedeutet nicht, daß die Kaufkraft der Einkommensbezieher angestiegen ist. Y mißt jedoch die Gütermenge, die mit dem Einkommen PY gekauft werden kann, so daß Y das Realeinkommen darstellt. In der Gleichung (1) werden alle Variablen real gemessen: S und T sind somit Teile des Realeinkommens Y, die von den Individuen gespart werden oder als Steuern durch den Staat erhoben werden. I und G sind diejenigen Teile des Outputs, die investiert oder vom Staat verwendet werden.

M stellt den nominellen Bestand des Geldes dar, der z.B. in Milliarden DM gemessen wird und bezeichnet das Geld, das durch das Publikum als Bargeld oder als Giralgeld gehalten wird. Eine Veränderung von P, dem Güterpreis, bei unverändertem M, würde die Kaufkraft des Geldbestandes ändern. Somit mißt M/P den Realwert des Geldbestandes und dieser gibt die Kaufkraft des Geldbestandes an. Deshalb setzt die Gleichung (2) das reale Geldangebot mit der realen Geldnachfrage gleich und besagt, daß die reale Geldnachfrage eine Funktion des Realeinkommens und des Zinssatzes ist.

Dies ist eine natürliche Annahme, die am leichtesten dadurch eingesehen werden kann, daß man als einzige Geldnachfrage die Transaktionsnachfrage nach Geld betrachtet (vgl. Abschnitt 7.8). Wenn sich das Realeinkommen verdoppelt, erhöht sich die Nachfrage nach Geld. Da sich aber auch die individuellen Lebensstile, die Arbeitszeiten usw. ändern werden, gibt es keinen Anhaltspunkt dafür, daß sich die Geldnachfrage exakt verdoppeln wird. Falls sich dagegen das Nominaleinkommen verdoppelt, weil sich das Preisniveau bei unverändertem Realeinkommen verdoppelt hat, wird die einzig wesentliche Veränderung für das Individuum die sein, daß DM 2,00 nur mehr DM 1,00 wert sind (und man DM 2,00 genauso leicht verdienen oder sparen kann wie vorher) und somit ist es plausibel, daß nominell genau zweimal soviel Geld nachgefragt wird. Deshalb gilt Gleichung (2).

Es ist nicht so einfach (2) zu rechtfertigen, wenn wir die „Assetnachfrage" nach Geld betrachten. Wenn wir sorgfältig den Überlegungen des Abschnitts 7.9 gefolgt sind, muß der Wertpapiermarkt im Gleichgewicht sein, wenn die Güter- und Geldmärkte gleichgewichtig sind. Somit gibt es Gründe, der Beziehung (7.65), als einer Beschreibung der Geldnachfrage, mit Skepsis gegenüberzustehen. Ein Grund für die Skepsis ist (vgl. Übungsaufgabe 7.23), daß (7.65) impliziert, daß in einem Gleichgewicht, in dem der Staat bei konstantem Geldangebot ein Defizit fährt, die Individuen ständig finanzielles Vermögen akkumulieren, das in der Form von Wertpapieren gehalten wird, die vom Staat ausgegeben werden, um sein Defizit zu finanzieren. Es ist nicht sehr plausibel, daß kein Teil des zusätzlichen finanziellen Vermögens in eine zusätzliche Nachfrage nach Geld mündet. Es ist, mit anderen Worten, nicht sehr plausibel, den Wert des Vermögens aus der Geldnachfragefunktion auszuschließen.

Dies ist noch mehr der Fall, wenn wir Veränderungen des Preisniveaus betrachten, denn eine derartige Änderung wird im allgemeinen den Realwert des Bestands an Wertpapieren, der durch die Individuen gehalten wird, verändern, da die Wertpapiere ihren Eigentümern einen Anspruch auf nominale Geldbeträge geben. Sicherlich würde eine derartige Veränderung die reale Geldnachfrage verändern. Die Gleichung (2) verneint dies, denn falls sich das Preisniveau verdoppelt, wird sich die reale Geldnachfrage nicht verändern.

Trotz dieser Probleme behalten wir die Hypothese bei, die in (2) beschrieben wird. Um die Vermögenseffekte, wie vorstehend erwähnt, mit einzuschließen, müßte man ein Modell entwickeln, das uns die Vorgehensweise erschweren würde.

Die Gleichungen (1) und (2) bestimmen Y und r als implizite Funktionen von G, T und M/P. Hier sind wir besonders an den Effekten von Veränderungen in P interessiert. Differenzieren wir (1) und (2), dann ergibt sich

$$\begin{aligned} S_Y \frac{\partial Y}{\partial P} - I_r \frac{\partial r}{\partial P} &= 0 \\ L_Y \frac{\partial Y}{\partial P} + L_r \frac{\partial r}{\partial P} &= -\frac{M}{P^2} \end{aligned} \tag{3}$$

Als Lösung erhalten wir

$$\frac{\partial Y}{\partial P} = \frac{-I_r M/P^2}{S_Y L_r + I_r L_Y} < 0 \tag{4}$$

$$\frac{\partial r}{\partial P} = \frac{-S_Y M/P^2}{S_Y L_r + I_r L_Y} > 0 \tag{5}$$

Die Resultate entsprechen genau den Gleichungen (7.76) und (7.77). Ein Anstieg von P muß einen entgegengesetzten Effekt zu einem Anstieg von M haben, da ein Anstieg von P, Y und r einfach dadurch beeinflussen wird, daß er den Realwert des Geldangebots vermindert. Diagrammatisch kann dies durch eine Linksverschiebung der LM-Kurve verdeutlicht werden.

Die Funktion Y(G, T, M/P), die durch (1) und (2) definiert wird, heißt **aggregierte Nachfragefunktion**. Diagrammatisch wird sie in Abb. 8.1 gezeigt, in der die Größe Y gegen P abgetragen wird. Die negative Neigung der Nachfragefunktion folgt aus (4). Der Effekt von Änderungen in G, T und M wurde bereits im IS-LM Modell des Kapitels 7 abgeleitet. So bedeutet z.B. die Tatsache $\partial Y/\partial G > 0$, daß ein Anstieg der Staatsausgaben von G auf G′ die aggregierte Nachfragekurve der Abb. 8.1 nach rechts verschiebt. Ähnlich würde eine Rechtsverschiebung durch eine Reduktion von T oder ein Anstieg von M ausgelöst werden.

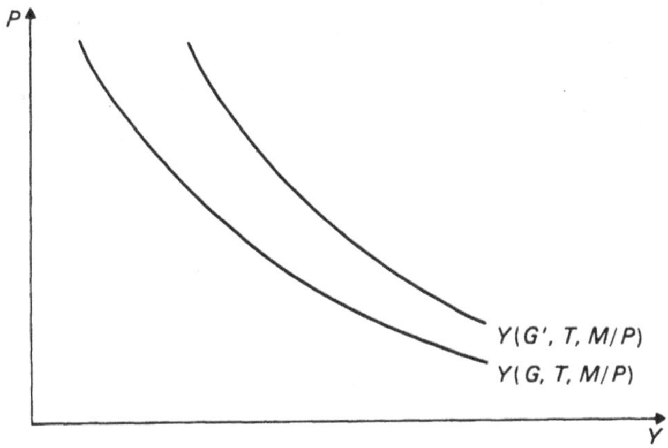

Figur 8.1 Aggregierte Nachfrage

Sei vorausgesetzt, daß die Möglichkeit, Output anzubieten, von den verfügbaren Input-Mengen abhängt und dies durch eine Produktionsfunktion

$$Y = f(L, K) \tag{6}$$

beschrieben wird, wobei L die eingesetzte Arbeitsmenge und K die Menge anderer Inputs bezeichnen. In Wirklichkeit werden wir immer annehmen, daß K konstant ist. (Wir untersuchen auch nicht die Frage, wann es legitim ist, alle individuellen Produktionsfunktionen zu einer einzigen Produktionsfunktion wie (6) zu aggregieren und dadurch die Produktionsmöglichkeiten einer Volkswirtschaft als Ganzes zu beschreiben). Die Theorie der Kapitel 2 und 3 zeigt, daß Produzenten, die sich kompetitiv verhalten, so viel Arbeit nachfragen, daß der Wert des Grenzproduktes der Arbeit gleich dem Lohnsatz ist.

$$W/P = f_L(L, K) \tag{7}$$

Hier bezeichnet W den Lohnsatz, so daß W/P Reallohn genannt werden kann und die Gleichung (7) besagt, daß das Grenzprodukt der Arbeit gleich dem Reallohn ist. Schließlich zeigt die Theorie des Abschnitts 4.7, daß die angebotene Arbeitsmenge der Individuen als Funktion des Reallohns gesehen werden kann.

$$L = L(W/P) \tag{8}$$

Wir haben nun 3 Gleichungen (6)-(8), in den Variablen L, Y und W/P vorliegen. Sei angenommen, daß die Arbeitsangebotsfunktion (8) eine wachsende Funktion von W/P ist. Abnehmende Grenzerträge der Arbeit garantieren, daß die Arbeitsnachfragefunktion, die durch (7) definiert wird, die Eigenschaft aufweist, daß die nachgefragte Arbeitsmenge eine abnehmende Funktion von W/P ist. Der Arbeitsmarkt wird dann in Abb. 8.2 illustriert, in der (7) die nach unten geneigte Arbeitsnachfragekurve definiert und (8) die nach oben geneigte Arbeitsangebotskurve bezeichnet. Die Gleichungen (7) und (8) sind nur im Gleichgewichtspunkt erfüllt, in dem die Arbeitsnachfrage und das Arbeitsangebot gleich L^* sind und der Reallohn $(W/P)^*$ beträgt. Die Gleichung (6) fixiert somit das Output-Niveau im Punkte $Y^* = f(L^*, K)$.

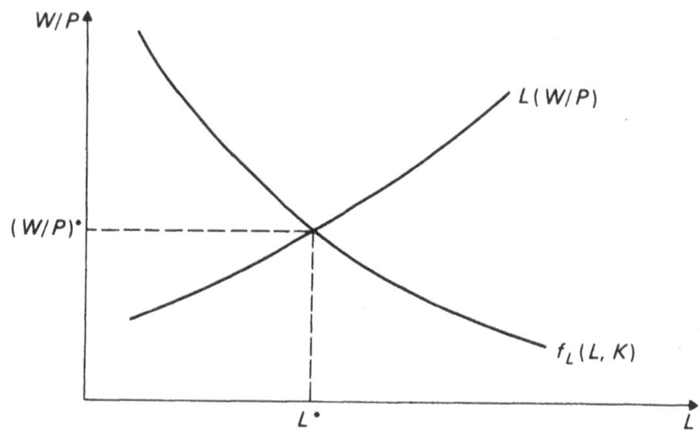

Figur 8.2 Arbeitsmarktgleichgewicht

Also bestimmt das Arbeitsangebot der Individuen und das gewinnmaximierende Verhalten der Produzenten das feste Output-Niveau Y^*, das unabhängig von den Preisen ist und das wir als aggregiertes Angebot bezeichnen. Die Abb. 8.3 zeigt sowohl die aggregierte Nachfrage als auch das aggregierte Angebot im gleichen Diagramm, so daß z.B. für spezielle Werte von G, T und M mit der zugehörigen aggregierten Nachfragekurve AD, das Preisniveau gleich P_1 sein muß, wenn die aggregierte Nachfrage gleich dem aggregierten Angebot sein soll. Der Kürze halber nennen wir dies AD-AS Modell.

(Es muß eine technische Bemerkung gemacht werden, die sich auf die aggregierte Nachfragefunktion bezieht. Als wir Gleichungen wie (1) und (2) benutzt haben, um das IS-LM-Modell zu beschreiben, nahmen wir explizit an, daß die Produzenten soviel anbieten wie nachgefragt wird. Nun benutzen wir diese Gleichungen, um eine Kurve abzuleiten, auf der in nur einem Punkt die Produzenten das anbieten, was nachgefragt wird. Effektiv stützen Individuen ihre Sparentscheidung und ihre Nachfrage nach Geld auf die Erwartung, daß sie das Einkommensniveau haben werden, das (1) und (2) erfüllt, aber dies wird nicht notwendigerweise dem tatsächlichen Einkommensniveau gleichen. Beispielsweise wird im Preisniveau P_1 der Abb. 8.3, zu dem AD auf dem Niveau AD_2 ist, Y_0 das Einkom-

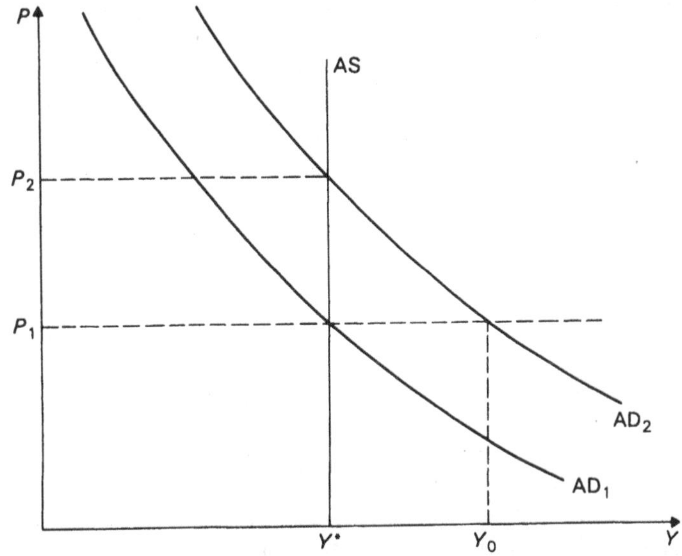

Figur 8.3 Aggregierte Nachfrage und aggregiertes Angebot

mensniveau sein, das (1) und (2) erfüllt, so daß dies ebenfalls das Einkommensniveau ist, zu dem die Sparentscheidung und die Geldnachfrageentscheidung geplant werden. Die Produzenten werden jedoch nur gewillt sein Y* anzubieten. All dies bedeutet, daß wir mit Behauptungen darüber, was außerhalb des Gleichgewichts in diesem Modell passiert, sehr vorsichtig sein sollten. Wir sollten unsere Aufmerksamkeit nur auf Gleichgewichtspunkte beschränken, bei denen die individuellen Einkommenserwartungen realisiert werden, da die Produzenten genau das anbieten, was nachgefragt wird).

Kehren wir zum Modell zurück, dann sehen wir, daß es sehr unterschiedliche Schlußfolgerungen gegenüber dem IS-LM Modell ergibt. Betrachten wir die Effekte in den beiden Modellen, wenn z.B. ein Anstieg von G gegeben ist. Das IS-LM Modell wird durch die Gleichungen (1) und (2) mit konstantem P beschrieben. (Im vorhergehenden Kapitel war P auf dem Wert von 1 fixiert, doch war die Konstanz von P das Wesentliche, nicht der Wert). Eine Veränderung von G wird dann Y in der Größenordnung von

$$\frac{\partial Y}{\partial G} = \frac{L_r}{S_Y L_r + I_r L_Y} > 0 \tag{9}$$

verändern. Dies wird im IS-LM Diagramm durch eine Rechtsverschiebung der IS-Kurve dargestellt und in Abb. 8.3 durch eine Rechtsverschiebung der aggregierten Nachfrage von AD_1 auf AD_2 und einer Einkommensveränderung von Y* auf Y_0 bei P konstant in P_1. Die Annahmen des IS-LM-Modelles, daß Produzenten das anzubieten wünschen, was nachgefragt wird, und daß das Preisniveau fixiert ist, bedeuten zusammen, daß das Output-Angebot zum festen Preisniveau unendlich elastisch ist. Die horizontale Gerade im Punkte P_1 der Abb. 8.3 zeigt die aggregierte Angebotskurve des IS-LM Modells.

Das AD-AS Modell wird durch die Gleichung (1), (2), (6), (7) und (8) beschrieben, doch fixieren (6), (7) und (8) Y im Werte Y*, so daß effektiv das Modell durch die Gleichungen (1) und (2) mit einem Y, das auf dem Niveau Y* fixiert ist, beschrieben wird und sowohl P als auch r als Variablen auftreten. Differenzieren wir (1) und (2) bezüglich G bei Y, M und T fix, dann erhalten wir

$$-I_r \frac{\partial r}{\partial G} = 1 \tag{10}$$

$$\frac{M}{P^2} \frac{\partial P}{\partial G} + L_r \frac{\partial r}{\partial G} = 0, \tag{11}$$

so daß sich ergibt

$$\frac{\partial P}{\partial G} = \frac{L_r}{I_r M/P^2} \tag{12}$$

In der Abb. 8.3 haben wir die gleiche Verschiebung der aggregierten Nachfrage wie zuvor, doch statt einer Y-Veränderung mit P konstant haben wir nun einen Anstieg von P vom Niveau P_1 auf das Niveau P_2 bei Y konstant auf dem Niveau Y*. Mit anderen Worten haben wir anstatt einer horizontalen Angebotskurve nun eine vertikale.

Als wir im vorhergehenden Kapitel das IS-LM Modell mit dem Multiplikatormodell verglichen, bemerkten wir das Phänomen der „Verdrängung“. Wenn die Staatsausgaben im IS-LM Modell erhöht werden, bekommen wir nicht den vollen Multiplikatoreffekt, da der Anstieg der Zinssätze die Investitionen reduzierte. Im AD-AS Modell haben wir eine **vollständige** Verdrängung. Betrachten wir Gleichung (1) bei festem Y und T. Die linke Seite ist konstant, so daß auch die rechte Seite konstant sein muß. Dies besagt in der Tat (10): Der Zinssatz muß hinreichend steigen, damit er eine Reduktion der Investitionen hervorruft, die gleich dem Anstieg der Staatsausgaben ist. Es bleibt dem Leser als Übungsaufgabe 8.1 überlassen, den Effekt einer Veränderung in der Besteuerung auf die Investition zu ermitteln.

Nun stelle man die Effekte eines Anstiegs des nominellen Geldangebots in beiden Modellen gegenüber. Im IS-LM Modell erhöht sich das Einkommen mit der Rate

$$\frac{\partial Y}{\partial M} = \frac{I_r/P}{S_Y L_r + I_r L_Y} > 0 \tag{13}$$

Im IS-LM Diagramm erscheint dies als Rechtsverschiebung der LM-Kurve und in der Abb. 8.3 als Rechtsverschiebung der aggregierten Nachfragekurve und einem Anstieg im Niveau von Y bei konstantem P. Also ist in Abb. 8.3 der Effekt im wesentlichen derselbe wie der Effekt eines G-Anstiegs (obwohl wir aus der vollen IS-LM Analyse wissen, daß die Effekte auf r anders sind). Im AD-AS Modell ist erneut Y auf das Niveau Y* fixiert. Differenzieren wir (1) und (2) bezüglich M bei konstantem Y, G und T, dann erhalten wir

$$I_r \frac{\partial r}{\partial M} = 0 \tag{14}$$

$$L_r \frac{\partial r}{\partial M} = \frac{1}{P} - \frac{M}{P^2} \frac{\partial P}{\partial M} \qquad (15)$$

Folglich gilt $\partial r/\partial M = 0$ und

$$\frac{M}{P} \frac{\partial P}{\partial M} = 1 \qquad (16)$$

Die Gleichung (16) besagt, daß die Elastizität von P bzgl. M gleich 1 beträgt, so daß eine Veränderung von M eine gleich hohe prozentuale Änderung von P hervorruft. Dies hat den Effekt, M/P konstant zu halten, denn eine Änderung M/P entspricht der rechten Seite von (15) und die muß gleich 0 sein. In der Tat kann dies ohne Differentiation hergeleitet werden. Die Gleichung (1) zeigt, daß bei konstantem Y, T und G, I konstant sein muß, so daß auch r konstant bleibt. Dann folgt aus Gleichung (2), da Y und r konstant sind, daß auch L und somit M/P konstant sein müssen. Eine Veränderung des nominellen Geldangebotes ändert nur das Preisniveau: Der Realwert des Geldangebots und alle anderen Variablen sind völlig unverändert.

Als nächstes betrachten wir den Effekt einer Verschiebung der Produktionsmöglichkeiten der Volkswirtschaft. Sei angenommen, daß eine Änderung der verfügbaren Ressourcen für die Ökonomie oder technischer Fortschritt die Gleichungen (6), (7) und (8) verändert, so daß sich Y* erhöht. Im IS-LM Modell ändert sich nichts. Falls das alte Gleichgewicht in P_1, Y* auf AD der Abb. 8.4 gelegen war, wird dies weiter das Gleichgewicht sein.

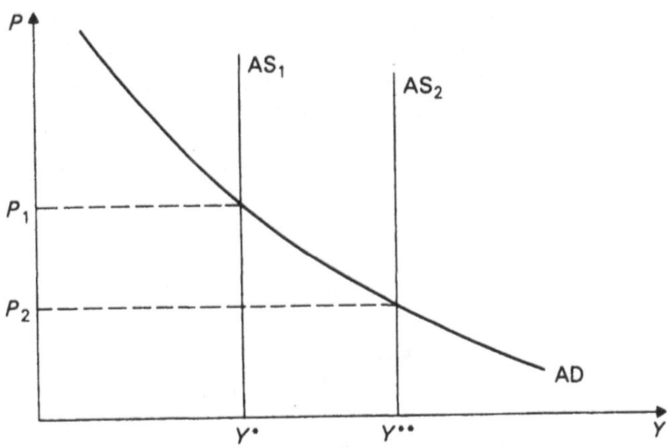

Figur 8.4 Ein Anstieg des aggregierten Angebots

Die Volkswirtschaft könnte mehr produzieren, falls mehr Nachfrage vorhanden wäre, doch die zusätzlichen Ressourcen bleiben ungenutzt. Im Gegensatz hierzu verursacht die Verschiebung des aggregierten Angebots von der vertikalen Kurve AS_1 in Y* auf AS_2 in Y** im AD-AS Modell einen Einkommensanstieg von Y* auf Y**, da das Preisniveau von P_1 auf P_2 fällt.

All dies gibt Anlaß zu zwei Fragen. Wie kommt man im AD-AS Modell tatsächlich von einem Gleichgewicht zum anderen, insbesondere, wie findet die erforderliche Preisänderung statt? Ist das AD-AS Modell eine bessere Beschreibung der Realität als das IS-LM Modell? Es wird leichter sein, diese Fragen nach der Analyse des nächsten Abschnitts zu beantworten.

8.2 Das aggregierte Angebot mit einem festen Nominallohn

Die Gleichungen (7) und (8) und Abb. 8.2 beschreiben eine Welt, in der das Wettbewerbsverhalten der Individuen und der Unternehmungen den Lohnsatz und das Preisniveau so verändern, daß die Vollbeschäftigung der Arbeit gesichert wird. In der Realität jedoch lassen es die Wirtschaftssubjekte nur ungern zu, daß ihre Löhne fallen, auch wenn beträchtliche Unterbeschäftigung gegeben ist.

Modifizieren wir deshalb das aggregierte Angebotsmodell durch die Annahme, daß W in Gleichung (7) konstant ist und lassen wir die Gleichung (8) fallen (Man beachte, warum die Gleichung (8) aufgegeben werden muß. Wenn das Arbeitsangebot vom fixen Nominallohn W abhängt, kann es nicht vom Niveau des Reallohns W/P abhängen). Die Gleichung (7) bestimmt nun L als Funktion von P, während (6) Y als Funktion von L bestimmt. Da $f_{LL} < 0$, folgt aus (7), daß höhere Werte von P (niedrigere Werte von W/P) mit höheren Werten von L zusammenhängen; und andererseits impliziert (6), daß höhere Werte von P mit höheren Werten von Y zusammenhängen. Wenn wir also die Funktion Y (K, W/P), die durch (6) und (7) definiert wird, gegenüber P abtragen, erhielten wir eine Kurve, die wie die in 8.5 als SRAS bezeichnete aussieht. Diese Funktion nennen wir die kurzfristige aggregierte Angebotsfunktion (short run aggregate supply function), da es plausibel ist, daß die Nominallöhne unabhängig vom Preisniveau fixiert sind oder unabhängig vom Niveau der Arbeitslosigkeit, wenn man nur die kurze Frist beachtet. Man beachte, daß die Erfüllung von (7) bedeutet, daß Produzenten im Wettbewerb diejenige Menge an Arbeit einstellen und diejenige Output-Menge produzieren, die erforderlich ist, damit sie ihre Gewinne maximieren. Wenn wir (7) als $P = W/f_L$ schreiben und uns erinnern, daß W/f_L gleich den Grenzkosten ist, erkennt man, daß die kurzfristige aggregierte Angebotskurve gleich der Grenzkostenkurve der Produzenten ist, die sich einem festen Nominallohn W gegenübersehen, genauso wie wir es aus der mikroökonomischen Theorie der Kapitel 2 und 3 erwarten würden.

Betrachten wir z.B. die Konsequenzen eines Anstiegs der Staatsausgaben, wenn wir von einer Position des Gleichgewichts im AD-AS Modell wie im Punkte A der Abb. 8.5 ausgehen. Die IS-LM Analyse sagt uns, daß der Effekt darin besteht, daß das Einkommen bei konstantem Preisniveau steigt, d.h., daß wir uns von A, auf der ursprünglichen AD-Kurve, auf den Punkt B, auf der neuen AD-Kurve, bewegen und sich das Einkommen von Y^* nach Y_0 bewegt und das Preisniveau in P_0 konstant bleibt. Nun können wir jedoch die kurzfristige aggregierte Angebotsanalyse ins Spiel bringen. Firmen, die sich einem festen Nominallohn W gegenübersehen, werden nur dann einen zusätzlichen Output produzieren, wenn ein Sinken des Reallohns W/P sie dazu bewegt, mehr Arbeiter einzustellen oder äquivalent ausgedrückt, wenn ein Anstieg im Preis P des Outputs sie veranlaßt, den Output entlang ihrer ansteigenden Grenzkostenkurve zu erhöhen. Die Überschußnachfrage $Y_0 - Y^*$ zum Preise P_0 treibt den Preis auf P_1 hoch und ver-

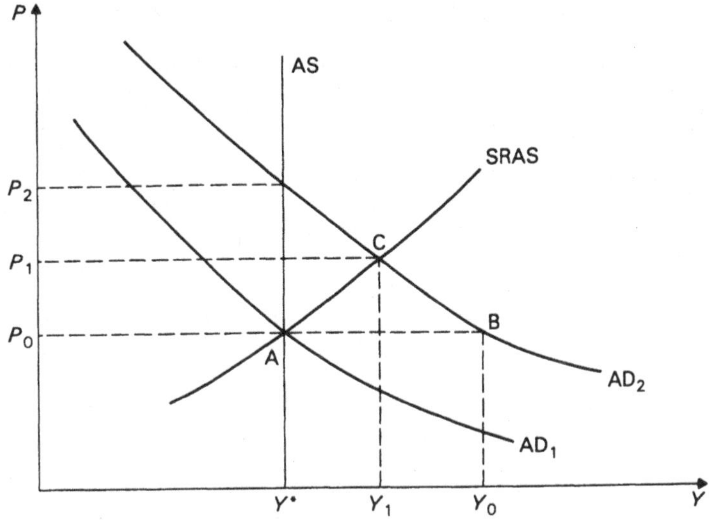

Figur 8.5 Das kurzfristige und das langfristige aggregierte Angebot

mindert die Nachfrage auf Y_1 und erhöht das Angebot auf Y_1, so daß wir ein Gleichgewicht in Punkt C erhalten.

Mathematisch kann die Verschiebung von A nach C dadurch analysiert werden, daß wir die Gleichungen (1), (2), (6) und (7) bezüglich G bei konstantem T, M, K und W differenzieren: Wir erhalten

$$S_Y \frac{\partial Y}{\partial G} - I_r \frac{\partial r}{\partial G} = 1 \tag{17}$$

$$L_Y \frac{\partial Y}{\partial G} + L_r \frac{\partial r}{\partial G} + \frac{M}{P^2} \frac{\partial P}{\partial G} = 0 \tag{18}$$

$$\frac{\partial Y}{\partial G} - f_L \frac{\partial L}{\partial G} = 0 \tag{19}$$

$$\frac{W}{P^2} \frac{\partial P}{\partial G} + f_{LL} \frac{\partial L}{\partial G} = 0 \tag{20}$$

Eliminieren wir $\partial r/\partial G$ aus (17) und (18) und $\partial L/\partial G$ aus (19) und (20), dann bekommen wir ein Paar von Gleichungen in $\partial Y/\partial G$ und $\partial P/\partial G$, die man lösen kann und somit erhalten wir

$$\frac{\partial Y}{\partial G} = \frac{L_r f_L W}{(S_Y L_r + L_Y I_r) f_L W - f_{LL} I_r M} > 0 \tag{21}$$

$$\frac{\partial P}{\partial G} = \frac{-L_r f_{LL} P^2}{(S_Y L_r + L_Y I_r) f_L W - f_{LL} I_r M} > 0 \tag{22}$$

Leicht sieht man aus (21), daß $\partial Y/\partial G$ kleiner als im IS-LM Modell ist und noch kleiner als im einfachen Multiplikatormodell.

Wenn wir jedoch den Arbeitsmarkt betrachten, der in Abb. 8.6 illustriert wird, sehen wir warum (Y_1, P_1) kein langfristiges Gleichgewicht sein muß. Als sich der Output auf Y_1 erhöhte, stieg die Beschäftigung auf L_1 an und der Reallohn fiel auf W_0/P_1 wobei W_0 das fixe Niveau von W angibt. Die Arbeiter wollen jedoch in Wirklichkeit nicht diese erhöhte Menge Arbeit zu diesem Reallohn anbieten, wie wir aus der Angebotskurve L(W/P) sehen. Gewerkschaften und einzelne Wirtschaftssubjekte würden allmählich erkennen, daß sie die Macht haben, höhere Nominallöhne in einer Situation zu fordern, in der die Firmen ihren Output erhöhen und die Beschäftigung ausweiten wollen. Bei steigendem W würde sich die SRAS-Kurve in Abb. 8.5, die durch $P = W/f_L$ definiert wird, nach oben verschieben. P würde langsamer als W ansteigen und L würde sich von L_1 auf L^* vermindern und Y von Y_1 auf Y^*, bis die Wirtschaft im neuen langfristigen Gleichgewicht in P_2, Y^* mit einem Nominallohn W_2 zur Ruhe kommt, der $W_2/P_2 = W_0/P_0$ erfüllt.

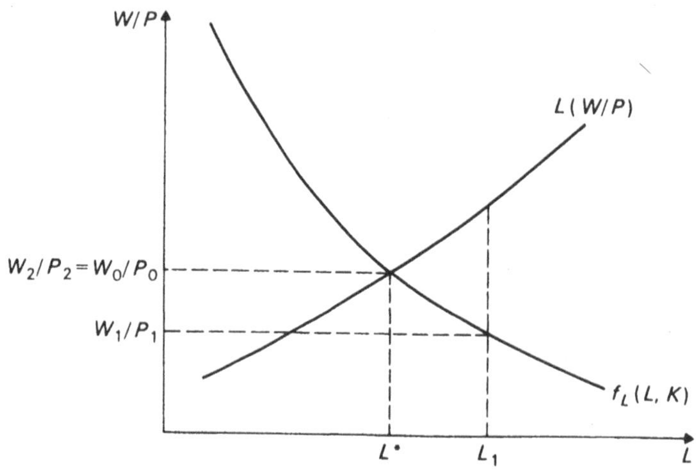

Figur 8.6 Arbeitsmarktanpassung

Umgekehrt würde sich bei fallendem G zuerst eine Output-Senkung ergeben, die zu einem Verfall des Preisniveaus führt, Arbeitslosigkeit und ein Sinken des Lohnsatzes nach sich zieht, so daß das langfristige Gleichgewicht in einem niedrigeren Preisniveau und einem unveränderten Einkommensniveau wieder hergestellt wird. Die Auswirkungen einer monetären Veränderung, die die aggregierte Nachfrage verändert, sind im wesentlichen dieselben.

Es ist wichtig festzuhalten, daß wir in diesem Abschnitt ein einfaches Modell entwickelt haben ,das uns sagt, wie eine Ökonomie sich von einem langfristigen Gleichgewicht zu einem anderen bewegt. Es gibt willkürliche Elemente im Modell, insbesondere die Annahmen, daß kurzfristig Firmen im Wettbewerb soviel Arbeiter wie gewünscht einstellen können und daß der Output-Preis flexibel ist, während die Arbeiter einen festen Nominallohn verlangen, aber gleichzeitig gewillt sind, soviel Arbeit anzubieten wie zu diesem Lohn nachgefragt wird. Vielleicht ist der schwerwiegendste Mangel des Modells der, daß die Folgerungen aus dem Modell und die Fakten nicht zusammenpassen. Wenn der Output hoch ist, wird nach dem Modell das Grenzprodukt der Arbeit (das gleich dem Reallohn ist) niedrig sein, während bei niedrigem Output das Grenzprodukt der Arbeit hoch ist. Die beobachtete Beziehung zwischen Arbeitslosigkeit und Arbeitsproduktivität ist aber gerade anders. Es gibt alternative Modelle des kurzfristigen Verhaltens, die plausibler sind, aber auch komplizierter.

8.3 Welches makroökonomische Modell sollen wir verwenden?

Wir haben nun vier makroökonomische Modelle: Das einfache Multiplikatormodell, das IS-LM Modell, das kurzfristige AD-AS Modell und das langfristige AD-AS Modell. Sie differieren in dem Ausmaß, in dem angenommen wird, daß sich die Märkte anpassen. Die Palette reicht vom Multiplikatormodell in dem wir angenommen haben, daß im wesentlichen keine Marktanpassungen stattfinden, bis zum langfristigen AD-AS Modell in dem sich alle Märkte voll dem Gleichgewicht anpassen. Als Resultat unterscheiden sich die Modelle in dem Ausmaß, in dem makroökonomische Störungen als Output- und Beschäftigungsänderung erscheinen oder als Preis-Lohn- und Zinssatzänderungen.

Das langfristige AD-AS Modell ist dasjenige, das am engsten mit dem Geist der mikroökonomischen Theorie der früheren Kapitel zusammenhängt. In den anderen Modellen werden anscheinend willkürlichere Annahmen über das Verhalten der Wirtschaftssubjekte gemacht. Trotzdem können Rechtfertigungen für Märkte angeboten werden, die sich nicht augenblicklich oder nicht schnell genug auf ein herrschendes Ungleichgewicht hin anpassen. Wenn zum Beispiel ein Wirtschaftssubjekt eine Stellung verliert, mag es rationaler für ihn sein, nach einer ähnlichen Stellung, zu seinem alten Lohn, Ausschau zu halten, als unmittelbar eine Beschäftigung zu einem niedrigeren Lohn anzunehmen. Um eine mikroökonomische Rechtfertigung für viele scheinbar willkürliche Annahmen, die in unseren makroökonomischen Modellen eingebaut sind, zu entwickeln, müßten wir weit über die Zielsetzung dieses Buches hinausgehen.

Der entscheidende Test für eine Wirtschaftstheorie ist ihre Fähigkeit, genau die Ereignisse der realen Welt zu beschreiben und zu prognostizieren. In den 80er Jahren ist es schwierig, ein Schlußwort über die Makroökonomik als Theorie zu sprechen, in der die Preisänderungen keine Rolle spielen, aber auch eine Theorie zu akzeptieren, in der es keine Arbeitslosigkeit gibt. Es gibt keinen Konsens zwischen Wirtschaftswissenschaftlern, welche Theorie die beste Beschreibung der Realität liefert. Die Diskussion, wie Wirtschaftswissenschaftler eine Theorie als bessere Beschreibung der Realität oder als besseres Mittel zur Prognose der Realität beurteilen, ist auch außerhalb der Reichweite dieses Buches. All diese Modelle haben den Nachteil, daß sie von komparativ statischer Natur sind. Ein Markt oder eine Menge von Märkten bewegt sich, als Reaktion auf eine exogene Änderung, von einem Gleichgewicht zu einem anderen. Die Tatsache, daß wir in der Realität systematische Muster der Veränderung der Beschäftigung des Outputs und der Preise im Zeitverlauf beobachten, legt nahe, daß es wünschenswert ist, dynamische Modelle zu entwickeln, die in der Lage sind, diese Bewegung zu beschreiben. Im Abschnitt 7.4 und dem Anhang zu Kapitel 7 entwickelten wir dynamische Versionen des einfachen Multiplikatormodells. Der Rest dieses Kapitals ist dynamischen Versionen des AD-AS Modells gewidmet. Schließlich werden wir Modelle haben, in denen Inflation möglich ist und in denen wir beispielsweise stetige Änderungen im Preisniveau modellieren, im Gegensatz zu einmaligen Änderungen in unseren jetzigen Modellen.

8.4 Die Phillips-Kurve

In Abschnitt 8.2 analysierten wir das kurzfristige AD-AS Modell, in dem das Einkommen sich vom langfristigen AD-AS Gleichgewicht unterscheidet. Wenn jedoch Arbeitslosigkeit oder Überbeschäftigung auf dem Arbeitsmarkt den Nominallohn veränderte, würde sich das Einkommen auf seinen Gleichgewichtswert zurückbewegen. Nun achten wir darauf, wie die tatsächliche Bewegung des Lohnsatzes auf ein Arbeitsmarktungleichgewicht hin explizit modelliert werden kann. Wie im Modell des Abschnitts 8.2 nehmen wir an, daß der Güterpreis immer angepaßt wird, um den Gütermarkt ins Gleichgewicht zu bringen, d.h. die Produzenten im Wettbewerb veranlaßt werden, genau das zu produzieren, was nachgefragt wird.

Sei nun angenommen, daß das Einkommen sich vom langfristigen Gleichgewichtswert Y^* unterscheidet und daß der Nominallohn allmählich auf die Divergenz zwischen dem gewünschten Arbeitsangebot und der tatsächlichen Arbeitsnachfrage reagiert. Da die Arbeitsnachfrage und der Output wegen Gleichung (6) zusammenhängen, können wir eine Beziehung zwischen der Änderungsrate der Löhne und der Differenz zwischen Y und Y^* modellieren:

$$\hat{W}_t = f(Y_t - Y^*) \tag{23}$$

Hierbei ist $\hat{W}_t$ gleich $(W_{t+1} - W_t)/W_t$, der proportionalen Veränderungsrate des Lohnsatzes in der Zeit. f hat die Eigenschaften $f(0) = 0$ und $f' > 0$. Eine derartige Beziehung wird in Abb. 8.7(a) illustriert. Sie wird gewöhnlich **Phillips-Kurve** genannt.

Häufig wird die Phillips-Kurve auf andere Art und Weise dargestellt, nämlich als Beziehung zwischen der Veränderungsrate der Löhne (oder der Preise) und dem Niveau der Arbeitslosigkeit. In unserem Modell müssen sich Beschäftigung und Einkommen gleichzeitig verändern, so daß sich die Arbeitslosigkeit und das Einkommen invers zueinander verhalten. Somit können wir die Phillips-Kurve

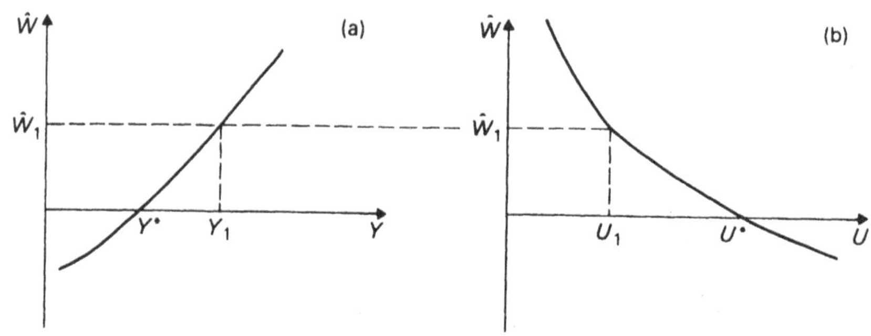

Figur 8.7 Die Phillips-Kurve

auch wie in Abb. 8.7(b) darstellen, wobei U das Arbeitslosigkeitsniveau darstellt. Die einzige zusätzliche Frage ergibt sich dadurch, daß in Abb. 8.7(b) für ein positives Niveau der Arbeitslosigkeit U^* gilt, daß $\hat{W} = 0$ ist. Dagegen zeigt Abb. 8.b das entsprechende Beschäftigungsniveau L^* als ein Niveau, zu dem Angebot und Nachfrage nach Arbeit gleich sind.

Die Erklärung ist einfach, da es in der Realität verschiedene Beschäftigungen und verschiedene Typen von Arbeitnehmern gibt. Zu jedem Zeitpunkt gibt es Wirtschaftssubjekte, die als arbeitslos gelten, weil sie z.B. ihre Stelle wechseln, temporär krank sind, nicht arbeitsfähig sind, oder nicht vermittelbar sind und so als nichtbeschäftigbar gelten. In keinem dieser Fälle entspricht die gemessene Existenz der Arbeitslosigkeit einem Überschuß des Angebots über die Nachfrage auf dem Arbeitsmarkt der für die Wirtschaft von Bedeutung wäre. Also ist U^* das Niveau der Arbeitslosigkeit, das auch dann gemessen würde, wenn das Angebot und die Nachfrage nach Arbeit gleich sind. Man nennt dies üblicherweise die **natürliche Arbeitslosenquote**.

Nun scheint es, daß die makroökonomische Politik in der Lage ist, das Einkommen über das Gleichgewichtsniveau auszuweiten, und die Arbeitslosigkeit unter die natürliche Rate zu drücken.

Stellen wir uns vor, daß eine fiskalische oder monetäre Expansion die Volkswirtschaft auf das Einkommensniveau Y_1 verschiebt. Gleichung (23) zeigt, daß der Lohn zu steigen beginnt. In Abschnitt 8.2 sahen wir, wie dies das kurzfristige aggregierte Angebot veranlaßt, sich zu verringern und das Einkommen zu senken. Sei jedoch angenommen, daß der Staat eine andauernde fiskalische oder monetäre Expansion unternimmt, damit das Einkommensniveau in Y_1 aufrechterhalten bleibt. Dann hätten wir eine Situation, wie sie in Abb. 8.8 illustriert wird.

Der Reallohn müßte auf dem Niveau konstant sein, das erforderlich ist, die Firmen zu veranlassen, im Punkt Y_1 zu produzieren. Deshalb muß $\hat{P}$, die Wachstumsrate der Preise, konstant und gleich $\hat{W}$ sein, das wegen (23) gleich $f(Y_1 - Y^*)$ ist. Offensichtlich wird die Änderungsrate der Preise und der Löhne umso höher sein, je höher $Y_1 - Y^*$ ist. Wenn umgekehrt der Staat Y unter Y^* hält, wird es eine beständige Abnahme im Preisniveau und im Lohnsatz geben. Dies wird umso ausgeprägter sein, je weiter Y unterhalb von Y^* liegt.

Falls das Output-Niveau Y_1 und die zugehörige Inflationsrate $\hat{W}_1$ die Zielvariablen sind, kann der Staat, der die Volkswirtschaft auf Y_1 gebracht hat, diesen Wert aufrechterhalten, wenn er das nominelle Geldangebot mit der Rate $\hat{W}_1$ ausweitet. Dann wird M/P auf dem Niveau, das durch die IS-LM Gleichungen (1) und (2) erforderlich ist, konstant sein, um dadurch die aggregierte Nachfrage auf Y_1 zu halten. Das Preisniveau verändert sich mit der gleichen Rate wie die Nominallöhne, so daß W/P auf dem Niveau, wie es wegen (7) und (6) erforderlich ist, konstant bleibt, um die Unternehmungen im Wettbewerb dazu zu veranlassen, die Beschäftigung auf L_1 und das aggregierte Angebot auf Y_1 zu fixieren.

Also sind die Gleichungen (1), (2), (6), (7) und (23) alle erfüllt und der Staat scheint sein Ziel erreicht zu haben.

Man beachte, daß das obige Argument klar zeigt, daß eine einzelne expansive Änderung der Fiskal- und Geldpolitik nur temporäre Effekte aufweist. Der Staat muß die Fiskal- und Geldpolitik noch expansiver machen, um das Outputniveau

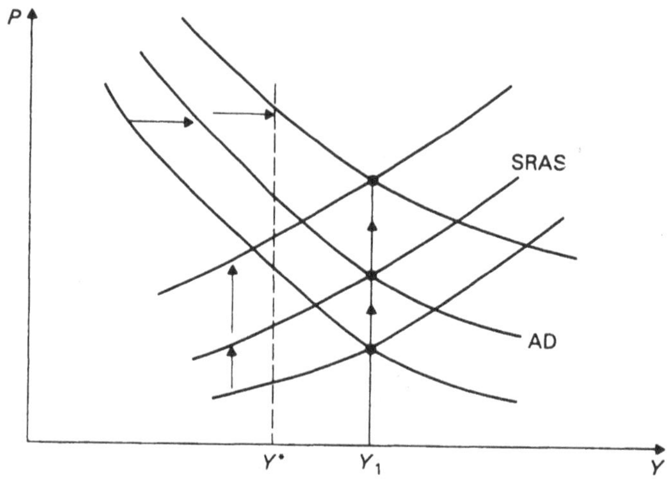

Figur 8.8 Permanente Überbeschäftigung

auf einem Zielniveau oberhalb Y* zu halten. Offensichtlich können die Staatsausgaben nicht andauernd erhöht werden, denn sie können nicht größer sein als das Volkseinkommen, noch können die Steuern auf unbestimmte Zeit gesenkt werden. Eine Inflation mit der Rate $\hat{P}_1 = \hat{W}_1$ bringt das Einkommen zurück auf das Niveau Y*, da sie den Realwert des Geldangebots reduziert, und so muß das nominale Geldangebot mit der Rate $\hat{W}_1$ ausgeweitet werden, um das Einkommen auf dem Niveau Y_1 zu halten. In diesem Sinn kann man leicht sagen: „Die Inflation ist im wesentlichen ein monetäres Phänomen". Unsere Analyse läßt vermuten, daß die Inflation nicht lange andauern kann, falls sie nicht von einem stetigen Anstieg des Geldangebots begleitet wird.

Es scheint somit so zu sein, daß die Politiker die Wahl haben zwischen Inflation und Arbeitslosigkeit. Das Einkommen kann augenscheinlich über das langfristige Gleichgewichtsniveau erhöht werden und die Arbeitslosigkeit unter die natürliche Rate abgesenkt werden, wenn wir die Kosten der Inflation tolerieren, wobei der trade-off zwischen Inflation und Arbeitslosigkeit der Phillips-Kurve in Abb. 8.7(b) entspricht.

Wie sollte diese Wahl des Staates ausfallen? Für viele von uns ist es selbstverständlich, daß Arbeitslosigkeit unerwünscht ist, doch sollte dies auch für die Inflation gelten? Wenn die Inflation nicht unerwünscht ist, sollten wir dann nicht eine niedrigere Arbeitslosigkeit in Kauf nehmen, auch dann, wenn eine starke Inflation dadurch verursacht wird?

Die übliche Klage gegen die Inflation ist, daß sie Wirtschaftssubjekte trifft, deren Einkommen in Nominalgrößen fixiert ist. Dies sind zum Beispiel alte Wirtschaftssubjekte, die ihre Ersparnisse so geplant haben, daß sie ein angemessenes Einkommen im Ruhestand haben. Im allgemeinen trifft die Inflation Gläubiger und begünstigt Schuldner, indem sie den Realwert ihrer Finanzanlagen und Schulden senkt. Doch werden die Wirtschaftssubjekte eine Inflation mit beträchtlicher Rate sicherlich berücksichtigen. Die Ersparnisse werden in einer Form angelegt, die den Realwert des Vermögens aufrechterhält (zum Beispiel

Grund- und Bodenbesitz anstatt von Finanzanlagen) oder Rentenpläne, die mit steigenden Preisniveaus Schritt halten, bzw. Kreditvergabe oder Kreditnahme bei geeigneter Berücksichtigung der Inflation. Wenn wir jedoch glauben, daß die Wirtschaftssubjekte eine stetige Inflation antizipieren, sollten wir unser Modell modifizieren und dies geschieht, wie wir im letzten Abschnitt dieses Kapitels sehen werden.

*8.5 Inflationäre Erwartungen

Wenn andauernd Inflation gegeben wäre und es staatliche Politik wäre, daß die Inflation andauern sollte, um die Beschäftigung und den Output auf einem gewissen Niveau zu halten, würden die Wirtschaftssubjekte die Inflation schließlich in Zukunft erwarten. Dies wird die Analyse beträchtlich beeinflussen.

Die erste Änderung betrifft den Zinssatz. Wichtig ist nun, daß man zwischen dem realen und nominellen Zinssatz unterscheidet. Sei angenommen, daß eine Bank Zinsen mit der Rate i pro Zeitperiode anbietet. Eine DM, die zum Zeitpunkt 0 angelegt wird, wird auf $(1 + i)^t$ DM im Zeitpunkt t anwachsen. Wenn man jedoch erwartet, daß die Preise mit der Rate π pro Jahr ansteigen, dann werden die Güter, die mit einer DM zum Zeitpunkt 0 gekauft werden können, im Zeitpunkt t $(1 + \pi)^t$ DM kosten. Also ist die Kaufkraft von $(1 + i)^t$ zum Zeitpunkt t tatsächlich gleich $(1 + i)^t/(1 + \pi)^t = (1 + r)^t$, wobei

$$1 + r = \frac{1 + i}{1 + \pi} \simeq 1 + i - \pi \tag{24}$$

Die näherungsweise Gleichheit in (24) wird dadurch abgeleitet, daß wir $(1 + \pi)^{-1}$ als $1 - \pi + \pi^2 - \pi^3 + \ldots$ schreiben und alle Terme ignorieren, die Produkte von i und π involvieren, die dann infinitesimal klein sind, wenn i und π selbst klein sind. Der Realzins r wird durch die Rate gegeben, mit der die Kaufkraft einer Anlage wächst. (24) zeigt nun, daß

$$r \simeq i - \pi \tag{25}$$

gilt, wobei i der **nominelle** Zinssatz ist, mit dem sich der Nominalwert einer Anlage erhöht. π bezeichnet die erwartete Inflationsrate.

(Leicht sieht man, daß der Fehler in der Approximation von (24) und (25) für normale Werte von i und π recht klein ist. Wenn der Zinssatz und die Inflation unter Verwendung von Exponentialfunktionen stetig gemessen würden, wäre die Gleichheit von r und $i - \pi$ exakt (man vergleiche hierzu Übungsaufgabe 8.4).

Der Zinssatz geht in unseren Modellen in die Investitionsfunktion und in die Geldnachfragefunktion ein. Welcher der Zinssätze sollte in diesen Funktionen erscheinen?

Wenn wir die Diskussion der Geldnachfrage in Abschnitt 7.8 wiederholen, dann sehen wir leicht ein, daß der Nominalzinssatz in die Geldnachfragefunktion eingehen sollte. Die Individuen haben zu entscheiden, wie ihr finanzielles Vermögen zwischen Geld und zinstragenden Anlagen, wie Wertpapieren, aufgeteilt wird. Der Unterschied zwischen den Erträgen auf beide Anlagemöglichkeiten ist der Nominalzinssatz oder, anders ausgedrückt, der Nominalzinssatz entspricht den Opportunitätskosten der Geldhaltung. Also sollte die Geldnachfragefunktion L(Y, i) geschrieben werden.

Betrachten wir nun jedoch die Entscheidung, ob man eine bestimmte reale Investition durchführen sollte, wie wir sie in Abschnitt 7.5 diskutierten. Sei angenommen, daß keine Inflation erwartet wird. Dann kann man (7.50) anwenden und wir berechnen den Nettogegenwartswert als

$$NPV_0 = -x_0 + \frac{x_1}{1+r} + \frac{x_2}{(1+r)^2} + \ldots + \frac{x_T}{(1+r)^T} \tag{26}$$

Wenn jedoch eine Inflation mit der Rate π erwartet würde, dann sollte sich der Geldwert des zukünftigen erwarteten Ertrags mit dieser Rate erhöhen, so daß x_t durch $x_t(1+\pi)^t$ ersetzt werden sollte. Um den Nettogegenwartswert dieser Gelderträge zu errechnen, diskontieren wir mit dem nominellen Zinssatz i und erhalten

$$NPV_0 = -y_0 + x_1\frac{1+\pi}{1+i} + x_2\left(\frac{1+\pi}{1+i}\right)^2 + \ldots + x_T\left(\frac{1+\pi}{1+i}\right)^T \tag{27}$$

Verwenden wir (24), dann sehen wir, daß (26) immer noch gilt. Deshalb können wir die Gegenwartswerte entweder bei Verwendung nomineller erwarteter Erträge $x_t(1+\pi)^t$ und des nominellen Zinssatzes i berechnen, oder unter Verwendung realer Werte der erwarteten Erträge x_t und des realen Zinssatzes r. Sei angenommen, daß sich π bei konstantem r verändert, so daß sich i auch geändert haben müßte. Eine Veränderung, die sich nur auf eine Änderung der erwarteten Zukunftspreise bezieht, sollte auf die realen Erträge x_t keinen Effekt haben, so daß (26) unbeeinflußt bleibt. Ein Investitionsprojekt, für das vorher $NPV_0 > 0$ galt, wird immer noch diesen Test bestehen und umgekehrt. Im Gegensatz dazu zeigt entweder (26) oder (27), daß sich der NPV im allgemeinen ändern wird, wenn sich π bei konstantem i verändert, so daß sich r verändert und die realen Erträge x_t unverändert bleiben. Somit hängt die reale Investition vom Realzinssatz r ab, und wir sollten die Investitionsfunktion als I = I(r) schreiben.

Unter Verwendung von (25) können wir somit das IS-LM System (1) und (2) als

$$S(Y-T) + T = I(r) + G \tag{28}$$

$$L(Y, r+\pi) = M/P \tag{29}$$

schreiben. Wir erinnern uns an die Rechtfertigung für die Phillips-Kurvengleichung (23). Wenn die Beschäftigung das gewünschte Arbeitsangebot überschreitet, werden die Löhne nach oben gedrückt. Wenn jedoch die Arbeitnehmer eine Preisniveauerhöhung im nächsten Jahr mit der Rate π erwarten, glauben sie nur insoweit als W größer als die Rate π ist, daß der Reallohn auf die Arbeitsknappheit reagiert (Es bleibt dem Leser in Übungsaufgabe 8.5 überlassen, genau zu zeigen, daß die Veränderungsrate von W/P in diskreter Zeit ungefähr gleich $\hat{W} - \hat{P}$ ist und in stetiger Zeit gleich $\hat{W} - \hat{P}$ beträgt).

Angesichts inflationärer Erwartungen (oder deflationärer Erwartungen) wird die Phillips-Kurvengleichung zu

$$\hat{W}_t = f(Y_t - Y^*) + \pi_t, \tag{30}$$

wobei $\pi_t = (P^e_{t+1} - P_t)/P_t$ die Rate angibt, mit der man erwartet, daß das nächstjährige Preisniveau höher als das laufende Preisniveau ist. Dies ist die **um Erwartungen erweiterte Phillips-Kurve**.

Wie in Abschnitt 8.2 können die Gleichungen (6) und (7) kombiniert werden, um eine kurzfristige aggregierte Angebotsfunktion

$$Y_t = Y(K, W_t/P_t) \tag{31}$$

zu ergeben und wie zuvor können die IS-LM Gleichungen kombiniert werden, um eine aggregierte Nachfragefunktion

$$Y_t = Y(G, T, M_t/P_t, \pi_t) \tag{32}$$

abzuleiten. Letztere Funktion hat die erwartete Inflationsrate mit einbezogen, da sie in (29) erscheint. Ein Anstieg von π_t reduziert, ceteris paribus, die Nachfrage nach Geld und wie man leicht formal überprüfen kann, wird dies somit die aggregierte Nachfrage nach Gütern erhöhen (vgl. Übungsaufgabe 8.6).

Nun brauchen wir eine Erklärung, wie die Wirtschaftssubjekte ihre Erwartungen über die Inflation bilden. Eine Hypothese ist die der **adaptiven Erwartungen**

$$\pi_t = \alpha\hat{P}_{t-1} + (1 - \alpha)\,\pi_{t-1} \quad 0 < \alpha \leq 1 \tag{33}$$

Die erwartete Inflation ist ein gewichteter Durchschnitt der Inflationsrate, die gerade beobachtet wurde, und der früher erwarteten Inflationsrate. Je größer α ist, desto schneller passen sich die Erwartungen der beobachteten Inflation an. Wir werden einen Spezialfall, für den $\alpha = 1$ gilt, analysieren. Im Spezialfall erwarten die Wirtschaftssubjekte einfach, daß sich die Inflationsrate einstellt, die sie gerade festgestellt haben.

$$\pi_t = \hat{P}_{t-1} \tag{33a}$$

Unser Modell der Volkswirtschaft wird deshalb durch die Gleichungen (30), (31), (32) und (33a) beschrieben. Ohne vollständig alle Ergebnisse aller möglichen Politiken zu diskutieren, werden wir zwei Politiken herausgreifen: (a) Eine Geldpolitik, die das Einkommen auf einem Niveau oberhalb des langfristigen Gleichgewichts hält, und (b) eine Expansion des Geldangebotes mit einer festen Rate. Man erinnere sich, daß ohne inflationäre Erwartungen diese beiden Politiken äquivalent waren. Der Output wurde hoch gehalten und es gab Inflation mit einer Rate, die dem Wachstum des Geldangebots entsprach.

Es gibt ein weiteres Problem, mit dem wir uns befassen müssen. Wir müssen den Effekt einer Geldangebotsänderung auf das Einkommen ableiten. Unter Verwendung von (33a), (31) und (32) erhalten wir

$$Y(K, W_t/P_t) - Y(G, T, M_t/P_t, P_t/P_{t-1} - 1) = 0 \tag{34}$$

Diese Beziehung definiert **für gegebenes** W_t und P_{t-1} den Preis P_t implizit als Funktion von M_t. Differenzieren wir (34) bezüglich M_t, dann erhalten wir

$$\left(-Y_w \frac{W_t}{P_t} + Y_m \frac{M_t}{P_t} - Y_\pi \frac{P_t}{P_{t-1}}\right) \frac{1}{P_t} \frac{\partial P_t}{\partial M_t} = \frac{Y_m}{P_t} \tag{35}$$

Wenn wir dann (31) differenzieren, ergibt dies

$$\frac{\partial Y_t}{\partial M_t} = \left(-Y_w \frac{W_t}{P_t}\right) \frac{1}{P_t} \frac{\partial P_t}{\partial M_t} \tag{36}$$

Das Vorzeichen der linken Seite von (35) ist nicht eindeutig: $-Y_w$ ist positiv und Y_m ist positiv, jedoch ist $-Y_\pi$ negativ. Um die Resultate $\partial P_t/\partial M_t > 0$ und $\partial Y_t/\partial M_t > 0$ zu erhalten, die den in Abschnitt 8.2 abgeleiteten Resultaten aus dem gleichen Modell ohne inflationäre Erwartungen entsprechen, müssen wir **annehmen**, daß

$$-Y_w W_t/P_t + Y_m M_t/P_t - Y_\pi P_t/P_{t-1} > 0$$

gilt. Dies läuft darauf hinaus, daß der Effekt inflationärer Erwartungen auf die Geldnachfrage nicht zu groß ist.

Mit dieser zusätzlichen Annahme beginnen wir in der Position $Y_0 = Y^*$, $\hat{W}_0 = \pi_0 = 0$ mit W_0/P_0 und M_0/P_0 auf den Niveaus, die erforderlich sind, um (31) und (32) zu erfüllen. Da $\hat{W}_0 = 0$, $W_1 = W_0$, können wir (35) und (36) benutzen. Wenn wir möchten, daß $Y_1 > Y_0 = Y^*$, gilt, zeigen (35) und (36), daß wir M_1 über M_0 anheben müssen und daß P_1 über P_0 ansteigt. (31) ist nun mit $W_1/P_1 < W_0/P_0$ erfüllt. (30) zeigt, daß gilt

$$\hat{W}_1 = f(Y_1 - Y^*) + \pi_1 = f(Y_1 - Y^*) + \hat{P}_0 > \hat{P}_0.$$

In Abb. 8.9 hat sich die Volkswirtschaft vom Ausgangsgleichgewicht in A, auf der ursprünglichen Phillips-Kurve, auf den Punkt B bewegt.

Wir möchten nun haben $Y_2 = Y_1$, so daß wegen (31) gelten muß, daß $W_2/P_2 = W_1/P_1$ und somit $\hat{P}_1 = \hat{W}_1 > \hat{P}_0$ und $\pi_2 > \pi_1$ gelten.

Also erhalten wir aus (32) $M_2/P_2 < M_1/P_1$, so daß $\hat{M}_1 < \hat{P}_1$. Schließlich erhalten wir aus (30), daß

$$\hat{W}_2 = f(Y_1 - Y^*) + \pi_2 = f(Y_1 - Y^*) + \hat{P}_1.$$

Die Volkswirtschaft hat sich nun von B auf C in der Abb. 8.9 bewegt. In diesen und allen darauffolgenden Zeitperioden muß der Reallohn konstant sein, damit (30), (31) und (33a) kombiniert die Beziehung

$$\hat{P}_t = \hat{W}_t = f(Y_1 - Y^*) + \hat{P}_{t-1} > \hat{P}_{t-1} = \hat{W}_{t-1} \tag{37}$$

ergeben.

((32) zeigt die erforderliche Rate der Geldexpansion, um die aggregierte Nachfrage auf diesem Niveau zu halten). Wir sehen, daß das Einkommen auf dem Niveau Y_1 nur mit einer stetig **beschleunigten** Inflation gehalten werden kann, da die Phillips-Kurve als Folge der ansteigenden Inflationserwartungen andauernd ansteigt. Somit folgt die Volkswirtschaft dem Pfad, der in Abb. 8.9 durch B → C → D → ... gezeigt wird.

Zu jedem Zeitpunkt hat der Staat die Wahl, das Ziel ein Einkommen oberhalb von Y* zu erreichen, aufzugeben. Sei angenommen, daß in der Zeitperiode 3 der Staat darauf abzielt, das Einkommen auf das Niveau Y* zu reduzieren. Die Argumente, die die Gleichungen (34) bis (36) betreffen, zeigen, daß eine Verschiebung der Volkswirtschaft auf das Einkommensniveau Y* in der Periode 3 erfordert, daß der Staat das Geldangebot um weniger als den Betrag erhöht, der die Ökonomie in den Punkt D bringt. Das Sinken des Einkommens von $Y_2 = Y_1$ auf $Y_3 = Y^*$ bedeutet, daß $W_3/P_3 > W_2/P_2$, so daß $\hat{P}_2 < \hat{W}_2$. Dann zeigt (30), für Y_t im Niveau Y*, für alle $t \geq 3$, daß gelten wird

$$\hat{W}_t = \pi_t = \hat{P}_t = \hat{P}_2$$

und (32) zeigt, daß das Geldangebot ständig mit dieser Rate erhöht werden muß. Dies wird in Abb. 8.9 gezeigt und zwar als Verschiebung von C nach D*, wobei

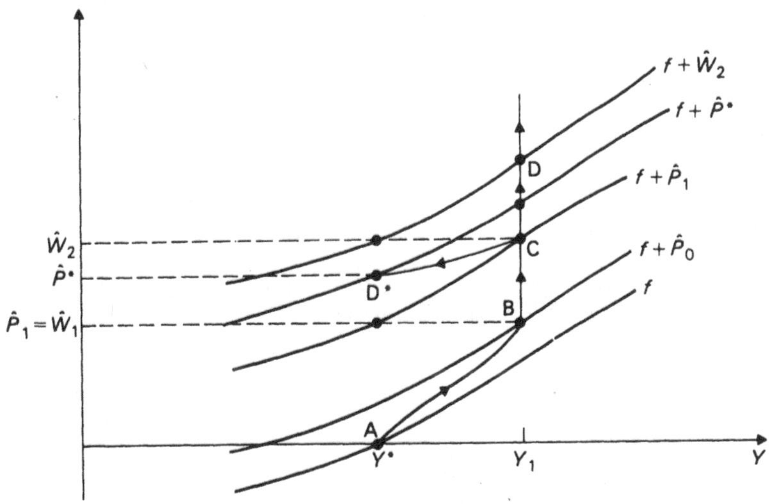

Figur 8.9 Die um Erwartungen erweiterte Phillips-Kurve

der Wert von $\hat{P}_2$ bei dieser Politik durch $\hat{P}^*$ angegeben wird. Die Position D* liefert nun das neue Gleichgewicht. Der Output kann andauernd auf dem Niveau Y* gehalten werden, wobei die Inflation mit einer konstanten Rate $\hat{P}^*$ fortschreitet. Also hat eine **zeitweilige** Reduktion der Arbeitslosigkeit unter die natürliche Rate auf Kosten eines **andauernden** Anstiegs der Inflationsrate stattgefunden.

Es bleibt dem Leser in Übungsaufgabe 8.7 überlassen, den Pfad im Detail herauszuarbeiten, wenn eine Senkung der Inflationsrate erreicht werden soll. Es ist ziemlich offensichtlich, daß für einige Zeit ein Anstieg der Arbeitslosigkeit über die natürliche Rate hinaus erforderlich ist.

Die alternative Politik eines beständigen Geldangebotswachstums wird besser in dem leicht unterschiedlichen Modell des nächsten Abschnitts analysiert.

*8.6 Ein Modell in stetiger Zeit

In mancherlei Hinsicht ist das Modell des vorhergehenden Abschnitts leichter in einem stetigen Modellzusammenhang zu analysieren. Veränderungsraten werden nun durch Zeitableitungen gemessen, so daß gilt

$$\hat{W}_t = \frac{1}{W_t}\frac{dW_t}{dt} \qquad \hat{P}_t = \frac{1}{P_t}\frac{dP_t}{dt}.$$

Hierbei ist π_t der erwartete Wert von $\hat{P}_t$.

Die adaptive Erwartungshypothese wird nun so formuliert, daß π_t ein gewichteter Durchschnitt vergangener Werte von $\hat{P}_t$ ist:

$$\pi_t = \int_{-\infty}^{t} \alpha\, e^{-\alpha(t-\tau)}\, \hat{P}_\tau\, d\tau \tag{38}$$

Dies impliziert, daß

$$\frac{d\pi_t}{dt} = \alpha\hat{P}_t - \alpha\pi_t, \tag{39}$$

Dies ist eine Version von (33) in stetiger Zeit. Nun sind (30), (31) und (32) bis auf die Definitionen von $\hat{W}_t$ und π_t unverändert.

Die Gleichungen (31) und (32) zusammen implizieren, daß

$$\frac{dY_t}{dt} = Y_w \frac{W_t}{P_t}(\hat{W}_t - \hat{P}_t) = Y_m \frac{M_t}{P_t}(\hat{M}_t - \hat{P}_t) + Y_\pi \frac{d\pi_t}{dt}, \tag{40}$$

und mit (39) folgt hieraus

$$\begin{aligned} &\left(-Y_w \frac{W_t}{P_t} + Y_m \frac{M_t}{P_t} - \alpha Y_\pi\right)\hat{P}_t \\ &= -Y_w \frac{W_t}{P_t}\hat{W}_t + Y_m \frac{M_t}{P_t}\hat{M}_t - \alpha Y_\pi \pi_t \end{aligned} \tag{41}$$

Aus Vereinfachungsgründen für die Notation schreiben wir $-Y_w W_t/P_t$ als A, $Y_m M_t/P_t$ als B und αY_π als C. Im allgemeinen sind A, B und C keine Konstanten, aber alle Werte sind positiv. Wir können (30) benützen, um $\hat{W}_t$ aus den Gleichungen zu eliminieren, so daß aus (41) wird,

$$(A + B - C)\hat{P}_t = Af(Y_t - Y^*) + B\hat{M}_t + (A - C)\pi_t \tag{42}$$

Aus (40) erhalten wir

$$\frac{dY_t}{dt} = -A[f(Y_t - Y^*) + \pi_t - \hat{P}_t] \tag{43}$$

Verwenden wir (42) um $\hat{P}_t$ zu eliminieren, reduziert sich unser Modell auf die beiden aus (39) und (43) abgeleiteten Gleichungen:

$$\frac{1}{\alpha}\frac{d\pi_t}{dt} = \frac{1}{A+B-C}[Af(Y_t - Y^*) + B(\hat{M}_t - \pi_t)] \tag{44}$$

$$\frac{dY_t}{dt} = -\frac{A}{A+B-C}[(B-C)f(Y_t - Y^*) - B(\hat{M}_t - \pi_t)] \tag{45}$$

Wie im Modell mit diskreter Zeit des vorhergehenden Abschnitts, müssen wir die zusätzliche Annahme machen, daß der Effekt der Inflation auf die Nachfrage nach Geld nicht zu groß ist. Speziell nehmen wir an, daß $A + B - C > 0$ gilt, was fast identisch mit der Annahme ist, die wir im Modell mit diskreter Zeit machten.

Analysieren wir nun die Effekte einer Politik, die das Geldangebot mit einer festen Rate $\hat{M}_t = m$ in allen Zeitperioden ausweitet.

Gleichung (44) zeigt, daß π_t konstant ist, wenn Y_t und π_t die Gleichung

$$\pi_t = \frac{A}{B}f(Y_t - Y^*) + m \tag{46}$$

erfüllen, und diese Menge von Werten wird mit $\dot{\pi}_t = 0$ in der Abb. 8.10 angegeben. Wenn π_t den durch (46) gegebenen Wert für jedes gegebene Y_t übersteigt, zeigt (44), daß $d\pi_t/dt < 0$ und umgekehrt. Gleichung (45) zeigt, daß Y_t konstant ist, wenn Y_t und π_t

$$\pi_t = m - \frac{B-C}{B}f(Y_t - Y^*) \tag{47}$$

erfüllen. Wenn $B - C > 0$, erhalten wir eine Menge von Werten, die wir mit $\dot{Y}_t = 0$ in der Abb. 8.10 bezeichnen. Wenn π_t oberhalb dieser Geraden liegt, zeigt (45), daß $dY_t/dt < 0$ und umgekehrt. Die Pfeile in Abb. 8.10 zeigen die Richtung in der sich π_t und Y_t bewegen, wenn (46) und (47) nicht erfüllt sind. Offensichtlich gilt für $\pi_t = m$ und $Y_t = Y_e$, daß sowohl (46) als auch (47) erfüllt sind und π_t und Y_t im Zeitverlauf konstant sind.

Ein typischer Pfad wird durch die durchgezogenen Pfeile in Abb. 8.10 gezeigt. Die Ökonomie startet mit inflationären Erwartungen von 0 und einem Output auf dem natürlichen Niveau Y^*. Das Geldangebot wächst und dies erhöht den Output über Y^*, erhöht aber auch die inflationären Erwartungen. Nach einiger Zeit beginnt der Output zurückzufallen, wenn die Effekte der Inflation die der monetären Expansion übersteigen. Evtl. werden die inflationären Erwartungen ebenfalls fallen. Dann beginnt der Output erneut zu steigen, usw. Die Ökonomie folgt einem zyklischen Pfad mit einer Inflations- und Outputentwicklung, die wechselseitig steigt und fällt, während sich die Volkswirtschaft dem langfristigen Gleichgewicht $\pi = m$, $Y = Y^*$ nähert.

Obwohl sich die hier analysierte Politik leicht von der des vorhergehenden Abschnitts unterscheidet, ist die grundlegende Botschaft die gleiche. Ein zusätzlicher Output kann nur temporär auf Kosten eines permanenten Anstiegs der Inflation erreicht werden.

Der in Abb. 8.10 gezeigte Pfad konvergiert zum langfristigen Gleichgewicht. Es gibt nichts im formalen Modell, das die Möglichkeit ausschließt, daß sich der Pfad immer weiter vom Gleichgewichtspunkt entfernt (in zyklischer Art und Weise). Man kann dies durch eine Neuzeichnung des Diagramms bestätigen,

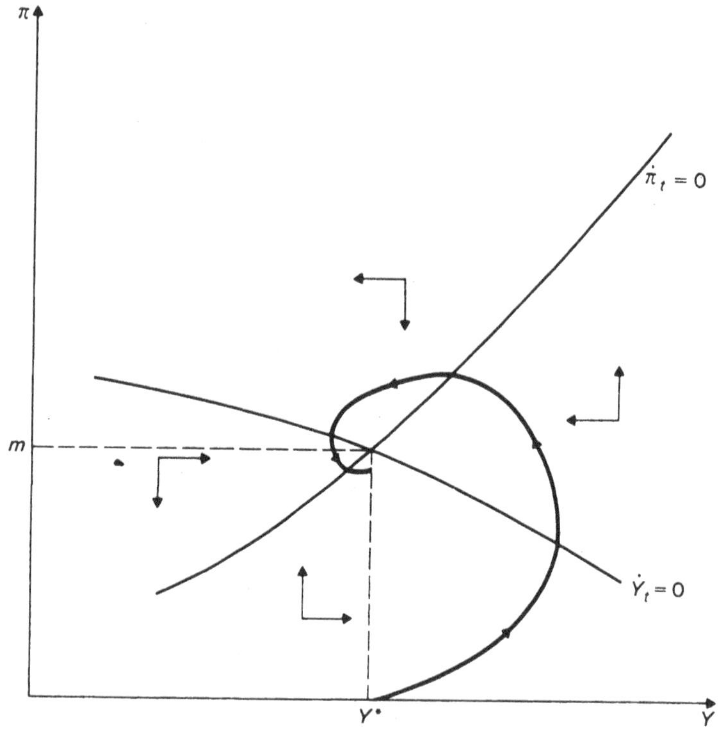

Figur 8.10 Ständiges Geldmengenwachstum

wenn man eine steile $\dot{\pi}_t = 0$-Gerade und eine flache $\dot{Y}_t = 0$-Kurve einzeichnet (d.h. ein großes A/B und ein kleines (B − C)/B verwendet). Diese Art von Instabilität ist umso wahrscheinlicher, wenn B − C negativ ist. Man soll dies in Übungsaufgabe 8.9 nachweisen. Wir wollen uns in diesem Stadium nicht fragen, ob mit weiteren mathematischen Hilfsmitteln und weiteren Verhaltensannahmen diese Möglichkeit auszuschließen ist. Stattdessen erkennen wir einfach, daß diese Instabilität intuitiv plausibel ist. In der Übungsaufgabe 8.9 soll man verbal beschreiben, wie sich der Output und die Inflation entlang eines instabilen Pfades verändern.

Schließlich können wir in diesem Modell kurz die Konsequenzen alternativer Erwartungshypothesen überprüfen, wie die der Hypothese der **rationalen Erwartungen**. Nehmen wir an, daß die Wirtschaftssubjekte glauben, daß die Ökonomie gegen das langfristige Gleichgewicht konvergiert, in dem die Inflation gleich der Rate der Geldexpansion ist. Wenn bekannt ist, daß der Staat das Geldangebot mit der Rate m ausweitet, wird deshalb die Inflationserwartung diese wiederspiegeln und es gilt,

$$\pi_t = m \tag{48}$$

Dies wird in (30), (41), (42) und (43) eingesetzt, so daß aus (45) die Beziehung

$$\frac{dY_t}{dt} = -\frac{A(B-C)}{A+B-C} f(Y_t - Y^*) \tag{49}$$

abgeleitet werden kann.

Wenn wir also im Gleichgewicht mit $Y_0 = Y^*$ beginnen, zeigt die Gleichung (49), daß die Ökonomie in diesem Gleichgewicht bleiben muß, da Y_t konstant sein muß, unabhängig von der Rate des monetären Wachstums, das vom Staat gewählt wird. Aus (42) sehen wir, daß $P_t = m$, so daß man die Hypothese in (48) genauso gut als selbsterfüllende Erwartung bezeichnen kann. Die erwartete Inflationsrate der Individuen ist immer genau gleich der wahren Inflationsrate.

In diesem Fall hat der Staat keine Möglichkeit, das Outputniveau zu verändern. Jede Änderung der monetären Expansionsrate wird sofort in einer Änderung der Inflationserwartungen und der Inflation selbst absorbiert. Dieses Modell gibt eine Schlußfolgerung, die polar gegenläufig zum einfachen Multiplikatormodell ist, mit dem wir begannen. In diesem Modell beeinflußte die staatliche Politik das Einkommen und nicht die Preise. Hier im Modell beeinflußt die Politik nur die Preise und nicht das Einkommen.

8.7 Eine abschließende Bemerkung

Man kann das adaptive Erwartungsmodell der vorhergehenden beiden Abschnitte als dynamische Version des kurzfristigen AD-AS Modells des Abschnitts 8.2 bezeichnen, während die rationale Erwartungshypothese eine dynamische Version des langfristigen AD-AS Modells ist. Es lohnt sich also, wenn man sich an die Bemerkung des Abschnitts 8.3 erinnert, daß es keine Übereinstimmung zwischen den Wirtschaftswissenschaftlern darüber gibt, welche dieser Modelle die beste Beschreibung der Realität liefert. Die relativen Verdienste verschiedener makroökonomischer Modelle sind Gegenstand laufender Forschung und laufender Kontroverse.

Übungsaufgaben

8.1 Man analysiere die Effekte einer Änderung der Besteuerung im langfristigen und kurzfristigen AD-AS Modell. Man vergleiche die Verdrängungseffekte auf die privaten Investitionen, wenn ein Anstieg des staatlichen Defizits durch (i), einen Anstieg der Staatsausgaben, (ii) eine Verminderung der Besteuerung hervorgerufen wird.

***8.2** Man betrachte eine Volkswirtschaft mit einer Produktionsfunktion

$$Z = f(L, K, M).$$

Hierbei bezeichnen:
Z – Menge des produzierten Outputs,
L – verwendete Arbeitsmenge,
K – verwendete (Input)-Menge anderer Inputs im Inlandsbesitz,
M – verwendete Input-Menge, die von Ausländern zum relativen Preis von q (relativ zum Output) gekauft werden müssen.

Also ist der Netto-Output, der in der Volkswirtschaft verfügbar ist, gleich

$$Y = f(L, K, M) - qM$$

Man analysiere die makroökonomischen Effekte eines q-Anstiegs. Liefert dieses Modell eine gute Beschreibung der Effekte des Ölpreisanstiegs in den 70er Jahren für die Öl-importierenden Länder?

8.3 Man zeige, daß (21) einen geringeren Wert für $\partial Y/\partial G$, als das IS-LM Modell und das einfache Multiplikatormodell ergibt.

8.4 Man zeige, daß die näherungsweise Gleichheit in (24) und (25) exakt ist, wenn die Zinssätze und die Inflation stetig unter Verwendung von Exponentialfunktionen gemessen werden.

8.5 Man zeige, daß die Veränderungsrate der Reallöhne ungefähr gleich $\hat{W} - \hat{P}$ ist, wenn die Veränderungsraten diskret, wie in Abschnitt 8.5, gemessen werden und genau gleich $\hat{W} - \hat{P}$ sind, wenn die Veränderungsraten stetig wie in 8.6 gemessen werden.

8.6 Man beweise, daß die aggregierte Nachfragefunktion (32) die Eigenschaft $Y_\pi > 0$ aufweist.

8.7 Man zeichne detailliert den Pfad nach, dem die Ökonomie folgen müßte (die in Abschnitt 8.5 modelliert wurde), um eine Reduktion der Inflationsrate herbeizuführen.

8.8 Im Modell mit stetiger Zeit der Gleichungen (38)-(45) gebe man die Geldpolitik an, die Y_t konstant auf einem Niveau, das höher als Y^* ist, hält und zeige, daß die inflationären Konsequenzen qualitätiv die gleichen sind wie die des diskreten Modells sind (man nehme $B - C > 0$ an).

***8.9** Man zeichne ein der Abb. 8.10 entsprechendes Diagramm für den Fall $B - C < 0$, wobei die relativen Steigungen der $\dot{\pi} = 0$ und $\dot{Y} = 0$-Kurven wichtig sind. Man zeichne einen Pfad, der nicht gegen das langfristige Gleichgewicht konvergiert. Man gebe eine verbale Darstellung, was in dieser Ökonomie entlang eines Pfades passiert, der nicht zum Gleichgewicht konvergiert.

8.10 In den Modellen der Abschnitte 8.5 und 8.6 diskutiere man die Effekte fiskalpolitischer Änderungen (Dabei ist es nützlich, die Effekte der fiskalpolitischen Änderung im langfristigen AD-AS Modell heranzuziehen).

8.11 „Wir pflegten zu denken, daß man einfach aus der Rezession heraus kommt und die Beschäftigung steigern kann, indem man die Steuern senkt und die Staatsausgaben erhöht. Ich sage Ihnen in aller Aufrichtigkeit, daß diese Möglichkeit nicht länger gegeben ist; insoweit sie je existierte, funktionierte dies nur durch die Injektion immer höherer Inflationsdosen in die Volkswirtschaft, denen im nächsten Schritt immer höhere Arbeitslosenquoten folgten". (James Callaghan, Britischer Premierminister, September 1976).

„Die Wahrheit ist, daß wir die Arbeitslosigkeit nicht besiegen können, wenn wir versuchen, die Inflation zu akzeptieren ... Reflation wird, ohne die Arbeitslosigkeit zu bekämpfen, zu einer Beschleunigung der Inflation und zu einer steigenden Arbeitslosigkeit führen". (Sir Geoffrey Howe, Finanziminister von GB, 16. März 1981).

Man kommentiere diese Behauptungen mit Hilfe der in diesem Kapitel entwickelten Theorien.

Anhang zu den Kapiteln 2 und 3
Die Gewinnfunktion

Einige der in den Kapiteln 2 und 3 angegebenen Resultate wurden nicht bewiesen, da ihre Beweise die Einführung eines weiteren Hilfsmittels erforderten, das in diesem Anhang diskutiert wird.

Als wir die kostenminimierende Firma diskutierten, in dem wir das Problem (2.13) durch die Wahl von $z(\mathbf{w}, y)$ lösten, definierten wir die Kostenfunktion $c(\mathbf{w}, y)$ als den **minimalen** Wert der Kosten, so daß gilt $c(\mathbf{w}, y) = \mathbf{w}z(\mathbf{w}, y)$. Wenn wir bei der Lösung des Problems (2.48) die gewinnmaximierende Unternehmung betrachten, die $y(p, \mathbf{w})$ und $\mathbf{z}(p, \mathbf{w})$ wählt, dann ist es natürlich, die **Gewinnfunktion** $\pi(p, \mathbf{w})$ als maximalen Wert der Gewinne $\pi(p, \mathbf{w}) = py(p, \mathbf{w}) - \mathbf{wz}(p, \mathbf{w})$ zu definieren.

Die Gewinnfunktion hat bemerkenswerte Eigenschaften. Betrachtet man die Ableitung bezüglich p, dann ergibt sich:

$$\frac{\partial \pi(p, \mathbf{w})}{\partial p} = y(p, \mathbf{w}) + p\frac{\partial y(p, \mathbf{w})}{\partial p} - \sum_{i=1}^{n} w_i \frac{\partial z_i(p, \mathbf{w})}{\partial p} \tag{1}$$

Die Bedingungen der ersten Ordnung für die Lösung des Gewinnmaximierungsproblems sind jedoch durch die Gleichungen (2.6) als $p(\partial F/\partial z_i) = w_i$ gegeben, so daß (1) sich als

$$\frac{\partial \pi(p, \mathbf{w})}{\partial p} = y(p, \mathbf{w}) + p\left(\frac{\partial y(p, \mathbf{w})}{\partial p} - \sum_{i=1}^{n} \frac{\partial F}{\partial z_i}\frac{\partial z_i(p, \mathbf{w})}{\partial p}\right) \tag{2}$$

schreibt. Darüber hinaus folgt aus der Tatsache, daß $y(p, \mathbf{w})$ und $\mathbf{z}(p, \mathbf{w})$ die Gleichung $y = F(z)$ erfüllen müssen, daß

$$\frac{\partial y(p, \mathbf{w})}{\partial p} = \sum_{i=1}^{n} \frac{\partial F}{\partial z_i}\frac{\partial z_i(p, \mathbf{w})}{\partial p} \tag{3}$$

gilt, so daß

$$\frac{\partial \pi(p, \mathbf{w})}{\partial p} = y(p, \mathbf{w}). \tag{4}$$

Ein sehr ähnliches Argument zeigt, daß

$$\frac{\partial \pi(p, \mathbf{w})}{\partial w_i} = -z_i(p, \mathbf{w}) \tag{5}$$

gilt. (Es gibt ein Resultat für die Kostenfunktion $c(\mathbf{w}, y)$, das zu den Gleichungen (4) und (5) gehört, nämlich

$$\frac{\partial c(\mathbf{w}, y)}{\partial w_i} = z_i(\mathbf{w}, y) \tag{6}$$

Der Leser war in Übungsaufgabe 4.7 aufgerufen, dieses Resultat zu beweisen. In Kapitel 4 haben wir auch eine Funktion $e(\mathbf{p}, u)$ eingeführt, die wir die Ausgabenfunktion des Konsumenten nannten, und die mit der Kostenfunktion gemeinsame Eigenschaften aufwies, nämlich

$$\frac{\partial e(\mathbf{p}, u)}{\partial p_i} = x_i(\mathbf{p}, u) \tag{7}$$

was in (4.29) bewiesen wurde.

Die Resultate (4) und (5) (und (6) und (7)) sind bemerkenswert. Wenn wir $py(p, w) - \mathbf{wz}(p, \mathbf{w})$ nach irgendeinem Preis differenzieren, ist das Resultat das gleiche, wie das, welches wir erhalten würden, wenn y und **z** Konstante wären. Sie sind aber keine Konstanten, sondern Funktionen der Preise, doch die zusätzlichen Effekte einer Preisänderung auf die Gewinne, die von der Veränderung in y und **z** herrühren, summieren sich genau auf Null. Wir sehen oben, daß dies deshalb passiert, weil y und **z** keine beliebigen Funktion von p und **w** sind. Sie spiegeln die optimalen gewinnmaximierenden Wahlhandlungen wieder.

Man sollte erkennen, daß (3.15) das gleiche Resultat beschreibt. Wenn z_2 seinen optimalen kostenminimierenden Wert $z_2(w_1, w_2, y)$ annimmt, dann ist die Ableitung der Kosten nach dem Output unter Berücksichtigung der Veränderung des Wertes von $z_2(w_1, w_2, y)$ (das heißt, der langfristigen Grenzkosten) gleich der Ableitung der Kosten nach dem Output bei konstantem z_2 (das heißt, der kurzfristigen Grenzkosten).

Resultate dieses Typus sind als **Enveloppen-Theoreme** bekannt. Die langfristige Durchschnittskostenkurve besteht aus den niedrigsten Punkten, die von einer ganzen Familie kurzfristiger Durchschnittskostenkurven erzeugt werden und man sagt deshalb, daß sie eine Enveloppen-Kurve ist. Ihre Steigung entspricht in jedem Punkt der Steigung der entsprechenden kurzfristigen Durchschnittskostenkurve, die sie in diesem Punkt berührt.

Differenzieren wir (4) bezüglich w_i und (5) bezüglich p dann erhalten wir

$$\frac{\partial y(p, \mathbf{w})}{\partial w_i} = \frac{\partial^2 \pi(p, \mathbf{w})}{\partial w_i \, \partial p} \tag{8}$$

$$\frac{\partial z_i(p, \mathbf{w})}{\partial p} = -\frac{\partial^2 \pi(p, \mathbf{w})}{\partial p \, \partial w_i} \tag{9}$$

Verwenden wir das wohlbekannte Resultat, daß die Reihenfolge der Differentiation einer Funktion zweier Veränderlicher umgekehrt werden kann, dann haben wir

$$\frac{\partial y(p, \mathbf{w})}{\partial w_i} = -\frac{\partial z_i(p, \mathbf{w})}{\partial p} \tag{10}$$

Dieses Resultat wurde in (2.69) angegeben aber nicht bewiesen. Ähnlich erhalten wir (2.70):

$$\frac{\partial z_i(p, \mathbf{w})}{\partial w_j} = -\frac{\partial^2 \pi(p, \mathbf{w})}{\partial w_j \partial w_i} = -\frac{\partial^2 \pi(p, \mathbf{w})}{\partial w_i \partial w_j} = \frac{\partial z_j(p, \mathbf{w})}{\partial w_i} \tag{11}$$

Man beachte, daß die Kostenminimierung einfach gleich der Gewinnmaximierung unter einer zusätzlichen Restriktion ist, nämlich, daß y konstant ist, während die kurzfristige Gewinnmaximierung einfach (langfristige) Gewinnmaximierung unter der Nebenbedingung ist, daß einige Inputs fix sind.

Deshalb erfüllen die Lösungen des Kostenminimierungsproblems

$$\mathbf{z}(p, \mathbf{w}) = \mathbf{z}(\mathbf{w}, y(p, \mathbf{w})) \tag{12}$$

(dies entspricht (2.52)) und wir erhalten

$$\frac{\partial z_i(p, \mathbf{w})}{\partial w_i} = \frac{\partial z_i(\mathbf{w}, y)}{\partial w_i} + \frac{\partial z_i(\mathbf{w}, y)}{\partial y} \frac{\partial y(p, \mathbf{w})}{\partial w_i} \tag{13}$$

und auch

$$\frac{\partial z_i(p, \mathbf{w})}{\partial p} = \frac{\partial z_i(\mathbf{w}, y)}{\partial y} \frac{\partial y(p, \mathbf{w})}{\partial p} \tag{14}$$

(die den Beziehungen (2.71) und (2.68) entsprechen). Substituieren wir (10) und (14) in (13), dann ergibt dies

$$\frac{\partial z_i(p, \mathbf{w})}{\partial w_i} = \frac{\partial z_i(\mathbf{w}, y)}{\partial w_i} - \left(\frac{\partial z_i(\mathbf{w}, y)}{\partial y}\right)^2 \frac{\partial y(p, \mathbf{w})}{\partial p} \tag{15}$$

Aus (2.61) erhalten wir, daß $\partial z_i(\mathbf{w}, y)/\partial w_i \leq 0$, während (2.66) impliziert, daß der zweite Term auch nichtpositiv ist, so daß wir nun einen Beweis der in (2.72) angegebenen Tatsache haben:

$$\frac{\partial z_i(p, \mathbf{w})}{\partial w_i} \leq \frac{\partial z_i(\mathbf{w}, y)}{\partial w_i} \leq 0 \tag{16}$$

Nun betrachten wir das kurzfristige Gewinnmaximierungsproblem, in dem z_n in der kurzen Frist fixiert ist und z^v den Vektor der verbleibenden (variablen) Inputs bezeichnet. Das Problem ist dann

$$\begin{aligned} &\underset{\mathbf{z}^v}{\text{maximiere}} \quad py - \mathbf{wz} \\ &\text{unter der Nebenbedingung } y = F(\mathbf{z}) \end{aligned} \tag{17}$$

und dies ist ein Standard-Gewinnmaximierungsproblem außer der Tatsache, daß ein konstantes z_n in der Produktionsfunktion erscheint und daß die Konstante $-w_n z_n$ immer in den Gewinnen erscheint. Die Lösung ergibt eine Menge von Funktion $y(p, \mathbf{w}^v, z_n)$, $\mathbf{z}^v(p, \mathbf{w}^v, z_n)$, wobei $\mathbf{w}^v$ der Vektor der Preise der variablen

Inputs ist und wir eine kurzfristige Gewinnfunktion $\pi(p, \mathbf{w}, z_n)$ erhalten. In genauer Analogie zu (4), (5), (10) und (11) haben wir (für $i, j \neq n$)

$$y(p, \mathbf{w}^v, z_n) = \frac{\partial \pi(p, \mathbf{w}, z_n)}{\partial p} \tag{18}$$

$$z_i(p, \mathbf{w}^v, z_n) = -\frac{\partial \pi(p, \mathbf{w}, z_n)}{\partial w_i} \tag{19}$$

$$\frac{\partial y(p, \mathbf{w}^v, z_n)}{\partial w_i} = -\frac{\partial z_i(p, \mathbf{w}^v, z_n)}{\partial p} \tag{20}$$

$$\frac{\partial z_i(p, \mathbf{w}^v, z_n)}{\partial w_j} = \frac{\partial z_j(p, \mathbf{w}^v, z_n)}{\partial w_i} \tag{21}$$

und analog zu (2.66) und (2.65) erhalten wir

$$\frac{\partial y(p, \mathbf{w}^v, z_n)}{\partial p} \geq 0 \tag{22}$$

$$\frac{\partial z_i(p, \mathbf{w}^v, z_n)}{\partial w_i} \leq 0 \tag{23}$$

Nun müssen diese Funktionen die folgenden Bedingungen erfüllen

$$y(p, \mathbf{w}) = y(p, \mathbf{w}^v, z_n(p, \mathbf{w})) \tag{24}$$

$$z^v(p, \mathbf{w}) = \mathbf{z}^v(p, \mathbf{w}^v, z_n(p, \mathbf{w})) \tag{25}$$

das heißt, daß die kurzfristigen und langfristigen Lösungen übereinstimmen, falls der feste Faktor auf seinem optimalen langfristigen Niveau ist (vergleiche (12)). Also gilt

$$\frac{\partial y(p, \mathbf{w})}{\partial p} = \frac{\partial y(p, \mathbf{w}^v, z_n)}{\partial p} + \frac{\partial y(p, \mathbf{w}^v, z_n)}{\partial z_n} \frac{\partial z_n(p, \mathbf{w})}{\partial p} \tag{26}$$

und

$$\frac{\partial y(p, \mathbf{w})}{\partial w_n} = \frac{\partial y(p, \mathbf{w}^v, z_n)}{\partial z_n} \frac{\partial z_n(p, \mathbf{w})}{\partial w_n} \tag{27}$$

Wenn wir (10) (für $i = n$) und (27) in (26) substituieren, ergibt sich

$$\frac{\partial y(p, \mathbf{w})}{\partial p} = \frac{\partial y(p, \mathbf{w}^v, z_n)}{\partial p} - \left(\frac{\partial y(p, \mathbf{w}^v, z_n)}{\partial z_n} \right)^2 \frac{\partial z_n(p, \mathbf{w})}{\partial w_n} \tag{28}$$

und aus (22) und (2.67) erhalten wir

$$\frac{\partial y(p, \mathbf{w})}{\partial p} \geq \frac{\partial y(p, \mathbf{w}^v, z_n)}{\partial p} \geq 0 \tag{29}$$

und dies ist eine Verallgemeinerung von (3.20). Aus (25) erhalten wir

$$\frac{\partial z_i(p, w)}{\partial w_i} = \frac{\partial z_i(p, \mathbf{w}^v, z_n)}{\partial w_i} + \frac{\partial z_i(p, \mathbf{w}^v, z_n)}{\partial z_n} \frac{\partial z_n(p, \mathbf{w})}{\partial w_i} \tag{30}$$

$$\frac{\partial z_i(p, \mathbf{w})}{\partial w_n} = \frac{\partial z_i(p, \mathbf{w}^v, z_n)}{\partial z_n} \frac{\partial z_n(p, \mathbf{w})}{\partial w_n}, \tag{31}$$

so daß sich nach Substitution von (11) und (31) in (30) ergibt

$$\frac{\partial z_i(p, \mathbf{w})}{\partial w_i} = \frac{\partial z_i(p, \mathbf{w}^v, z_n)}{\partial w_i} + \left(\frac{\partial z_i(p, \mathbf{w}^v, z_n)}{\partial z_n} \right)^2 \frac{\partial z_n(p, \mathbf{w})}{\partial w_n} \tag{32}$$

Aus (23) und (2.67) erhalten wir

$$\frac{\partial z_i(p, \mathbf{w})}{\partial w_i} \leq \frac{\partial z_i(p, \mathbf{w}^v, z_n)}{\partial w_i} \leq 0 \tag{33}$$

Dies ist eine Verallgemeinerung eines Resultats, das in Kapitel 3 angegeben, aber nicht bewiesen wurde, nämlich daß die langfristige Elastizität der Nachfrage nach einem Input einer Unternehmung größer ist als die kurzfristige Elastizität.

All diese Resultate können auf den Fall ausgeweitet werden, in dem es mehrere Inputs gibt, die in der kurzen Frist fix sind, doch würden hierzu einige zusätzliche mathematische Werkzeuge notwendig sein (Wir könnten auch eine allgemeine Behandlung der kurzfristigen Kostenminimierung bei mehreren variablen Inputs und mehreren fixen Inputs geben; dies wäre ein Kontrast zur Behandlung von Kapitel 3, in dem es nur zwei Inputs gab, so daß kein Kostenminimierungsproblem auftauchte).

Eine genaue Betrachtung der oben erhaltenen Resultate zeigt eine exakte Symmetrie von In- und Outputs. Wir könnten das Gewinnmaximierungsproblem als

$$\max_{x} \ \mathbf{px} \ \text{ unter der Nebenbedingung } \mathbf{x} \in X \tag{34}$$

formulieren, wobei positive x_i-Komponenten von $\mathbf{x}$ Outputs und negative Komponenten Inputs bezeichnen und die Menge X die Werte von $\mathbf{x}$ bezeichnet, die bei der gegebenen Produktionsfunktion zulässig sind. (Also ist im Fall einer Firma mit einer Produktionsfunktion $y = F(z_1, z_2)$ die folgende Schreibweise angemessen $\mathbf{x} = (x_1, x_2, x_3) = (-z_1, -z_2, y)$, $\mathbf{p} = (p_1, p_2, p_3) = (w_1, w_2, p)$ und $\mathbf{X} = \{\mathbf{x} | x_3 \leq F(-x_1, -x_2)\}$).

Die Lösung dieses Problems ergäbe $\mathbf{x}(p)$ und die Funktion $\pi(\mathbf{p}) = \mathbf{px}(\mathbf{p})$, die Gewinnfunktion. Die Resultate (4) und (5) werden dann beide geschrieben als

$$x_i(\mathbf{p}) = \frac{\partial \pi(\mathbf{p})}{\partial p_i} \tag{35}$$

Dieses Resultat kann in der Tat vermöge eines alternativen Beweises zu oben abgeleitet werden, nämlich eines Beweises, der keinen expliziten Rückgriff auf die Lagrangebedingungen macht.

Betrachten wir für ein beliebiges festes $\mathbf{p}^0$ die Funktion $\pi(\mathbf{p}) - \mathbf{px}(p^0)$. Sie ist nichtnegativ nach Definition von $\pi(\mathbf{p})$ wenn $\mathbf{p} \neq \mathbf{p}^0$ und gleich Null für $\mathbf{p} = \mathbf{p}^0$; das heißt, sie ist eine Funktion von $\mathbf{p}$, die in $\mathbf{p}^0$ minimiert wird. Die notwendigen Bedingungen für eine Minimierung sind einfach gleich (35) und damit folgt das Resultat. (Tatsächlich ist der Beweis nur eine andere Version des Arguments, das wir in Kapitel 3 verwendet haben, um (3.15) zu beweisen).

In dieser Notation wird (2.64) zu

$$(\mathbf{p}^1 - \mathbf{p}^2)(\mathbf{x}^1 - \mathbf{x}^2) \geq 0 \tag{36}$$

was impliziert, daß gilt

$$\frac{\partial x_i(\mathbf{p})}{\partial p_i} \geq 0 \tag{37}$$

(Dies ist wiederum gleich (2.66) und (2.67)). Man kann nun noch einen etwas komplizierteren Beweis dieses Resultats geben. Leicht zeigt man, daß $\pi(\mathbf{p})$ eine konvexe Funktion von $\mathbf{p}$ ist, das heißt, daß $\lambda\pi(\mathbf{p}^1) + (1 - \lambda)\,\pi(\mathbf{p}^2) \geq \pi(\lambda\mathbf{p}^1 + (1 - \lambda)\mathbf{p}^2)$ für jedes $\mathbf{p}^1$ und $\mathbf{p}^2$ und jedes λ, $0 < \lambda < 1$, gilt. Ziemlich offensichtlich ist, daß die zweiten Ableitungen einer konvexen Funktion positiv sind. Also erhalten wir aus (35), daß

$$\frac{\partial x_i(\mathbf{p})}{\partial p_i} = \frac{\partial^2\pi(\mathbf{p})}{\partial p_i^2} \geq 0 \tag{38}$$

und dies beweist das Resultat. Schließlich erhalten wir

$$\frac{\partial x_i(\mathbf{p})}{\partial p_j} = \frac{\partial^2\pi(\mathbf{p})}{\partial p_j\,\partial p_i} = \frac{\partial^2\pi(\mathbf{p})}{\partial p_i\,\partial p_j} = \frac{\partial x_j(\mathbf{p})}{\partial p_i}, \tag{39}$$

was den Formeln (10) und (11) entspricht. All dies verallgemeinert die frühere Theorie auf den Fall einer Unternehmung, die viele Outputs produziert und viele Inputs einsetzt.

Der Leser mit hinreichender mathematischer Ausbildung könnte verwundert sein, daß wir während der ganzen Zeit angenommen haben, daß alle Optimierungsprobleme Lösungen haben und alle involvierten Kosten- und Gewinnfunktionen zweimal differenzierbar sind. (Wenn man sich an die Probleme erinnert, die im Fall einer gewinnmaximierenden Firma bei konstanten Skalenerträgen auftraten, und sich auch daran erinnert, daß man diese Probleme so anging, daß man das Kostenminimierungsproblem an sah und schließlich die Resultate betrachtet, die für eine gewinnmaximierende Firma mit konstanten Skalenerträgen abgeleitet werden können, sollte man in der Lage sein, daß dort Probleme mit der Existenz und Differenzierbarkeit der Gewinnfunktion auftreten). Der nächste Schritt in der formalen Entwicklung dieser Theorie ist, sich zu fragen, wann Lösungen existieren und wann die Lösungsfunktionen zweimal differenzierbar sind. Die Untersuchung dieser mathematischen Fragen ist jedoch außerhalb der Reichweite dieses Buches.

Übungsaufgaben

A 3.1 Man leite die Gewinnfunktion für das Beispiel in Abschnitt 2.10 ab und bestätige, daß (4), (5), (10), (11) und (16) gelten.

A 3.2 Die Gewinnfunktion im Beispiel des Abschnitts 3.3 wurde in (3.34) abgeleitet. Man bestätige, daß (4), (5), (10), (11), (16) und (20) gelten. (Wir haben in Abschnitt 3.3 schon nachgewiesen, daß (29) und (33) erfüllt sind).

Anhang zu Kapitel 7
Investitionen und der Konjunkturzyklus

In Abschnitt 7.4 betrachteten wir das dynamische Multiplikatormodell, in dem sich das Einkommen nach einer Störung allmählich auf ihr Gleichgewichtsniveau hin bewegte. Die Investitionen waren exogen vorgegeben. Modifizieren wir nun das Modell dadurch, daß Investitionen mit dem Ziel unternommen werden, Kapital für den Produktionsprozeß bereitzustellen.

Sei K_t^* der Kapitalstock, den die Produzenten zum Zeitpunkt t wünschen und sei dieser eine lineare Funktion des Outputs:

$$K_t^* = vY_t \tag{1}$$

Hierbei ist v eine Konstante, die wir Kapitalkoeffizient nennen. Die Tatsache, daß v konstant ist, bedeutet, daß wir trotz der früheren Diskussion den Preisen und den Zinssätzen keine Rolle beimessen (Kapitel 2 und Abschnitt 7.5). Die frühere Diskussion legte nahe, daß die Inputpreise die Inputwahl beeinflussen und insbesondere, daß die Zinssätze die Investitionsentscheidung tangieren.

Nun sei angenommen, daß es einen einperiodigen Lag zwischen dem Wunsch mehr Kapital zu haben und seiner Installation gibt, so daß $K_{t+1} = K_t^*$. Nach Definition ist die Investition gleich der Veränderung des Kapitalstocks, so daß wir erhalten

$$I_t = K_{t+1} - K_t = v(Y_t - Y_{t-1}) \tag{2}$$

Sei auch angenommen, daß es einen Lag in der Konsumfunktion gibt:

$$C_t = c(Y_{t-1} - T), \tag{3}$$

so daß die Gleichung des Angebots und der Nachfrage nach Gütern gleich

$$Y_t = cY_{t-1} + v(Y_t - Y_{t-1}) + G - cT \tag{4}$$

ist. Wenden wir die Standardmethoden der Behandlung einer derartigen Gleichung an (dies ist dem Leser als Übungsaufgabe A 7.1 überlassen), dann ergibt sich das Gleichgewicht

$$Y_e = \frac{G - cT}{1 - c} \tag{5}$$

Dieses Gleichgewicht ist instabil falls $|(v - c)/(v - 1)| > 1$. Da es sinnvoll ist anzunehmen, daß der Wert der Maschinen größer ist als der Wert des jährlichen Outputs, so daß $v > 1$ gilt, scheint es wahrscheinlich, daß das Gleichgewicht instabil ist. Ein Anstieg des Einkommens über sein Gleichgewichtsniveau wird einen Anstieg der Investitionen erzeugen, der über den Multiplikator einen weiteren Anstieg des Einkommens begründet, das wiederum … usw. Der Output wird sich entlang des Pfades, der in Figur A7.1 gezeichnet wird, entwickeln.

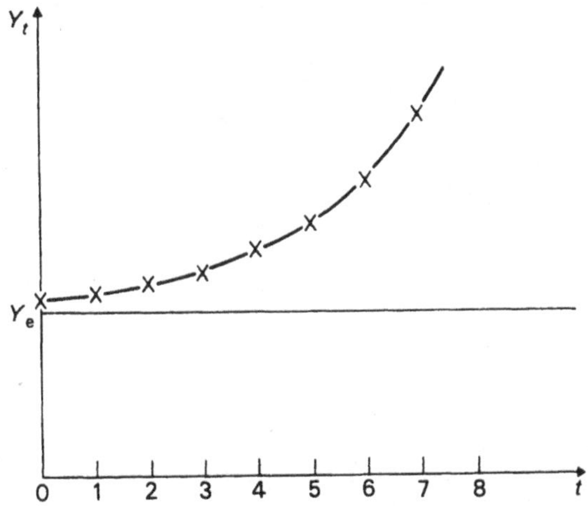

Figur A7.1 Explosives Einkommenswachstum

Diese Instabilität erscheint sehr unplausibel und eine offensichtlich leichte Änderung wird die Geschichte verändern. Sei angenommen, daß es in jedem Jahr Grenzwerte für den Betrag der positiven und negativen Investitionen gibt. Wenn sich jedoch der gewünschte Kapitalstock vom tatsächlichen Kapitalstock unterscheidet, wird eine maximale Investition oder Desinvestition durchgeführt. Dies geschieht mit einem Einperiodenlag wie zuvor. Also haben wir

$$I_t = \begin{cases} B & \text{falls} \quad K_{t-1} < vY_{t-1} \\ 0 & \text{falls} \quad K_{t-1} = vY_{t-1} \\ -D & \text{falls} \quad K_{t-1} > vY_{t-1} \end{cases} \tag{6}$$

Die Konsumfunktion (3) gilt weiter. Sei angenommen, daß $K_0 = 0$ und $Y_0 = (G - cT)/(1 - c)$. Da $vY_0 > K_0$, $I_1 = B$ und

$$\begin{aligned} Y_1 &= cY_0 + B + G - cT \\ &= B + (G - cT)/(1 - c) \end{aligned} \tag{7}$$

so daß

$$vY_1 > vB > B = K_1 \tag{8}$$

gilt, und dies impliziert, daß $I_2 = B$. Sei angenommen, daß die Investition auf dem Niveau B für t Perioden ist: $I_1 = I_2 = \ldots = I_t = B$. Dann gilt

$$K_t = tB \tag{9}$$

und

$$Y_t = cY_{t-1} + B + G - cT \tag{10}$$

Unsere frühere Analyse des Modells mit den Gleichungen (7.34)-(7.39) läßt sich unmittelbar anwenden und ergibt

$$Y_t = c^t Y_0 + (1 - c^t)(B + G - cT)/(1 - c) \tag{11}$$

Für $t \to \infty$, $Y_t \to (B + G - cT)/(1 - c)$ und $K_t \to \infty$, so daß es einen Zeitpunkt t geben muß, zu dem entweder $vY_t = K_t$ oder $vY_t < K_t$. Sei τ das erste Jahr in dem dies gilt und sei angenommen, daß $vY_\tau = K_\tau$. Dann gilt $I_{\tau+1} = 0$, $K_{\tau+1} = K_\tau = B$ und

$$Y_{\tau+1} = cY_\tau + G - cT \tag{12}$$

Folglich

$$\begin{aligned} Y_\tau - Y_{\tau+1} &= (1 - c)Y_\tau - (G - cT) \\ &= (1 - c)c^\tau Y_0 + (1 - c^\tau) B - c^\tau(G - cT) \\ &= (1 - c^\tau) B > 0 \end{aligned} \tag{13}$$

und $vY_{\tau+1} < vY_\tau = K_\tau = K_{\tau+1}$, so daß $I_{\tau+2} = -D$ und wir treten in eine Ära mit negativen Investitionen und einem abnehmenden Kapitalstock ein. Das Kapital nimmt linear ab, doch das Einkommen fällt unterproportional, so daß schließlich ein unteres Niveau erreicht wird, indem die Volkswirtschaft wieder zu wachsen beginnt. (Das obige Argument setzt voraus, daß $vY_\tau = K_\tau$ gilt; falls stattdessen $vY_\tau < K_\tau$ besteht der einzige Unterschied darin, daß die Ära negativer Investitionen eine Periode früher beginnt).

Die Bewegung des Einkommens in der Zeit folgt einem zyklischen Muster, wie durch Figur A7.2 illustriert wird. Eine derartige Einkommensbewegung heißt **Konjunkturzyklus**. Dieses Modell des Konjunkturzyklus läßt die Preise keine Rolle spielen.

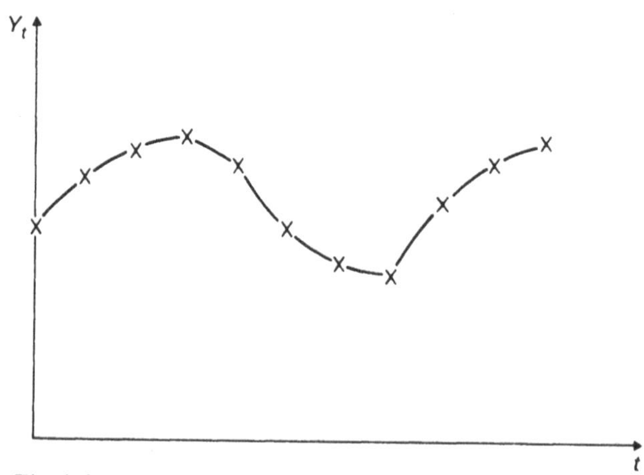

Figur A7.2 Ein einfacher Konjunkturzyklus

Das Modell ist eine direkte Erweiterung des einfachen Multiplikatormodells. Es mag befremdlich erscheinen, daß ein augenscheinlich so einfaches Modell auf ein derartig komplexes Verhalten führt. Der Schlüssel ist, daß die Investition vom Wachstum des Einkommens abhängt und sobald sich der Multiplikatoreffekt der Investition abschwächt, verringert sich die Wachstumsrate des Einkommens. Dies wiederum bringt die Investitionen zum Halt und verursacht einen Rückgang des Einkommens, der wiederum die Investition negativ werden läßt. Der Zyklus beschreibt einen Abschwung, der sich fortsetzt bis die Verlangsamung der Rate des Abschwungs eine weitere Wende verursacht und der Zyklus in einen neuen Aufschwung übergeht.

Übungsaufgaben

A7.1 Man beweise (5). Wie würde sich das Modell der Gleichungen (2)-(4) verändern, wenn die Konsumfunktion keinen Lag aufwiese?

A7.2 Wie kann die Investition negativ werden? Warum kann es jedes Jahr eine Grenze für den Betrag der negativen Investition in einer Volkswirtschaft geben?

A7.3 Wie würde sich das Modell mit der Investitionsfunktion (6) ändern, wenn die Konsumfunktion keinen Lag aufwiese?

Weiterführende Literaturhinweise

Im Buch werden fast ausschließlich Kenntnisse der Analysis verwendet. Für die lineare Algebra gibt es viele interessante wirtschaftliche Anwendungen. Eine gute einführende Abhandlung findet man in:

Geoffrey Heal, Gordon Huges und *Roger Tarling,* Linear Algebra and Linear Economics (Macmillan, 1974)

Zwei Bücher, die sich teilweise mit Themen dieses Buches überlappen, aber die auf einem höheren Niveau starten und interessante Gegenstände behandeln, die hier nicht angesprochen werden, sind:

J. W. S. Cassels, Economics for Mathematicians (Cambridge University Press, 1981)

Hal R. Varian, Mikroökonomie, 2. Auflage, Oldenbourg Verlag (1985)

Auf fortgeschrittenem Niveau für mikroökonomische Gebiete bewegen sich die Werke von:

Edmond Malinvaud, Lectures on Microeconomic Theory, 2. revidierte Auflage, (North-Holland, 1985)

Kenneth J. Arrow und *Frank H. Hahn,* General Competitive Analysis (North-Holland, 1971).

Eine Einführung in Gebiete, die hier nicht behandelt wurden, wird gegeben in:

Alan P. Kirman und *Werner Hildenbrand,* Introduction to Equilibrium Analysis (North-Holland, 1976)

Eine fortgeschrittenere und stringentere Darstellung der Dualitätstheorie findet man in:

Daniel McFadden, „Cost and Revenue Functions", Chapter 1 of M. Fuss and D. McFadden, Production Economics: A Dual Approach to Theory and Applications, Vol. 1 (North-Holland, 1978)

Eine weitere Arbeit zur unvollständigen Konkurrenz vom Standpunkt der Spieltheorie ist:

James W. Friedman, Oligopoly and the Theory of Games (North-Holland, 1977)

Ein Standardwerk der Spieltheorie ist:

R. D. Luce und H. Raiffa, Games and Decisions (Wiley, 1957)

Man beachte auch:

Michael Bacharach, Economics and the Theory of Games (Macmillan, 1976)

Für die Makroökonomik findet man ausgedehntere und nichtmathematische Behandlungen der hier besprochenen Sachverhalte in:

Rüdiger Dornbusch und *Stanley Fischer,* Makroökonomik, 3. Auflage, Oldenbourg Verlag, München 1985, oder in

Robert J. Gordon, Macroeconomics (Little, Brown, third edition, 1984); Deutsche Übersetzung in Vorbereitung, Oldenbourg Verlag, München 1987.

Weitere makroökonomische Analysen findet man in:

Arthur Okun, Prices and Quantities: A Macroeconomic Analysis (Blackwell, 1981)

Ein alternativer Ansatz der makroökonomischen Theorie findet sich in:

Edmond Malinvaud, The Theory of Unemployment Reconsidered (Blackwell, 2nd. edition 1985)

Man sollte auch die klassische Arbeit von:

J. M. Keynes, The General Theory of Employment, Interest and Money (Macmillan, 1936)
zur Hand nehmen.

Jüngste Arbeiten über das kurz am Ende von Kapitel 8 erwähnte Gebiet sind:

David K. H. Begg, The Rational Expectations Revolution in Macroeconomics (Phillip Allan, 1982) und

Robert E. Lucas Jr., Studies in Business-Cycle Theory (MIT Press and Blackwell, 1981)

Lösungen und Hinweise für ausgewählte Übungsaufgaben

Kapitel 1

1.5 Die in Abschnitt 1.3 verwendeten Techniken können in diesem Fall angewendet werden und ergeben $p^* = \alpha/(b + \beta)$, $q^* = b\alpha/(b + \beta)$ und

$$p_t - p^* = -\frac{b(1-\gamma)}{\beta}(p_{t-1} - p^*)$$

Man sollte hier den Effekt der Größe von γ auf die Stabilität des Gleichgewichtes diskutieren.

1.9 Differenzieren wir die Gleichgewichtsgleichungen nach t, dann ergibt dies Gleichungen in $d\pi/dt$ und dp/dt, und man erhält

$$\frac{dp}{dt} = \frac{px'(\pi)}{y'(p) - (1+t)x'(\pi)}$$

$$\frac{d\pi}{dt} = \frac{py'(p)}{y'(p) - (1+t)x'(\pi)}$$

Folglich gilt

$$\frac{dq}{dt} = \frac{px'(\pi)y'(p)}{y'(p) - (1+t)x'(\pi)}$$

1.10 Die Gleichungen lassen sich lösen und ergeben

$$p = \frac{\alpha - a}{\beta + b} - \frac{\beta}{\beta + b}t \qquad \pi = \frac{\alpha - a}{\beta + b} + \frac{b}{\beta + b}t$$

$$q = \frac{a\beta + \alpha b}{\beta + b} - \frac{b\beta}{\beta + b}t$$

Der Steuerertrag beträgt $T = qt$ und differenzieren wir bezüglich t, dann sieht man, daß das ertragsmaximierende Niveau von t gleich $(a\beta + \alpha b)/(2b\beta)$ ist und daß auf diesem Niveau die Höhe von q genau die Hälfte von der für $t = 0$ ist.

1.14 Differenzieren wir (28), dann ergibt dies

$$\frac{dp}{dr} = \frac{-y_r}{y_p - x_p} \qquad \frac{dq}{dr} = \frac{-y_r x_p}{y_p - x_p}$$

Bei niedrigem r und $y_r > 0$ wird ein Anstieg von r p reduzieren und q erhöhen; für hohe Werte von r gilt für $y_r < 0$, daß ein Anstieg von r p erhöht und q senkt.

1.24 Da die Angebotselastizität unendlich ist, wird der Preis, den die Anbieter erhalten, konstant auf dem gegenwärtigen Niveau von 10 Pence sein. Also ist der Konsumentenpreis gleich $\pi = 10 + t$. Wenn die Nachfragefunktion gleich $x(\pi)$ ist, ist der Steuerertrag gleich $T = tx(\pi)$ und die Nachfrageelastizität $\pi x'(\pi)/x(\pi)$ ist gleich $-1{,}2$. Also ist der Effekt einer Steueränderung gleich

$$\frac{dx}{dt} = x'(\pi) = -1{,}2\,\frac{x(\pi)}{\pi}$$

$$\frac{dT}{dt} = x(\pi) + tx'(\pi) = x(\pi)\left(1 - 1{,}2\,\frac{t}{10+t}\right)$$

Wenn $t = 40$, ist dx/dt negativ und dT/dt positiv, so daß beide Ziele des Staates durch eine Erhöhung von t erreicht werden können. Das Steuerertragsmaximierende Niveau von t, zu dem dT/dt gleich Null wird, beträgt 50.

Kapitel 2

2.3 Die gewinnmaximierenden Inputs sind $z_1 = 1$, $z_2 = 9$, so daß $y = 3$ ist und der Gewinn 9 beträgt.

2.4 (a) Die notwendigen Bedingungen für die Gewinnmaximierung sind

$$z_1^{-1/2} z_2^{1/2} - 1 = 0 \quad z_1^{1/2} z_2^{-1/2} - 1 = 0$$

und alle Werte von z_1 und z_2, die $z_1 = z_2$ erfüllen, erfüllen diese Gleichungen.
(b) Die notwendigen Bedingungen sind

$$z_1^{1/2} z_2^{-1/2} - 2 = 0 \quad z_1^{-1/2} z_2^{1/2} - 1 = 0$$

Die erste Gleichung erfordert, daß $z_1 = 4z_2$, während die zweite erfordert, daß $z_1 = z_2$ gilt. Es gibt keine Werte, die beide Gleichungen erfüllen.

2.5 (i) (c) $(kz_1)^\alpha (kz_2)^\beta = k^{\alpha+\beta} z_1^\alpha z_2^\beta$, so daß diese Produktionsfunktion abnehmende, konstante oder wachsende Skalenerträge hat, falls $\alpha + \beta$ kleiner, gleich oder größer 1 ist.

(d) $$[(kz_1)^{-2} + (kz_2)^{-2}]^{-1/2} = [k^{-2}(z_1^{-2} + z_2^{-2})]^{-1/2} = k(z_1^{-2} + z_2^{-2})^{-1/2},$$

so daß diese Funktion instante Skalenerträge aufweist.

(ii) (c) $\partial y/\partial z_1 = \alpha z_1^{\alpha-1} z_2$ und $\partial y/\partial z_2 = \beta z_1^\alpha z_2^{\beta-1}$, so daß die Funktion abnehmende Erträge bezüglich z_1 aufweist, wenn $\alpha < 1$ und bezüglich z_2, wenn $\beta < 1$ ist.

(d) $$\partial y/\partial z_1 = (z_1^{-2} + z_2^{-2})^{-3/2} z_1^{-3} = [1 + (z_1 z_2)^2]^{-3/2}$$

und symmetrisch

$$\partial y/\partial z_2 = [(z_2/z_1)^2 + 1]^{-3/2},$$

so daß die Funktion abnehmende Erträge für beide Inputs aufweist.

(iii) Bei $\alpha + \beta > 1$ und $\alpha < 1$ und $\beta < 1$ haben wir wachsende Skalenerträge und abnehmende Erträge auf beide Inputs. Es gibt Werte von α und β, die dies erfüllen; zum Beispiel $\alpha = \beta = 2/3$. Es ist jedoch unmöglich, Werte von α und β so zu finden, daß $\alpha + \beta \leq 1$ und $\alpha > 1$ oder $\beta > 1$ (man erinnere sich, daß α und β positiv sind).

(iv) Die Isoquante wird beschrieben durch $(z_1^{-2} + z_2^{-2})^{-1/2} = 4$, d.h. $1/z_1^2 + 1/z_2^2 = 1/16$. Sie verläuft asymptotisch bezüglich der Punkte $z_1 = 4$ und $z_2 = 4$.

2.8 (c)

$$\frac{F_1}{F_2} = \frac{\alpha z_2}{\beta z_1}$$

Dies ist eine abnehmende Funktion von z_1/z_2.

(d) $$\frac{F_1}{F_2} = \frac{(z_1^{-2} + z_2^{-2})^{-3/2} z_1^{-3}}{(z_1^{-2} + z_2^{-2})^{-3/2} z_2^{-3}} = \left(\frac{z_2}{z_1}\right)^3$$

was eine abnehmende Funktion von z_1/z_2 ist.

2.11 (a)

$$\frac{w_1}{w_2} = \frac{\alpha z_2}{\beta z_1} \qquad \text{somit} \qquad \frac{z_1}{z_2} = \frac{\alpha}{\beta}\left(\frac{w_1}{w_2}\right)^{-1}$$

und

$$\sigma = \frac{w_1/w_2}{z_1/z_2} \frac{d(z_1/z_2)}{d(w_1/w_2)} = \frac{-(\alpha/\beta)(w_1/w_2)^{-1}}{z_1/z_2} = -1$$

Also gilt

$$\frac{w_1 z_1}{w_2 z_2} = \frac{\alpha}{\beta}$$

was konstant ist und (25) bestätigt.

(b) $$\frac{w_1}{w_2} = \frac{(z_1^{-\alpha} + z_2^{-\alpha})^{-(1/\alpha)-1} z_1^{-\alpha-1}}{(z_1^{-\alpha} + z_2^{-\alpha})^{-(1/\alpha)-1} z_2^{-\alpha-1}} = \left(\frac{z_1}{z_2}\right)^{-(\alpha+1)},$$

so daß

$$\frac{z_1}{z_2} = \left(\frac{w_1}{w_2}\right)^{-1/(\alpha+1)}$$

und

$$\sigma = \frac{w_1/w_2}{z_1/z_2} \frac{d(z_1/z_2)}{d(w_1/w_2)} = -\frac{1}{\alpha+1}$$

$$\frac{w_1 z_1}{w_2 z_2} = \left(\frac{w_1}{w_2}\right)^{\alpha/(\alpha+1)} ,$$

so daß w_1z_1/w_2z_2 sich erhöht oder vermindert, wenn w_1 sich verändert je nachdem, ob $\alpha > 0$ oder $\alpha < 0$, das heißt, je nachdem, ob $|\sigma| < 1$ oder $|\sigma| > 1$ ist.

2.13 (c) Dies ist eine Verallgemeinerung des in Abschnitt 2.7 diskutierten Beispiels. Die Lösungen sind

$$z_1(w_1, w_2, y) = \left[\left(\frac{\alpha}{\beta}\frac{w_2}{w_1}\right)^{\beta} y\right]^{1/(\alpha+\beta)}$$

$$z_2(w_1, w_2, y) = \left[\left(\frac{\beta}{\alpha}\frac{w_1}{w_2}\right)^{\alpha} y\right]^{1/(\alpha+\beta)} ,$$

$$c(w_1, w_2, y) = (\alpha+\beta)\left[\left(\frac{w_1}{\alpha}\right)^{\alpha}\left(\frac{w_2}{\beta}\right)^{\beta} y\right]^{1/(\alpha+\beta)}$$

(d) Aus den notwendigen Bedingungen erhalten wir $z_2/z_1 = (w_1/w_2)^{1/3}$, so daß gilt

$$\begin{aligned} y &= [z_1^{-2} + z_1^{-2}(w_2/w_1)^{2/3}]^{-1/2} \\ &= z_1[1 + (w_2/w_1)^{2/3}]^{-1/2} \end{aligned}$$

und somit

$$\begin{aligned} z_1(w_1, w_2, y) &= [1 + (w_2/w_1)^{2/3}]^{1/2} y \\ z_2(w_1, w_2, y) &= [(w_1/w_2)^{2/3} + 1]^{1/2} y \\ c(w_1, w_2, y) &= (w_1^{2/3} + w_2^{2/3})^{3/2} y \end{aligned}$$

Da die Produktion eine abnehmende Grenzrate der Substitution aufweist (Übungsaufgabe 2.8), ergibt dies ein wahres Minimum. Die Durchschnittskosten betragen $(w_1^{2/3} + w_2^{2/2})^{3/2}$ was unabhängig von y ist und konstante Skalenerträge wiederspiegelt.

2.14 (und der relevante Teil von 2.18). Vergleiche Abschnitt 3.3

2.20 Anfänglich gilt $y = 1000$ und der Gewinn beträgt 9800. Die Zahlung (a) läßt y unverändert und erhöht die Gewinne auf 10800. Die Zahlung (b) erhöht y auf 1050 und den Gewinn auf 10825. Die Zahlung (c) erhöht y auf 1250 und verändert den Gewinn auf 10425.

2.24 Die Gewinne, die durch den Finanzbeamten gemessen werden, betragen $py - w_2z_2 - w_3z_3$, so daß die Steuerrechnung $0{,}5\,(py - w_2z_2 - w_3z_3)$ beträgt. Die wahren Unternehmensgewinne nach Steuer sind

$py - w_1z_1 - w_2z_2 - w_3z_3 - 0{,}5(py - w_2z_2 - w_3z_3) = 0{,}5\,(py - 2w_1z_1 - w_2z_2 - w_3z_3)$,

so daß der Effekt auf das Verhalten das gleiche ist wie der Effekt einer Verdoppelung des Preises des Kapitals beträgt.

2.36 Der Schlüssel für die Beantwortung dieser Fragen ist, daß man die postulierte Preisveränderung in zwei Teile aufspaltet. Einmal wird der Fall betrachtet, in dem alle Preise sich proportional verändern und ein andermal der Fall, in dem sich nur ein Preis verändert.

Kapitel 3

3.1 Die Beziehung ist gleich

$$z_1 \frac{\partial}{\partial z_1}\left(\frac{F(z_1, z_2)}{z_1}\right) = \frac{\partial F(z_1, z_2)}{\partial z_1} - \frac{F(z_1, z_2)}{z_1}$$

3.2 Man muß zeigen, daß w_2 in keine der drei Gleichungen eingeht, die das Angebot bestimmen.

3.10 Das (langfristige) Kostenminimierungsproblem wird gelöst durch $z_1 = 3y$, $z_2 = 3y/2$, so daß $c = 9y$ und LRAC = LRMC = 9. Mit festem z_2 gleich 300 wird die kurzfristige Kostenfunktion zu

$$c = \frac{300y}{300 - y} + 1200$$

Die SRAC, AVC und SRM-Funktionen sind nun leicht zu ermitteln. Alle drei verlaufen asymptotisch zu $y = 300$; SRMC und AVC wachsen monoton von $y = 0$ an, während SRAC U-förmig verläuft und ihr Minimum im Wert von 9 (= LRAC) im Punkte $y_1 = 200$ erreicht, wo sie auch gleich SRMC ist. Folglich sind (14), (15), (16) erfüllt.

3.11 Für die Produktionsfunktion der vorhergehenden Übung erhalten wir für $p \geq w_1$, daß $y(w_1\, p, z_2) = [1 - (w_1/p)^{1/2}]z_2$ und $z_1(w_1, p, z_2) = [(p/w_1)^{1/2} - 1]z_2$.

3.18 Man überlege wie die Durchschnittskosten verlaufen, wenn der Output sehr klein wird.

3.19 Für alle Unternehmungen sind die Grenzkosten gleich $0{,}02y - 10$, aber da $c(0) = 0$ ist, gibt es keine Fixkosten und die Unternehmung wird nur produzieren, wenn die Grenzkosten die Durchschnittskosten überschreiten. Die ersten 80 Unternehmungen werden zu einem Preis von 2 mit jeweils einem Output von 600 eintreten; die nächsten 80 zu einem Preis von 4, mit jeweils einem Output von 700; während die 140 zu einem Preis von 6 und einem Output von 800 eintreten. Das industrielle Angebot ist 0 bis zu einem Preis von 2; indeterminiert zwischen 0 und 48000 zum Preis gleich $p = 2$ und $4000p + 40000$ für $2 < p < 4$; indeterminiert zwischen 56000 und 112000 zum Preis $p = 4$; $8000\,p + 80000$ für $4 < p < 6$ usw.

3.20 Die Firmen mit höheren Kosten werden nicht produzieren.

3.24 Wenn man mit Differentialen umgehen kann, ist es sehr leicht, die totalen Differentiale von (54) und (56) für gegebenes $\mathbf{w}$ zu nehmen und (55) zu verwenden, um $dc = p\,dy$ zu erhalten. Dies ist das erforderliche Resultat.

Alternativ substituiert man (56) in (54), und erhält c als Funktion von $\mathbf{w}$, y, y^2, ..., y^F. Dann verwendet man (55) um zu zeigen, daß $\partial c/\partial y^f = 0$ für $f = 2, \ldots, F$, so daß c in der Tat nur eine Funktion von y ist mit $\partial c/\partial y = p$.

Kapitel 4

4.2

(i) $x_1 = m/(2p_1), x_2 = m/(2p_2)$

(ii) $x_1 = 2m/(3p_1), x_2 = m/(3p_2)$

(iii) $x_1 = \alpha m/p_1, x_2 = \beta m/p_2, x_3 = \gamma m/p_3$

4.7 $\partial c(\mathbf{w}, y)/\partial w_i = z_i(\mathbf{w}, y), \partial z_i(\mathbf{w}, y)/\partial w_j = \partial z_j(\mathbf{w}, y)/\partial w_i$

4.8 (i) (Man vergleiche Übungsaufgabe 2.14 und vergleiche Abschnitt 3.3)

$$e(p_1, p_2 u) = u^2 p_1 p_2/(p_1 + p_2)$$
$$x_1(p_1, p_2 u) = [up_2/(p_1 + p_2)]^2$$
$$x_2(p_1, p_2 u) = [up_1/(p_1 + p_2)]^2$$

Die Nachfragefunktionen werden durch (19) gegeben und leicht sieht man, daß (33) gilt. Durch Differenzieren bestätigt man (29).

(ii)
$$e(p_1, p_2, u) = e^u \left(\frac{p_1}{\alpha}\right)^{\alpha}\left(\frac{p_2}{1-\alpha}\right)^{1-\alpha}$$
$$x_1(p_1, p_2 u) = e^u \left(\frac{\alpha}{1-\alpha}\frac{p_2}{p_1}\right)^{1-\alpha}$$
$$x_2(p_1, p_2 u) = e^u \left(\frac{1-\alpha}{\alpha}\frac{p_1}{p_2}\right)^{\alpha}$$

und wir verwenden (22), um (33) zu bestätigen. Durch Differenzieren bestätigt man (29).

4.9 Die Nachfragefunktionen sind in (16) gegeben, die kompensierten Nachfragefunktionen sind in (31) gegeben. (35) wird für x_1 aus

$$\frac{\partial x_1(p_1, p_2, m)}{\partial p_1} = -\frac{\alpha m}{p_1^2} = -\frac{x_1}{p_1}$$

$$\frac{\partial x_1(p_1, p_2, u)}{\partial p_1} = -(1-\alpha)\left(\frac{\alpha}{1-\alpha}\frac{p_2}{p_1}\right)^{1-\alpha}\frac{u}{p_1} = -(1-\alpha)\frac{x_1}{p_1}$$

$$x_1 \frac{\partial x_1(p_1, p_2, m)}{\partial m} = \frac{\alpha}{p_1} x_1$$

bestätigt.

4.13 Differentiation bezüglich m ergibt

$$\sum_{i=1}^{n} p_i \frac{\partial x_i(\mathbf{p}, m)}{\partial m} = 1$$

oder

$$\sum_{i=1}^{n} \frac{p_i x_i}{m}\left(\frac{m}{x_i}\frac{\partial x_i(\mathbf{p}, m)}{\partial m}\right) = 1,$$

so daß sich die Einkommenselastizitäten aller Güter, gewichtet mit ihren Anteilen an den Gesamtausgaben, zu 1 summieren.

4.14 (Vergleiche Übungsaufgabe 2.36) Man gehe bei der Lösung in zwei Schritten vor. Zuerst nehme man an, daß sich alle Preise und das Einkommen sich um 10% erhöhen; und dann betrachte man den Fall, daß das Einkommen auf sein ursprüngliches Niveau zurückfällt.

4.19 $x_1(p_1, p_2, m) = a_1 + \alpha(m - p_1 a_1 - p_2 a_2)/p_1$

$x_2(p_1, p_2, m) = a_2 + (1-\alpha)(m - p_1 a_1 - p_2 a_2)/p_2$

$$x_1(p_1, p_2, u) = a_1 + \left(\frac{\alpha}{1-\alpha}\frac{p_2}{p_1}\right)^{1-\alpha} u$$

$$x_2(p_1, p_2, u) = a_2 + \left(\frac{1-\alpha}{\alpha}\frac{p_1}{p_2}\right)^{\alpha} u$$

$$e(p_1, p_2, u) = p_1 a_1 + p_2 a_2 + \left(\frac{p_1}{\alpha}\right)^{\alpha}\left(\frac{p_2}{1-\alpha}\right)^{1-\alpha} u$$

a_1 und a_2 können als Minimalerfordernisse interpretiert werden.

4.24 $x_1(p_1, p_2, w, m) = (m + 24w)/(12p_1)$

$x_2(p_1, p_2, w, m) = (m + 24w)/(6p_2)$

$L(p_1, p_2, w, m) = (24w - 3m)/(4w)$

Klarerweise gilt für $m = 0$, daß $L = 6$; während für $m > 0$, $\partial L/\partial w > 0$.

4.26 (i) und (ii) Anfänglich ist Herrn D's Budgetbeschränkung gleich $px + 2N = 376$ und er wählt $N_1 = 148$, $x_1 = 80/p$. Dann wird seine Budgetbeschränkung zu $px + 1{,}8N = 342{,}4$ und er wählt $N_2 = 143$, $x_2 = 85/p$. Da $px_2 + 2N_2 = 371 < 376$

und $px_1 + 1{,}8N_1 = 346{,}4 > 342{,}4$ folgt, daß seine Wahl konsistent ist, und daß er sich in der ersten Situation besser stellt, wie in der Tat aus dem Diagramm ersichtlich ist oder aus der einfachen Tatsache, daß nur sein Lohn gefallen ist.

(iii) Rechnungen wie die oben zeigen, daß sich seine Preferenzen verändert haben: Sein Verhalten ist nicht mehr konsistent mit seiner früheren Wahl.

Kapitel 5

5.5 Die Elastizität der Nachfrage beträgt $-1/b$. Die Konsumentenrente ist gleich

$$\int_0^1 (x^{-b} - 1)\,dx = \begin{cases} \left[\frac{1}{1-b}x^{1-b} - x\right]_0^1 & \text{wenn } b \neq 1 \\ [\log x - x]_0^1 & \text{wenn } b = 1 \end{cases}$$

Jedoch gilt $0^{1-b} = \infty$ falls $b > 1$ und $\log 0 = -\infty$, so daß das Integral nur für $b < 1$ existiert. In diesem Fall ist die Konsumentenrente gleich $1/(1-b) - 1 = b/(1-b)$. In allen Fällen erhöht sich der Preis, den ein marginaler Konsument zu zahlen gewillt ist, bis Unendlich, wenn x auf Null absinkt, aber falls $b < 1$ (die Elastizität der Nachfrage übersteigt 1), ist der Preisanstieg hinreichend langsam, damit die Fläche unter der Nachfragekurve endlich bleibt.

5.14 Der Wert in Pfennigen, damit die Brücke zur freien Verwendung offen bleibt, ist gleich

$$\int_0^{1000} (100 - 0{,}1x)\,dx = 50000$$

Das heißt, der Wert beträgt 500 DM pro Tag, also größer als die Kosten dafür, sie offen zu halten. Es gibt aber keinen einzigen Preis, der die Kosten deckt, da der ertragsmaximierende Preis 50 Pfennig beträgt und dieser eine Einnahme von 250 DM pro Tag ergibt. Entweder Preisdiskriminierung oder Steuern sind notwendig.

Kapitel 6

6.3 (a) Der Gewinn beträgt

$$py - w_1z_1 - w_2z_2 = y^{-1} - w_1z_1 - w_2z_2 = z_1^{-1/3} z_2^{-2/3} - 8z_1 - 2z_2$$

und da die Ableitungen dieser Funktion bezüglich z_1 und z_2 negativ sind, kann es kein Maximum geben.

(b) $c = 6y$ ist die Kostenfunktion (vergleiche Abschnitt 2.4 für die Ableitung). Der Ertrag beträgt $R = py = y^{-1}$. $MC = 6$, $MR = -y^{-2}$, so daß es keinen Wert von y gibt, der beide gleichsetzt.

(c) Da MC > MR für alle Werte von y, ist es das beste, y so klein wie möglich zu wählen. Die Gewinne sind gleich $y^{-1} - 6y$, was gegen unendlich strebt, wenn y gegen Null geht. Dies ist eine Konsequenz der nicht zulässigen Annahme, daß sogar für kleine y die Nachfrageelastizität gleich 1/2 ist, so daß sie bei fallenden y ansteigt.

(d) Nun gilt $MR = 12y^{-1/3}$ und der Gewinn wird maximiert, wenn $y = 8$ gilt.

6.11 Bei einem einzigen Preis ist der Gewinn eine Funktion des Preises und gleich

$$\pi = p^{-1} + p^{-2} - 0{,}6(p^{-2} + p^{-3})$$

Dieser Ausdruck wird für $p = 1$, $y_1 = 1$, $y_2 = 1$ maximiert. Bei Preisdiskriminierung ist

$$\pi = p_1^{-1} + p_2^{-2} - 0{,}6(p_1^{-2} + p_2^{-3})$$

Dieser Ausdruck wird in $p_1 = 1{,}2$, $p_2 = 0{,}9$, $y_1 = 0{,}69$, $y_2 = 1{,}37$ maximiert. Man erkennt, daß auf dem Markt mit niedrigerer Nachfrageelastizität der Preis im diskriminierenden Fall erhöht wird.

6.14 Die gemeinsamen Gewinne sind gleich

$$p_1(y_1)\, y_1 + p_2(y_2)\, y_2 - c(y_1 + y_2) - g(y_2),$$

und um diese zu maximieren, ist erforderlich, daß

$$MR_1(= p_1 + p_1'(y_1)\, y_1) = MC_1(= c(y_1 + y_2))$$
$$MR_2(= p_2 + p_2'(y_2)\, y_2) = MC_2(= c(y_1 + y_2) + g'(y_2))$$

Die Gewinne der Tochter sind gleich

$$p_2(g_2)\, y_2 - p_3\, y_2 - g(y_2)$$

und die Gewinnmaximierungsregel lautet

$$MR_2 = p_3 + g'(y_2).$$

Um dies mit der gemeinsamen Gewinnmaximierungsregel kompatibel zu machen, sollte die Muttergesellschaft $p_3 = c'(y_1 + y_2)$ setzen.

6.18 Die Reaktionsfunktionen sind $y_i = (a - c - by_j)/(2b + 2d)$.

6.19 Das gewinnmaximierende Verhalten der Unternehmungen ist unabhängig von g, so daß (27) und (28) immer noch gelten und der Preis gleich $a - bx = c + (a - c)/(n + 1)$ ist. Unternehmungen werden in die Industrie nur dann eintreten, wenn es positive Gewinne gibt, so daß n die größte Zahl sein wird, die $p \geq c + g/y_f$, erfüllt, das heißt, $n \leq 1 + (a - c)/(bg)^{1/2}$ erfüllt. Man beachte, daß diese Zahl mit b, c und g abnimmt und mit a, wie man erwarten würde, zunimmt.

6.20 Wenn die Firma 1 der Führer ist, dann gilt (25) für $f = 2, \ldots, n$ was impliziert, daß

$$(n-1)\left(a - c - by_1 - b \sum_{f=2}^{n} y_f\right) - b \sum_{f=2}^{n} y_f = 0,$$

so daß das Ziel der Unternehmung 1 wie folgt ist

$$\underset{y_1}{\text{maximiere}} \left(a - by_1 - b \sum_{f=2}^{n} y_f\right) y_1 - c_1$$

Dies kann geschrieben werden als

$$\underset{y_1}{\text{maximiere}} \frac{n+1}{2n}(a - c - by_1)\, y_1$$

und das Gleichgewicht ist deshalb $y_1 = (a-c)/2b$ (unabhängig von n), während $y_2 + \ldots + y_n = (n-1)(a-c)/(2\,nb)$, $y_f = (a-c)/(2\,nb)$ für $f = 2, \ldots, n$, und $p = c + (a-c)/2\,n$.

6.23 Leicht zeigt man, daß die der Beziehung (52) entsprechende Bedingung durch

$$c_i'(y_i) = p_i\left(1 + \frac{y_i}{p_i}\frac{\partial p_i}{\partial y_i}\right)$$

gegeben ist, doch muß man dann beweisen, daß $(y_i/p_i)(\partial p_i/\partial y_i)$ nicht mit $1/e_i$ übereinstimmt. Das in (42)-(44) verwendete Beispiel ist hinreichend: $\partial y_1/\partial p_1 = -2$, doch wenn man die Gleichungen umformt, um $p_1(y_1, y_2)$ zu erhalten, erkennt man, daß $\partial p_1/\partial y_1 = -2/3$. Das Ergebnis ist deshalb unterschiedlich.

6.25 $e_i = -2$, so daß $p_i = 2c$ für alle Unternehmungen und $y_i = (2c)^{-1}(n-1)^{-2}$, so daß die gleichgewichtige Zahl der Firmen die größte ganze Zahl n ist die $c + 2cg(n-1)^2 < 2c$ erfüllt, das heißt $n \leq 1 + (2g)^{1/2}$.

Die Nachfragefunktion nimmt in p_i ab und erhöht sich mit p_j; bei gegebenen Preisen nimmt sie mit n ab. Sie ist homogen vom Grade -1 in den Preisen (dies widerspricht nicht der üblichen Konsumtheorie, da die n in der Industrie produzierten Güter nicht die einzigen Güter sind, die für die Konsumenten erhältlich sind), so daß bei proportionalem Anstieg aller Preise die Nachfrage zurückgeht. Dies sind alles sinnvolle Eigenschaften.

Kapitel 7

7.6 Das gleichgewichtige Einkommen wird bestimmt durch

$$Y = c(1-t)\,Y + I + G,$$

so daß sich die Ersparnisse als

$$S = (1-c)(1-t)Y = \frac{(1-c)(1-t)}{1-c(1-t)}(I+G)$$

ergeben und somit kann man den Effekt einer Veränderung von c berechnen.

7.7 $\partial Y/\partial G = 1/[1-(1-t)C_Y]$
$\partial D/\partial G = (1-t)(1-C_Y)/[1-(1-t)C_Y]$, wobei $D = G - T$

7.9 $\partial Y/\partial G + \partial Y/\partial T = (1-C_Y)/(1-C_Y+M_Y) < 1$
Falls $M = M(Y-T), \partial Y/\partial G + \partial Y/\partial T = 1$.

7.10 Aus (39) folgt $Y_t = c^{t-1} Y_1 + (1-c^{t-1}) Y_e$, aber $Y_1 = Y_e + \Delta I$, da $Y_e = Y_0 = a + cY_e + I$ und somit $Y_t = Y_e + c^{t-1}\Delta I$ für $t = 1, 2, 3, \ldots$

7.13 Der Wert von T, der die Bedingung erster und zweiter Ordnung für ein Maximum erfüllt, ist gleich $T = [\alpha/(1+r)]^2$. Da T nicht größer als 1 werden darf, ist es optimal $T = 1$ zu setzen, wenn der Gegenwartswert eine wachsende Funktion von T in $T = 1$ ist, das heißt falls $\alpha \leq 1 + r$ gilt.

7.14 Aus (58) erhält man, daß die jährliche Zahlung die Bedingung

$$100 = \frac{a}{0{,}05}\left(1 - \frac{1}{(1{,}05)^{10}}\right) + \frac{100}{(1{,}05)^{10}}$$

erfüllen muß, was $a = 5$ bedeutet.

7.17 Die geraden und ungeraden Wertpapiere haben die folgenden Gegenwartswerte

$$PV_E = \frac{100}{(1+r)^2-1} = \frac{100}{2r+r^2}$$

$$PV_0 = \frac{100(1+r)}{(1+r)^2-1} = \frac{100(1+r)}{2r+r^2}$$

so daß $PV_E + PV_0 = 100/r$ ist.

7.24

(i) $$\frac{\partial Y}{\partial T} = \frac{-(1-S_Y)L_r}{S_Y L_r + I_r L_Y} < 0 \qquad \frac{\partial r}{\partial T} = \frac{(1-S_Y)L_Y}{S_Y L_r + I_r L_Y} > 0$$

(ii) $$\frac{\partial Y}{\partial G} + \frac{\partial Y}{\partial T} = \frac{S_Y L_r}{S_Y L_r + I_r L_Y} < 1$$

Die Effekte von T haben ein entgegengesetztes Vorzeichen zu den Effekten von G und sind um den Faktor $(1 - S_y)$ kleiner. Der Effekt einer ausgeglichenen Budgetveränderung auf Y ist kleiner als 1, da der ausgeglichene Budgetmultiplikator (die horizontale Verschiebung der IS-Kurve) gleich 1 ist, doch wird der angestiegene Zinssatz den Multiplikatoreffekt dämpfen.

7.28 $$\frac{\partial Y}{\partial G} = \frac{L_r}{S_Y L_r + IM_Y L_r + I_r L_Y}$$

und falls B = X − IM

$$\frac{\partial B}{\partial G} = \frac{-IM_Y L_r}{S_Y L_r + IM_Y L_r + I_r L_Y} > -1$$

Kapitel 8

8.1 Im langfristigen Modell ergeben die Gleichungen (1) und (2) mit einem festen Y auf dem Niveau Y* den Ausdruck

$$\frac{\partial P}{\partial T} = -\frac{(1 - S_Y) L_r}{I_r M/P^2} < 0$$

Das heißt, $\partial P/\partial T = -(1 - S_Y)(\partial P/\partial G)$ wobei $\partial P/\partial G$ durch (12) gegeben wird. Die Änderung der Investition ist gleich

$$I_r \frac{\partial r}{\partial T} = 1 - S_Y < 1$$

Im kurzfristigen Modell ergeben die Gleichungen (1), (2), (6) und (7) bei konstantem W die Ausdrücke

$$\frac{\partial Y}{\partial T} = -(1 - S_Y)\frac{\partial Y}{\partial G}$$

$$\frac{\partial P}{\partial T} = -(1 - S_Y)\frac{\partial P}{\partial G}$$

wobei $\partial Y/\partial G$ und $\partial P/\partial G$ durch (21) und (22) gegeben werden.

8.6 Differenzieren wir (28) und (29) nach π, bei konstantem G, T und M/P, dann ergibt dies

$$\frac{\partial Y}{\partial \pi} = \frac{-L_r I_r}{S_Y L_r + I_r L_Y} > 0$$

8.8 Man verwendet die Gleichungen (45), (44) und (40) um zu zeigen, daß Y_t konstant ist und größer als Y*. Dies impliziert ein beschleunigtes Wachstum des Geldangebots, eine beschleunigte Inflation der Löhne und Preise (die Inflationsrate ist größer als die Rate des Geldwachstums) und eine beschleunigte Inflationserwartung (die erwartete Inflationsrate ist geringer als die Rate des monetären Wachstums).

Sachregister

Oldenbourg · Wirtschafts- und Sozialwissenschaften · Steuer · Recht

Oldenbourg · Wirtschafts- und Sozialwissenschaften · Steuer · Recht

Oldenbourg · Wirtschafts- und Sozialwissenschaften · Steuer · Recht

www.ingramcontent.com/pod-product-compliance
Lightning Source LLC
LaVergne TN
LVHW042235300926
849161LV00003B/355